生物工程
生物技术
系　列

普通高等教育"十一五"国家级规划教材

中国石油和化学工业优秀教材一等奖

U0392019

生物化学

第三版

（工科类专业适用）

张洪渊　万海清 ┃ 主编
张庭芳　李青山 ┃ 审定

化学工业出版社
·北京·

本书主要根据工科学生的知识背景和学习、应用需要，以现代生物化学和分子生物学的基础知识为主体，以在工业中的实际应用为实例，并适当介绍了发展趋势及最新成就；知识结构由浅入深，循序渐进，讲述通俗易懂，图表丰富。全书内容共分15章：绪论，糖化学，脂类和生物膜化学，蛋白质化学，核酸化学，酶化学，维生素、水和矿质平衡，能量代谢与生物能的利用，糖代谢，脂代谢，核酸代谢，蛋白质代谢，代谢的调节控制，基因工程与蛋白质工程，生物化学与新生物技术。

本书为国家级规划教材，可作为生物工程、生物技术、食品科学与工程、环境工程、发酵工程等工科专业学生学习生物化学知识的教材，也可供相关专业的师生参考使用。

图书在版编目（CIP）数据

生物化学/张洪渊，万海清主编. —3 版. —北京：
化学工业出版社，2014.1（2024.6重印）
普通高等教育"十一五"国家级规划教材（工科类
专业适用）
ISBN 978-7-122-19165-6

Ⅰ. ①生… Ⅱ. ①张… ②万… Ⅲ. ①生物化学-
高等学校-教材 Ⅳ. ①Q5

中国版本图书馆 CIP 数据核字（2013）第 286493 号

责任编辑：赵玉清 　　　　　　　　　　　文字编辑：周　偶
责任校对：宋　玮 　　　　　　　　　　　装帧设计：尹琳琳

出版发行：化学工业出版社（北京市东城区青年湖南街 13 号　邮政编码 100011）
印　　装：大厂聚鑫印刷有限责任公司
787mm×1092mm　1/16　印张 21½　字数 577 千字　2024 年 6 月北京第 3 版第 12 次印刷

购书咨询：010-64518888　　　　　　　　售后服务：010-64518899
网　　址：http://www.cip.com.cn
凡购买本书，如有缺损质量问题，本社销售中心负责调换。

定　　价：48.00 元

前　言

　　本书自出版以来，很多高校作为教材或参考书用于教学中，已进行多次印刷，很好地满足学校教学的需求。在使用中部分师生提出了一些宝贵意见，其中之一是认为某些章节内容偏浅。因为随着科学技术和现代工业的进步，在专业建设和发展中，已经很难分清"纯工科"和"纯理科"的界限，各校在学科和专业建设上，为适应社会的需要，使学生具有更广泛、更扎实的基础，在教学内容上往往采取"工中有理，理中有工"的策略。据此，我们对第2版教材进行了修订，在内容上无论从广度还是深度都有所加强。

　　自20世纪末，特别是进入21世纪以来，生命科学已进入一个崭新的时代，尤其是人类基因组的破译，使生命科学领域乃至整个科学技术界为之振奋，新的学科、交叉学科以及相关的专业不断涌现。在这种形势下，作为生命科学的基础和前沿的生物化学，其所肩负的任务和发展速度，将是以往所不能比拟的。因此，在本书第三版中不仅涉及生物化学与分子生物学所取得的新成就，而且在本书最后一章专门介绍了生物化学与现代新生物技术和新兴学科的关系，以及相关知识和技术在工业生产领域的应用；这些新学科和技术都将使学生对生物化学的发展趋势有个启蒙式的了解，激发学生的学习兴趣并拓展学生学习的视野，应该说无论对工科或理科所有生物相关专业学生都是大有裨益的。

　　《生物化学》（第三版）是根据部分使用过第二版教材的师生的意见，以及21世纪生物化学与分子生物学的发展，并参考国内外相关教材或教学参考书而加以修订。修订后主要具有下列特点。

　　（1）删除原教材中一些比较陈旧的概念、内容和技术，用生物化学与分子生物学的新概念、新知识和新技术加以取代。

　　（2）为适应各高校学科和专业发展的需要，教学内容需做适当调整。从现在的发展趋势来看，很难分清"纯工科"与"纯理科"的界限，各专业学生均要求基础和素质全面提高。因此，第三版中对基础知识的广度和应用性均有所加强，而且尽力做到这些基础知识与现代技术和应用的紧密联系。

　　（3）本书最后一章"生物化学与新生物技术"介绍了21世纪以来生命科学新崛起并逐渐发展成熟的一批新兴学科和技术，包括"基因组学"、"蛋白质组学"、"生物芯片技术"和"合成生物学"等，纵观这些学科和技术所涵盖的内容，无不与生物化学紧密相关，而且生物化学的发展要取得大的突破也依赖于这些新兴学科和技术的支持。这部分内容深入浅出地介绍这些新学科和技术的涵义、技术以及生物化学与它们的关系，以开阔学生的眼界、活跃学生的思维（根据不同专业的基本要求，有的学校或有些专业本章可不讲，但作为学生的参考是很有好处的），以便学生从中领悟在新形势下生物化学所肩负的任务和发展趋势。

　　本书在整本书的结构、书写方式等方面没做大的改动，以适应已习惯于使用本教材的师生。在内容取舍、文字表达以及真正体现科学性、思想性、先进性、启发性和适用性方面尚有不足之处，恳请读者指正。

　　本书由张洪渊、万海清主编并负责全书统稿；万海清编写第一、二、十五章；刘文彬编写第三、四、五、六、八章；李永红编写第十一、十二、十三、十四章；姚舜编写第七、九、十章。对帮助和支持本书编写的有关领导及广大师生表示诚恳的感谢！

张洪渊　万海清

2014年5月于四川大学

前　言

目　录

第一章　绪论

第二章　糖化学

第三章　脂类和生物膜化学

第四章　蛋白质化学

第五章　核酸化学

第六章　酶化学

第七章　维生素、水和矿物质平衡

第八章　能量代谢与生物能的利用

第九章　糖代谢

第十章　脂代谢

第十一章　核酸代谢

第十二章　蛋白质代谢

第十三章　代谢的调节控制

第十四章　基因工程与蛋白质工程

第十五章　生物化学与新生物技术

参考文献

第一章 绪 论

第一节 概 述

随着科学的发展,学科间在理论知识和技术上相互渗透而产生一些新的学科,称为边缘学科。如生物学与物理学交叉产生生物物理学,生物学与数学交叉产生生物数学(或称理论生物学)。生物化学(Biochemistry)是生物学与化学交叉而产生的一个边缘学科,它是利用化学的理论和方法作为主要手段来研究生物的交叉学科,因此它又称为生命的化学。

一、生物化学的涵义

生物化学起源于19世纪的欧洲。由于有机化学和实验生理学的兴起和迅速发展,促使很多科学家开始研究生命有机体的化学组成和与生理功能有关的化学变化。生物化学是将动物化学、农业化学、医学化学和生理化学等方面的研究与生命体化学研究有关的各个领域组合在一起的边缘学科。生物化学的产生和发展源于人类的生产实践,它的发展又有力地推动了生产实践;它在工业上的应用十分广泛,食品工业、发酵工业、抗生素制造工业、制药工业、生物制品工业、化工工业、皮革工业以至石油开采业都与生物化学有密切关系;对生物化学的研究不但为这些工业的生产过程建立科学基础,并为它们的技术革命、技术改造创造条件。

生物化学从不同角度进行研究,又产生许多分支。因研究对象的不同,可分为动物生化、植物生化和微生物生化,如研究对象涉及整个生物界(包括动植物、微生物和人体),则称为普通生物化学。按生物化学应用领域的不同,分为工业生化、农业生化、医学生化、食品生化等。还有按照生命科学研究领域的不同,在分子水平研究的拓展,又出现一些新的分支,如从分子水平探讨机体与免疫的关系,称为免疫生物化学;以生物不同进化阶段的化学特征为研究对象,称为进化生物化学或比较生物化学;以细胞和组织器官分化的分子基础为研究对象,称为分化生物化学等。

更简单地说生物化学就是研究生命现象的化学本质,因此有人也称之为生命的化学。通过生物化学的发展,并与物理学、微生物学、遗传学、细胞学等其他学科的渗透,产生了分子生物学,并成为生物化学研究的主体,生物化学与分子生物学是在分子水平上研究生命奥秘的学科,代表当前生命科学的主流和发展的趋势。

二、生物化学的研究内容

生物化学是一门以生物体为对象、研究生命现象的化学本质的科学。它应用物理、化学、生物学的理论和方法去研究生物体内各种物质的化学及其化学变化规律,通过对这些规律的了解,以期认识和阐明生命现象的本质,并将这些知识应用于工、农、医实践。

首先,生物化学要研究构成生物机体各种物质(称为生命物质)的组成、结构、性质及生物学功能。这些物质包括糖、脂、蛋白质、核酸、酶、维生素、激素、抗生素等。这部分内容称为静态生物化学(或有机生物化学)。

其次,生物化学要研究生物体内各种物质的化学变化、与外界进行物质和能量交换的规律,即物质代谢与能量代谢,称为动态生物化学(或代谢生物化学)。

再次,生物化学要研究重要生命物质的结构与功能的关系,以及环境对机体代谢的影响,从分子水平来阐明生命现象的机制和规律,称为功能生物化学(或机能生物化学)。

第二节　生物化学与其他生命科学的关系

生物化学既是其他生命学科发展的基础，其本身又是现代生物学中发展最快的一门前沿学科。它的迅猛发展为其他生命学科的研究提供了新的理论和方法，深刻影响了细胞学、微生物学、遗传学和生理学等领域的研究，同时也为应用生物学奠定了重要的理论基础。

一、生物化学是分子水平的生物学

从生物学的发展历史看，人们对生物体（生命现象）的认识，是从宏观到微观，从形态结构到生理功能。首先是观察生物体的形态，继而用解剖的方法观察其组织结构，从器官、组织到细胞，从这些不同层次的观察和研究，曾产生了一系列生物学的分支，如分类学、解剖学、组织学、细胞学等。20 世纪 40 年代开始，从对细胞的研究，深入到对组成细胞物质的分子结构进行研究。虽然生物化学的起源可以追溯到一个多世纪以前，但生物化学的真正蓬勃发展，却始于 20 世纪 40 年代末，由于当时对构成生物体的基础物质——蛋白质和核酸的分子结构进行了初步探明，而促进了生物化学的迅猛发展。生物化学的成就，又带动和促进了生命科学向分子水平发展，生物学的各分支学科，又衍生出若干分子水平的新学科，如分子分类学、分子遗传学、分子免疫学、分子生理学、分子病理学、分子细胞生物学，终于又独立产生一门崭新的生命学科——分子生物学，从而使人们对生命的本质和生物进化的认识向前迈进了一大步。以遗传学为例，如果分子遗传学从 Avery 对肺炎链球菌的转化实验算起到 20 世纪 90 年代的50 余年的成就，与经典遗传学从 1865 年 Mendel 发表"植物杂交实验"从而建立了遗传学上的几个基本定律以来的 100 多年所取得成就相比，不知大了多少倍。一个新品种的产生，用经典遗传学的方法选育，需要几年、几十年，而应用现代分子遗传学方法可以在几天、几小时产生一个新品种。可见，生命科学深入到分子水平，使人们无论是对生命的认识，还是在实践上的应用，其深度和广度都是前所未有的。

二、生物化学是现代生物学科的基础和前沿

生物化学既是现代各门生物学科的基础，又是其发展的前沿。说它是基础，是因为生物科学发展到分子水平，必须借助于生物化学的理论和方法，来探讨各种生命现象，包括生长、繁殖、遗传、变异、生理、病理、生命起源和进化等，因此它是各学科的共同语言；说它是前沿，是因为各生物学科的进一步发展欲取得较大的进展或突破，在很大程度上有赖于生物化学研究的进展和所取得的成就。事实上，没有生物化学对生物大分子（核酸和蛋白质）结构与功能的阐明，没有遗传密码以及信息传递途径的发现，就没有今天的分子生物学和分子遗传学；没有生物化学对限制性核酸内切酶的发现及纯化，也就没有今天的生物工程。由此可见，生物化学与其他生物学科的关系是非常密切的，在生物学科中占有重要的地位。

主要以生物化学、生物物理学、微生物学和遗传学为基础发展起来的分子生物学，其主要任务是从分子水平阐明生命现象和生物学规律，因此从广义而言，属于生物化学主要研究内容的蛋白质和核酸等生物大分子的结构与功能，也纳入了分子生物学的研究范畴，有时就很难将生物化学与分子生物学分开，二者的关系非常密切。正因为如此，国际生物化学协会（The International Union of Biochemistry）现已改名为国际生物化学与分子生物学协会（The International Union of Biochemistry and Molecular Biology），中国生物化学学会也已更名为中国生物化学与分子生物学学会。

生物化学与分子生物学各有其侧重点，人们习惯于采用狭义的概念，将分子生物学的范畴偏重于核酸（或基因）领域，主要研究基因或核酸的复制、表达和调节控制等过程。

第三节　生物化学与工农医

生物化学的发展，不仅在对生命现象及生物进化等理论问题上成就卓著，而且随生物化学技术和设备的进步，在现代医学、工业和农业中起着越来越重要的作用。

一、生物化学与工业

早在 4000 多年前，我国劳动人民就已发明酿酒、制酱、制饴，所用的曲（酵母）又称"媒"，就是最早将"酶"用于实践生产食品。酶作为一种生物催化剂，由于具有专一性强、催化效率高、作用条件温和等特点，已在食品、轻工、化工、医药、环保、能源等领域大规模应用。1969 年，日本的千畑一郎首次在工业上应用固定化氨基酰化酶从 DL-氨基酸生产 L-氨基酸。1973 年，日本在工业上成功地实现固定化大肠杆菌，利用菌体中的天冬氨酸酶，由延胡索酸连续生产 L-天冬氨酸。由于固定化细胞只能用于生产胞外酶及容易分泌到细胞外的产物，20 世纪 80 年代中期又发展起来固定化原生质体技术。1986 年以来，华南理工大学生物工程研究所利用固定化原生质体发酵生产碱性磷酸酶、葡萄糖氧化酶、谷氨酸脱氢酶等的研究相继成功，使固定化酶这一酶工程技术，提高到一个新的台阶。

酶在工业上的应用，将会导致工业上某些领域的革命。根据酶作用条件温和的特点，酶反应所用的设备不严格要求耐温、耐压、耐酸碱等条件，加上酶反应的专一性和高效性，所设计的酶反应器，就较易做到生产的程序化、自动化，得到高产量、高纯度的产品。

生物化学在发酵、食品、酿造、日化、纺织、皮革等行业都获得了广泛的应用。例如皮革的鞣制、脱毛，蚕丝的脱胶，棉布的浆纱都用酶法代替了原有工艺。近代发酵工业、有机溶剂、有机酸、氨基酸、酶制剂等均创造了相当巨大的经济价值。蛋白质（酶）、糖、脂肪、核酸等生命物质的研究成就及应用，已使传统食品、医药工业发生了根本的变化。食品生物化学作为开发食品资源、研究食品工艺、质量管理和储藏技术的理论基础，必将促进满足人的营养需要、适应人的生理特点和感官质量的新型食品生产的大发展。

二、生物化学与医学

将生物化学的理论和方法与临床实践的结合，对疾病的生理生化进行研究，有助于疾病的预防、诊断和治疗。如转氨酶用于肝病诊断、肌酸激酶同工酶用于冠心病诊断、淀粉酶用于胰腺炎诊断等。研究生理功能失调与代谢紊乱的病理生物化学，以酶的活性、激素的作用与代谢途径为中心的生化药理学，与器官移植和疫苗研制有关的免疫生化等，都是生物化学与医学的交叉学科。

在治疗方面，磺胺药物的发现开辟了利用酶抑制剂作为药物的新领域，青霉素的发现开创了抗生素的新时代，再加上各种疫苗的普遍应用，许多严重危害人类健康的疾病得到控制。基因工程和蛋白质工程，可以利用细菌来生产胰岛素、生长素、干扰素等重要药物，利用生物化学的手段可以不断研制具有高效性、长效性的新药，或者改造现有药物的疗效，减少毒副作用。

三、生物化学与农业

农林牧副渔各业都涉及生物化学，如防治植物病虫害使用的各种化学和生物杀虫剂，喂养家畜的发酵饲料等。随着生物化学研究的进一步发展，不仅可望采用基因工程的技术获得新的动、植物良种和实现粮食作物的固氮；而且有可能在掌握了光合作用机理的基础上，使整个农业生产的面貌发生根本的改变。

育种是提高农业产量最重要的措施。筛选和培育农作物良种所进行的生化分析，在育种工作中显示出重要作用。杂种优势的利用是作物育种的重要手段，传统方法通过杂交试验选择亲本，要花费巨大的人力物力。大多数具有明显杂种优势的水稻、小麦和玉米等亲本幼苗匀浆氧化活性都具有显著的互补作用，可作为预测杂种优势的生化指标，从而缩短育种周期。也可利用生物化学技术鉴定各种作物的抗寒性、抗病性、抗旱性、耐盐碱性等遗传性状。例如，水稻种胚膜脂中的不饱和脂肪酸的含量与开花结实期水稻对低温的适应性密切相关，抗寒品种不饱和脂肪酸含量高，非抗寒品种不饱和脂肪酸含量低，可作为抗寒性鉴定的一个生化指标。硝酸还原酶活力可作为鉴定作物耐肥性的指标，用于筛选耐肥性高和产量高的品种。同工酶的变化是作物感染病害后在细胞内部产生的生化症状，棉花感枯萎病和抗枯萎病的不同品种的过氧化物酶同工酶谱具有明显差异，可作为快速筛选指标。利用生物化学研究植物对渗透压的调节，发现植物抗旱能力与脯氨酸有密切关系；利用高等植物在干旱条件下积累脯氨酸及甜菜碱的特性，可用于选育抗旱抗盐品种。

　　生物化学可提高农业资源的利用。地球上的绿色植物，每年经光合作用合成的糖类，只有很少一部分可作为食物使用。利用生物化学方法可将这些糖类分解成人类需要的葡萄糖。纤维素酶能水解纤维素，为酿造业和生物能源行业提供葡萄糖，从而减少粮食消耗。

　　畜牧业最大的难题是群体的防病防疫，由于有新的疫苗不断被研究出来，使得烈性传染病、人畜共患的传染病得到有效控制。但由于病原体的变异，使得疫苗不得不更新。利用生物化学的方法研究出具有单一免疫功能的单克隆抗体，不仅可以用于传染病的检验，还能直接进行被动免疫治疗，为畜牧业的防病免疫和肉食品检验带来极大便利。

第四节　　21 世纪的生物化学发展趋势

　　20 世纪的后半叶，在整个自然科学中，生物学的发展是最为迅速的，尤其是生物化学

与分子生物学，其发展更是突飞猛进，使整个生命科学进入分子时代，开创了从分子水平阐明生命活动本质的新纪元。如果说，19 世纪中期细胞学说的建立从细胞水平证明了生物界的统一性，那么，在 20 世纪中期生物化学与分子生物学则在分子水平上揭示了生命世界的基本结构和基础生命活动方面的高度一致性。

　　进入 21 世纪以来，许多国家逐步开展大规模的蛋白质工程计划，通过有控制的基因修饰和基因合成，对现有蛋白质加以改造，设计、构建并最终产生出比自然界现有蛋白质性能更加优良、更加符合人类需要的新型蛋白质。生物化学研究最活跃最重要的领域还包括以下几方面。

一、大分子结构与功能的关系

　　生命的基础物质（蛋白质、核酸及糖）基本上是大分子，这些大分子结构与功能的关系，仍然是生物化学的首要任务。蛋白质是生命活动的主要承担者，几乎一切生命活动都要依靠蛋白质来进行。蛋白质分子结构与功能的研究除了要继续阐明由氨基酸形成的一定顺序的肽链结构（称为一级结构）外，还要特别重视肽链折叠成的三维空间结构（高级结构）以及形成空间结构的密码，因为蛋白质的生物功能与它空间结构的关系更为密切。

　　核酸是遗传信息的携带者和传递者，研究核酸的结构与功能，特别是 DNA 及基因的结构，包括人体全套基因的结构，将会给整个生命科学、医学、农学带来崭新的面貌。糖类不仅作为能源，而且在细胞识别、免疫、信息接收与传递方面具有重要作用。因此，糖的结构与功能的研究，也将受到重视。

二、生物膜的结构与功能

　　生物膜包括细胞的外周质膜和细胞内的具有各种特定功能的细胞器膜。构成生命活动本质的许多基本问题如物质转运、能量转换、细胞识别、神经传导、免疫、激素和药物的作用等都

离不开生物膜的作用，此外，新陈代谢的调节控制，甚至遗传变异、生长发育、细胞癌变等也与生物膜息息相关。因此，深入了解生物膜的结构和功能不仅对认识生命活动的本质具有重要的理论意义，而且对于工业、农业、医学和国防工业也有重大的应用价值。21世纪对生物膜的结构、功能、人工模拟与人工合成将是重大的生物化学课题之一。

三、机体自身调控的分子机理

生物体内的新陈代谢是按高度协调、统一、自动化的方式进行的，一个正常机体其体内各种生命物质既不会缺乏，又不会过多积累，它们间互相制约、彼此协调，这是由机体内一套高度发达、精密的调节控制机制来实现的。生物体内各种物质和能量代谢的调节控制，生物信息的传递及其对代谢的调控作用，遗传信息的传递及其调控，是有机体自身调控研究中的主题，也是任何非生物系统或现代机器所不能比拟的。世界上最先进的计算机与人相比，在计算速度上人脑可能不如电脑，但在信息处理、加工变换上电脑远不如人脑。阐明生物体内新陈代谢调节的分子基础，揭示其自我调节的规律，不仅有助于揭开生命之谜，而且可以借鉴用于工业体系，使其高效率、自动化生产某些产品。目前，生物的反馈调节原理初步用于发酵工业生产抗生素、氨基酸和核苷酸等产品的过程中。随着生物化学在这一领域的深入研究，其在工业上的应用将更大范围、更大规模展现出更美好的前景。

四、生化技术的创新与发明

随着生命科学在分子水平研究的深入，不仅要求生物化学在理论上有所突破，而且要求生物化学技术要不断创新，才能真正使生物化学发挥基础和前沿的作用。现在生命科学的某些重要领域其发展受到技术的限制，例如基因工程，受到产品分离纯化技术的限制。有的基因工程技术实现了基因筛选、分离、转移，并得以表达，但其产品得不到理想的分离纯化，因此并未达到目的。可见，在这些领域的首要任务，就是要求生物化学在产品的分离纯化技术上有新的突破。生物化学应在蛋白质等物质的分离纯化、微量及超微量生命物质的检测与分析、酶功能基团的修饰、酶的新型抑制剂的筛选、酶的分子改造与模拟酶、生物膜的分离与人工膜制造等技术有较大的发展，才能适应科学发展的需要，促进生物化学理论和技术在工农业上的应用。

五、生物化学与现代新生物技术

随着人类基因组计划的实施和完成，带动和促进了一批新的生物科学的分支学科的诞生和发展，诸如基因细胞学及后基因组学、蛋白质组学、生物信息学和生物芯片技术等。生物化学不仅与这些新的领域紧密相关，并在其中大显身手，而且反过来这些新学科的发展必将大大促进生物化学新的革命，一定会以前所未有的速度迅猛发展和进步，为生命科学谱写新的篇章。通过有控制的基因修饰和基因合成，对现有蛋白质加以改造，设计、构建并最终产生出性能比自然界现有的蛋白质更加优良、更加符合人类需要的新型蛋白质。

习 题

1. 什么叫生物化学？其研究的内容和目的有哪些？
2. 生物化学在生命科学中的地位如何？
3. 21世纪生物化学的发展趋势怎样？

第二章 糖 化 学

第一节 概 述

一、引言

糖类（saccharides）是广泛分布于自然界的一大类有机化合物。日常食用的蔗糖、粮食中的淀粉、植物体中的纤维素、人体血液中的葡萄糖等均属糖类，几乎所有的动物、植物、微生物体内都含有糖类物质。植物体 85%～90% 的干重是糖，其中最重要的糖是淀粉和纤维素，动物细胞中最重要的糖类是糖原。糖类成分常见的分布如绿色植物的皮、杆等多糖（纤维素），粮食及块根、块茎中的糖（淀粉），动物体内的储藏多糖（糖原），昆虫、蟹、虾等外骨骼糖（几丁质），食用菌中的糖（香菇多糖、茯苓多糖、灵芝多糖、昆布多糖等），细菌/酵母的细胞壁糖，结缔组织中的糖（肝素、透明质酸、硫酸软骨素、硫酸皮肤素等），核酸的糖，脂多糖（糖脂），糖蛋白（蛋白聚糖）中的糖，细胞膜及其他细胞结构中的糖以及血型糖等。糖类与蛋白质、脂类共同构成生命活动必需的能源物质，是一切生命体维持生命活动所需能量的主要来源，同时还是生物体内重要的结构物质、活性物质以及细胞识别和信息传递的重要参与者。

从化学结构上看，糖类物质是一类多元醇的醛衍生物或酮衍生物，包括了多羟基醛、多羟基酮以及它们的缩聚物和衍生物。如常见的葡萄糖和果糖分别是多羟基醛和多羟基酮。从组成元素上来看，糖类物质由碳、氢、氧三种元素组成，多数糖类所含碳及氢氧元素的通式为 $C_n(H_2O)_m$，故过去常将糖类物质称为"碳水化合物"（carbohydrate）。但这种叫法并不准确，有些物质中的碳、氢、氧之比符合上述通式，然而从其理化性质看，却并不属于糖类，例如甲醛（CH_2O）、醋酸 [$C_2(H_2O)_2$]、乳酸 [$C_3(H_2O)_3$] 等；而有些糖类物质的碳、氢、氧之比不符合上述通式，如鼠李糖（$C_6H_{12}O_5$）、脱氧核糖（$C_5H_{10}O_4$）等。因此将糖定义为多羟基醛或多羟基酮更为准确和科学。

近三十年，科学家发现糖类化合物在生物化学中占有特殊的重要位置，细胞的通讯和识别、分化、摄取、变异与转化、细胞调节等都直接依赖糖的复合物，诸多新技术新方法的运用推动了糖类的研究迅速发展，开拓了糖类化学的新局面。本章将介绍糖化学的相关知识及其在生命科学、药物研究等领域中的地位和广泛用途。

二、糖的基本情况

1. 分类——糖分为单糖、寡糖、多糖三类

根据糖类物质聚合度的不同，可以将糖分为单糖 、寡糖和多糖三大类。多糖按照化学组成来划分又可分为同聚多糖和杂多糖；糖和非糖物质以共价键结合还可形成复合糖。按其是否具有还原性可以分为还原糖及非还原糖。

（1）单糖（monosaccharides） 系简单的多羟基醛或酮的化合物，它是构成糖分子的基本单位，自身不能被水解成更简单的糖类物质。绝大多数天然存在的单糖碳原子数目为 5～7 个，最简单的单糖是甘油醛和二羟基丙酮，重要的单糖有核糖（ribose）、脱氧核糖（deoxyribose）、葡萄糖（glucose）、果糖（fructose）和半乳糖（galactose）等。单糖类多为结晶性，有甜味，易溶于水，可溶于稀醇，难溶于高浓度乙醇，不溶于极性小的有机溶剂，具有还原性。

（2）寡糖或称低聚糖（oligosaccharides） 是由 2～10 个单糖分子缩合而成，因而寡糖完全

水解后可以得到几分子的单糖。最常见的寡糖为二糖，它可以看作两个单糖分子缩合失水形成的糖，蔗糖（sucrose）、麦芽糖（maltose）和乳糖（lactose）等均为二糖。此外，还有三糖、四糖等，如棉子糖（raffinose）和龙胆三糖（gentianose）均是由三个单糖分子缩合失水而成的三糖。低聚糖具有与单糖类似的性质：结晶性，有甜味，易溶于水，难溶或不溶于有机溶剂。有的具有还原性，如麦芽糖、乳糖、甘露三糖等；有的无还原性，如蔗糖、龙胆三糖等。

（3）多糖或称高聚糖（polysaccharides） 是由 10 个以上单糖分子缩合而成的，形成多个单糖分子组成的长链。大多为无定形化合物，分子量较大，无甜味，难溶于水，有的与水加热可形成糊状或胶体溶液，不溶于有机溶剂。大多数多糖在一端携带还原单糖残基，因此是还原多糖，但一些多糖在两端有非还原残基。若构成多糖的单糖分子都相同就称为同聚多糖或均一多糖（homopolysaccharide），如淀粉（starch）、糖原（glycogen）、纤维素（cellulose）等；而由不同种类单糖缩合而成的多糖称为杂多糖（heteroglycan）或不均一多糖（heteropolysaccharide），如黏多糖（mucopolysaccharides）等。

（4）复合糖（或称结合糖、糖缀合物，glycoconjugates） 如糖与蛋白质相结合，可分为糖蛋白及蛋白聚糖两大类，其中以蛋白质为主的称糖蛋白，如血液中的大部分蛋白质，卵清蛋白含糖基 1%；以糖为主的称蛋白聚糖，它是动物结缔组织的重要成分，黏蛋白含糖基高达 80%。此外肽聚糖则含有与肽链共价结合的多糖链。糖类和脂质相结合的复合糖如脂多糖，它存在于细菌的外膜，成分以多糖为主；另外糖脂的组成则以脂质为主，大多和细胞的膜连在一起。

（5）糖的常见衍生物 包括糖醇、糖酸、糖胺、糖苷等。

2. 命名——糖的命名方法

单糖的通俗名称常与它的来源有关，例如葡萄糖曾是从葡萄中提取出来的，果糖在水果中含量较高，故由此得名。另外可根据单糖分子中含有的碳原子数，分别称为丙糖（triose）、丁糖（butose）、戊糖（pentose）、己糖（hexose）等，如上面提到的核糖、脱氧核糖均含 5 个碳原子，故称为戊糖，而葡萄糖、果糖、半乳糖则是含 6 个碳原子的己糖。为了区别同碳数的糖，又可以根据糖分子中的羰基位置不同，分为醛糖（aldose）和酮糖（ketose），例如葡萄糖和果糖虽然都是己糖，但前者羰基位于分子末端，相当于醛的衍生物，把它称为己醛糖；后者的羰基位于 C2 位，相当于酮的衍生物，故将其称为己酮糖。

寡糖的命名除了依其所含碳原子数分别称为二糖、三糖、四糖等，一般采用的是沿用已久的习惯名称，如蔗糖、乳糖等。蔗糖最初提炼于甘蔗，乳糖则是从哺乳动物乳汁中发现的一种特有的双糖。

多糖命名遵循的总原则是已确定的有机化合物和碳水化合物命名法。对于缩写的命名，或参考低聚糖链缩写术语。一般采用的也是沿用已久的，以其来源、性状或者用途来命名的习惯名称，如淀粉、纤维素和果胶。

3. 检识——糖的快速定性分析

（1）Molisch 试验 取浓度 1%~2% 的糖类成分水溶液 1mL 置于小试管中，加数滴 α-萘酚试剂，摇匀沿管壁缓缓滴加浓硫酸 1mL，两液面交界处出现红紫色环。此反应为单糖、低聚糖、多聚糖及糖的衍生物（如苷类）的共同反应。

（2）Fehling 试验 取糖类成分水溶液 2mL，加 Fehling 试剂（碱性酒石酸铜试剂，甲、乙两液，临用时等量混合均匀）2mL，于沸水浴中加热数分钟，如产生红色氧化亚铜沉淀则提示有还原糖存在。非还原性低聚糖与多糖须加酸水解后才显阳性反应。

4. 甜度——糖的味觉特性

常见单糖及寡糖都有甜味，但甜度各不相同，如果把蔗糖的甜度定为 1 进行比较，21 种糖类成分的相对甜度比较结果如表 2-1 所示。

表 2-1　糖类成分的相对甜度

糖　类	相对甜度	糖　类	相对甜度	糖　类	相对甜度
蔗糖	1.0	麦芽糖醇	0.7～0.9	果葡糖浆（42%）	0.9～1.0
果糖	1.2～1.7	山梨糖醇	0.5～0.7	果葡糖浆（55%）	1.0～1.1
葡萄糖	0.7～0.8	半乳糖醇	0.6	果葡糖浆（90%）	1.2～1.6
麦芽糖	0.4～0.5	甘露糖醇	0.7	淀粉糖浆（30DE）	0.3～0.35
甘露糖	0.6	木糖醇	0.9～1.2	淀粉糖浆（42DE）	0.45～0.5
半乳糖	0.5	棉子糖	0.23	淀粉糖浆（54DE）	0.5～0.55
乳糖	0.2～0.4	转化糖	1.0	淀粉糖浆（62DE）	0.6～0.7

注：由蔗糖水解生成的葡萄糖与果糖的混合物称为转化糖。

三、糖类的生物学功能

1. 能量物质——淀粉和糖原是重要的体内能源

糖类氧化过程产热快，供能及时，每克糖类能提供 16.7kJ（4.0 kcal）的能量。植物体内重要的储存多糖是淀粉，在种子萌发或生长发育时，植物细胞将它所储藏的淀粉降解为小分子糖类物质以提供能量。糖原是储存于动物体中的重要能源物质，有动物淀粉之称。动物的肝脏和肌肉中糖原含量最高，分别满足机体不同的能量需要。人体脑神经及神经组织靠血液中的葡萄糖供给能量，如果血糖过低，可导致昏迷、休克和死亡。图 2-1 为显微镜观察下的植物淀粉及动物糖原颗粒。

淀粉颗粒

糖原颗粒

图 2-1　植物淀粉及动物糖原颗粒显微照片

2. 碳源物质——有机体碳骨架组成

构成生物有机体中的各种有机物质的碳架都是直接或间接地由糖类物质转化而来的，所以糖还是生物体合成其他化合物的基本原料。比如糖类代谢的中间产物可为氨基酸、核苷酸、脂肪酸、类固醇的合成提供碳原子或碳骨架。

3. 结构组分——纤维素和细菌多糖是细胞壁组分

有些糖类物质在生物体内充当结构性物质，如植物细胞壁的主要成分就是纤维素和半纤维素。纤维素分子聚集成束，形成长的微原纤维，为植物细胞壁提供了一定的抗张强度。构成细菌细胞壁的主要成分是一类特殊多糖，称为细菌多糖，其组成成分较复杂，且因细菌类型的不同而有所差异。还有些多糖作为动物细胞外的间质中的构造分子。

4. 其他重要生物功能——复合糖类和寡糖具有重要生物功能

人体所有的神经组织和细胞中都含有糖类，作为控制和代替遗传物质的基础，脱氧核糖核酸和核糖核酸都含有核糖。某些复合糖类参与细胞与细胞的识别（分子识别），病毒的吸附及抗原抗体的反应。人类的 ABO 血型是由所谓的血型物质决定的，这类血型物质实际上是一种糖蛋白，即蛋白质分子与寡糖链共价相连构成的复合多糖，寡糖链的末端糖组分主要有岩藻糖

（fucose）、半乳糖（galactose）、氨基葡萄糖（glucosamine）等。大多数情况下，糖的部分所占比例较小，但却构成了血型的决定因子，从而决定血型的特异性。正因为以上重要功能，糖类在生物化学中的地位越来越显得重要。

第二节　单糖的结构和性质

一、单糖的结构和立体化学

1. 开链结构与旋光性——具有游离的羰基和手性碳原子

1885 年德国的吉连尼发现葡萄糖可以与 HCN 加成，产物水解成酸后，再用氢碘酸将其羟基还原得到正庚酸，从而推断出葡萄糖是一个直链的五羟基醛。紧接着他还以类似的方法推断出果糖是一个直链的五羟基酮。确定葡萄糖的开链结构现在多用以下三种方法同时来证明：

① 与 Fehling 试剂或其他醛试剂反应，证明其含有醛基；

② 与乙酸酐反应，产生具有五个乙酰基的衍生物；

③ 用钠、汞剂作用，还原生成直链的山梨醇。

单糖的开链结构多用 Fisher（费歇尔）投影式表示，以六个碳（己糖）的葡萄糖为例，其投影式如图 2-2 所示。

图 2-2　葡萄糖的开链
结构及简写式

其中碳骨架需直立；与骨架碳原子相连的两个横键伸向前方，两个竖键伸向后方；氧化程度高的碳原子（羰基碳）放在上方。简写时醛基和羟甲基分别标记为三角形和圆形，骨架碳上所连羟基以横线代替，氢原子省去。

研究发现，葡萄糖及绝大多数糖都有使平面偏振光发生偏转的能力，即糖具有旋光性，若使偏振面向右（即顺时针方向）旋转，常用（＋）表示，向左（即反时针方向）旋转，则用（－）表示。该现象是因为糖都具有手性碳，如果糖上的一个碳原子连接了四个不相同的原子或基团，这种碳原子就被称为手性碳原子，又称为不对称碳原子，常用 C* 表示，单糖从丙糖到庚糖，除二羟丙酮外，都含有手性碳原子。一个手性碳会产生两种构型，它们彼此非常相像，但不能相互重叠，如同左手与右手或实物与镜像的关系。这两种构型一种使偏振光的偏振面向右旋转，另一种则使偏振光的偏振面向左旋转。像这种由于不对称分子中原子或原子团在空间的不同排布对平面偏振光的偏振面发生不同影响所引起的异构现象，称为旋光异构现象，所产生的异构体，称为旋光异构体。甘油醛的两个旋光异构体在结构上不是同一物质，而是实物与镜像的关系，对映但不重合，所以这种异构体又称为对映异构体。如果糖上含有多个手性碳（如葡萄糖），则糖的旋光性和旋光度由糖分子中的所有手性碳上的羟基方向所决定。

为了区别，1906 年规定，凡是糖分子中距羰基最远的手性碳原子所连羟基在费歇尔投影式中朝右为 D-构型，朝左则为 L-构型。天然葡萄糖为 D-构型（C5-OH 在右边），并能使偏振光右旋（如图 2-3 所示），故完整的表示应为 D-（＋）-葡萄糖。

图 2-3　D 型葡萄糖的旋光性

由此可知，D-(＋)-甘油醛（醛糖）和 D-(－)-果糖（酮糖）的费歇尔投影式及简写为：

D-(+)-甘油醛

D-(-)-果糖

通常规定，旋光管的长度为 1dm，待测物质溶液的浓度为 1g/mL，在此条件下测得的旋光度叫做该物质的比旋光度，比旋光度像物质的熔点、沸点、密度一样，对每一种旋光物质而言是一个物理常数，因此借助比旋光度可对糖做定性定量测定。

需注意以下几点：①构型是人为规定的，而旋光性是用旋光仪测定时偏振面偏转的实际方向，具有 D 型的物质可能具右旋性，也可能具左旋性（如图 2-4 所示）；②所有的醛糖都可以看成是甘油醛的醛基碳下端逐个插入 C^* 延伸而成，D-甘油醛衍生而来的称 D 系醛糖（见图2-6），由 L-甘油醛衍生而来的称 L 系醛糖；③天然存在的己醛糖都是 D 型的；④含有 n 个 C^* 的化合物，旋光异构体的数目为 2^n，组成 $2^n/2$ 对对映体。

图 2-4　D-甘油醛衍生而来的 D 系醛糖

除了对映异构体之外，单糖的结构里还存在差向异构体（epimer）现象。即含有多个手性碳原子的两种单糖彼此之间的差别只在于单一不对称碳原子的构型，也叫表异构体。图 2-5 是三种互为差向异构体的单糖。

2. 环状结构——单糖的半缩醛（半缩酮）形式

研究发现，D-葡萄糖在不同条件下得到的结晶，其比旋光度是不同的。室温下从酒精中结晶出来的比旋光度为＋112.2°；另一种由吡啶中结晶出来的比旋光度为＋18.7°。将这两种葡萄糖结晶分别溶解在水中时，比旋光度会随时间逐渐改变，最后都固定于＋52.5°。这种旋光度自行改变的现象，称为变旋光（mutarotation）现象。但葡萄糖的开链结构无法解释这一现象。此外，醛基是相对较活泼的基团，醛基上的碳氧双键可以与其他物质起加成反应（如与亚硫酸氢钠加成），葡萄糖虽然有醛基，但不能发生此反应。而且葡萄糖与醛类化合物不同，不能与两分子醇反应，只能与一分子醇反应，说明它不能生成缩醛，只能生成半缩醛。

图 2-5　三种六碳糖差向异构体

（C2差向异构体）　D-(+)-甘露糖　　D-(+)-葡萄糖　　（C4差向异构体）D-(+)-半乳糖

　　根据这些情况，费歇尔（E. Fischer）提出了单糖的环状结构。单糖分子中醛基和其他碳原子上的羟基能发生成环反应，称为半缩醛反应（seiacetol reaction）。由于单糖为多羟醛（或酮），理论上 C1 位的醛基可以和多个羟基分别发生半缩醛反应。实验证明仅有两种可能：一种是醛基与 C5 位上的羟基反应生成吡喃环（六元环中含 5 个碳原子，如图 2-6 所示）；另一种是与 C4 位上的羟基反应生成呋喃环（五元环中含 4 个碳原子，如图 2-7 所示）。因此前者称为吡喃糖（pyranose），后者称为呋喃糖（furanose）。天然葡萄糖以吡喃型为主，呋喃型葡萄糖不稳定。

图 2-6　单糖成环得到吡喃糖的半缩醛反应

　　总体看来糖分子的结构既有开链的醛式，也有环状的半缩醛式，而且以后者为主。
　　C1 上的醛基成环后会出现一个新的羟基，称为半缩醛羟基。此羟基在空间的不同排布方式，可产生两种不同构型的异构体。为便于研究，对环状结构异构体作如下规定：凡半缩醛（或半缩酮）羟基与决定直链结构构型（D 或 L）的碳上的羟基（即靠近伯醇基碳原子上的羟基）处于碳链（或环平面）的同一边者为 β 型（如图 2-9 右边的吡喃葡萄糖）；反之，在不同边者为 α 型（如图 2-9 左边的吡喃葡萄糖）。这两种只是在羰基碳原子上的构型不同的同分异构体，称为异头物（anomer）。决定异头现象的碳原子称为异头碳原子。

图 2-7　两种五元呋喃糖产物形式及其碳原子编号

单糖的环状结构常用所谓的哈沃斯（Haworth）透视式结构来表示，例如葡萄糖的两种环状结构形式如图 2-8 所示。

图 2-8　葡萄糖两种环状结构的 Fischer 和 Haworth 表示法

将 Fischer 式书写成 Haworth 式时需遵循两条原则：

① 是将直链碳链右边的羟基写在环的下面，左边的羟基写在环的上面。

② 是当糖的环形成后还有多余的碳原子时（未成环的碳原子），如果直链环是向右的，则未成环碳原子规定写在环之上，反之写在环之下（酮糖的第一位碳例外）。另外用粗线来代表靠近读者一边。此外，之前定义的 Fischer 式中的 D、L 型糖转化为 Haworth 式中则看距羰基最远的不对称碳原子上的取代基，向上的为 D 型，向下的为 L 型。基于以上规则读者很容易将上面的两种呋喃葡萄糖命名为 α-D-呋喃葡萄糖和 β-D-呋喃葡萄糖。

用糖的环状结构就可以解释前述用开链结构无法解释的糖的某些性质。由于糖的环式结构中存在一个半缩醛羟基，而此羟基在空间排布位置的不同将导致不同的异构体，因此会有不止一个比旋光度；在成环过程中该羟基位置会不断改变，最终达到平衡，所以有变旋现象；此外，由于糖的醛基在成环后变成了半缩醛羟基，其性质不如醛基活泼，因而不能与亚硫酸氢钠发生加成反应。

3. 立体构象——单糖的三维结构

构型（configuration）指的是分子中由于各原子或基团间特有的固定的空间排列方式不同而使它呈现出不同的稳定的立体结构。而构象（conformation）是由于分子中的某个原子（基团）绕 C-C 单键自由旋转而形成的不同的、暂时性的、易变的空间结构形式。由此可知前面介绍的 β、α、D、L 涉及的都是构型问题。以葡萄糖为例，根据 X 射线衍射结果得知，葡萄糖的吡喃环上的 5 个碳原子并不在一个平面上，而是和正己烷一样扭曲成两种不同的结构（构象）——船式和椅式。船式构象和椅式构象可相互转变，由于空间排斥作用较小，所以主要以椅式构象存在，船式构象极不稳定，不能存在。糖的椅式构象可能有两种，即 N 式（Normal form，正常式）和 A 式（Alternative form，交替式）。即：

N式　　　　　　A式

在葡萄糖的构象式中，α-和 β-端基异构体有差别。α-体的 C1 位上羟基取 a 键，它与 C3 和 C5 位上的氢原子（a 键）有空间排斥作用（1,3-干扰）。而 β-体的 C1 位上羟基取 e 键，没有这种作用。而且 β 体环上所有比较大的基团都处在 e 键，相互之间距离最远，没有空间排斥作用，如下所示：

α-D-(+)-吡喃-葡萄糖(N式)　　　　β-D-(+)-吡喃-葡萄糖(N式)

因此，对于 α-及 β-两个异构体来说，又以 β-异构体占优势构象，故在平衡体系中存在量也较多，这就可以解释在前面说过的，葡萄糖在水溶液中达到平衡时 β-体占 64% 而 α-体占 36% 的原因。

二、单糖衍生物

1. 磷酸衍生物——糖代谢的重要中间产物

所有活细胞中都有单糖的磷酸衍生物，它们是糖代谢的重要中间产物。有代表性的是己糖 C1 与 C6 上的羟基与磷酸构成的酯。

α-D-葡糖-1-磷酸　　　　　α-D-果糖-6-磷酸

α-D-葡糖-6-磷酸　　　　　α-D-果糖-1,6-二磷酸

2. 氨基糖——羟基被氨基取代的单糖

单糖分子中的某些基团可以被其他一些化学基团取代，生成取代单糖。最常见的是构成多种多糖的基本组成单位——氨基糖（glycosamine），例如氨基葡萄糖（glucosamine）和氨基半乳糖（galactosamine）。因为它们是 C2 位上的羟基被氨基取代，所以全称是 2-脱氧氨基葡萄糖和 2-脱氧氨基半乳糖。已发现天然存在的氨基糖有 60 多种，除大多在 C2 位上被氨基取代外，也有 C3、C4 和 C6 位上取代的氨基酸。

氨基糖的氨基常常乙酰化，称为 N-乙酰氨基糖。氨基葡萄糖和氨基半乳糖均可乙酰化形成 N-乙酰葡萄糖胺（N-acetylglucosamine）和 N-乙酰半乳糖胺（N-acetylgalactosamine）。构成细菌细胞壁的乙酰胞壁酸（acetyl-muramic）则是胞壁酸乙酰化的产物，胞壁酸（muramic acid）是由氨基葡萄糖 C3 位上的羟基与乳酸的羟基失水缩合而成的一种酸性氨基糖。存在于动物神经组织的唾液酸（N-乙酰神经氨酸，sialic acid）也是一种乙酰化的酸性氨基酸。常见的几种氨基糖的结构见图 2-9。

β-D-葡糖胺　　　β-D-半乳糖胺　　　β-D-N-乙酰葡糖胺　　　胞壁酸

N-乙酰胞壁酸　　　N-乙酰神经酰胺
（唾液酸）

图 2-9　六种常见的氨基糖

氨基糖常存在于动物甲壳素、软骨、糖蛋白、血型物质、细菌细胞壁以及红霉素、氯霉素等抗生素中。

3. 糖醇——重要的工业产品

单糖在还原剂的作用下，醛基还原成羟基生成糖醇（glycitol）。它们通常是有机体的组成和代谢产物，同时也是化工、医药、食品上的重要原料物质。常见的糖醇有山梨糖醇、甘露糖醇、葡萄糖醇（见图 2-10）、赤藓糖醇、麦芽糖醇、乳糖醇、木糖醇等。和糖不同，这些糖醇对酸、热有较高的稳定性，常作为食糖替代品广泛应用于食品工业中低热值食品配方。葡萄糖用电解法还原时，产物中主要是山梨醇，另含少量甘露醇。此外，海藻和海带中甘露醇的含量较高，它们是制取甘露醇的主要原料。

D-葡萄糖　　　D-葡萄糖醇　　　L-古洛糖

D-果糖　　　D-甘露糖醇　　　D-甘露糖

图 2-10　单糖和糖醇之间的转化关系

木糖醇（xylitol）的甜度与蔗糖一样，是多醇中最甜的。许多水果和蔬菜中含有木糖醇，而且木糖醇在人体中亦存在，是葡萄糖正常代谢的中间物。外源性的木糖醇主要在肝脏代谢，一部分通过氧化提供能量，另一部分转化为葡萄糖。木糖醇在许多国家作为甜味剂或湿润剂而被广泛用于食品、口腔卫生用品、化妆品和药品中。商业使用的木糖醇是大规模生产的，主要来自含木聚糖半纤维素丰富的桦树、玉米芯等植物，通过水解、脱氢、提纯得到。山梨醇（sorbitol）可用于制造抗坏血酸，在某些方面可代替甘油。此外甘露醇是降低颅内压的药物，还可用于治疗青光眼，防止肾功能衰竭等疾病。在制备生化药物时甘露醇还可替代明胶。

4. 糖酸——单糖的氧化态

单糖氧化后可生成相应的糖酸（glyconic），单糖的醛基或半缩醛基被氧化为羧基后，称为糖酸或醛糖酸（aldonic acid）；伯醇基被氧化为羧基的单糖，称为糖醛酸或糖尾酸（uronic acid）；2-酮糖的 1-位羟基被氧化为羧基的单糖，称为酮糖酸（ulosonic acid）；单糖分子的两端若都变为羧基，则称为糖二酸（aldaric acid）。常见的糖酸有葡萄糖酸、葡萄糖醛酸、葡萄糖二酸。

　　葡萄糖酸可通过葡萄糖氧化酶作用于葡萄糖而大量制备；葡萄糖与硝酸作用又可得到葡萄糖二酸，但葡萄糖醛酸不能通过直接氧化葡萄糖制得，因为葡萄糖中的醛基比羟基更易被氧化。工业上常以淀粉为原料，仍用硝酸将淀粉中的葡萄糖基上 C6 位的羟基氧化成羧基，同时淀粉在反应过程中发生水解，C1 位的醛基游离出来，于是生成葡萄糖醛酸。

　　葡萄糖酸和葡萄糖醛酸都是机体的代谢中间物，葡萄糖酸钙在医药上用于消除过敏，补充钙质；葡萄糖醛酸具解毒作用，能与进入体内的或代谢分解物中含羟基的有害化合物结合，形成葡萄糖醛酸的糖苷随尿排出。较重要的糖酸还有抗坏血酸（维生素 C），广泛存在于植物和某些动物体内，是人类必需的一种维生素。从结构上看，它是古洛糖（gulose）的糖酸，由葡萄糖在体内转化而成。

　　5. 糖苷——多种天然药物的活性成分

　　糖类通过半缩醛羟基与其他化合物的基团共价结合脱水后形成的化合物称为糖苷（glycoside），也称配糖体。因此一个糖苷可分为两部分。一部分是糖的残基（糖去掉半缩醛羟基），另一个部分是苷元（aglycone，或叫配基，即非糖部分），其键称为糖苷键。糖苷键可以通过氧、硫、氮原子彼此连接起来，它们的糖苷分别简称为 O-苷、S-苷、N-苷或 C-苷。糖苷广泛分布于植物的根、茎、叶、花和果实中，并在生物体内起着重要的生理功能。由于多具有明显的生物活性，糖苷可用作药物，很多天然药物的有效成分就是糖苷，例如具止咳祛痰功效的苦杏仁其有效成分为苦杏仁苷（amygdalin，如图 2-11），苦杏仁苷类的物质本身无毒，但当它们被体内 β-葡萄糖苷酶代谢分解后，就会产生有毒的氢氰酸。以洋地黄为代

图 2-11　苦杏仁苷

表的所含的强心苷（cardiac glycoside，如图 2-12）也是糖苷的一种，它不仅可以加强心跳，调整脉搏节律，还有利尿的作用，因而糖苷在医药工业上有很大的实用价值。

图 2-12　洋地黄及其所含强心苷

　　在糖苷中，若糖的成分是葡萄糖就称为葡萄糖苷，是果糖就称为果糖苷。糖苷是缩醛，单糖是半缩醛。半缩醛易变为醛式，因而性质较活泼，而糖苷需水解后才能分为糖与配糖体，所以糖苷较稳定。糖苷的化学性质和生物功能主要由配糖体决定。由糖的半缩醛羟基与配糖体缩合后生成的化学键称糖苷键（glycosidic bond），糖苷键的 α 和 β 构型由糖基决定，在自然界存在的苷类中，葡萄糖的苷（葡萄苷）和其他糖的苷，大多数是 β 型糖苷。

　　大多数糖苷易溶于水、酒精、丙酮或其他有机溶剂。糖苷与游离态配基相比，糖苷的溶解度要大得多，可利用这一性质增加有关化合物的溶解度。如 2-烷基-1,4-萘氢醌为一种止血剂，

若以它作为配基生成糖苷后，溶解度会显著增加，提高了临床应用效果。

三、单糖的化学性质

1. 成脎——糖脎的生成

成脎反应：单糖＋苯肼→苯脎，仅在 C1、C2 上进行；C2 以下结构相同的单糖形成相同的糖脎。糖脎为黄色结晶，有固定的熔点，可帮助推测糖的结构；糖脎也易水解成原来的糖和苯肼，可用于糖的分离和提纯。以葡萄糖为例，生成糖脎的反应需用三分子的苯肼与一分子的糖进行反应。当苯肼用量为一分子时，得到苯腙。而后经互变异构发生 1，4-消除，转化为亚氨基酮，再与两分子的苯肼成脎。

成脎后，借助氢键形成较稳定的分子内六元螯合物，故只在 C1、C2 上进行：

2. 碱反应——单糖与氨反应与食品褐变有关

单糖在浓碱溶液中很不稳定，因条件不同可分解成不同的产物。单糖在稀碱溶液中则易发生异构化，通过烯醇化产生差向异构体。用稀碱处理 D-葡萄糖、D-果糖、D-甘露糖中的任何一种，都会得到三者的平衡混合物体系。因为 α-H 较活泼，在稀碱溶液中可使链形结构通过烯二醇中间体进行异构化：

单糖与弱碱溶液（氨水、氨基酸等氨基类物质）会发生美拉德反应，通过缩合等一系列反应（见图 2-13），产生棕褐色的聚合物。

还原糖种类与美拉德反应有着重要联系，五碳糖褐变速率是六碳糖的 10 倍，还原性单糖中五碳糖褐变速率排序为：核糖＞阿拉伯糖＞木糖。六碳糖则为：半乳糖＞甘露糖＞葡萄糖。还原性双糖分子量大，反应速率较慢。在羰基化合物中，α-乙烯醛褐变最慢，其次是 α-双糖基化合物，酮类最慢。胺类褐变速率快于氨基酸。

图 2-13　美拉德反应

3. 氧化反应——糖具有还原性

(1) 碱性氧化剂　有托伦试剂、斐林试剂、班氏试剂等。

$$单糖+\begin{cases}\xrightarrow{托伦试剂} Ag\downarrow + 葡萄糖酸\\[6pt]\xrightarrow[或班氏试剂]{斐林试剂} Cu_2O\downarrow + 葡萄糖酸\end{cases}$$

① 单糖都可以与弱氧化剂反应得到相应的沉淀和糖酸；

② 单糖可以被弱氧化剂氧化，因此单糖都是还原糖；

③ 酮糖也具还原性，是因为在碱性的弱氧化剂中首先异构化为醛糖，进而被氧化。

(2) 酸性氧化剂　溴水。

D-葡萄糖　　　D-葡萄糖酸-δ-内酯　　　　　　D-葡萄糖酸-γ-内酯

① 醛糖可被溴水氧化成糖酸，进而形成内酯；

② 酮糖不可被溴水氧化，因为溴水呈酸性，不能使酮糖异构化为醛糖；

③ 可用溴水来区分醛糖和酮糖：

$$\begin{cases}醛糖\\酮糖\end{cases}\xrightarrow{Br_2水}\begin{cases}褪色\\不褪色\end{cases}$$

(3) 强氧化剂　稀硝酸。

稀硝酸氧化性强，可把醛糖氧化为糖二酸，进而形成双内酯（酮糖会导致羰基碳与相邻碳之间的键断裂；浓硝酸使醛糖和酮糖都发生碳碳键的断裂）。

D-葡萄糖　　　　　　　　　　　D-葡萄糖二酸　　内酯

(4) 特殊氧化　高碘酸。

醛、酮糖用高碘酸氧化时，邻二醇型、α-羟基醛和 α-羟基酮结构的碳碳键均会断裂，每破坏一个碳碳键，消耗 1mol 高碘酸，反应定量完成（可用于测定糖结构）：

$$
\begin{array}{c}
\text{CHO} \\
| \\
| \\
| \\
| \\
\text{CH}_2\text{OH}
\end{array}
\quad \xrightarrow{\text{5HIO}_4} \quad
\left\{
\begin{array}{l}
\text{HCOOH} \\
\text{HCOOH} \\
\text{HCOOH} \\
\text{HCOOH} \\
\text{HCOOH} \\
\text{HCHO}
\end{array}
\right.
$$

单糖的以上氧化反应可用图 2-14 来总结：

图 2-14　葡萄糖的不同氧化过程及产物

4. 还原反应——糖醇的生成

单糖还原生成多元醇。D-葡萄糖还原生成 D-山梨醇，D-甘露糖还原生成甘露醇，D-果糖还原生成甘露醇和山梨醇的混合物。

D-葡萄糖　　　D-山梨醇　　　L-古洛糖醇　　　L-古洛糖

5. 酸反应——脱水环化过程

戊糖和己糖在非氧化性强酸作用下发生脱水环化，分别生成呋喃甲醛和羟甲基呋喃甲醛，呋喃甲醛又名糠醛。

戊醛糖　　　　　　　　　　　　　　糠醛

己醛糖　　　　　　　　　　　　　　α-羟甲基糠醛

　　糠醛是一种化工原料，用于合成塑料、药物、染料和溶剂，它的水溶液可以抑制小麦黑穗病。玉米棒芯中含有丰富的多聚戊糖，工业上常将其与稀酸在高温高压下作用，经水解、脱水和蒸馏制得糠醛。

　　不同单糖在强酸作用下脱水成的呋喃甲醛类化合物，可与酚试剂形成有色物质，借此对糖进行定性定量测定。

　　6. 成苷反应——脱水形成缩醛

　　糖的半缩醛羟基与醇、酚或氨（胺）反应，脱去一分子水形成缩醛，即为成苷反应。

β-D-吡喃葡萄糖　　　　　　　　　甲基-β-D-吡喃葡萄糖苷
　　　　　　　　　　　　　　　　　（β-D-吡喃葡萄糖甲苷）

　　糖苷分子中无半缩醛羟基，因此糖苷不能形成开链结构、无变旋光现象、无还原性、不成脎；但可以选择性水解：麦芽糖酶可水解 α-苷键，苦杏仁酶可水解 β-苷键。

β-D-吡喃葡萄糖甲苷　　　　　　　　　　　　　　　　　　α-D-吡喃葡萄糖甲苷

　　7. 成酯反应——羟基与羧基成酯

单糖中的羟基均可与酸形成酯。例如葡萄糖在体内代谢首先形成磷酸酯：

α-D-葡萄糖　　　　　　α-D-葡萄糖-1-磷酸酯　　　　　　α-D-葡萄糖-6-磷酸酯
　　　　　　　　　　　　（α-D-G-1-Ⓟ）　　　　　　　　　（α-D-G-6-Ⓟ）

第三节　寡糖的结构和性质

一、寡糖的结构

　　1. 概念——寡糖是单糖的缩醛衍生物

　　寡糖，也称为低聚糖，是由少数几个单糖通过糖苷键连接起来的缩醛衍生物，构成寡糖的单糖基数一般为 2～10 个。若糖基数大于 10 则称为多糖或高聚糖。根据组成寡糖的糖基数可以将寡糖分为二糖、三糖、四糖等。寡糖还可以按组成的单糖类型是否相同分为同质寡糖和异质寡糖。按是否存在半缩醛羟基分为还原性寡糖和非还原性寡糖。寡糖是生物体内一种重要的信息物质，在生命过程中具有重要的功能，它们常常与蛋白质或脂类共价结合，以糖蛋白或糖脂的形式存在于多种生物组织中。现已发现在激素、抗体、维生素、生长素和其他各种重要分子中都有寡糖。寡糖也存在于细胞膜中，寡糖链凸出于细胞膜的表面，使整个细胞表面均覆盖有寡糖，可能是细胞间识别的基础。

　　2. 常见寡糖——二糖和三糖

　　最常见的寡糖是二糖（disaccharides）和三糖（trisaccharides）。

　　由两个连接成一起的单糖组成的糖类，称为二糖或者双糖。它们是最简单的多糖，如蔗糖和乳糖。二糖是由两个单糖单元通过脱水反应，形成糖苷键连接而成。在脱水过程中，一分子单糖脱除氢原子，而另一分子单糖脱除羟基。自然界中重要的二糖有蔗糖、麦芽糖、乳糖以及纤维二糖等。虽然二糖种类繁多，但大多数并不常见。蔗糖（sucrose）是存量最为丰富的二糖，它是植物体内存在最主要的糖类。蔗糖由一个 D-葡萄糖分子与一个 D-果糖分子所组成，其系统命名为：O-α-D-葡萄吡喃糖基-（1→2）-D-果糖呋喃糖苷。其中蕴含了三种信息：①它由两种单糖组成——葡萄糖与果糖；②两种单糖的类型——葡萄糖为吡喃糖，果糖为呋喃糖；③两种单糖的连接方式——在 D-葡萄糖的一号碳（C1）上的氧原子连接 D-呋喃糖的二号碳（C2）。

蔗糖构象式

　　后缀糖苷表明两个单糖异头碳参与了糖苷键的形成。

　　乳糖（lactose）是一种由一分子 D-半乳糖与一分子 D-葡萄糖形成的二糖，广泛存在于天然产物中，如哺乳动物的母乳。工业生产中多从乳清中提取，用于制造婴儿食品、糖果、人造牛奶等，医学上常用作矫味剂。为白色的结晶性颗粒或粉末；无臭，味微甜，在水中易溶，在乙醇、氯仿或乙醚中不溶。乳糖在乳酸菌的作用下，分解成半乳糖和葡萄糖。

乳糖（β式）

　　海藻糖（trehalose）又称漏芦糖、蕈糖等。由黑麦的麦角菌中首次提取出来，随后的研究发现海藻糖在自然界中许多可食用动植物及微生物体内都广泛存在，如人们日常生活中食用的蘑菇类、海藻类、豆类、虾、面包、啤酒及酵母发酵食品中都有含量较高的海藻糖。海藻糖是由两个葡萄糖分子以 1,1-糖苷键构成的非还原性糖，有 3 种异构体即海藻糖（α,α）、异海藻糖（β,β）和新海藻糖（α,β），并对多种生物活性物质具有非特异性保护作用，在医学上已经成功地应用海藻糖替代血浆蛋白作为血液制品、疫苗、淋巴细胞、细胞组织等生物活性物质的稳定剂。

海藻糖(α式)

另外常见的二糖还有麦芽糖（两个 D-葡萄糖通过 1,4 碳原子连接为 α 糖）与纤维糖（两个 D-葡萄糖通过 1,4 碳原子连接为 β 糖），麦芽糖大量存在于发芽的各类种子中，淀粉水解后也可得到麦芽糖。纤维二糖则是纤维素的基本构成单位。

麦芽糖(α式)

三糖，顾名思义就是由三个单糖缩合而成的缩醛衍生物之总称。天然存在的三糖，有龙胆属（龙胆）根中的龙胆三糖（gentianose），广泛分布于甘蔗、棉籽、桉树和甜菜中的棉子糖（raffinose），以及松柏类分泌的松三糖（melezinose）和车前属（plantago）种子中分离出的车前三糖（planteose）等。其他还有作为多糖部分水解产物的如麦芽三糖等。三糖是根据结构进行系统命名的。如棉子糖命名为 O-α-D-半乳糖吡喃基-（1→6)-α-D-葡糖吡喃基-β-D-果糖呋喃苷。

棉子糖又称蜜三糖，由半乳糖、果糖和葡萄糖结合而成，在大部分的植物中都存在，它也被称为蜜里三糖、棉籽糖。棉子糖可作为人体和动物活器官移植用保护输送液的主要成分及延长活菌体在常温下存活期的增效剂。棉子糖为白色结晶粉末，从水溶液结晶时带有五分子结晶水，相对密度 1.465，熔点 80℃，缓缓加热至 100℃ 时失去结晶水。无水物熔点 118～119℃，溶于水，极微溶于乙醇，有右旋光性，可供医药、微生物培养基等用。

棉子糖

松三糖（melezitose）为一种非还原三糖，可从数种树的汁液中被萃取出来，如落叶松或黄杉，具有独特药用价值。松三糖可以部分被水解成葡萄糖和松二糖（松二糖为蔗糖的同分异构体）。

松三糖　　　　　　松二糖　　　　　葡萄糖

麦芽三糖（maltotriose）具有柔和的甜味，甜度约为蔗糖的 0.32 倍。麦芽三糖耐热性、耐酸性均比蔗糖、葡萄糖好，在酸性及高温下稳定，不易发生美拉德反应，有较好的护色作用。同时麦芽三糖拥有良好的吸湿性并可以抑制淀粉老化。此外麦芽三糖兼具营养性和抑制肠内腐败菌生长的功能。

麦芽三糖

二、寡糖的性质

1. 旋光性和变旋性——寡糖都有旋光性，个别没有变旋性

寡糖分子中都存在不对称碳原子，因而都有旋光性，个别没有变旋性。例如蔗糖具右旋性，比旋光度为+66.5°；麦芽糖和乳糖也都具有各自的比旋光度。但并非所有寡糖都有变旋性，蔗糖由于分子中不存在半缩醛羟基，所以不具有变旋性；麦芽糖和乳糖保留有半缩醛羟基，因而具有变旋性。

2. 还原性——多数具有还原性

分子中含有自由醛（或酮）基或半缩醛（或酮）基的糖都具有还原性。单糖和部分寡糖具有还原性，而糖醇和多糖则不具有还原性。有还原性的糖称为还原糖。还原性寡糖的还原能力随着聚合度的增加而降低。海藻糖型的糖分子中两个单糖都是以还原性基团形成糖苷键，不具有还原性，不能还原斐林试剂，不生成脎和肟，不发生变旋现象；而麦芽糖型分子中一分子糖的还原性半缩醛羟基与另一个糖分子的非还原性羟基相结合成糖苷键，因此有一个糖分子的还原性基团是游离的，可以还原斐林试剂，也可生成脎和肟，能发生变旋现象，麦芽糖、乳糖、异麦芽糖、龙胆二糖等属于此类。

3. 发酵性——酒精和二氧化碳的生成

不同微生物对各种糖的利用能力和速度不同。霉菌在许多碳源上都能生长繁殖。酵母菌可使葡萄糖、麦芽糖、果糖、蔗糖、甘露糖等发酵生成酒精和二氧化碳。大多数酵母菌发酵糖速度的顺序为：葡萄糖＞果糖＞蔗糖＞麦芽糖。乳酸菌除可发酵上述糖类外，还可发酵乳糖产生乳酸。但大多数低聚糖却不能被酵母菌和乳酸菌等直接发酵，低聚糖要在水解后产生单糖才能被发酵。由于蔗糖、麦芽糖等具有发酵性，生产上应注意避免微生物生长繁殖。

4. 抗氧化性——氧气溶解度小

糖液具有抗氧化性，因为氧气在糖溶液中的溶解度大大减少，如20℃时，60％的蔗糖溶液中，氧气溶解度约为纯水的1/6。故糖液可通过阻隔空气来体现抗氧化的特性。另外，糖与氨基酸发生美拉德反应的中间产物也具有明显的抗氧化作用。

三、环糊精

1. 结构——环糊精为含有6～8个葡萄糖基的环状寡糖

一种特殊的淀粉酶（环状糊精糖基转移酶）作用于淀粉溶液可以得到一系列结构相关的寡糖，称为环糊精（cyclodextrins）。环糊精是D-吡喃葡萄糖残基以（1→4）糖苷键连接而成的环状结构分子，分子内的葡萄糖残基数一般为6～12个，最常见的含有6、7、8个残基，分别为α、β、γ型环糊精。其分子呈上宽下窄、两端开口、中空的筒状物，腔内部呈相对疏水性，而所有的羟基则在分子外部，其结构见图2-15。

图 2-15　三种环糊精结构、形态和相关参数

　　由于环糊精的环状结构分子所具有的刚性，使得环糊精具有一定程度的抗酸、碱和酶的作用。它们在热的碱性溶液中较稳定，对酸水解较慢，对淀粉酶也有较大抗性。

　　环糊精的另一突出特点是，不论它是结晶还是溶液状，都易同某些小分子或离子形成包含络合物，如极性的酸类、胺类和卤素离子，无极性的芳香碳氢化合物以及稀有气体，都可以包含在环糊精形成的空穴里。这一特性使环糊精在工业上具有极为广泛的用途。

　　2. 用途——广泛的工业用途

　　环糊精因其特殊的分子结构和上述的特殊性质，常作为稳定剂、乳化剂、增溶剂、抗氧化剂、抗光解剂等，广泛用于食品、医药、轻工及农业化工等方面。比如环糊精能有效地增加一些水溶性不良的药物在水中的溶解度和溶解速率，如前列腺素-CD包合物能增加主药的溶解度从而制成注射剂。它还能提高药物（如肠康颗粒挥发油）的稳定性和生物利用度，减少药物（如穿心莲）的不良气味或苦味，降低药物（如双氯芬酸钠）的刺激和毒副作用，以及使药物（如盐酸小檗碱）缓释和改善剂型。包合物可能是环糊精和目标分子1∶1的方式结合而形成，也可能是相的结合方式。

第四节　多糖的结构和性质

一、同聚多糖

　　多糖相对于单糖和寡糖而言是一类结构复杂的大分子糖类物质，它一般由 10 个以上单糖分子缩合而成。自然界中植物、动物、微生物都含有多糖。按多糖的组成成分，可将其分为同聚多糖（homopolysaccharides）和杂聚多糖（heteropolysaccharides）两种。前者由一种单糖组成，后者则由一种以上的单糖或衍生物组成，其中有些还含有非糖物质。常见的同聚多糖有淀粉、糖原、纤维素和几丁质等。

　　1. 淀粉——天然淀粉及改性淀粉

　　淀粉（starch）广泛分布于自然界，特别在植物的种子、根茎及果实中含量较高，是植物体

内重要的储藏多糖，亦可作为重要的营养物质为人体所代谢利用。淀粉由许多 α-D-葡萄糖分子以糖苷键连接而成。天然淀粉有两种组成成分，一种是溶于水的直链淀粉（糖淀粉），另一种是不溶于水的支链淀粉（胶淀粉）。这两种淀粉在不同植物中的含量不同，玉米淀粉和马铃薯淀粉分别含有 27% 和 20% 直链淀粉，其余为支链淀粉；也有的全部为直链淀粉，如豆类淀粉；而糯米则全为支链淀粉。一般天然淀粉中直链淀粉占 10%～20%，支链淀粉占 80%～90%。

直链淀粉（amylose）由 α-D-葡萄糖分子通过 1→4 糖苷键连接而成，相对分子质量为 3.2×10^4～1.6×10^5，相当于含有 200～980 个葡萄糖残基。每个直链淀粉分子是一条线性的无分支的链型结构，它的真实结构是以平均每 6 个葡萄糖单位构成一个螺旋圈，许多螺旋圈再构成弹簧状的空间结构。

支链淀粉（amylopectin）是一种带支链的多糖，组成它的葡萄糖残基之间以 $\alpha(1\to 4)$ 糖苷键连接，在结合 11～12 个葡萄糖残基后即产生一个分支，支链与主链以 $\alpha(1\to 6)$ 糖苷键连接。支链内的葡萄糖残基仍通过 $\alpha(1\to 4)$ 糖苷键连接。支链的长度平均为 24～32 个葡萄糖残基，支链的数目可达 50～70 个。因此支链淀粉的相对分子质量比直链淀粉大，一般在 1×10^5～1×10^6 之间，相当于含有 600～6000 个葡萄糖残基。

一个直链淀粉分子具有两个末端，一端由于存在一个游离的半缩醛羟基，具有还原性，称为还原端，另一端为非还原端（见图 2-16）。单个直链淀粉分子具有一个还原端和一个非还原端，一个支链淀粉分子有一个还原端和 $n+1$ 个非还原端，n 为分支数。

图 2-16　不同淀粉的还原与非还原端

可利用淀粉与碘的颜色反应来区分直链淀粉和支链淀粉，直链淀粉遇碘产生蓝色，支链淀粉遇碘产生红色。以上两种不同的反应结果是与淀粉的螺旋结构有关的。当淀粉形成螺旋圈时，碘分子进入其中，糖的羟基成为供电子体，碘分子成为受电子体，形成络合物。一个螺旋圈所含葡萄糖基数称为聚合度或重合度。当聚合度为 20 左右时，与碘形成的络合物显红色，20～60 时为紫红色，大于 60 则呈蓝色。当链长小于 6 个葡萄糖基时，不能形成一个螺旋圈，遇碘不显色。

淀粉无还原性，具右旋光性。天然淀粉一般不溶于水，且密度较大，其悬浮液放置一段时间后很容易沉淀，工业上常用此法来精制淀粉。

在工业上不仅直接利用淀粉作为原料，用于食品、制药、化工、纺织等领域，而且更常用淀粉的改性产品：淀粉糖和改性淀粉，特别是食品工业和医药工业。利用淀粉为原料生产的糖品统称为淀粉糖，包括结晶葡萄糖、全糖、淀粉糖浆、果葡糖浆等。淀粉糖品与淀粉相比，许多性质都有较大的改变，包括甜度、溶解度、结晶性质、吸潮性和保潮性、黏度、化学稳定性、抗氧化性、发酵性和代谢性质等，这些性质的变化更有利于工业上对淀粉的利用。

改性淀粉又称变性淀粉，是指淀粉经过物理、化学或生物化学方法，改变其天然性质，增强其某些机能或引进新的特性而制备的淀粉产品。这种产品是根据淀粉本身的固有特性，利用加热、酸、碱、氧化剂、酶制剂等改变淀粉的部分性质，以扩大淀粉的应用范围。工业上常用的改性淀粉有预糊化淀粉（溶解速度快，用于食品的增稠、保形等）、酸变性淀粉（具有较低黏度、膨胀系数低、相对分子质量较小等特性，用于食品、纺织、造纸工业）、氧化淀粉（具有低黏度、高清晰度、低胶凝势等特性，作为增稠剂、乳化稳定剂）、磷酸淀粉（具有高极性、高黏度、低凝沉作用，用作增稠剂、乳化剂）等。

2. 糖原——动物的储存燃料

糖原（glycogen）是动物体内的储存多糖，相当于植物体内的淀粉，所以也称为动物淀粉。糖原主要分布在动物的肝脏（肝糖原）和骨骼肌（肌糖原）中，在一些低等植物、真菌和细菌中，也存在糖原类似物。肝脏中的糖原含量与血糖的水平高低有关。人体需要能量时，肝糖原经分解并进入血液而变成葡萄糖（见图 2-17），供机体消耗；在饭后或其他情况下血中葡萄糖的含量升高时，多余的葡萄糖又可以转变成糖原而储存于肝中。肌糖原则为肌肉收缩提供能源。

图 2-17　糖原的结构

糖原的基本组成单位与淀粉相同，也是葡萄糖，相对分子质量很大（肝糖原为 10^6，肌糖原为 $5×10^6$），相当于 3 万个葡萄糖单位。糖原的基本结构与支链淀粉相似，主链以 $α(1→4)$ 苷键连接，再通过 $α(1→6)$ 苷键将主链与支链相连。但糖原的分支更多，且支链长度一般由 10～14 个葡萄糖单位组成，主链上每 3～5 个葡萄糖基就有一个分支，整个糖原分子呈球形。

糖原无还原性，遇碘呈红色；糖原具右旋性。糖原能溶于水和三氯醋酸，但不溶于乙醇及其他有机溶剂。因此，可用冷的三氯醋酸抽提动物肝脏中的糖原，然后再用乙醇将其沉淀。

3. 纤维素——植物结构多糖

纤维素（cellulose）是自然界中分布最广、含量最多的一种多糖，天然纤维素主要来源于棉花、麻、木材等。纤维素主要以结构多糖的形式存在于植物体内，它是构成植物细胞壁和支撑组织的重要成分，使细胞保持足够的抗张韧性和刚性。

纤维素的结构类似于直链淀粉，分子中无分支，而是一条螺旋状的长链，该长链由 D-葡萄糖分子以 β（1→4）糖苷键连接而成，葡萄糖残基的分子数一般为 8000 个左右。纤维素在植物体内集结成一种称为微纤维的生物学结构单元，微纤维由一束沿分子长轴平行排列，但又存在交叉重叠的纤维素分子构成。这种结构决定了纤维素的化学稳定性和机械性能。纤维素的相对分子质量会因植物种类、处理过程及测定方法不同而有较大出入，一般为 5 万至 200 万。

纤维素的主要特点是极难溶于一般的有机溶剂，也不溶于稀酸、稀碱。从纤维素的结构可以看出，每一个葡萄糖分子含有 3 个自由羟基，因此在一定条件下均能与酸发生成酯反应。如果将纤维素加入浓硝酸和浓硫酸的硝化剂中，由于所用酸的浓度和硝化时间的不同，可以将其中的 3 个羟基逐步酯化。分别生成纤维素一硝酸酯、纤维素二硝酸酯和纤维素三硝酸酯。其中纤维素三硝酸酯，即所谓的硝化纤维（俗称火棉，见图 2-18），是制造炸药的原料，其外表与棉花相似，但遇火迅速燃烧。前两者的混合物溶于醚和醇的混合液中，

图 2-18　硝化纤维素结构片段

可得到一种黏稠的制品火棉胶或珂罗酊，这种制品可作为工业和医药的原料。

4. 几丁质——动物结构多糖

几丁质（chitin）又称壳多糖、甲壳素，是构成昆虫、甲壳类动物硬壳的主要成分，有些真菌细胞壁的结构中也含有壳多糖。其基本组成单位是 N-乙酰-2-氨基葡萄糖（或称 N-乙酰葡萄糖胺），通过 β（1→4）苷键连接。壳多糖的结构类似于纤维素，为线形分子。

几丁质的性质稳定，不溶于水和绝大多数有机溶剂，仅溶于少数几种溶剂中，如六氟异丙醇、六氟丙酮水化物、一些氯醇和浓无机酸中；浓碱可使其水化成黏稠物，但易使乙酰基水解下来，成为脱乙酰壳多糖。

在虾、蟹等动物甲壳中含有 10%～30% 的几丁质，因此，工业上常以甲壳为原料生产几丁质。用亚硫酸氢钠漂白法、草酸漂白法等方法可制得不溶性几丁质。作为工业原料，不溶性几丁质用含卤代烃的三氯乙酸处理，可制成透明薄膜，用于制备食品包装袋、记录带及磁带。因具有良好的透气、吸水性能，还可用作"人工皮肤"，将其贴在烧伤或烫伤的创口上，创口中的溶菌酶可缓慢地分解此薄膜，最后使伤口愈合。

如果将不溶性的几丁质溶于三氯乙酸、三氯乙醛和二氯甲烷的混合溶剂中，用喷嘴喷入丙酮，再用甲醇化的碱液处理，制成细纤维，最后制成纸质薄膜。由于这种制品不含黏合剂、多孔、透气性好，是良好的医用材料。也可用于包裹植物种子，既不影响种子的萌发，同时又具有保温、防止细菌侵袭、提高抗病力的作用。

若将不溶性几丁质再用碱法等方法除去分子中的乙酰基，制成脱乙酰化的可溶性几丁质（如图 2-19 所示），则更具有广泛的工业用途。这种产品具有耐碱、耐晒、耐热、耐腐蚀、不潮解、不风化、不畏虫蛀等特性，对织物、皮革等具有牢固的附着力及防皱、防缩、耐摩擦、易固着色素等能力，可用作黏结剂、上光剂、填充剂、乳化剂、净水剂、固发剂等，所以，在医疗、纺织、食品、印染、水处理、化妆品等行业具有广阔的应用前景。

除以上介绍的几种多糖外，常见的同聚多糖还有多种葡聚糖（dextran）、甘露聚糖（mannan）、木聚糖（xylan）等。

图 2-19　几丁质（chitin）脱乙酰化为可溶性几丁质（chitosan）

二、杂聚多糖

前面提到过杂聚多糖是指由一种以上单糖或衍生物组成的多糖，有些还含有非糖物质。下面将简单介绍几种常见的杂聚多糖。

1. 糖胺聚糖——细胞的外基质成分

作为细胞的外基质成分，糖胺聚糖（glycosaminoglycan）是一类含氮的杂多糖，以氨基己糖和糖醛酸组成的二糖单位为基本结构单元，不同的氨基己糖和糖醛酸以及糖分子上取代基的不同都会形成不同的糖胺聚糖。由于这类多糖大多呈现黏性，故也称为黏多糖（mucopolysaccharides）。又因为分子中含有许多酸性基团，也称为酸性黏多黏。黏多糖常存在于动物的软骨、筋、腱等部位，是结缔组织间质和细胞间质的主要成分。常见的黏多糖有肝素（heparin）、硫酸软骨素（chondroitin sulfate）、透明质酸（hyaluronic acid）等（见图 2-20）。

糖胺聚糖的种类繁多，其生物学功能也多种多样。肝素是天然的抗凝血剂，它还可加速血浆中三酰甘油的清除，防止血栓形成。透明质酸则可以增加关节间的润滑性，在剧烈运动时起减震作用，使关节免受伤害。硫酸软骨素的用途更为广泛，它不仅具有特殊的免疫抑制作用，还能减少局部胆固醇的沉积，起到抗动脉粥样硬化的作用。在临床上，硫酸软骨素用于风湿痛、关节炎、神经痛及腰痛的治疗取得了较好的效果。此外，硫酸软骨素具有吸湿保水、改善皮肤细胞代谢的机能，精细化工工业上已将其用在化妆品中，主要作为水包油型表面促进剂，达到充分吸收的目的。

2. 琼脂——海藻多糖

琼脂（agar）是一类海藻多糖的总称，石花菜科（Gelidiaceae）几个属的海藻中含量较高，常作为琼脂的生产原料。琼脂是糖琼脂（agarose）和胶琼脂（agaropectin）的混合物，糖琼脂为聚半乳糖，每 9 个 D-半乳糖［互相以 β（1→3）苷键连接］与 1 个 L-半乳糖通过 β（1→4）苷键连接起来；胶琼脂则是糖琼脂的硫酸酯（大约每 53 个糖单位有 1 个—SO₃H 基，磺酸酯化位置在 L-半乳糖的 C6 上）。

琼脂在医药、食品工业中广泛用作凝固剂、赋形剂、浊度稳定剂等，它还可以作为微生物培养基组分，此外糖琼脂在生化实验中常用作色谱、电泳支持物。

3. 果胶和树胶——植物多糖

果胶（pectin）是典型的植物多糖，它是植物细胞壁的特有组分。果胶是果胶酸的甲酯，果胶酸（pectic acid）是 D-半乳糖醛酸以 α（1→4）苷键连接而成的直链多糖，在这条多糖链上连有一些侧链，侧链主要由半乳糖、鼠李糖、甘露糖等糖基构成。侧链与主链通过 α、β（1→2）等苷键连接。果胶酸的羧基约有 9% 甲基酯化后形成果胶。果胶分为可溶性和不溶性果胶，不

R=H或SO_3^-   R'=SO_3^-或COCH_3

硫酸软骨素 A   R=SO_3H   R'=H
硫酸软骨素 C   R=H   R'=SO_3H

图 2-20 肝素、硫酸软骨素、透明质酸结构片段

溶性果胶是由许多果胶分子链借助于多价金属离子通过未酯化的半乳糖醛酸 C6 羧基互相连接而成网状结构，也称为原果胶（protopectin）。

果胶类物质的一个特性是可以形成凝胶和胶冻。果胶水溶液在一定酸度（pH2～3.5）下与糖共沸，冷却后形成果胶-糖-酸固体胶冻，因此果胶广泛用于制糖、饮料、面包、蜜饯、奶品等食品加工业。此外，果胶还用于制药、化妆品等工业。

树胶（gum）是植物表皮的一类渗出液，它们是由葡萄糖、葡萄糖醛酸、半乳糖、甘露糖、阿拉伯糖等糖基组成的一类杂多糖。不同植物产生不同的树胶，在各种树胶中，糖基成分常常含有羧基等氧化基团，而羧基又多以钙、镁、钾盐形式存在。树胶在工业上有广泛的用途，已用于食品、制药、纺织、印染、造纸、印刷、水泥、涂料、皮革、橡胶、陶瓷、电镀、金属加工、包装材料、化妆品、农业、渔业、国防等工业。按用途可将其分为食品胶和工业胶两大类。常用工业胶有：①阿拉伯胶——主要是阿拉伯胶树的分泌物，浅黄至黄褐色固体、性脆、有光泽，其溶液黏度低，能配成

浓度50%以上的溶液，其胶黏性能与黏度无关，世界年产量5万吨，其中90%产于苏丹，是工业上用途最广的树胶，常用于食品、医药、化妆品、颜料、墨水、印刷、纺织等方面，也用于油库内壁防止渗漏；②黄蓍胶——是黄蓍胶树等的分泌物，在树胶中以它的溶液的黏度最高，主要用于食品、医药和化妆品；③桃胶——由桃的分泌物水解而制得，主要用于水彩颜料和印刷；④落叶松阿拉伯半乳聚糖——由落叶松属木材用水或稀碱液浸提加工而得，属低黏度高分散性树胶，主要用于医药、食品等。

4. 细菌多糖——细菌细胞壁杂多糖

胞壁质（murein）也称为肽聚糖（peptidoglycan），是构成细菌细胞壁骨架结构的一种杂多糖。它是由 N-乙酰葡萄糖胺和乙酰胞壁酸通过 $\beta(1\rightarrow4)$ 苷键交替连接而成的多聚体，这种多聚体再作为交联结构的重复单位通过肽链连接，如图 2-21 所示。

图 2-21　通过肽链连接的交联结构

这种骨架链通过 L-和 D-氨基酸短肽链连接起来构成肽聚糖。革兰氏阳性菌和革兰氏阴性菌细胞壁肽聚糖，结构上的区别在于各有不同的氨基酸及不同方式构成的肽链。

在革兰氏阳性菌的细胞壁中，连接肽聚糖骨架链的次级结构性多糖主要是磷壁酸（tlichoic acid）和磷壁糖醛酸（teichuronic acid），这是革兰氏阳性菌细胞壁的特有成分。磷壁酸是磷酸甘油或磷酸核糖醇的多聚体，其中相邻的多元醇通过磷酸二酯键连接。迄今发现的磷壁糖醛酸有3种类型：一类为相等比例的 N-乙酰半乳糖胺和 D-葡萄糖醛酸组成的多聚糖；另一类为相等比例的 D-葡萄糖和 N-乙酰-D-甘露氨基糖醛酸组成的多糖；第三类也称为脂磷壁酸，是 D-丙氨酸取代的 1，3-多聚磷酸甘油组成的酸性多聚体。革兰氏阴性菌的细胞壁成分较复杂，除含有10%的胞壁质外，在细胞外膜上还覆盖有一层脂多糖。

三、复合糖类

复合糖类是指糖和非糖物质的复合物。糖成分与蛋白质共价相连就构成糖蛋白，与脂类相连就构成糖脂。复合糖的分布很广，功能也多种多样。

1. 糖蛋白——糖蛋白中的寡糖具有重要生物功能

糖蛋白（glycoproteins）专指由寡糖链与多肽链共价相连所构成的复合糖类，多数情况下糖的部分所占比例较小，以蛋白质成分为主。糖蛋白中的糖链一般为低聚糖，常有分支，且整个分子具不均一性。至今发现构成糖蛋白的糖有 10 余种，己糖为主，戊糖次之。已发现有 D-葡萄糖、D-半乳糖、D-甘露糖、D-木糖、L-阿拉伯糖、L-岩藻糖、N-乙酰氨基己糖和唾液酸等。参与糖肽连接的氨基酸种类很有限，常见的是丝氨酸、苏氨酸、天冬酰胺等。

由于连接方式的不同，糖蛋白分为 O-型糖蛋白和 N-型糖蛋白两种，O-型糖蛋白是指蛋白质中的丝氨酸或苏氨酸残基的羟基与糖基相连接，而 N-型糖蛋白则主要是蛋白质中的天冬酰胺的氨基与糖基相连。

N-乙酰半乳糖胺　　　　　*β-N*-乙酰葡萄糖胺

糖蛋白的寡糖链在不同情况下呈现多方面的作用：寡糖链不仅可作为识别标记和多肽链构象的决定因子，而且寡糖链的存在与否还会影响某些糖蛋白与其他分子的结合，甚至改变糖蛋白的溶解度、沉淀性和在水溶液中的黏度。此外，糖蛋白对蛋白水解酶的耐受能力、糖蛋白的分泌及运输等也常与所含的寡糖链相关。

2. 糖脂——糖脂和脂多糖是生物膜组分

糖脂（glycolipids）是一类含有糖基的脂质化合物，是一种普遍的膜组分，主要存在于质膜的外层，它一方面有助于稳定质膜的结构，另一方面可使细胞接受胞外信息，调节细胞功能。常见的糖脂有两类：鞘糖脂（glycosphingolipids）和甘油糖脂（glyceroglycolipids）。鞘糖脂主要存在于哺乳动物中，而植物和微生物中的糖脂以甘油糖脂为主。

半乳糖脑苷脂　　　　　　GM1神经节苷脂　　　　　　唾液酸

脂多糖（lipipolysaccharide）是革兰氏阴性细菌细胞壁成分。不同细菌所含糖组分及其结构都有较大差别。通常含有 5～9 种糖，如肠道细菌除含有 D-葡萄糖、D-半乳糖、N-乙酰葡萄糖胺外，还含有一些特殊的糖组分如 3,6-二脱氧岩藻糖、L-甘油甘露庚糖、2-酮-3-脱氧辛糖酸等。脂多糖除对细胞具有保护作用外，通常还具有抗原性，因而又称抗原性多糖。

习 题

1. 戊醛糖和戊酮糖各有多少个旋光异构体（包括 α、β 异构体）？请写出戊醛糖的开链结构式（注明构型与名称）。

2. 乳糖是葡萄糖苷还是半乳糖苷？是 α 苷还是 β 苷？蔗糖是什么糖苷？是 α 苷还是 β 苷？两分子 D-吡喃葡萄糖可以形成多少种不同的双糖？

3. 某种 α-和 β-D-甘露糖平衡混合物的 $[\alpha]_D^{25}$ 为 +14.5°。求该平衡混合物中 α-和 β-D-甘露糖的比率（纯 α-D-甘露糖的 $[\alpha]_D^{25}$ 为 +29.3°，纯 β-D-甘露糖的 $[\alpha]_D^{25}$ 为 −16.3°）。

4. 请写出龙胆三糖 [β-D-吡喃葡萄糖（1→6）α-D-吡喃葡萄糖（1→2）β-D-呋喃果糖] 的结构式。

5. 试比较淀粉、糖原和纤维素在结构和功能上的异同点。

6. 水解仅含 D-葡萄糖和 D-甘露糖的一种多糖 30g，将水解液稀释到 100mL。此水解液在 10cm 旋光管中测得的旋光度 α 为 +9.07°。试计算该多糖中 D-葡萄糖和 D-甘露糖的摩尔比值（α/β-D-葡萄糖和 α/β-D-甘露糖的 $[\alpha]_D^{25}$ 分别为 +52.5°和 +14.5°）。

7. 若一支链淀粉的相对分子质量为 1×10^6，分支点残基占全部葡萄糖残基数的 11.8%。问：①1 分子支链淀粉含有多少个葡萄糖残基？②在分支点上有多少个残基？③有多少个残基在非还原末端上？

8. 今有 32.4 mg 支链淀粉，完全甲基化后酸水解，得 $10\mu mol$−2，3，4，6-四甲基葡萄糖。问：①此外还有哪些甲基化产物，每种是多少？②通过 1,6-苷键相连的葡萄糖残基的百分数是多少？③若该支链淀粉的相对分子质量为 1.2×10^6，则 1 分子支链淀粉中有多少分支点残基？

9. 请用两种方法分别区分下列各组糖类物质：①葡萄糖与半乳糖；②蔗糖与乳糖；③淀粉与糖原；④淀粉与纤维素；⑤香菇多糖与阿拉伯聚糖。

10. 某一糖类物质可溶于水，但加入乙醇后又发生沉淀，斐林试剂反应阴性。当加入浓 HCl 加热后，加碱可使 Cu^{2+} 还原为 Cu^+。加酸、加入间苯二酚无颜色变化，但加入间苯三酚却有黄色物质生成。试判断这是哪类糖类物质，并说明其判断依据。

第三章 脂类和生物膜化学

第一节 概　　述

一、脂质的概念

1. 定义——脂质是醇与酸缩合的产物

脂质或称脂类（lipid）是由脂肪酸与醇作用生成的酯及其衍生物。脂质包括的范围很广，这些物质虽然在化学成分和化学结构上有较大差异，但它们都具有脂质特有的性质。

2. 特点——脂质通常是水不溶化合物

脂质的显著特点是一般不溶于水，而溶于乙醚、氯仿、苯等有机溶剂中，这是因为脂质分子中碳氢比例较高。脂质这种能溶于有机溶剂而不溶于水的特性称为脂溶性。但这并不是绝对的，由低级脂肪酸构成的脂质就溶于水。即使是完全不溶于水或微溶于水的脂质，在高温高压下也能大量溶于水。

二、脂质的分类

脂质可按不同的方法分类，常用的分类法是根据脂质的主要成分进行分类，依此原则可将脂质分为单脂和复脂。

1. 单脂——单纯脂仅含脂肪酸和醇

单脂（simple lipids）是由各种高级脂肪酸和醇构成的酯，如油脂等。

2. 复脂——复合脂含有多种成分

复脂（complex lipids）则是除含有脂肪酸和各种醇以外，还含有其他成分的酯，如结合了糖分子的称为糖脂（glycolipids），结合有磷酸的称为磷脂（phopholipids），还有脂蛋白（lipoproteins）等。复合脂质往往兼有两种不同化合物的理化性质，因而有特殊的生物学功能。

3. 衍生脂质——由单脂和复脂衍生而来

衍生脂质（derived lipids）由单脂和复脂衍生，也具有脂质的一般性质，如取代烃、固醇类、萜类等。

三、脂类的生理功能

1. 结构组分——磷脂是生物膜的主要成分

磷酸甘油酯简称磷脂（phospholipids），是一类含磷酸的复合脂质。它广泛存在于动植物和微生物中，是一种重要的结构脂质。它具有降低表面张力的特性，因此，主要集中在原生质表面，特别是细胞的膜相结构中，是生物膜特有的主要组分，细胞所含有的大部分磷脂都集中在生物膜中。生物膜所特有的柔软性、半通透性以及高电阻性都与其所含的磷脂有关。

2. 储存能源——脂质是机体的储存燃料

脂质本身的生物学意义在于它是机体代谢所需燃料的储存形式。三酰甘油是主要的储存脂质，1g 油脂在体内完全氧化能产生 37 kJ（9 kcal）能量，是 1g 糖或蛋白质释放能量的两倍多。如果摄取的营养物质超过了正常需要量，那么大部分要转变成脂肪并在适宜的组织中积累下来；而当营养不够时，又可以对其进行分解供给机体所需。冬眠动物在冬眠前累积大量脂肪以储存能量。

3. 溶剂——脂质是一些活性物质的溶剂

有些生物活性物质必须溶解于脂质中才能在机体中运输并被机体吸收利用，如脂溶性维生素，脂类物质可以促进这类物质的吸收，而这些物质在体内起着重要的调节细胞代谢的作用。在此，脂质充当了良好的溶剂。

4．保温和保护——脂质是润滑剂和防寒剂

在机体及其组织器官的表面脂质可以起到润滑剂的作用，可有效防止机械损伤。另外，皮下脂肪等还能防止热量散失，起着防寒剂的作用。

5．其他——参与机体代谢调节

脂类中的胆固醇在人体可以转化成多种激素物质，如肾上腺皮质激素和性激素等，进而调节人体的代谢。脂类物质在代谢过程中产生的一些中间产物，如甘油二酯、三磷酸肌醇等是体内重要的代谢调节物质，起着细胞内信号传递的作用。脂溶性维生素 A、维生素 D、维生素 E、维生素 K 和类胡萝卜素是萜类化合物的衍生物；磷酸丝氨酸能作为凝血因子的激活剂；泛醌在线粒体中作为电子载体，是电子传递链中的重要成分。

第二节　油脂的结构和性质

油脂是油和脂的总称，广泛存在于动植物中，是构成动植物体的重要成分之一。习惯上把在常温下呈液态的叫油（oils），呈固态或半固态的叫脂（fats）。但这种区分不是严格的，从化学结构来看均为甘油和脂肪酸所组成的酯。

一、油脂的结构

1．结构——三酰甘油是甘油的脂肪酸酯

最常见的油脂是三酰甘油（triacylglycerols，TG）或称甘油三酯，即 1 分子甘油（丙三醇）和 3 分子脂肪酸缩合而成的酯。

甘油分子中共含 3 个羟基，所以可逐一被脂肪酸酯化。如果甘油只有 1 个羟基或 2 个羟基被脂肪酸酯化，则分别称为单酰甘油（monoacylglycerols）和二酰甘油（diacylglycerols）。单酰甘油由于含游离羟基，在食品工业中可作为乳化剂；二酰甘油则是第二信使的一种，在细胞信号转导中起重要作用。

油脂的结构通式如下：

式中 R^1、R^2、R^3 为各种脂肪酸的烃基。R^1、R^2、R^3 相同，称为单纯甘油酯（simple triacylglycerols）；R^1、R^2、R^3 有 2 个或 3 个不同者，称为混合甘油酯（mixed triacylglycerols）。大多数天然油脂都是单纯甘油酯和混合甘油酯的复杂混合物。

2．脂肪酸——脂肪酸是一元羧酸

组成油脂的脂肪酸（fatty acid）是有机羧酸，含有 1 个长的碳氢链（烃基）及末端 1 个羧基，天然脂肪酸骨架的碳原子数目几乎都是偶数，骨架碳的编号一般从羧基末端开始，其中第二位和第三位碳原子又分别称为 α 位和 β 位碳原子。烃基含碳原子数为 3～33 个，其中含 12～20 个碳原子的脂肪酸占多数，称为高级脂肪酸。

脂肪酸的烃基有饱和的，如硬脂酸（stearic acid，含 18 个碳原子，用 C_{18} 表示）和软脂酸（palmitic acid，用 C_{16} 表示）；也有不饱和的，如油酸（oleic acid）和亚油酸（liaoleic acid）。饱和脂肪酸构成的脂质在常温下多为固态，而不饱和脂肪酸构成的脂质在常温下多为液态。由于单键可以完全自由旋转而双键不能旋转，饱和脂肪酸中烃链的柔性很大，不饱和脂肪酸出现一个或多个结节，二者构象明显不同。

对于不饱和脂肪酸而言，有含 1 个双键的（称为单烯酸）和 2 个以上双键的（称为多烯酸）。单烯酸的双键位置一般在第 9～10 碳原子之间；而多烯酸通常间隔 3 个碳原子出现 1 个双键。不饱和脂肪酸由于具有不饱和双键，因此具有顺反异构现象。天然脂肪酸中的双键多为顺式结构。

事实上，不同脂肪酸之间的区别主要在于碳氢链的长度及不饱和双键的数目和位置。因而规定脂肪酸的简写法表示是先写出碳原子数，再写双键数，最后以双键键合的两个碳原子的编号中较低者表明双键的位置。例如硬脂酸 $C_{18:0}$，表示含 18 个碳原子，无双键（对于饱和脂肪酸，通常将"0"省去）。又如亚油酸 $C_{18:2(9,12)}$ 或 $C_{18:2}^{\Delta 9c, 12c}$，表示含 18 个碳原子，有 2 个顺式双键，分别位于 9～10 碳及 12～13 碳之间。

油酸是哺乳动物中常见的不饱和脂肪酸，而亚油酸和亚麻酸这两种不饱和脂肪酸是哺乳动物体内不能合成但对身体功能又必不可少的，必须从食物中获得，称为必需脂肪酸。

二、油脂的性质

油脂的理化性质主要决定于脂肪酸，下面介绍油脂的几个主要性质。

1. 溶解性——三酰甘油不溶于水

三酰甘油不溶于水，也没有形成高度分散态的倾向，但可溶于乙醚、丙酮、氯仿等非极性溶剂。二酰甘油和单酰甘油因为存在游离羟基，故有形成高度分散态的倾向，其形成的小微粒称为微团。

2. 水解反应

所有油脂均能被酸、碱和脂肪酶水解，水解的产物是甘油和各种高级脂肪酸。

$$脂肪 + H_2O \longrightarrow 甘油 + 3\ 脂肪酸$$

但酸水解是可逆的，而碱水解是不可逆的，因为过量的碱会与分解下来的脂肪酸生成盐，所以其终产物是甘油和各种高级脂肪酸的盐（钠盐或钾盐），后者就是通常所说的肥皂。因此，也把油脂的碱水解过程称为皂化作用（saponification）（图 3-1）。反应式如下：

$$C_3H_5(OCOR)_3 + 3\ H_2O \longrightarrow 3RCOOH + C_3H_5(OH)_3$$
　　脂肪　　　　　　　　　　脂肪酸　　　甘油

$$RCOOH + NaOH \longrightarrow RCOONa + H_2O$$
　　脂肪酸　　　　　　　　肥皂

油脂的皂化作用对于油脂的分析鉴定极为重要。人们常常通过皂化值来检测油脂的质量，分析油脂中是否混有其他物质，测定油脂的水解程度，而且可以指示将油脂转化为肥皂所需的碱量。

所谓皂化值（saponification number）是指完全皂化 1g 油脂所需氢氧化钾的质量（mg），用下式计算：

$$皂化值 = \frac{V \times N \times 56.1}{m} \tag{3-1}$$

式中，V 为测定皂化值时滴定所用 HCl 的体积（空白减去样品），mL；N 为 HCl 的浓度；56.1 为 KOH 的相对分子质量；m 为测定时所用油脂的质量，g。

图 3-1　制皂工艺流程

从皂化值的大小可以推知脂肪中所含脂肪酸的平均相对分子质量，油脂的皂化值与平均相对分子质量成反比。

3. 加成反应

油脂分子中的不饱和脂肪酸的双键在一定条件和催化剂作用下，能与氢或卤素进行加成反应转变为饱和脂肪酸。与卤素的加成反应也称作卤化作用（halogenation）。液态油脂不便于运输、易酸败，海产油脂还有臭味，经氢化后可克服这些缺点。在食品、肥皂和脂肪酸等工业中，常常用镍催化加氢的办法使不饱和脂肪酸转变为饱和脂肪酸，从而将液态的植物油转变成固态的脂（称为氢化油），以用作食品、肥皂和脂肪酸等工业的原料，如人造奶油就是用精炼棉籽油等植物油氢化制成。

卤化反应中吸收卤素的量反映不饱和键的多少，通常用碘值表示油脂的不饱和程度。碘值（iodine number）指 100g 油脂与碘卤化时所需碘的质量（g），计算式为：

$$碘值 = \frac{N \times V \times \frac{127}{1000}}{m} \times 100 \qquad (3\text{-}2)$$

式中，V 为滴定时用去的硫代硫酸钠的体积，mL；N 为硫代硫酸钠的浓度；127 为碘相对原子质量；m 为样品油脂质量，g。

碘值越大，说明油脂中所含的不饱和脂肪酸越多，油脂的不饱和程度就越大。

4. 乳化作用

油脂虽不溶于水，但在乳化剂的作用下，可变成很细小的颗粒，均匀地分散在水里面而形成稳定的乳状液，这个过程叫乳化作用（emulsification）。所谓乳化剂是一种表面活性物质，能降低水和油两相交界处的表面张力。

在日常生活中，用肥皂去污就是一种典型的乳化作用，以肥皂作乳化剂，把衣物上的油污变成细小的颗粒使之均匀地分散在水中，以达到去污的目的。

5. 自动氧化

油脂在空气中暴露过久，就会产生一种难闻的臭味，这种现象称为油脂的酸败（rancidity）。酸败是由于油脂的自动氧化或微生物作用造成的。

酸败的化学本质一方面是油脂中不饱和脂肪酸的双键在空气中氧的氧化作用下成为过氧化物，过氧化物继续分解生成有臭味的低级醛、酮、羧酸和醛或酮的衍生物。油脂酸败的另一个原因是霉菌或脂酶将油脂水解成低级脂肪酸，脂肪酸再经过 β-氧化过程（见第十章第二节）生成 β-酮酸，β-酮酸脱羧最终生成低级酮类。

铜、铁等金属盐、光、热、湿气都可加速油脂的自动氧化。油脂酸败的反应如下：

$$-CH_2-\overset{\overset{H}{|}}{C}=\overset{\overset{H}{|}}{C}-CH_2- + O_2 \longrightarrow -CH_2-\overset{\overset{H}{|}}{\underset{\underset{O}{|}}{C}}\underset{\underset{O}{|}}{\overset{\overset{H}{|}}{C}}CH_2- \longrightarrow -CH_2-\overset{O}{\overset{|\!|}{C}}\overset{H}{} + \overset{H}{}\overset{O}{\overset{|\!|}{C}}-CH_2- + H_2O$$

$$R-\overset{\beta}{CH_2}-\overset{\alpha}{CH_2}-COOH \xrightarrow{\text{脂肪酶}} R-\overset{O}{\overset{|\!|}{C}}-CH_2-COOH \xrightarrow{-CO_2} R-\overset{O}{\overset{|\!|}{C}}-CH_3$$

　　油脂的酸败对油脂的品质及食品的质量有重要影响，因此，在油脂的储藏和运输，以及食品的加工、储藏中应注意保持低温、干燥、避光，并防止微生物的作用。

　　另一方面，油脂的氧化作用也有其可利用的一面。含高度不饱和脂肪酸的油脂经空气氧化后，表面可形成一层坚硬而富于弹性的氧化薄膜。脂肪酸的不饱和程度愈高，就愈容易形成氧化膜。工业上所用的干性油和半干性油即是根据这个原理。

　　油脂酸败的程度一般用酸值来表示。酸值（acid number）是指中和 1g 油脂中的游离脂肪酸所需要的 KOH 的质量（mg）。油脂的酸败程度越高，酸值也就越大。所以酸值可以用来检测油脂的品质。

　　6. 酯交换反应

　　酯交换反应是酯与醇在酸、碱或酶的催化下生成一个新酯和一个新醇的反应，即酯的醇解反应。油脂与甲醇进行酯交换反应生成甘油和脂肪酸甲酯。

　　生物柴油是以植物油、微藻油脂、动物油脂以及餐饮垃圾油等为原料油与醇经酯交换工艺制成的脂肪酸单烷基酯，最典型的是脂肪酸甲酯，是一种洁净可再生的生物燃料，生产工艺如图 3-2 所示。

图 3-2　生物柴油的生产工艺

第三节　磷脂和固醇类

一、磷脂

　　磷脂是一类含磷酸的复合脂质，包括甘油磷脂和鞘磷脂两类，广泛存在于动植物与微生物中，磷脂是生物膜特有的结构组分，因而具有重要的生物学意义。

　　1. 甘油磷脂——磷脂酸衍生物

　　甘油磷脂也称磷酸甘油酯（phospholipids），实际上为磷脂酸的衍生物。磷脂酸（phosphatidic acid）为磷脂的母体物质，其结构为 1，2-二脂酰-3-磷酰甘油。磷脂酸的磷酸基进一步被极性醇酯化，形成甘油磷脂。甘油磷脂均含有甘油、脂肪酸、磷酸及含碱性化合物

（胆碱或胆胺）或其他成分，它们的结构通式如下：

$$
\begin{array}{c}
\quad\quad\quad CH_2-O-\overset{\displaystyle O}{\overset{\|}{C}}-R^1 \\[2pt]
R^2-\overset{\displaystyle O}{\overset{\|}{C}}-O-CH \\[2pt]
\quad\quad\quad CH_2-O-\overset{\displaystyle O}{\underset{\displaystyle O^-}{\overset{\|}{P}}}-O-X
\end{array}
$$

其中，R^1 通常为饱和脂肪酸基；R^2 为不饱和脂肪酸基；X 为极性醇，如胆碱（卵磷脂，phosphatidylcholines 或 lecithin）、胆胺（脑磷脂，phosphatidylethanolamines 或 cephalin）、丝氨酸（丝氨酸磷脂，serine phosphoglycerides）、肌醇（肌醇磷脂，inositol phospholipid）等。而存在于线粒体膜的心磷脂含有 2 分子磷脂酸。它们的结构如下：

磷脂酰胆碱（卵磷脂）

α-磷脂酰胆胺（脑磷脂）

α-磷酸酰丝氨酸

肌醇磷脂

二磷脂酰甘油（心磷脂）

磷脂酰胆碱（卵磷脂）是生物体中分布最广的一类磷脂，尤以大豆、卵黄、脑、精液、肾上腺中含量最高。磷脂酰胆碱为白色蜡状物，在低温下可结晶，易吸水变成棕黑色胶状物，不溶于丙酮，溶于乙醚及乙醇。磷脂酰胆碱有控制动物体代谢、防止脂肪肝形成的作用。卵磷脂在食品工业中广泛用作乳化剂，主要从大豆油精炼的副产品中获得。

磷脂酰胆胺（脑磷脂）与磷脂酰胆碱同为动植物中含量最为丰富的磷脂，主要存在于脑组织和神经组织中，心脏、肝脏等组织中亦有存在。其性质也与磷脂酰胆碱相似，易吸水氧化成棕黑色物质，不溶于丙酮及乙醇，但溶于乙醚。脑磷脂与凝血有关，血小板中的凝血酶致活素即由脑磷脂和蛋白质组成。当脑磷脂受某些生物毒素中的特殊酶作用而水解时，将会失去一个脂肪酸而形成溶血脑磷脂，可引起溶血现象。

磷脂酰丝氨酸是动物脑组织和红细胞中的重要类脂物之一，可以与卵磷脂和脑磷脂相互转化。性质与磷脂酰胆胺相似。

磷脂酰肌醇（肌醇磷脂）存在于多种动植物组织中，常与卵磷脂混合在一起。根据结构不同，磷脂酰肌醇类分为磷脂酰肌醇、磷脂酰肌醇磷酸、磷脂酰肌醇二磷酸等几种。

1967 年国际纯粹化学和应用化学联合会及国际生物化学联合会的生物化学命名委员会建议对甘油磷脂采取下列命名原则：

$$
\begin{array}{ll}
CH_2OH & 1 \\
HO-C-H & 2 \\
CH_2OH & 3 \\
\end{array}
\Big\}\text{立体专一编号}
$$

将甘油的 3 个碳原子指定为 1、2、3（其顺序不能颠倒）。第二个碳原子的羟基用投影式（Fischer 式）表示，一定要放在左边，位于碳 2 上面的碳原子称为碳 1，位于碳 2 下面的碳原子称为碳 3。这种编号称为立体专一编号，用 Sn 表示，写在化合物名称的前面。根据这一命名原则，磷酸甘油的命名如下：

Sn-甘油-1-磷脂　　　　　　Sn-甘油-3-磷脂

天然存在的甘油磷脂均属于 L-构型的 Sn-甘油-3-磷酸。

从甘油磷脂的结构可知，甘油分子中 2 个碳原子被脂肪酸基酯化成疏水的非极性尾部；第三个碳原子被磷酸酯化，并带有亲水性的胆碱、胆胺等基团，构成亲水的极性头部。整个磷脂分子既有非极性的尾部，又有极性的头部，把这种分子称为两性脂类或两性分子（amphipathic），这种两性性质对于磷脂在构成生物膜结构中极为重要，决定了其在生物膜中的双分子排列（图 3-3）。

图 3-3　甘油磷脂的结构

2. 鞘磷脂——鞘氨醇衍生物

（神经）鞘磷脂（sphingomyelin）大量存在于神经组织和脑内，是动植物细胞膜的重要组分。神经鞘磷脂分子中不含甘油，它是由磷酸、脂肪酸、胆碱以及（神经）鞘氨醇（sphingenine）或二氢（神经）鞘氨醇组成。（神经）鞘氨醇是 1 个有 18 碳的氨基二醇，携带有 3 个功能基，很像甘油分子的 3 个羟基。目前发现的天然鞘氨醇有 30 余种，哺乳动物主要含鞘氨醇和二氢鞘氨醇，植物鞘氨醇为 4-羟基二氢鞘氨醇。在哺乳动物中常见的结构如下：

$$CH_3(CH_2)_{12}-CH=CH-\underset{OH}{CH}-\underset{NH_2}{CH}-CH_2OH$$

神经鞘氨醇

$$CH_3(CH_2)_{12}-CH_2-CH_2-\underset{OH}{CH}-\underset{NH_2}{CH}-CH_2OH$$

二氢(神经)鞘氨醇

神经鞘磷脂与前述的几种甘油磷脂不同，它的脂肪酸并非与醇基相连，而是借酰胺键与鞘氨醇 C2 上的氨基结合，形成神经酰胺。神经酰胺 C1 上的羟基再与磷酸胆碱连接，即为神经鞘磷脂。可见在神经鞘磷脂中的酯键位于神经鞘氨醇、磷酸与胆碱之间，因此，在神经鞘磷脂中只有 1 个脂肪酸分子。神经鞘磷脂的结构如下：

鞘磷脂的构象与甘油磷脂类似，也具有一个极性头部和两条由烃链构成的非极性尾部，为两性分子。鞘磷脂为白色晶体，不溶于丙酮与乙醚，而溶于热乙醇中，具有两性解离性质。鞘磷脂主要位于细胞膜、脂蛋白（尤其低密度脂蛋白）和其他富含脂类的组织结构上，对于维持细胞膜结构尤其是细胞膜的微控功能（如膜内陷）十分重要。它可调节生长因子受体和超细胞基质蛋白的活动，并为一些微生物及毒素、病毒提供结合位点。

二、固醇类

固醇类（sterol）是环戊烷多氢菲（cyclopentanoperhydrophenanthrene）的衍生物，不含脂肪酸，不能被碱皂化，在有机溶剂中容易结晶出来。从严格意义上说，固醇类不应属于脂质类化合物，但由于它们常常与油脂共存，所以将其归入脂类。环戊烷多氢菲是菲的饱和环与环戊烷结合的稠环化合物，结构如下：

环戊烷多氢菲

自然界中各种环戊烷多氢菲衍生物不但基本碳架相同，而且所含侧链的位置也往往相同。例如 C3 上有一羟基；C10 和 C13 上各有一甲基，称为角甲基；C17 上有侧链，这一大类物质称为甾醇，即固醇。

各种固醇物质都具有上述共同的骨架，差别只是在 B 环中的双键位置、双键数目以及 C17 上侧链的结构各不相同。常见的固醇有胆固醇、7-脱氢胆固醇、麦角固醇等。

1. 胆固醇——甾体活性物质前体

胆固醇（cholesterol）普遍存在于动物细胞和组织中，尤以神经组织和肾上腺中含量最高。胆固醇的结构如下：

固醇为白色斜方晶体，无味、无臭，熔点为 148.5℃，高度真空条件下能被蒸馏。由以上结构可以看出，胆固醇分子的一端为一极性头部基团羟基因而亲水，而另一端是具有烃链及固醇的环状结构的疏水端，因此胆固醇与磷脂类化合物都属于两性分子。

胆固醇除与磷脂共同构成细胞膜的结构组分外，还与神经兴奋传导有关，参与脂质代谢，参与血浆脂蛋白的合成。此外，胆固醇还是体内许多其他类固醇物质，如胆酸（cholic acid）、肾上腺皮质激素（adrenocortical hormone）和性腺中的类固醇激素（steroid hormone）、维生素 D_3（cholecalciferol）等的前体物质。但血清中胆固醇含量过高易引起动脉硬化和心肌梗死。

7-脱氢胆固醇是胆固醇在 7、8 位上脱氢后的产物，它经阳光或紫外线照射后，能转变成维生素 D_3。维生素 D_3 参与机体的钙磷代谢，与骨骼的生长发育有关。7-脱氢胆固醇的结构如下：

胆固醇还是临床生化的一个重要指标，在正常情况下，机体在肝脏中合成和从食物中摄取的胆固醇，将转化为甾体激素或成为细胞膜的组分，并使血液中胆固醇的浓度保持恒定。当肝脏发生严重病变时，胆固醇浓度会降低。而黄疸性梗阻和肾病综合征患者血液中胆固醇浓度往往会升高。

胆固醇与毛地黄糖苷容易结合生成沉淀，利用这一特性可以测定溶液中胆固醇的含量。胆固醇在氯仿溶液中与乙酸酐及浓硫酸作用产生蓝绿色，胆固醇氯仿溶液与浓硫酸混合产生蓝紫色，这两种颜色反应，都可用来测定胆固醇的含量。

2. 胆酸及胆汁酸——脂肪消化的乳化剂

胆汁中的重要成分是胆酸及其衍生物。除常见的胆酸外，还有脱氧胆酸（deoxycholic）、鹅脱氧胆酸（chenodeoxycholic acid）和石胆酸（lithocholic acid）等，它们的结构如下：

在胆汁中，胆酸通常不是以游离状态存在，而是与甘氨酸或牛磺酸结合成甘氨胆酸或牛磺胆酸，称为胆汁酸，常以钠盐形式存在。胆汁酸盐为水溶性成分，是一种表面活性物质，能将肠道中的脂肪、胆固醇和脂溶性维生素乳化，促进肠壁细胞对脂肪的吸收。此外，胆汁酸盐还可激活脂肪酶，所以它对脂肪的消化和吸收具有重要生理意义。

3. 酵母固醇——麦角固醇可转变成维生素 D_2

在某些植物、酵母和麦角菌等微生物中含有麦角固醇（ergosterol）。它的 B 环上有 2 个双键，17 位上的侧链是 9 个碳的烯基。经日光和紫外线照射，可使 B 环开裂生成维生素 D_2。麦角固醇的结构为：

$$\text{HO} \quad \begin{array}{c} CH_3 \\ CH-CH=CH-CH \\ CH_3 \end{array} \quad \begin{array}{c} CH_3 \\ CH \\ CH_3 \end{array}$$

此外，在植物中还存在多种固醇，其结构与胆固醇很相似，是植物新陈代谢不可缺少的物质，统称为植物固醇。例如大豆中的豆固醇（stigmasterol）和多种植物中的谷固醇（sitosterol），它们与胆固醇的主要区别在于 24 位多一个乙基。麦角固醇、豆固醇和谷固醇不能被人体肠道吸收，饭前服用谷固醇还能抑制肠黏膜细胞对胆固醇的吸收，因此可作为一种降低血胆固醇的药物。

第四节　脂类的工业应用及生产

油脂工业以植物油料和动物脂肪为基本原料，根据油脂化学和食品营养学原理，生产各种食用植物油、动物脂和油料蛋白产品，并将工艺过程中产生的副产物转化成精细化工产品，与食品工业、饲料工业和化学工业密切相关。

一、制取脂肪酸

脂肪酸是重要的有机化工和精细化工的原料，作为表面活性剂的基础原料得以广泛应用于纺织印染、食品、医药、日用化工、塑料、采矿、交通运输、铸造、金属加工、油墨、涂料和颜料等各种行业，如在橡胶工业做硫化活化剂、塑料加工中做润滑剂和稳定剂、毛纺业中作洗毛剂、造纸业中作抗水剂、医药工业中作赋形剂、食品工业中作乳化剂、润滑脂工业中作皂基、精密铸造中作蜡模等。

天然油脂水解或酶水解是工业制取脂肪酸的主要方法，石蜡氧化制脂肪酸可以得到天然油脂中不具有的单碳数脂肪酸（图 3-4）。脂肪酸的生产以棕榈油、棉籽油和菜籽油为主要原料，所得产品主要为硬脂酸、油酸等。脂肪酸生产工艺普遍采用加压塔式无催化水解工艺（图 3-5）。用酸化油为原料时，一般采用中低压无催化塔式水解工艺；用油脂为原料时，一般采用高压无催化连续塔式水解工艺。脂肪酸分离技术主要为精馏分离法，用于分离不同碳数的脂肪酸。冷冻压榨法主要用于饱和脂肪酸和不饱和脂肪酸的分离。

图 3-4　石蜡氧化法制取脂肪酸工艺

二、功能性油脂

除基本的食用油脂外，油脂工业主要的研究方向就是通过酶法和微生物法开发功能性油脂。天然甘油三酯的甘油骨架 1,3 位多为饱和脂肪酸或不饱和程度低的脂肪酸，2 位为不饱和程度高的脂肪酸。将 1,3 位的脂肪酸用特定脂肪酸酯交换，能制造物理性质和营养功能具有特征的功能性油脂。

图 3-5　脂肪酸连续水解工艺

1. 利用酯交换反应制造的功能性油脂

来源于 *Rhizomucor miehei*、*Rhizopus oryzae* 的脂肪酶只识别 TAG 的 1,3 位酯键，在含有或不含有机溶剂的反应体系中能有效制造功能性油脂。

(1) 可可脂代替脂　可可脂的主要成分是 1,3 位结合软脂酸和硬脂酸、2 位结合油酸的甘油三酯，具有和体温接近的熔点，作为巧克力的原料比较昂贵。以固定化的 1,3 位特异性的脂肪酶为催化剂，在正己烷中能将廉价的棕榈油用硬脂酸酯交换反应，制造 1,3 位结合硬脂酸、2 位结合油酸的甘油三酯（SOS 脂），在固定层型反应器中进行连续生产，作为可可脂代替脂，在物理性能上接近天然可可脂。

(2) 含有中链脂肪酸的油　大豆、菜籽等植物油是由 C_{18} 长链脂肪酸组成的 TAG 分子构成，C_8、C_{10} 的中链脂肪酸比长链脂肪酸吸收更快，在肝脏中可快速分解而不积蓄在脂肪组织中。利用脂肪酶将中链脂肪酸的 TAG 和长链脂肪酸的 TAG 进行酯交换。

2. 利用酯化反应制造的功能性油脂

食物中摄取的 TAG 分解成脂肪酸和甘油单酯被吸收后，能再合成 TAG 并积累在脂肪组织中，导致肥胖。甘油二酯（DAG）分解吸收后很难再合成 TAG，能减少身体脂肪的形成。以固定化的 1,3-位特异性的脂肪酶为催化剂，可将甘油和脂肪酸酯化合成 DAG。

三、单细胞油脂

微生物油脂，又称单细胞油脂（single-cell oil），是由霉菌、酵母菌、细菌和微藻等产油微生物在一定条件下，利用碳源在菌体内大量合成并积累的三酰甘油、游离脂肪酸类以及其他一些脂质。大部分微生物油脂的脂肪酸组成和一般植物油相近，微生物具有细胞增殖快、生产周期短等优点，发酵生产微生物油脂成为生物柴油产业的重要方向。

利用微生物的培养也能大量制造含有具备生理活性的特定脂肪酸的油。如利用丝状菌 *Mortierella isabellina* 能生产 γ-亚麻酸油，具有缓解遗传过敏性皮炎、风湿病症状的功能。利用 *Mortierella alpinas* 生产含有 40% 以上花生四烯酸（AA）的油，远高于蛋黄卵磷脂中 AA 的含量，具有促进婴儿发育的作用，可作为婴儿奶粉的成分。金枪鱼油富含 DHA，但鱼腥味妨碍了其大规模推广，利用海洋真菌 *Schizochytrium limacinum* 发酵生产 DHA 则可以克服这一问题。

四、磷脂在皮革工业中的应用

磷脂是两性分子，主要由大豆生产。磷脂具有一系列界面特性和胶体性质，具有优良的乳化性、分散性、润湿性以及良好的蜡感，不仅可用于皮革加脂剂，还能用于皮革填料、复合树脂、手感剂等产品的开发。

磷脂在皮革加脂过程中，既具有油脂的功能，又能发挥表面活性剂的作用，对皮纤维有润滑作用、对蛋白质有增塑作用、对皮革有增厚和疏水的功效，能使油脂易渗透入皮中从而在鞣制的皮革表面和纤维间均匀分布，赋予皮革柔软和良好的手感。浓缩磷脂可直接与乳化剂复配成复合磷脂加脂剂，也可将磷脂经过一系列化学改性后直接生产加脂剂。在皮革养护产品中，磷脂能产生良好的色散作用和高的光泽，作为皮革护理剂使皮革保持柔软光亮。磷脂用于皮革填料，可有效消除无机填料的粗糙感，使填料更细腻；用于皮革手感助剂时，磷脂滋润的手感、蜡感、助软作用得以体现。

磷脂作为乳化剂和分散剂，可添加在涂料、油漆中，对防止颜料沉淀及稀释分层有一定作用；此外还可增进粉刷性能，使粉刷面平滑光亮，涂膜均匀，增大覆盖力和流平性，提高油漆质量。

第五节　生　物　膜

生物体的基本结构和功能单位是细胞，生命活动过程中各种代谢反应几乎都是在细胞内进行的。细胞以细胞膜与外界隔开，使细胞内部形成一个稳定的内环境，并通过它与外界进行信息、能量和物质交换。此外，细胞内还存在各种细胞器，包括细胞核、线粒体、内质网、高尔基体、溶酶体及过氧化物酶体等，这些细胞器也都是由膜包裹着，细胞膜和各种细胞器膜统称为生物膜（biomembrane）。

一、生物膜的组成及结构模型

1. 膜成分——生物膜都含有脂质和蛋白质

所有的生物膜都由蛋白质和脂质组成，有的膜还含有少量的糖类，以糖蛋白和糖脂形式存在。蛋白质的含量因细胞的类型不同而有所差异，但大多数在 $40\%\sim60\%$ 之间。根据膜蛋白与脂质结合的牢固程度及其分离的难易，可将膜蛋白分为两类：外在膜蛋白或称外周膜蛋白（peripheral membrane proteins）和内在膜蛋白或称整合膜蛋白（integral membrane proteins），后者在整个膜蛋白中占了 70% 以上。外周膜蛋白为水溶性蛋白，靠离子键或其他较弱的键与膜表面的蛋白质分子或脂质结合，因此只要改变溶液的离子强度甚至提高温度就可以将其抽提出来。而整合膜蛋白一般占膜蛋白的 $70\%\sim80\%$，主要依靠疏水作用与脂质结合紧密，只有用去垢剂（如十二烷基硫酸钠）或伸展剂（如 6mol/L 盐酸胍）使膜崩解才能分离出来。膜蛋白不仅起到结构组分的作用，而且还有许多重要的生物学功能。

组成膜的脂质主要是磷脂（磷脂酰胆碱、磷脂酰乙醇胺）、糖脂及胆固醇。但不同的膜其组成有明显的不同，这与不同组分在生物膜的功能中所起作用的不同有关。表 3-1 列出了部分生物膜的化学组成。

表 3-1　一些生物膜的化学组成

组分	占膜总干重的百分数/%					
	髓磷脂（牛）	视网膜杆细胞	浆膜（人红细胞）	线粒体膜（肝）	大肠杆菌内膜和外膜	叶绿体类囊体膜（菠菜）
总脂	78	41	40	24	25	52
总磷脂（占总脂百分数）	33（42）	27（66）	24（60）	22.5（94）	25（>90）	4.7（9）
磷脂酰胆碱	7.5	13.0	6.9	8.8		
磷脂酰乙醇胺	11.7	6.5	6.5	8.4	18	
磷脂酰丝氨酸	7.1	2.5	3.1			
磷脂酰肌醇	0.6	0.4	0.3	0.75		
心磷脂		0.4		4.3	3	
神经鞘磷脂	6.4	0.5	6.5			
胆固醇	17.0	2.0	9.2	0.24	—	1
糖脂	22.0	9.5	微	微		23
蛋白质	22	59	60	76	75	48

组成生物膜的磷脂分子有以下几个主要特征：① 具有 1 个亲水的极性头和 2 个疏水的非极性尾（脂肪酸链），但心磷脂除外，它具有 4 个非极性的尾部；② 除饱和脂肪酸外，还常常含有不饱和脂肪酸（多为顺式结构）。磷脂中不饱和脂肪酸对膜的流动性有极大影响，因为磷脂在温度较低时，排列成一种半晶体凝胶状，其分子相对不能移动。但在温度较高时，它们可以移动。此时，其疏水基有较大的活动性。于是在这两种状态发生转变时，像溶解过程需要能量一样，其转变点与脂肪酸的饱和度极为相关。生物膜磷脂的主要功能为：①为生物膜的骨架；②为极性化合物的通透屏障；③可激活某些膜蛋白。

生物膜组分中的胆固醇也有重要的生物学作用。它不仅可以调节膜的流动性，增加膜的稳定性，还可以降低水溶性物质的通透性。

膜脂或膜蛋白，在膜上的分布均具有不对称性，这一特点对保障膜功能行使至关重要。

2. 膜结构——液态镶嵌模型是目前公认的生物膜结构模型

生物膜分子之间主要有三种作用力：静电力、疏水作用和范德华力。对膜结构的认识有一个发展的过程，自从 1935 年 Danielli 等提出"蛋白质-脂类-蛋白质"的三明治式的质膜结构模型以来，曾出现过各种其他的模型。但目前为大家所公认的模型是 1972 年由 Singer 等人提出的流动镶嵌模型（图 3-6）。

图 3-6   生物膜液态镶嵌模型

流动镶嵌模型（fluid-mosaic model）将膜描述为是由蛋白质在黏滞的流体状脂质双层中所形成的镶嵌物。该模型强调以下几点。① 磷脂双分子层是组成生物膜的基本结构，具有极性头部和非极性尾部的磷脂分子在水相中具有自发形成封闭的膜系统的性质，疏水性尾部处于膜内部，极性头部朝向膜外表面水相形成磷脂双分子层，使膜内部为疏水性。② 蛋白质分子以不同的方式镶嵌在这种流动的结构中。有的全部镶嵌在脂双层的内部，有的则部分镶嵌在其中，而以它的亲水性残基暴露于膜表面。有些蛋白质还可以穿过膜，把两头放在膜两侧的水介质中，疏水部分则埋于脂质层内，包括"通道蛋白"（channel proteins）和"载体蛋白"（carrier proteins）。膜蛋白可以侧向运动，但不能翻转滚动。③ 磷脂双分子层具有一定的流动性，包括膜脂和膜蛋白的运动。④ 生物膜可看成是蛋白质在双层脂分子中的二维结构。但膜蛋白与膜脂之间、膜蛋白与膜蛋白之间以及它们与膜两侧其他生物大分子间的复杂相互作用，在不同程度上限制了膜蛋白和膜脂的流动性。

二、生物膜的特性

由于生物膜主要由磷脂和蛋白质组成，是所有细胞及细胞器的包膜，因此生物膜的种类繁多，但都具有一些共同的特性。

1. 膜的流动性

膜的流动性包括膜脂和膜蛋白的运动，是生物膜结构的主要特征，合适的流动性对生物膜正常功能具有十分重要的作用。膜脂的流动性指脂质分子的侧向运动，除此之外，还包括膜脂分子围绕轴心的自旋运动、脂分子尾部的摆动、以及双层脂分子间的翻转运动。与侧向运动相比，翻转运动的速率要慢得多。生物膜的流动性很大程度上取决于膜的磷脂分子中不饱和脂肪酸的含量及碳链长短，不饱和程度越高、脂肪酸链越短，膜的流动性越大。膜脂的流动与温度密切相关，各种膜脂都具有不同的相变温度，在生物膜中膜脂的相变温度是由组成生物膜的各种脂分子的相变温度共同决定的。此外，膜脂的流动性还与膜胆固醇含量相关。膜脂流动性的变化能影响膜蛋白的构象和功能。

膜蛋白在膜中的运动则主要包括旋转运动和侧向扩散运动，但不能翻转滚动。因此膜上的蛋白质可发生位移、聚集，从而实现多种生物学功能。

2. 膜的不对称性

膜的不对称性主要指膜脂、膜蛋白和糖类在膜两侧分布的不对称性，进而表现为生物膜的不同部位具有功能上的不对称性。

在膜脂的双分子层中，外半层以磷脂酰胆碱为主，内层则以磷脂酰丝氨酸和磷脂酰乙醇胺为主，同时不饱和脂肪酸主要位于外半层，这种不对称分别导致膜两侧电荷数量、流动相的差异；膜蛋白的不对称性表现为膜脂内外两半层所含外周蛋白种类及数量不同，除此之外，外周蛋白和内在蛋白在质膜上也呈不对称分布，跨膜蛋白在膜内部的疏水区和两侧的亲水部分的组分都不同。膜结构的这种不对称性与其生物学功能密切相关。

3. 选择性渗透作用

生物膜具有疏水性，因此一些极性化合物及离子不能自由通过生物膜扩散到内部，而需要借助于膜上的蛋白质来完成运输过程，膜蛋白的种类不同，其所能运送的物质也不同，因而具有一定的选择性。

三、生物膜的功能

生物膜的结构决定了它具有多种重要的生物学功能。细胞质膜首先为细胞的生命活动提供了相对稳定的内环境，同时还介导细胞与细胞、细胞与基质之间的连接。生物膜可以选择性地进行物质运输，包括代谢底物的输入和代谢产物的输出，其中伴随着能量的传递。此外，生物膜还提供了细胞识别的位点，并完成细胞内外信息跨膜传递。

1. 转运物质——物质转运是生物膜的基本功能

细胞质膜是细胞与环境进行物质交换的通透性屏障，小分子物质进出细胞的方式主要有简单扩散（simple diffusion）、协助扩散（facilitated diffusion）和主动运输（active transport）等。

简单扩散是指物质由浓度高的一侧转运到浓度低的一侧，这种跨膜转运方式既不需要提供能量，也无需膜蛋白的协助，而依赖于膜两侧物质的浓度差和分子大小；协助扩散也是物质沿浓度梯度减小方向的跨膜转运，也不需要细胞提供能量。但在扩散的过程中，有特异的膜蛋白"协助"其转运，使转运速率增加，转运特异性增强。这类特异的膜蛋白有两类：载体蛋白和通道蛋白。

主动运输与上两种转运方式截然不同，它是物质逆浓度梯度与电化学梯度运输的跨膜运动方式，转运过程中需要三磷酸腺苷（ATP）直接提供能量，并需要特异膜蛋白参与。例如 K^+ 和 Na^+ 逆浓度与电化学梯度输入和输出的跨膜运动就是一种典型的主动运输方式。细胞内 K^+ 浓度比细胞外高，Na^+ 浓度则是细胞外高于细胞内。而细胞需要通过主动运输将 K^+ 运进细胞，将 Na^+ 运出细胞，以维持 K^+ 浓度外低内高、Na^+ 浓度外高内低的状态。它是通过细胞质膜上的 Na^+-K^+ 泵来完成这两种离子的逆浓度梯度转运的。Na^+-K^+ 泵是一种整合膜蛋白，又称为 Na^+-K^+ ATP 酶，因为它在促进 Na^+、K^+ 转运的同时，又可使 ATP 分解提供能量。在质膜内侧，Na^+-K^+ 泵与 Na^+ 结合，其空间结构改变，将 Na^+ 排出到胞外，这时它又与胞外的 K^+ 结合，再变回原来的空间结构，又将 K^+ 泵入胞内，这个过程有 ATP 的分解。每水解 1 分子 ATP 运出 3 个 Na^+，运入 2 个 K^+。

2. 传递信息——质膜可将膜外信息传给胞内

细胞可以接受外界的刺激或者某种信息，并通过结合在质膜上的受体（膜蛋白）将其传入胞内，以启动一系列过程，最终表现为生物学效应。如一些亲水性的化学信号分子（包括神经递质、蛋白激素、生长因子等）一般都不进入细胞，而是通过与细胞膜特异受体的结合对靶细胞产生效应。膜表面的受体有的与膜上通道蛋白偶联，有的与膜上的 G 蛋白偶联，有的受体本身即为一种激酶，通过这些膜蛋白的转换，将细胞外的信号转变为细胞内的信号，引发细胞内多种应答反应。

3. 转换能量——线粒体膜是能量转换的主要装置

生物膜的另一突出功能是能量转换，以线粒体膜为典型代表。线粒体能够将储存于有机物中的化学能转变为直接为细胞所利用的能量，因而是为细胞生命活动直接提供能量的场所。线粒体分为内膜和外膜，内膜上分布着电子传递体系，糖、脂等营养物质在氧化分解时，通过电子传递逐步释放能量，线粒体内的特殊装置就将这种能量转移到高能化合物 ATP，后者即参与一些需能的生理活动。

4. 免疫功能——细胞膜具有识别外源物质的功能

吞噬细胞和淋巴细胞都有免疫功能，他们能区分与自己不同的异种细菌及外来物质，并能将有害细胞或病毒吞噬消灭，或对外来物质产生抗体免疫作用。吞噬细胞之所以能发挥吞噬作用，是因为它能识别外来物并利用自身细胞膜上蛋白质的运动性将外来物吞噬。而细胞的免疫性则是由于细胞膜上有专一性抗原受体，当抗原受体被抗原激活，即引起细胞分裂产生相应的抗体。

四、膜生物工程

生物膜的研究有广阔的应用前景。对生物膜选择通透性的模拟能够提高工业副产品回收和海水淡化的效率。从生物膜角度研究农作物耐盐、抗旱和抗寒的机制，能为农业抗逆增产带来显著效益。在医药方面，药物设计通常以细胞质膜上的受体作为靶标，脂质体还可作为药物载体。

1. 膜制备技术——生物膜的分离

生物膜特别是细胞质膜的制备是研究生物膜结构与功能必不可少的重要内容，虽然曾经采用多种方法制备生物膜，但要得到比较纯的某种膜制剂，仍然是较为困难的。

在制备生物膜时，首先是细胞的破碎。破碎的方法研磨、捣碎、超声振荡、溶胀等细胞破碎后，一般用离心法来分离不同组分。经离心后所制得的膜制剂，再用膜组分中某种成分含量的多少来判断膜制剂的纯度，其中以膜上某种酶作为膜标志应用最为广泛，测定膜制剂中该酶的活性大小来鉴别膜制剂的纯度。

2. 人工膜——重要的生物医学材料

膜生物工程也称人工膜技术，用人工制备的双层脂膜作为生物膜的模型，研究其结构与功能的关系。在生物膜结构研究的基础上，建立模拟的人工膜模型，目前比较成熟的是平面双层脂膜和脂质体两种。平面双层脂膜是由脂在两水相之间的小孔中形成的，面积可达几平方毫米，厚度为 5nm。这种人工膜便于研究膜电位、膜两侧的 pH 梯度及离子梯度。在食品工业方面，利用人工膜可研制出味觉感知器，用薄膜技术可浓缩葡萄汁，提高葡萄酒的味质；可制造低盐分酱油、纯化果汁、给食品着色等。

脂质体（liopsome）是利用人工方法将磷脂在水溶液中制成一种脂双层包围一些水溶液的脂质微球体，在其内部可包含溶液和各种活性分子。磷脂分子在水溶液中能自发地形成脂质体，疏水的烃链完全不与水相接触，结构稳定。人工制备的脂质体应该无毒性和免疫原性，并且可生物降解，不会在体内积累。近年来，由于脂质体在基础理论及应用上的重要意义，对脂质体的研究及其应用引起人们极大的兴趣。

　　脂质体是一种封闭的囊泡，因此它可作为一种运载工具，将含有特殊功能的生物大分子（如酶、抗体、核酸、单个基因等）以及小分子药物等包载其中，通过脂质体与生物体细胞的相互作用（膜融合、吞噬等），定向地导入特定的细胞中，起催化作用、免疫反应、基因转导，以及用于诊断、治疗某些疾病（图 3-7）。由于脂质体易于制备，它的组分和天然细胞膜成分相近，其中所包载的药物一般不受环境影响而能在某些病变部位释放，从而防止因药物不易吸收迫使人们增大剂量，所以脂质体是一种良好的药物载体。

磷脂分子

药物分子

图 3-7　脂质体模型

　　脂质体在肿瘤治疗中的应用具有很大的吸引力，特别是脂质体与单克隆抗体相结合，可以把抗癌药物靶向到肿瘤部位释放，提高药物的利用率，同时减少了对正常组织的伤害。

习　　题

1. 判断对错。如果不对，请说明原因。
(1) 混合甘油酯是指分子中除含脂肪酸和甘油外，还含有其他成分的脂质。
(2) 磷脂是生物膜的主要成分，它的两个脂肪酸基是处于膜的内部。
(3) 7-脱氢胆固醇是维生素 D_3 原，而麦角固醇是维生素 D_2 原。
(4) 生物膜的内外两侧其膜脂质和膜蛋白分布都是不对称的。
(5) 膜脂的流动性并不影响膜蛋白的运动。
2. 三酰甘油有没有构型？什么情况下有构型？什么情况下没有构型？
3. 计算一软脂酰二硬脂酰甘油酯的皂化值。
4. 计算用下法测定的菜油的碘值。称取 80mg 菜油，与过量的溴化碘作用，并加入一定量的碘化钾。然后用 0.05mol/L 硫代硫酸钠标准溶液滴定，用去硫代硫酸钠 11.5mL。另作一空白（不加菜油），消耗硫代硫酸钠标准溶液 24.0mL。
5. 生物膜表面亲水内部疏水的特性是由膜蛋白决定的，还是由膜脂决定的？如何构成这种特性？

第四章 蛋白质化学

十九世纪中叶，荷兰生理学家 Mulder 从动物组织和植物体液中提取出一种共同的物质，并认为生命的存在很可能与这种物质有关。1883 年，根据著名瑞典化学家 Berzelius 的提议，Mulder 就把这种物质命名为蛋白质（protein）。protein 来自希腊语 Πρoτo，意指"最重要的""最原始的""第一的"。蛋白质和核酸是生命现象的物质基础。

第一节 概　　述

一、蛋白质的概念

1. 重要性——蛋白质是生命的物质基础

蛋白质与生命现象密切相关，凡是有生命的地方，基本上都有蛋白质在起作用。蛋白质是生命的主要体现者。

蛋白质是细胞内除水外含量最高的组分，酶、抗体、多肽激素、运输分子乃至细胞的自身骨架都是由蛋白质构成的，蛋白质占许多生物体干重的 $45\% \sim 50\%$ 以上。蛋白质是结构和功能上形式种类最多，也是最为活跃的一类分子，几乎在一切生命过程中起着关键作用。

2. 元素组成——蛋白质是含氮元素恒定的生命物质

蛋白质的元素组成与糖、脂相比，都含有 C、H、O，而蛋白质还含有 N 等元素。从动、植物组织细胞中提取的各种蛋白质，经分析知，蛋白质中的主要元素：C、H、O、N 的含量分别是 $50\% \sim 55\%$、$6\% \sim 8\%$、$20\% \sim 23\%$、$15\% \sim 18\%$；其中 N 元素的含量在各种蛋白质中很相近，平均为 16%，故 N 为蛋白质的特征性元素，即蛋白质是一类含氮的生物大分子。除了主要元素，蛋白质大多数还含有 S（$0 \sim 4\%$）、P（$0.4\% \sim 0.9\%$）、Fe^{3+}、Cu^{2+}、Zn^{2+}、Mn^{2+} 等，个别含有碘。

3. 蛋白质的大小

蛋白质是相对分子质量很大的分子，其范围从 6000 到 1×10^6 或更大。有些蛋白质仅由一条肽链构成，称为单体蛋白质，如肌红蛋白和血清清蛋白。有些蛋白质由两条或多条肽链构成，称为寡聚或多聚蛋白质，如血红蛋白和肌球蛋白。对于不含辅基的简单蛋白质，其相对分子质量可由其氨基酸残基的数目粗略估算。构成蛋白质的 20 种氨基酸的平均相对分子质量约为 138，但多数蛋白质中相对分子质量较小的氨基酸占优势，平均相对分子质量接近 128。每形成一个肽键会脱去一分子水，所以以氨基酸残基的平均相对分子质量约为 110。

二、蛋白质的分类

研究蛋白质时也常常人为地将它们分成不同的类别，以便认识和了解。

1. 分类依据——蛋白质不能按化学结构分类

蛋白质分类的依据有几个方面，包括：生物来源、理化性质、分子形状、化学组成、化学结构与功能等。其中，按照化学结构来分类是很理想的，因为化学物质的结构与其功能有密切的关系；然而迄今人们所知道的蛋白质的化学结构尚不多，故这种方法尚不适用于蛋白质的分类。

2. 三种分类方法——按组成分类是常用的分类方法

现在采用的蛋白质的分类主要有 3 种，一是根据蛋白质分子的形状，二是根据蛋白质组成的繁简，三是根据蛋白质的溶解性质。大多数采用的是按组成进行蛋白质分类的方法。

（1）根据分子的形状　可分为球状蛋白质（globular protein）和纤维状蛋白（fibrous

protein）。这是根据分子轴比（即分子长度与直径之比）来区分的。

球状蛋白：分子形状呈球状或椭球形。其多肽链折叠紧密，疏水残基藏于分子内部，亲水的侧链暴露在外部，故较易溶解，如血液的血红蛋白、血清球蛋白，豆类的球蛋白等。

纤维状蛋白：形状似纤维或细棒，具有比较规则的线性结构。不溶于水，在体内主要起结构作用，如指甲、羽毛中的角蛋白和蚕丝的丝蛋白等。

（2）根据溶解度　可将蛋白质分为下列几类。

清蛋白（albumin）：又称白蛋白，是溶于水的，如血清白蛋白、乳清白蛋白等。

精蛋白（spermatin）：溶于水及酸性溶液，含碱性氨基酸多，呈碱性，如鲑精蛋白。

组蛋白（histone）：溶于水及稀酸溶液，含碱性氨基酸较多，故呈碱性，它们常是细胞核染色质组成成分。

球蛋白（globulin）：微溶于水而溶于稀中性盐溶液，如血清球蛋白、肌球蛋白和大豆球蛋白等。

谷蛋白（glutelin）：不溶于水、醇及中性盐溶液，但溶于稀酸、稀碱，如米、麦蛋白。

醇溶蛋白（prolamin）：不溶于水，溶于70%～80%乙醇，如玉米蛋白。

硬蛋白（scleroprotein）：不溶于水、盐、稀酸、稀碱溶液，如胶原蛋白、丝蛋白、毛发及蹄甲等角蛋白和弹性蛋白等。

（3）根据组成　分为单纯蛋白质（simple proteins）和结合蛋白质（conjugated proteins）。

① 单纯蛋白质　仅由氨基酸组成的蛋白质，水解后产物只有氨基酸。前述中的清蛋白、球蛋白、谷蛋白、醇溶蛋白、精蛋白、组蛋白、硬蛋白都属于单纯蛋白质。

② 结合蛋白质　除含有氨基酸外，还含有糖、脂肪、核酸、磷酸以及色素等非蛋白成分。即结合蛋白质由含各种氨基酸的蛋白质部分与非蛋白质部分两部分组成。非蛋白质部分与蛋白质部分共价或非共价结合，称为辅基或配体。主要的结合蛋白质有以下几类。

核蛋白（nucleoprotein）：是由蛋白质与核酸组成的，在生命活动过程中极为重要，存在于一切细胞中，如核糖体。

糖蛋白（glycoprotein）：由蛋白质与糖类物质结合而成。糖类物质常常是半乳糖、甘露糖、氨基己糖、葡萄糖醛酸等。如黏性蛋白、软骨素蛋白等。糖蛋白几乎存在于所有组织中，如在血液、骨骼、角膜、内脏、黏膜等组织及生物膜中都存在大量的各类糖蛋白，并具有多种功能。

脂蛋白（lipoprotein）：由蛋白质与脂类结合而成，主要存在于乳汁、血液、生物膜和细胞核中，如血浆脂蛋白、膜脂蛋白等。脂蛋白与脂质代谢、运输等功能有关。

磷蛋白（phosphoproteins）：含有与 Ser、Thr 或 Tyr 残基的羟基酯化的磷酸基，如酪蛋白、糖原磷酸化酶 a 等。

金属蛋白（metalloprotein）：含有金属元素，如铁蛋白含铁，细胞色素氧化酶含铜和铁，丙酮酸羧化酶含锰。

色蛋白（chromoprotein）：由蛋白质与含金属的色素物质结合而成，如血红蛋白，辅基为血红素，其卟啉中心含铁离子，其他如含铁的肌红蛋白、细胞色素，含镁的叶绿蛋白，含铜的血蓝蛋白等。

黄素蛋白（flavoprotein）：含黄素，辅基为 FAD 或 FMN，如 NADH 脱氢酶含 FMN，琥珀酸脱氢酶含 FAD，二氢乳清酸脱氢酶含 FAD 和 FMN。

三、蛋白质的生物学功能

生命是物质运动的高级形式，这种运动形成是通过蛋白质来实现的，因此，蛋白质具有重要的生物学功能。

1. 蛋白质结构的层次——蛋白质功能的基础

蛋白质分子是有氨基酸首尾相连形成的多肽链。但天然蛋白质分子并不是走向随机松散的多肽链，在生理条件下，每一个天然蛋白质都有其特有的复杂的空间结构，即蛋白质的构象。蛋白质分子获得复杂结构的全部信息存在于其多肽链的氨基酸序列中，因此蛋白质能自身折叠成高级空间结构。蛋白质结构具有不同的组织层次，包括一级、二级、三级和四级结构。独特的空间结构是蛋白质行使生物学功能的基础。

2. 功能多样——蛋白质功能的多样性

（1）催化功能　生物体的各种组成部分的自我更新是生命活动的本质，而构成新陈代谢的所有化学反应，几乎都是在一类特殊的生命高分子——酶（enzyme）催化下进行的，目前已发现的酶基本上都是蛋白质。

（2）调节功能　生物体的一切生物化学反应有条不紊地进行，是由于有调节蛋白在起作用，如激素（hormone）、受体（receptor）、毒蛋白（toxoprotein）等。许多蛋白质能调节其他蛋白质执行其生理功能或参与基因表达调控。

（3）结构功能　蛋白质是一切生物体细胞和组织的主要成分，也是生物体形态结构的物质基础。体表和机体构架部分还具有保护、支持功能。这类蛋白质多数是不溶性纤维状蛋白质，一般聚合成长的纤维。如毛发的 α-角蛋白，肌腱、韧带和皮肤的胶原蛋白等。

（4）运输功能　生命活动所需要的许多小分子和离子是由蛋白质来输送和传递。如：O_2 的运输由红细胞中的血红蛋白来完成，脂质的运输由载脂蛋白来完成，铁离子由运铁蛋白血中运输等。膜转运蛋白在生物膜内形成通道，转运代谢物和养分进出细胞或细胞器。

（5）防御功能　生物机体产生的用以防御致病微生物或病毒的抗体（antibody），就是一种高度专一的免疫球蛋白（immunoglobulin），它能识别外源性物质，并与之结合，起到免疫作用，使机体免受伤害。另一类保护蛋白是血液凝固蛋白，如凝血酶原和血纤蛋白原。深海鱼类含有抗冻蛋白，能防止血液冷冻。此外动物中的抗菌肽、植物毒蛋白、细菌毒素、蛇毒和蜂毒中的神经毒蛋白也都起到防御作用。

（6）运动功能　生物体的运动也由蛋白质来完成。如动物的肌肉主要成分就是蛋白质，肌肉收缩和舒张是由肌动蛋白（actin）和肌球蛋白（myosin）的相对运动来实现的。草履虫、绿眼虫的运动由纤毛和鞭毛完成，纤毛和鞭毛都是蛋白质。

（7）储藏功能　为生物体生长发育提供 C、H、O、N、S 元素。乳液中的酪蛋白、蛋类中的卵清蛋白、植物种子中的醇溶蛋白等，它们有储藏氨基酸的作用，以备机体及其胚胎或幼体生长发育的需要。另外，铁蛋白还能储存铁元素。

（8）生物膜的功能　生物膜的通透性、信号传递、遗传控制、生理识别、动物记忆、思维等多方面的功能都是由蛋白质参加完成的。

3. 功能复杂——蛋白质功能的复杂性。

同一种蛋白质，其功能又呈现出复杂性。如糖蛋白的细胞识别功能涉及糖蛋白及其相应受体、糖基转移酶及其底物、糖苷水解酶及其底物所参与的一系列生化过程。又如酶催化功能受许多因素的影响，并表现出竞争性、可调节性等。有的酶具有几种不同的催化功能，以适应多变的内外环境。

四、蛋白质的实际应用

蛋白质首要的作用是膳食的基础，为人体提供能量、营养物质和必需氨基酸。蛋白质主要作为营养和功能成分应用在食品工业和饲料工业中。蛋白质在食品中还体现出不同的功能特性，影响食品的感官特性，而且对食品制造、加工或保藏中的物理化学性质起着重要的作用，因此广泛用于食品加工的各个领域。作为活性物质，蛋白质与医药和保健品行业有关。胰岛素、干扰素、组织纤溶酶原激活剂、乙肝疫苗、单克隆抗体等都是典型的蛋白质类药物，市场巨大。

除此之外，蛋白质在非食品药品行业中的应用也有广阔前景，涉及生物医学材料、化妆品、纺织、塑料、皮革、造纸、化工等行业。

胶原蛋白作为一种良好的膜材料适用于医药敷料、组织工程中的支架材料以及作为动物细胞培养中的细胞载体。胶原蛋白具有营养性、保湿性、修复性、亲和性和配伍性的优点，是十分有效的化妆品原料，许多化妆品中添加有胶原蛋白。大量的胶原在食品加工行业中被用于制造肠衣、食品标签等可食用包装材料、食品涂层材料、薄膜材料、填充剂和凝胶。胶原的分散性使其可作为啤酒、白酒和果汁的澄清剂。在造纸行业中，胶原蛋白作为助剂加入浆中可增强纸的物理强度。胶原的水解产物明胶对除去树脂酸和脂肪酸等有很好的效果，可用作废水处理中的絮凝剂。另外，明胶还是照相工业中制造感光胶片的重要原料之一。

丝蛋白对肌肤的润滑性极好，展性优良，并具有保湿性和对紫外线的吸收性等特点，是良好的护肤品。丝蛋白易为头发吸收，对头发有较好的成膜性与结晶性，防止头发因机械作用而造成的损伤，使头发表面平滑化，能起到保护和保形的作用，可作为美发剂使用。

酪蛋白广泛适用于皮革、化学品、造纸、乳剂、药品及油漆，也可用于抛光、染色、固色等工艺的添加剂。基于大豆蛋白制备的生物降解热塑性材料，有较好的生物降解性、加工流动性、拉伸强度和耐水性。

第二节　蛋白质的基本单位——氨基酸

一、蛋白质的水解——产生氨基酸的基本手段

蛋白质是一类含氮的生物高分子，相对分子质量大，结构非常复杂，为研究其组成和结构，常通过酸、碱和酶法等方法将其水解成小分子。

1. 酸水解

酸水解蛋白质时，常以 5～10 倍的 20% HCl 煮沸回流 16～24h，或于 120℃下水解 12h，可将蛋白质水解成氨基酸（amino acid）。酸水解的优点是水解彻底，最终产物是 L-氨基酸，没有旋光异构体产生；缺点是营养价值较高的色氨酸几乎全部被破坏，并与含醛基的化合物（如糖）作用生成一种黑色物质，称为腐黑质（melanoidins），因此水解液呈黑色，需脱色去除。此外，含羟基的丝氨酸、苏氨酸、酪氨酸也有部分被破坏。此法常用于蛋白质的分析与制备，是氨基酸工业生产的主要方法之一，也可用于蛋白质的分析。

2. 碱水解

蛋白质在进行碱水解时，可用 6mol/L NaOH 或 4mol/L Ba(OH)$_2$煮沸 6h 即可完全水解得到氨基酸。此法的优点是色氨酸不被破坏，水解液清亮，但缺点是水解产生的氨基酸发生旋光异构作用，产物有 D 型和 L 型两类氨基酸。D 型氨基酸不能被人体分解利用，因而营养价值减半；此外，丝氨酸、苏氨酸、赖氨酸、胱氨酸等大部分被破坏。因此，碱水解法一般很少使用。

3. 蛋白酶水解

蛋白质借助一些蛋白酶（protease）可发生水解。这种水解法的优点是条件温和，常温（36～60℃）、常压和 pH 值在 2～8 时，氨基酸完全不被破坏，不发生旋光异构现象；其缺点是水解不彻底，需几种酶协同作用，中间产物（短肽等）较多，且酶解时间较长。因此酶水解法主要用于部分水解，常用的蛋白酶有胰蛋白酶（trypsin）、胃蛋白酶（pepsin）以及糜蛋白酶（胰凝乳蛋白酶，chymotrypsin）。

在蛋白质的水解过程中，由于水解方法和条件的不同，可得到不同程度的降解物。

蛋白质———→　胨———→　脒———→多肽———→二肽———→氨基酸
相对分子质量：＞10^4　　约 5×10^3　约 2×10^3　1000～500　　约 200　　　约 100

蛋白质煮沸时可凝固，而胨、脒、肽均不能；蛋白质和胨可被饱和的硫酸铵和硫酸锌沉淀，而脒以下的产物均不能；脒可被磷钨酸等复盐沉淀，而肽类及氨基酸均不能，借此可将各产物分开。

二、氨基酸的结构特征

1. 结构特征——氨基酸是氨基取代羧酸

氨基酸是含有氨基的羧酸，即羧酸中 α-碳原子（C_α）上一个氢原子被氨基取代而生成的化合物。其结构通式为：

$$\underset{H}{\overset{NH_2}{R-C_\alpha-COOH}} \quad 或 \quad \underset{H}{\overset{+NH_3}{R-C_\alpha-COO^-}}$$

式中，R 表示化学基团（因为它们常常处于蛋白质链状分子的侧链上，故又称为侧链基团）。R 基不同就构成不同的氨基酸。这些氨基酸的 α-氨基和 α-羧酸连在同一个碳原子上，统称为 α-氨基酸，这是氨基酸在结构上的共同特点。

氨基酸的结构式还可写成两性离子形式（见上式的右边结构式），在溶液及反应中氨基酸常以两性离子形式存在。

从结构通式可以看出，除 R 为氢原子（即甘氨酸）外，所有 α-氨基酸的 α-碳原子都是不对称碳原子，即是手性碳原子，它是 α-氨基酸的不对称中心。所以，氨基酸都有旋光活性，每种氨基酸都有 D 型和 L 型两种立体异构体。在这里构型是以 α-氨基在空间的排布来区分的。

$$\underset{R}{\overset{COOH}{H-C-NH_2}} \qquad \underset{R}{\overset{COOH}{H_2N-C-H}}$$

D-氨基酸　　　　　　　L-氨基酸

像糖一样，构型与实际旋光性是两个不同的概念。构成蛋白质的氨基酸都是 L-构型，大多具右旋性，少数具有左旋性。人体不能利用 D 型氨基酸。

2. 常见氨基酸——蛋白质由 20 种基本氨基酸构成

在各种生物体中发现的氨基酸已有 180 多种，但参与蛋白质组成的常见氨基酸只有 20 种（更确切地说，脯氨酸应为亚氨酸）。由蛋白质水解得到的氨基酸都是 L 型氨基酸，故一般可以不注明其构型和旋光方向。构成蛋白质的 20 种氨基酸的名称、结构、存在及用途见表 4-1。

表 4-1　构成蛋白质的 20 种氨基酸的名称、结构、存在及用途

名　称	符　号	结　构　式	存在及用途
甘氨酸 (glycine)	Gly G	$\underset{H}{\overset{NH_2}{H-C-COOH}}$	有甜味，胶原中含 25%～30%，可治疗胃酸过多与肌力衰竭
丙氨酸 (alanine)	Ala A	$\underset{H}{\overset{NH_2}{H_3C-C-COOH}}$	丝纤维蛋白中含 25%
缬氨酸 (valine)	Val V	$\underset{H_3C}{\overset{H_3C}{}}CH-\underset{H}{\overset{NH_2}{C}}-COOH$	卵蛋白及乳蛋白含 10%
亮氨酸 (leucine)	Leu L	$\underset{H_3C}{\overset{H_3C}{}}CH-CH_2-\underset{H}{\overset{NH_2}{C}}-COOH$	谷物、玉米蛋白中含 22%～24%

续表

名　称	符　号	结　构　式	存在及用途
异亮氨酸 （isoleucine）	Ile I	$H_3C-CH_2-\overset{\overset{\displaystyle NH_2}{\mid}}{\underset{\underset{\displaystyle H}{\mid}}{C}}-COOH$ 其中 H_3C 连接	糖蜜、肉蛋白中含 5%～6.5%
苯丙氨酸 （phenylalanine）	Phe F	$\bigcirc\!\!-CH_2-\overset{\overset{\displaystyle NH_2}{\mid}}{\underset{\underset{\displaystyle H}{\mid}}{C}}-COOH$	一般蛋白质含 4%～5%
酪氨酸 （tyrosine）	Tyr Y	$HO-\bigcirc\!\!-CH_2-\overset{\overset{\displaystyle NH_2}{\mid}}{\underset{\underset{\displaystyle H}{\mid}}{C}}-COOH$	奶酪中含量高，明胶中最少
色氨酸 （tryptophan）	Try （Trp） W	$CH_2-\overset{\overset{\displaystyle NH_2}{\mid}}{\underset{\underset{\displaystyle H}{\mid}}{C}}-COOH$	各种蛋白质中均含少量
丝氨酸 （serine）	Ser S	$HO-CH_2-\overset{\overset{\displaystyle NH_2}{\mid}}{\underset{\underset{\displaystyle H}{\mid}}{C}}-COOH$	丝蛋白中含量最丰富，精蛋白中含 7.8%
苏氨酸 （threonine）	Thr T	$H_3C-\overset{\overset{\displaystyle }{\mid}}{\underset{\underset{\displaystyle OH}{\mid}}{CH}}-\overset{\overset{\displaystyle NH_2}{\mid}}{\underset{\underset{\displaystyle H}{\mid}}{C}}-COOH$	酪蛋白中较多，肉蛋白、乳蛋白、卵蛋白中占 4.5%～5%，有抗贫血作用
半胱氨酸 （cysteine）	CysH （Cys） C	$HS-CH_2-\overset{\overset{\displaystyle NH_2}{\mid}}{\underset{\underset{\displaystyle H}{\mid}}{C}}-COOH$	毛、发、角、蹄等角蛋白中含量较多，有解毒作用，可促进肝细胞再生
甲硫氨酸 （methionine）	Met M	$H_3C-S-CH_2-CH_2-\overset{\overset{\displaystyle NH_2}{\mid}}{\underset{\underset{\displaystyle H}{\mid}}{C}}-COOH$	肉蛋白、卵蛋白中占 3%～4%，用于抗脂肪肝，治疗肝炎、肝硬化等
天冬氨酸 （aspartic acid）	Asp D	$HOOC-CH_2-\overset{\overset{\displaystyle NH_2}{\mid}}{\underset{\underset{\displaystyle H}{\mid}}{C}}-COOH$	多种蛋白质中均含有，植物蛋白中尤多
谷氨酸 （glutamine acid）	Glu E	$HOOC-CH_2-CH_2-\overset{\overset{\displaystyle NH_2}{\mid}}{\underset{\underset{\displaystyle H}{\mid}}{C}}-COOH$	谷蛋白中含 20%～45%，用于降血氨，治疗肝昏迷，其钠盐即食用味精
天冬酰胺 （asparagine）	Asn N	$H_2N-\overset{\overset{\displaystyle O}{\parallel}}{C}-CH_2-\overset{\overset{\displaystyle NH_2}{\mid}}{\underset{\underset{\displaystyle H}{\mid}}{C}}-COOH$	多种蛋白质中均含有
谷氨酰胺 （glutamine）	Gln Q	$H_2N-\overset{\overset{\displaystyle O}{\parallel}}{C}-CH_2-CH_2-\overset{\overset{\displaystyle NH_2}{\mid}}{\underset{\underset{\displaystyle H}{\mid}}{C}}-COOH$	多种蛋白质中均含有
精氨酸 （arginine）	Arg R	$H_2N-\overset{\overset{\displaystyle NH}{\parallel}}{C}-NH-CH_2-CH_2-CH_2-\overset{\overset{\displaystyle NH_2}{\mid}}{\underset{\underset{\displaystyle H}{\mid}}{C}}-COOH$	鱼精蛋白的主要成分

名　称	符　号	结　构　式	存在及用途
赖氨酸 (lysine)	Lys K	$H_2N-CH_2-CH_2-CH_2-CH_2-\overset{\overset{NH_2}{\mid}}{\underset{\underset{H}{\mid}}{C}}-COOH$	肉、乳、卵的蛋白质中占 7%~9%，血红蛋白中含量也多
组氨酸 (histidine)	His H	$CH_2-\overset{\overset{NH_2}{\mid}}{\underset{\underset{H}{\mid}}{C}}-COOH$ （咪唑环）	血红蛋白中含量最多，一般蛋白质含 1%~3%，明胶、玉米中最少，可做消化性溃疡的辅助治疗
脯氨酸 (proline)	Pro P	（吡咯烷环）CH—COOH	结缔组织与谷蛋白中最多，明胶中含 20%

　　氨基酸的名称常用三字母的简写符号表示，单字母的简写符号主要用于表示长多肽链的氨基酸序列。20 种常见氨基酸，又称为构成蛋白质的基本氨基酸。除此之外，还有几种稀有氨基酸，也是构成蛋白质的组成成分，但含量少，且是蛋白质合成后由相应的基本氨基酸经修饰形成的。重要的稀有氨基酸有以下几种。

　　羟脯氨酸（hydroxyproline，Hyp）：是脯氨酸经过羟化反应生成的。羟脯氨酸在明胶中含量较多，占 14%，一般蛋白质中含量较少。

$$HO-CH-CH_2$$
$$CH_2\ \ CH-COOH$$
$$N$$
$$H$$
$$Hyp$$

　　羟赖氨酸（hydroxylysine，Hyl）：由赖氨酸经过羟化反应生成，是动物组织蛋白成分之一。

$$H_2N-CH_2-\underset{\underset{OH}{\mid}}{CH}-CH_2-CH_2-\underset{\underset{NH_2}{\mid}}{CH}-COOH$$
$$Hyl$$

　　胱氨酸（cystine，Cys）：由两个半胱氨酸氧化后生成，在毛发、蹄角等蛋白质中含量丰富。

$$HOOC-\underset{\underset{NH_2}{\mid}}{CH}-CH_2-S-S-CH_2-\underset{\underset{NH_2}{\mid}}{CH}-COOH$$
$$Cys$$

三、氨基酸的分类

1. 氨基酸的三种分类方法

对组成蛋白质的 20 种常见氨基酸的分类方法，主要有 3 种。

（1）根据酸碱性质分为 3 类

① 酸性氨基酸　有 2 种，即谷氨酸和天冬氨酸。它们含有一个氨基和两个羧基。

② 碱性氨基酸　有 3 种，即精氨酸、赖氨酸和组氨酸。它们含有一个羧基、两个以上的氨基或亚氨基。

③ 中性氨基酸　有 15 种，是含一氨基一羧基的氨基酸，其中包括两种酸性氨基酸产生的酰胺。

（2）根据 R 基的化学结构分为 4 类

① 芳香族氨基酸　有 3 种，即苯丙氨酸、酪氨酸和色氨酸。它们的 R 基含有芳香环。

② 杂环氨基酸　只有 1 种，即组氨酸，其 R 基中含有咪唑基。

③ 杂环亚氨基酸　1种，即脯氨酸，其R基取代了氨基的一个氢而形成一个杂环，从而使脯氨酸中没有自由氨基，而只含有一个亚氨基。

④ 脂肪族氨基酸　共15种，这与中性氨基酸的15种不完全一致。

（3）根据R基团的极性分成4类

① 极性带正电荷的氨基酸　实为3种碱性氨基酸。是在pH7时带净正电荷的氨基酸。

② 极性带负电荷的氨基酸　即两种酸性氨基酸。在pH6～7时，带净负电荷。

③ 极性不带电氨基酸　它们的R基中含有不解离的极性基团，能与水形成氢键。共有7种，包括含羟基的丝氨酸、苏氨酸和酪氨酸；含酰胺基的天冬酰胺和谷氨酰胺；含巯基的半胱氨酸；甘氨酸的R基为氢，对强极性的氨基、羧基影响很小，其极性最弱，有时将它归于非极性氨基酸类。其中半胱氨酸和酪氨酸的R基极性最强。

④ 非极性氨基酸　它们的R基含有脂肪烃链或芳香环等，共有8种，其中带有脂肪烃链的有丙氨酸、缬氨酸、亮氨酸和异亮氨酸；含有芳香环的有苯丙氨酸和色氨酸；含硫的甲硫氨酸；还有一种亚氨基酸——脯氨酸。非极性氨基酸在水中的溶解度比极性氨基酸小。其中丙氨酸的疏水性最小，它介于非极性氨基酸和极性不带电氨基酸之间。

2. 非蛋白质氨基酸——非蛋白质氨基酸也具有生物活性

除了构成蛋白质的20种常见氨基酸外，还存在于多种组织和细胞中的非蛋白质氨基酸（大约700种），有一些是重要的代谢物前体和中间代谢物。这些氨基酸大多是L型α-氨基酸的衍生物，但还有一些是β、γ、δ-氨基酸和D-氨基酸，如γ-氨基丁酸由谷氨酸脱羧产生，是一种重要的神经递质，能传递神经冲动。在细菌中含有多种D型氨基酸，如D-丙氨酸（细菌细胞壁组成）、D-脱氨酸（短杆菌肽D、放线菌素D）、D-亮氨酸（短杆菌肽D、多黏菌肽）、D-天冬氨酸（枯草菌肽A）和D-谷氨酸（细菌肽聚糖）等。

非蛋白质氨基酸也具有生物活性，功能不尽相同。其重要非蛋白质氨基酸见表4-2。

表 4-2　重要的非蛋白质氨基酸

名　　称	结　构　式	存　　在
β-丙氨酸 （β-alanine）	$H_2N-CH_2-CH_2-COOH$	泛酸及辅酶A的组织成分
γ-氨基丁酸 （γ-aminobutyric）	$H_2N-CH_2-CH_2-CH_2-COOH$	存在于脑组织中，与脑组织营养及神经传递有关
高半胱氨酸 （homocysteine）	$HS-CH_2-CH_2-\overset{\overset{NH_2}{\mid}}{\underset{\underset{H}{\mid}}{C}}-COOH$	甲硫氨酸生物合成的中间产物
高丝氨酸 （homoserine）	$HO-CH_2-CH_2-\overset{\overset{NH_2}{\mid}}{\underset{\underset{H}{\mid}}{C}}-COOH$	苏氨酸、天冬氨酸、甲硫氨酸代谢的中间产物
鸟氨酸 （ornithine）	$H_2N-CH_2-CH_2-CH_2-\overset{\overset{NH_2}{\mid}}{\underset{\underset{H}{\mid}}{C}}-COOH$	尿素生成的中间产物
瓜氨酸 （citruline）	$H_2N-\overset{\overset{O}{\mid\mid}}{C}-NH-CH_2-CH_2-CH_2-\overset{\overset{NH_2}{\mid}}{\underset{\underset{H}{\mid}}{C}}-COOH$	尿素生成的中间产物

续表

名　称	结　构　式	存　在
苯甘氨酸 (phenoglycine)	（苯环）$\overset{NH_2}{\underset{H}{C}}$—COOH	抗生素 (micakgcin B)
甲基天冬氨酸 (methyl aspartic acid)	$HOOC—\overset{H_3C}{\underset{H}{C}}—\overset{NH_2}{\underset{H}{C}}—COOH$	天冬霉素 (aspartocin), 颖芒霉素

四、氨基酸的性质

构成蛋白质的 α-氨基酸为白色晶体；熔点较高（高于 200℃，可达 250℃左右）；一般能溶于水、稀酸或稀碱中，但不溶于有机溶剂；通常酒精能使氨基酸从其溶液中析出。除甘氨酸外都有旋光性，比旋是 α-氨基酸的物理常数之一，可用于氨基酸的鉴别。

1. 两性性质——氨基酸是弱两性电解质

同一氨基酸分子中含有碱性的氨基（—NH_2）和酸性的羧基（—COOH），因此它是两性电解质（ampholytes）。它的—COOH基可解离释放 H^+，其自身变为—COO^-，释放出的 H^+ 与—NH_2结合，使—NH_2基变成—NH_3^+，此时氨基酸成为同一分子上带有正、负两种电荷的偶极离子或称兼性离子，这也是氨基酸在水中或结晶态时的主要存在形式。即氨基酸在水中的偶极离子既起酸（质子供体）的作用，又起碱（质子受体）的作用，是一种两性电解质。

氨基酸的氨基和羧基的解离情况以及氨基酸本身带电情况取决于它所处环境的酸碱性。当它处于酸性环境时，由于羧基结合质子而使氨基酸带正电荷；当它处于碱性环境时，由于氨基的解离而使氨基酸带负电荷；当它处于某一 pH 值时，氨基酸所带正电荷和负电荷相等，即净电荷为零，此时的 pH 值称为氨基酸的等电点（isoelectric point），用 pI 表示。

氨基酸的两性解离式为：

$$R—\overset{\overset{+}{N}H_3}{\underset{}{CH}}—COOH \underset{H^+}{\overset{OH^-}{\rightleftharpoons}} R—\overset{\overset{+}{N}H_3}{\underset{}{CH}}—COO^- \underset{H^+}{\overset{OH^-}{\rightleftharpoons}} R—\overset{NH_2}{\underset{}{CH}}—COO^-$$

在酸性溶液中　　　晶体或水溶液中　　　在碱性溶液中
（pH<pI）　　　（pH=pI）　　　（pH>pI）

在生理 pH 值时，大多氨基酸以两性离子为主存在。

在等电点时，由于静电作用，氨基酸的溶解度最小，容易沉淀。利用这一性质可以分离制备某些氨基酸。例如，谷氨酸的生产，就是将微生物发酵液的 pH 值调节到 3.22（谷氨酸的等电点）而使谷氨酸沉淀析出。

由于氨基酸是两性电解质，在水溶液中，它既可被酸滴定，又可被碱滴定。通过对氨基酸进行的酸碱滴定，可以说明氨基酸的两性解离，并可计算出各种解离基团的解离常数和等电点。例如甘氨酸的酸碱滴定，图 4-1 为甘氨酸的酸碱滴定曲线，左段是用标准盐酸滴定得到的曲线，右段是用标准氢氧化钠滴定得到的曲线。

从滴定曲线的左段可以看出，当加酸滴定时，溶液的 pH 值由大逐渐变小（pH6→pH1），表明溶液的碱性在逐渐下降，而酸度在逐渐增高。曲线中部的转折点（$pK_1' = 2.34$）是甘氨酸羧基（—COOH）的解离常数，这个常数说明被滴定的两性甘氨酸分子中可作为 H^+ 受体的—COO^-已半数被中和了。

从滴定曲线的右段可以看出，当对甘氨酸溶液用碱滴定时，溶液中的 pH 值由小变大（pH6→pH12），这说明溶液的酸度在逐渐下降，而碱度在逐渐升高。在曲线中部出现的转折点（$pK_2' = 9.6$），是两性离子甘氨酸的—NH_3^+的解离常数，表明被滴定的甘氨酸分子中可解离提供 H^+ 与碱基 OH^- 结合的—NH_3^+已有半数被中和了。

这两条曲线都说明甘氨酸有两性解离，被碱滴定的是两性甘氨酸的—NH_3^+解离出的 H^+（来自羧基的解离），被酸滴定的是两性甘氨酸的—COO^-。在两性离子解离度相等（指正、负离子浓度相等）时即是它的等电点。

由氨基酸的滴定，可以求出各种解离基团的解离常数（pK'），计算公式为：

$$pK' = pH - \lg \frac{[质子受体]}{[质子供体]}$$

由上式可见，解离常数 pK' 是一种特定条件下的 pH 值，即当质子供体与质子受体浓度相等时的 pH 值。由 pK' 又可求出氨基酸的等电点（pI），pI 值相当于氨基酸的两性离子状态两侧的基团 pK 值之和的一半，即 $pI = 1/2(pK_n' + pK_{n+1}')$，式中，$n$ 表示氨基酸完全质子化时所带正电荷的最大数字。

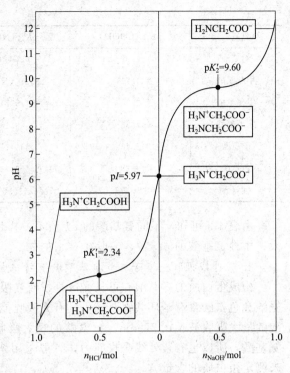

图 4-1　甘氨酸的酸碱滴定曲线

对于中性和酸性氨基酸：$pI = \dfrac{1}{2}(pK_1' + pK_2')$

对于碱性氨基酸：$pI = \dfrac{1}{2}(pK_2' + pK_3')$

各种氨基酸的 pK' 值及 pI 见表 4-3。

表 4-3　各种氨基酸的 pK' 值及 pI

氨基酸	pK_1'（COOH）	pK_2'（NH_3^+）	pK_3'（R）	pI
甘氨酸	2.34	9.60		5.97
丙氨酸	2.34	9.69		6.02
缬氨酸	2.32	9.62		5.97
亮氨酸	2.36	9.60		5.89
异亮氨酸	2.36	9.68		6.02
丝氨酸	2.21	9.15		5.68
苏氨酸	2.63	10.43		6.53
天冬氨酸	2.09	3.86（β-COOH）	9.82（NH_3^+）	2.89
天冬酰胺	2.02	8.80		5.41
谷氨酸	2.19	4.25（γ-COOH）	9.67（NH_3^+）	3.22
谷氨酰胺	2.17	9.13		5.65
精氨酸	2.17	9.04（NH_3^+）	12.48（胍基）	10.76
赖氨酸	2.18	8.95（α-NH_3^+）	10.53（ε-NH_3^+）	9.74

氨基酸	pK'_1 (COOH)	pK'_2 (NH_3^+)	pK'_3 (R)	pI
组氨酸	1.82	6.00（咪唑基）	9.17（NH_3^+）	7.59
半胱氨酸	1.71	8.33（NH_3^+）	10.78（SH）	5.02
甲硫氨酸	2.28	9.21		5.75
苯丙氨酸	1.83	9.13		6.48
酪氨酸	2.20	9.11（NH_3^+）	10.07（OH）	5.66
色氨酸	2.38	9.39		5.89
脯氨酸	1.19	10.60		6.30

由表 4-3 可知，不同氨基酸的 pI 值不一样，酸性氨基酸的 pI 较小；碱性氨基酸的 pI 较大；中性氨基酸的 $pI<7$，一般在 6.0 左右。

2. 紫外线吸收——芳香族氨基酸具有特征紫外线吸收

构成蛋白质的氨基酸在可见光区都没有光吸收，但在紫外线区芳香族氨基酸苯丙氨酸、酪氨酸和色氨酸含有苯环共轭双键，具有光吸收能力。苯丙氨酸的最大吸收波长在 259nm，酪氨酸的最大吸收波长在 278nm，色氨酸的最大吸收波长在 279nm。蛋白质由于含有这些芳香族氨基酸，所以也有紫外线吸收能力，一般采用紫外分光光度计在 280nm 波长处测最大光吸收来测定蛋白质的含量。

3. 化学性质——氨基酸的一些特殊反应用于定性与定量

氨基酸的化学反应主要是指它的 α-氨基、α-羧基以及侧链上的基团所参与的一些反应。在蛋白质化学中具有重要意义的化学反应有以下几种。

（1）由 α-氨基参与的反应

① 与亚硝酸反应　氨基酸的氨基和其他伯胺一样，在室温下与亚硝酸作用生成氮气。

$$\underset{\overset{|}{NH_2}}{R-CH}-COOH + HNO_2 \longrightarrow \underset{\overset{|}{OH}}{R-CH}-COOH + N_2\uparrow + H_2O$$

所产生的氮气（N_2）只有一半来自氨基酸的氨基氮，另一半来自亚硝酸。在标准条件下测定生成的氮气体积，即可计算出氨基酸的量，这就是 Van Slyke（范斯莱克）法测定氨基酸氮的基础。在生产上，可用此法来进行氨基酸定量和蛋白质水解程度的测定。因为在水解过程中，蛋白质的总氮量是不变的，而氨基氮却不断上升，用氨基氮与总蛋白氮的比例可表示蛋白质的水解程度。

② 与甲醛反应　氨基酸分子在溶液中主要是两性离子。氨基酸的酸性羧基与碱性氨基相距很近，当用碱滴定羧基时，由于氨基的影响，致使氨基酸这种两性离子即使达到滴定终点也不会完全分解，因而不能准确测定。如果用中性甲醛与氨基酸的氨基化合，将氨基保护起来使其不生成两性离子，然后再用碱来滴定氨基酸中的羧基，就能测定出氨基酸的量。相关反应为：

$$\underset{\overset{|}{NH_3^+}}{R-CH}-COO^- + HCHO \Longleftrightarrow \underset{\overset{|}{NH-CH_2OH}}{R-CH}-COO^- + H^+ \xrightarrow{OH^-} 中和$$

$$\Big\downarrow HCHO$$

$$\underset{\overset{|}{N(CH_2OH)_2}}{R-CH}-COO^-$$

由于氨基酸的氨基与甲醛的反应，使 $-NH_3^+$ 解离释放出 H^+，从而使溶液酸性增加，就可以酚酞作指示剂用 NaOH 来滴定。这是生物化工产品、食品和发酵物等中氨基氮的测定原理和方法，称为甲醛滴定法（formol titration）。

③ 与 2，4-二硝基氟苯的反应 在弱碱溶液中，氨基酸的 α-氨基很容易与 2，4-二硝基氟苯（DNFB）作用，生成稳定的黄色 2，4-二硝基苯氨基酸（简写 DNP-氨基酸）。

该反应可用于鉴定氨基酸，也用于蛋白质的结构测定。因为此反应首先为 Sanger 用于蛋白质结构测定，所以现在也常将 DNFB 称为 Sanger 试剂。

$$R-\underset{\underset{COOH}{|}}{CH}-NH_2 + F-\underset{\underset{NO_2}{}}{\underset{}{}}-NO_2 \xrightarrow{pH8\sim9} R-\underset{\underset{COOH}{|}}{CH}-\underset{\underset{H}{}}{N}-\underset{\underset{NO_2}{}}{}-NO_2 + HF$$

DNFB   DNP-氨基酸

④ 酰化反应 氨基酸与酰氯或酸酐作用时，氨基中有一个或两个氢原子被酰基取代而被酰化。即：

$$R-\underset{\underset{NH_2}{|}}{CH}-COOH \xrightarrow{R'COCl} R-\underset{\underset{NH-COR'}{|}}{CH}-COOH + HCl$$

其中，氨基酸与苯二甲酸酐反应生成的苯二甲酰氨基酸，是人工合成多肽方面很有用的保护 α-氨基的中间体。有关反应为：

苯二甲酸酐   苯二甲酰氨基酸

苄氧酰氯与氨基酸作用生成氨基酸取代的苄氧甲酰氨基酸，这个反应也在人工合成多肽中用于保护氨基。反应如下：

苄氧酰氯   苄氧甲酰氨基酸

⑤ 成盐反应 氨基酸的氨基与 HCl 作用产生氨基酸盐化合物。用 HCl 水解蛋白质制得的氨基酸就是氨基酸盐酸盐，见以下反应：

$$R-\underset{\underset{NH_2}{|}}{CH}-COOH + HCl \longrightarrow R-\underset{\underset{NH_3^+ \cdot Cl^-}{|}}{CH}-COOH$$

氨基酸盐酸盐

⑥ 形成席夫碱反应 氨基酸的 α-氨基能与醛类化合物反应生成弱碱，即所谓席夫碱（Schiff-base），其反应如下：

$$R'-\underset{\underset{O}{\|}}{C}-H + H_2N-\underset{\underset{COOH}{|}}{\overset{\overset{R}{|}}{CH}} \rightleftharpoons R'-\underset{}{C}=N-\underset{\underset{COOH}{|}}{\overset{\overset{R}{|}}{CH}} + H_2O$$

这是引起食品褐变的反应之一。食品中的氨基酸与葡萄糖醛基发生所谓羰氨反应，生成席夫碱，进一步转变成有色物质，这是非酶促褐变的一种机制。

⑦ 脱氨基反应 氨基酸在生物体内经酶催化可脱去 α-氨基而转变成 α-酮酸。即：

$$R-\underset{\underset{NH_2}{|}}{CH}-COOH + \frac{1}{2}O_2 \xrightarrow{酶} R-\underset{\underset{O}{\|}}{C}-COOH + NH_3$$

（2）由 α-羧基参与的反应 氨基酸的 α-羧基和其他有机酸的羧基一样，在一定条件下可发生成盐、成酯、成酰氯、成酰胺、脱羧和叠氮化等反应。

① 成盐反应　氨基酸的 α-羧基可以和碱作用生成盐。例如：

$$\underset{\text{谷氨酸}}{HOOC-CH_2-CH_2-\underset{\underset{NH_2}{|}}{CH}-COOH} + NaOH \longrightarrow \underset{\text{谷氨酸单钠盐(味精)}}{HOOC-CH_2-CH_2-\underset{\underset{NH_2}{|}}{CH}-COONa} + H_2O$$

如果与重金属离子形成的盐则不溶于水。

② 成酯反应　在干燥氯化氢气体存在下，氨基酸可与醇酯化形成相应的酯。例如：

$$\underset{\underset{NH_2}{|}}{R-CH}-COOH + \underset{\text{乙醇}}{C_2H_5OH} \xrightarrow{HCl(\text{气})} \underset{\underset{NH_2}{|}\;\;\text{氨基酸乙酯}}{R-CH}-COOC_2H_5 + H_2O$$

羧基被酯化后，可增强氨基的化学活性，氨基更易起酰化反应，生成酰胺或酰肼。所以在蛋白质人工合成中可通过成酯反应将氨基酸活化。成酯反应也可用于氨基酸的分离纯化，因为各种氨基酸与醇所成的酯的沸点不同，故可进行分级蒸馏而分离。另外，在曲酒酿造中，不同氨基酸所生成的酯具有不同的芳香气味。

③ 酰化反应　氨基酸羧基中的羟基可以被卤素取代，所生成的化合物称为酰卤。由于氨基酸中氨基与羧基相距很近，难于直接形成酰卤，所以常先用一种酰化剂（如氯乙酰）将氨基保护起来，然后再用另一种酰化剂（如 PCl_5、PCl_3 等）使羧基酰化：

$$\underset{\underset{NH_2}{|}}{R-CH}-COOH + CH_3-CO-Cl \longrightarrow \underset{\underset{NH-CO-CH_3}{|}}{R-CH}-COOH + HCl$$

$$\underset{\underset{NH-CO-CH_3}{|}}{R-CH}-COOH + PCl_5 \longrightarrow \underset{\underset{NH-CO-CH_3}{|}}{R-CH}-CO-Cl + POCl_3 + HCl$$

该反应可使氨基酸的羧基活化，使之易与另一氨基酸的氨基结合，在多肽人工合成中常用到。

④ 脱羧基反应　生物体内的氨基酸经脱羧酶作用放出 CO_2，并产生相应的胺。即：

$$\underset{\underset{NH_2}{|}}{R-CH}-COOH \xrightarrow{\text{脱羧酶}} CO_2 + RCH_2NH_2$$

生物体内的胺主要由氨基酸脱羧产生。胺有一定的生理效能。

⑤ 叠氮反应　氨基酸可以通过酰基化和酯化先将自由氨基酸变为酰化氨基酸甲酯，然后与联氨和 HNO_2 作用变成叠氮化合物：

$$\underset{NH_2}{\overset{R}{|}}\!\!H_2N-CH-COOH \xrightarrow{NH_2NH_2} H_2N-\overset{\overset{R}{|}}{C}H-CO-NH-NH_2$$

$$\Big\downarrow HNO_2$$

$$\underset{\text{酰化氨基酸叠氮}}{H_2N-\overset{\overset{R}{|}}{C}H-CON_3} + 2H_2O$$

此反应能使氨基酸的羧基活化，在人工合成肽的过程中也是常用的。

（3）由 α-氨基和 α-羧基共同参加的反应

① 与茚三酮（ninhydrin）的反应　α-氨基酸与水合茚三酮溶液一起加热，经过氧化脱氨、脱羧作用，生成蓝紫色物质。其反应如下：

水合茚三酮

还原茚三酮

还原茚三酮　　　　　　茚三酮　　　　　　蓝紫色物质

脯氨酸和羟脯氨酸与茚三酮反应不释放 NH_3 而直接生成黄色物质。其他所有 α-氨基酸与茚三酮反应均产生蓝紫色物质。此反应非常灵敏，$0.5\mu g$ 氨基酸就能显色。根据蓝紫色的深浅，在 570nm 处进行比色，就可以测定样品中的氨基酸的含量。采用纸色谱、离子交换色谱和电泳等技术分离氨基酸时，常用茚三酮溶液作显色剂，以定性和定量分析氨基酸。

② 成肽反应　一个氨基酸的氨基与另一个氨基酸的羧基可以缩合成肽，形成的键为酰胺键。例如：

多个氨基酸可按此反应方式生成长链状的肽化合物。

（4）侧链 R 基参加的反应　α-氨基酸分子中侧链基团（R 基）也能发生化学反应，这些基团包括巯基、羧基、酚基、吲哚基、咪唑基、胍基等，含有相应基团的氨基酸就具有相关化学性质。这些性质可用鉴别特定氨基酸，也可对蛋白质进行分子修饰并改变蛋白质的功能。

① 巯基及二硫键　巯基还原性强，很活泼，可与苄氯、碘乙酰胺等结合，从而使巯基得到保护而不被破坏。在肽合成中常用到。例如：

苄氯

碘乙酰胺

两个半胱氨酸的—SH基通过氧化可失去两个氢原子而形成—S—S—，称之为二硫键。例如：两个半胱氨酸通过氧化而形成胱氨酸。相反，二硫键（—S—S—）也可通过还原作用形成两个—SH，如巯基乙醇作还原剂。所以，—SH和—S—S—组成一个氧化还原体系。

② 羟基　羟基可与酸生成酯，如丝氨酸或苏氨酸与乙酸、磷酸反应，生成相应的酯。磷蛋白中磷酸通常都是与这两种氨基酸的侧链羟基缩合成磷酸酯。

特殊侧链基团参与的反应及用途见表 4-4。

表 4-4　氨基酸特殊侧链基团参与的反应及用途

R 基名称	化 学 反 应	用途及重要性
苯环 （Tyr, Phe）	黄色反应：与 HNO_3 作用产生黄色物质	做蛋白质定性试验，用于鉴定苯丙氨酸和酪氨酸

续表

R 基名称	化 学 反 应	用途及重要性
酚基 HO—〇— （Tyr）	Millon 反应：与 HgNO₃、Hg（NO₃）₂和 HNO₃反应呈红色 Folin 反应：酚基可还原磷钼酸、磷钨酸成蓝色物质	用于鉴定酪氨酸，进行蛋白质定性定量测定
吲哚基 （Try）	乙醛酸反应：与乙醛酸或二甲基氨甲醛反应（Ehrlich），产生紫红色化合物 还原磷钼酸、磷钨酸成钼蓝、钨蓝	鉴定色氨酸，做蛋白质定性试验
胍基 NH ‖ H₂N—C—NH— （Arg）	坂口反应（Sakaguchi 反应）：在碱性溶液中胍基与含有α-萘酚及次氯酸钠的物质反应生成红色物质	进行精氨酸的测定
咪唑基 （His）	Pauly 反应：与重氮盐化合物结合生成棕红色物质	用于组氨酸及酪氨酸的测定
巯基 HS— （Cys）	亚硝酸亚铁氰化钠反应：在稀氨溶液中与亚硝酸亚铁氰化钠反应生成红色化合物	进行半胱氨酸及胱氨酸的测定
羟基 HO— （Thr，Ser）	与乙酸或磷酸作用生成酯	保护丝氨酸及苏氨酸的羟基，用于蛋白质合成

五、氨基酸的应用与工业生产

1. 氨基酸的应用

氨基酸是构成蛋白质的基本单位，广泛用于食品、医药、日用化工、农业、冶金、环保等行业。

（1）在食品行业的应用　氨基酸是天然蛋白的组成成分，对人体无害，在食品行业中主要是用作调味品，以及食品的成味剂和香料，也可作为抗氧化剂。

味精的主要成分为谷氨酸钠，是人类应用的第一个氨基酸，也是世界上产量最大的一种氨基酸。甘氨酸、丙氨酸、天冬氨酸、脯氨酸也具有调味作用，应用于食品行业。

赖氨酸是必需氨基酸之一，也是蛋白质的第一限制氨基酸，缺乏赖氨酸会导致蛋白质代谢障碍和机能障碍。植物蛋白的氨基酸不平衡，在谷类食品中添加适量的赖氨酸，可增加蛋白质的营养价值，提高粮食中蛋白质的利用率，故赖氨酸被列为营养强化剂。赖氨酸可作食品除臭剂、防腐剂和发色剂，长期储存稻米的特殊气味可通过添加赖氨酸而消除。

甘氨酸与纯碱中和产出的甘氨酸钠，可用作营养添加剂；甘氨酸溶液与碱式碳酸钠的反应产物氨酸铜，可用于治疗铜缺乏症等。另外甘氨酸还可用作食品香料、抗菌剂和抗氧化剂，使用甘氨酸可延长鱼制品的保存期并能改善味道和香味。

天冬氨酸与苯丙氨酸、甘氨酸与赖氨酸合成的甜味二肽（俗称蛋白糖），甜度为蔗糖的150 倍左右，分解产物能被人体吸收利用，热值低，多用于汽水、咖啡、乳制品等。

（2）在医药行业的应用　氨基酸是人体合成蛋白质、酶、激素以及抗体的原料，参与正常的代谢和生理活动。氨基酸及其衍生物可作为营养剂、代谢改良剂。由多种氨基酸按一定配比组成的氨基酸输液或口服液除了作为营养剂外，还具有提高机体免疫力、抗菌消炎、抗癌、催眠、镇痛等功效。氨基酸对某些疾病具有一定的治疗作用，如谷氨酸是肝病辅助用药，谷氨酰胺可用于治疗胃肠溃疡，苯丙氨酸与氮芥子气合成的苯丙氨酸氮芥子气对骨髓瘤治疗有效。以氨基酸为原料合成激素、抗菌素等生物活性多肽，如谷胱甘肽、促胃液素、催产素及降钙素等已工业生产。天冬氨酸和丙氨酸用于合成维生素 B_6、谷氨酸用于合成叶酸等。

氨基酸还可作为药用中间体，在手性药物合成中作为药物分子的手性结构模块可为药物分子引入手性。血管紧张素转化酶抑制剂是有效的抗高血压药物，都含有氨基酸结构单元，如赖诺普利含有赖氨酸结构单元，依那普利含有苯丙氨酸结构单元，丙氨酸、脯氨酸、赖氨酸、苯丙氨酸、胱氨酸是这类药物合成的重要原料。抗肿瘤药物胸苷酸合成酶抑制（如替曲塞）和二氢叶酸还原酶抑制剂（如氨基蝶呤、氨甲蝶呤、培美曲塞、依达曲沙）均含有谷氨酸残基结构，谷氨酸是该类药物的重要原料。碳青霉烯类抗生素抗菌谱广，是治疗严重细菌感染最主要的药物，厄他培南和多利培南的合成均以反 4-羟基-L-脯氨酸为手性源进行修饰。喹诺酮类抗生素具有广谱、高效、低毒、药代动力学特征好、半衰期长、组织分布广等优点，是临床治疗细菌感染性疾病常用药物，左氟沙星和帕珠沙星的工业化生产以（S)-2-氨基丙醇为手性合成砌块，（S)-2-氨基丙醇由对 L-丙氨酸还原生产。HIV 蛋白酶抑制剂如利托那韦和洛匹那韦，能够有效抑制病毒复制，是治疗艾滋病的主要药物，以苯丙氨酸为手性源进行不对称合成。

（3）在饲料行业的应用　外源性氨基酸不仅具有营养作用，对畜禽摄食行为也有着极强的刺激作用，可改善饲料风味。甲硫氨酸和赖氨酸可作为饲料添加剂，具有增强畜禽食欲、提高抗病能力，能促进动物生长、改善肉质、提高畜禽生产能力，还能提高饲料利用率，节省蛋白饲料。

（4）在化妆品行业的应用　氨基酸及其衍生物易被皮肤吸收，皮肤角质层中的游离氨基酸对保持皮肤的健康具有重要作用，使老化和硬化的表皮恢复水合性和弹性，延缓皮肤衰老。羟脯氨酸用于生产保湿剂，半胱氨酸具有祛斑美白作用。因此氨基酸在日用化工上的应用已有取代普通化工原料的趋势。精氨酸、苯丙氨酸和聚天冬氨酸等用于生产护发剂、染发剂和永久型烫发剂。

（5）在其他行业的应用　在农业方面，以氨基酸为原料合成除草剂、杀虫剂、杀菌剂和植物生长调节剂等氨基酸衍生物类农药，具有毒性低、高效无公害、易被生物全部降解利用等优点。草甘膦是甘氨酸的衍生物，能有效控制世界上危害最大的 78 种杂草中的 76 种。缬氨酰胺是一类具有应用前景的农用杀菌剂。亮氨酸、胱氨酸等作为发酵工业中多种氨基酸生产菌的添加剂。聚丙氨酸和聚谷氨酸用于生产具有良好透气性和保温性的高级人造纤维和人造皮革。天冬氨酸、谷氨酸、组氨酸以及丝氨酸能极大提高溶金能力；另外，胱氨酸可用于铜矿探测，氨基酸烷基酯可用于海上浮油回收。

2. 氨基酸的工业生产

氨基酸工业始于 1908 年生产谷氨酸钠，氨基酸生产方法包括蛋白质水解抽提法、化学合成法、微生物发酵法和酶法等。蛋白质水解法是最传统的氨基酸生产方法。而提取法、酶法和化学合成法均由于前体物的成本高，工艺复杂，难以实现工业化生产，目前多采用诱变筛选获得的菌株进行发酵生产氨基酸。

L-谷氨酸发酵是将生物素控制在亚适量条件下以葡萄糖、蔗糖为碳源，以氨、尿素为氮源，进行好氧发酵生成的（图 4-2、图 4-3）。发酵生产谷氨酸的原料有玉米、小麦、甘薯、大米等淀粉质原料，

图 4-2　谷氨酸发酵工艺流程

以及甘蔗、甜茶等糖蜜原料。谷氨酸发酵是好氧发酵，通风和搅拌产生的泡沫会影响谷氨酸的累积，必须加以消泡。提取谷氨酸常用工艺有等电点法和离子交换法。

图 4-3　味精生产工艺流程

发酵生产 L-谷氨酸的代表菌株有 *Corynebacterium glutamicum*、*Brevibacterium lactofermentum* 和 *Brevibacterium flavum* 等。

谷氨酸的生物合成受体内复杂机制的调控。其发酵过程中，第一阶段是菌体生长阶段，一定量的生物素是菌体增殖所必需的，须保证生物素充足使菌体快速生长；第二阶段是产酸阶段，则要限制生物素的浓度，以保证产物的正常合成，使谷氨酸大量累积。谷氨酸发酵受菌种质量、培养基组成（碳氮比）、温度、pH、NH_4^+ 浓度以及供氧速率等因素控制。

第三节　肽

一、肽的概念

氨基酸通过肽键连接形成的链状化合物就称为肽（peptide）。肽可由氨基酸缩合形成，也可由蛋白质水解产生，还包括存在于生物体内的天然活性肽。

肽中氨基酸间的连接是肽键（peptide bond）。肽键是由一个氨基酸的 α-氨基与另一个氨基酸的 α-羧基缩合失水而形成的酰胺键。可表示为：

肽键这种酰胺键和一般酰胺键一样，由于酰胺氮上的孤对电子与相邻羧基之间的共振相互作用，从而使 C—N 键具有部分双键的性质，使 —CO— 具有部分单键的性质。肽键的共振结构形式为：

由于肽键具有双键性质，因而不能沿 C—N 轴自由转动。O—C—N—H 四个原子和两个相邻的 Cα 原子处于一个平面内，即：

肽键 C—N 为反式构型，氧和氢分别在 C—N 轴的两边。肽键中 C—N 键长为 1.32Å[①]，介于普通 C—N 单键 （1.49Å） 和 C=N 双键 （1.27Å） 之间。因此肽键中的 C—N 键比较牢固。虽然肽键中的 C—N 键不能自由旋转，但羧基碳原子和 α-碳原子之间的 C_α—C 键以及氨基氮原子和 α-碳原子之间的 N—C_α 键是一般的单键，可以旋转。

肽呈链状，因而称为肽链 （peptide chain）。肽链中每个氨基酸单位由于失去 1 分子水，称为氨基酸残基 （residue）。肽链中仍保留有类似于氨基酸的 α-NH_2 和 α-COOH，它们分别位于肽链的两端，这两端分别称为氨基末端 （N 末端） 和羧基末端 （C 末端）。在阅读和书写时，从左至右则为从 N 末端到 C 末端，这就是肽链的方向性。命名时，从 N 末端开始，氨基酸残基的名称变为某氨酰，C 末端氨基酸残基用氨基酸的本名。由几个残基构成即称为几肽。如有 Ser-Gly-Tyr 结构的三肽命名为丝氨酰甘氨酰酪氨酸，其 N 端为丝氨酸，C 端为酪氨酸。残基数在 10 个以下称为寡肽 （oligopeptide），在 10 个以上称为多肽 （polypeptide）。

二、生物活性肽

生物活性肽又称为天然肽 （natural peptide），是生物体内一些具有特殊功能的肽的统称，一般为寡肽和较小的多肽。生物活性肽 （active peptide） 是沟通细胞与细胞之间、器官与器官之间的重要化学信使，通过内分泌、旁分泌、神经内分泌、乃至神经分泌等作用方式，传递各种特异信息，使机体构成一系列严密的控制系统，从而调节生长、发育、繁殖、代谢和行为等生命过程。对生物活性肽的研究甚至涉及人类意识、行为、学习、记忆等更高层次的生命形态和活动规律，涉及免疫防御、肿瘤病变、抗衰防老、生殖控制、生物钟节律等一系列理论和实际问题，因而具有重要的理论意义和实践意义。

1. 谷胱甘肽——参与体内氧化还原反应的重要物质

谷胱甘肽 （glutathione） 是谷氨酸、半胱氨酸和甘氨酸构成的三肽，广泛存在于动植物和微生物细胞中。其结构组成与大多数肽类不同，第一是谷氨酸的 γ-羧基参与反应，形成 γ-肽

---

① 1Å=1×10^{-10} m。

键；第二是谷胱甘肽的侧链中含有巯基，见下式：

$$
\begin{array}{c}
\text{COOH}\quad\quad\quad\quad\quad\quad\quad\quad\quad\text{SH}\\
|\quad\quad\quad\quad\quad\quad\quad\text{O}\quad|\quad\text{O}\\
|\quad\quad\quad\quad\quad\quad\quad\|\quad\text{CH}_2\quad\|\\
\text{H}_2\text{N}-\text{CH}-\text{CH}_2-\text{CH}_2-\text{C}-\text{N}-\text{CH}-\text{C}-\text{N}-\text{CH}_2-\text{COOH}\\
\quad\quad\quad\quad\quad\quad\quad\quad\quad\text{H}\quad\quad\quad\quad\text{H}
\end{array}
$$

谷胱甘肽

由于侧链 —SH 的存在，可由还原型（GSH）脱氢氧化成氧化型（GSSG），即：

$$2\text{GSH} \underset{+2H}{\overset{-2H}{\rightleftharpoons}} \text{GSSG(氧化还原反应)}$$

该反应在体内的氧化还原反应中起重要作用。—SH 在体内可起保护作用，保护含巯基的蛋白质，尤其是保护以 —SH 为活性基团的酶的活性。另外，谷胱甘肽能与外源的亲电子毒物结合，从而阻断其毒性，具有广谱解毒作用。谷胱甘肽能参与生物转化作用，从而把机体内有害的毒物转化为无害的物质，排泄出体外。如临床上常用它作为治疗肝病、药物中毒和过敏性疾病的一种药物。谷胱甘肽还能在氨基酸运输中起载体作用。

2. 神经肽——参与神经体液调节

神经肽（nervonic peptide）是首先从脑组织中分离出来并主要存在于中枢神经系统的一类活性肽，参与动物体内的多种生理功能的调节，如痛觉、睡眠、情绪、学习与记忆。重要的包括脑啡肽、内啡肽、强啡肽等一系列脑肽和 P-物质。因为这些肽类都具有吗啡（morphine）一样的镇痛作用，所以就把它们称作脑内产生的吗啡样肽（脑啡肽，enkephalin）或内源性吗啡样肽（内啡肽，endorphin）。

脑啡肽是 1975 年英国 Hughes 等从猪脑内发现并分离出来的，为 5 肽。有两种：

Tyr-Gly-Gly-Phe-Met　　甲硫氨酸脑啡肽

Tyr-Gly-Gly-Phe-Leu　　亮氨酸脑啡肽

两者都具有镇痛作用。它们由同一前体——前脑啡肽原（含 267 个残基）转变而来。

内啡肽有 3 种：α-、β-和 γ-内啡肽，它们由同一前体——促黑素促皮质激素原（proopiomelanocortin）（含 265 个残基）转变而来。其中 β-内啡肽（31 肽）的镇痛作用最强，而 α-内啡肽（16 肽）和 γ-内啡肽（17 肽）除具有镇痛作用外，还对动物行为起调节作用。α-内啡肽和 γ-内啡肽对动物的行为效应刚好相反。

3. 抗菌肽——一种防御细菌的武器

抗菌肽是一种抗生素（antibiotic），是一类抑制细菌和其他微生物生长或繁殖的物质，对传染性疾病的治疗有重要意义。抗菌肽是由特定微生物和动植物产生的，并含一些通常不在蛋白质或肽类中存在的氨基酸如 D-氨基酸，或含有异常的酰胺式的结合方式。该类物质中最常见的是青霉素（penicillin），青霉素的主体结构可以看作是由半胱氨酸和缬氨酸结合成的二肽衍生物，不过这种结合为非肽键连接。青霉素即氨基酸的二肽衍生物，其侧链 R 基不同，即为不同的青霉素。其结构通式为：

$$
\begin{array}{c}
\quad\quad\text{H}\quad\quad\text{H}\\
\text{R}-\text{C}-\text{N}\quad\quad\text{S}\\
\|\quad\quad\quad\quad\quad\quad\text{CH}_3\\
\text{O}\quad\quad\quad\quad\quad\quad\text{CH}_3\\
\quad\quad\text{N}\\
\quad\quad\quad\quad\text{COOH}
\end{array}
$$

青霉素主要破坏细菌细胞壁肽聚糖的合成，引起溶菌。

另外，短杆菌肽 S（gramicidin S）和短杆菌酪肽（tyrocidine）都是环状 10 肽，分子中含有两个 D-苯丙氨酸残基。这些环状肽主要作用于革兰氏阴性细菌的细胞膜。

放线菌素（actinomycin）的结构复杂，它有一个染料基以酰胺的方式分别连接在两个五肽的末端氨基处。五肽的末端羧基形成大的内酯环。放线菌素起抗菌和细胞生长抑制剂的作用，也能抑制细胞分裂。常用作 RNA 合成抑制剂。

三、多肽

(一) 多肽的应用

多肽的应用主要在多肽药物、多肽药物载体、组织工程材料和多肽营养食品等方面。

1. 潜在药物

除抗菌肽外，现已发现很多药用小肽。从人参、银杏等植物内分离出治疗心血管疾病的多肽。有些多肽能特异作用于与病毒、肿瘤有关的活性位点，可用于抗肿瘤、抗病毒的治疗。

多肽抗原比天然微生物或寄生虫蛋白抗原的特异性强，且易于制备，从相应病原菌筛选获得多肽用于疾病诊断，其检测抗体的假阴性率和本底反应都很低，易于临床应用。多肽疫苗是按照病原体抗原基因中已知或预测的某段抗原表位的氨基酸序列，通过化学合成技术制备的疫苗，由于完全是合成的，不存在毒力回升或灭活不全的问题。如从丙肝病毒外膜蛋白筛选出一种多肽，可有效刺激机体产生保护性抗体。

多肽既可以用作药物载体的修饰剂，也可以作为药物载体的主要组成部分。蛋白酶断裂点连接的肽段在合适的溶剂中自组装后将药物包覆在微球内，遇到靶向蛋白酶使得断裂点断开，实现药物的靶向释放。

2. 添加剂

活性肽类食品作为一种新型保健食品或食品添加剂，具有独到的特性和功能，在营养学上也有着许多优点，在食品工业中具有广阔的应用前景。应用在化妆品的多肽主要是六个氨基酸残基以内的多肽，如类肉毒杆菌素六肽，为乙酰化的六肽（Ac-Glu-Glu-Met-Gln-Arg-Arg），可作为抗皱成分用于化妆品。

3. 新材料

一些不具生物活性的高分子多肽，如聚天冬氨酸、聚赖氨酸、聚谷氨酸等，由于具有良好的生物相容性、可控生物降解速率、可修饰性、设计的可塑性、结构的可控性等优点，成为组织工程中极具应用前景的一类新型材料。高分子多肽作为组织工程支架材料既便于细胞识别，又能支持细胞生长。亮氨酸和酯化的谷氨酸共聚物可用作仿天然皮肤的层状伤口裹敷物，包扎伤口后可成为皮肤的一部分因而不必再解开。γ-聚谷氨酸是一种出色的绿色塑料，易于降解，广泛用于食品包装和一次性餐具中。聚精氨酸可用于生产用量极大的农用保湿地膜以及作为洗涤剂、废水处理剂等工业用产品。以谷氨酸、天冬氨酸等为基本原料的低分子聚合氨基酸广泛用于洗洁精、显影药水和其他各种工业用途。

(二) 多肽的人工合成

1. 人工合成方法

多肽人工合成是由不同氨基酸按照一定顺序的控制合成，是一个将单个氨基酸反复添加到生长的肽链上形成肽键的过程，通常从合成链的 C 端氨基酸开始。接肽反应时，N 端残基的游离氨基、C 端残基的游离羧基以及侧链上的一些活泼基团均能同接肽试剂发生作用，因此需要将这些不应参加反应的基团先封闭，以免生成不需要的键。肽键形成之后再将保护剂去除。

2. 固相肽合成

在固相肽合成（solid-phase peptide synthesis）中，羧基端氨基酸先与树脂反应，共价连接在树脂上，再与第二个氨基酸缩合反应，使肽链在树脂小珠上逐步从羧基端向氨基端延长，肽链合成后再与树脂脱离。固相肽合成促进了肽合成的自动化，利用多肽合成仪现在已能一次性合成长达 200 个氨基酸残基的多肽。

第四节　蛋白质的分子结构

　　蛋白质的化学结构原则上讲比较简单，是由许多氨基酸以肽键缩合而成的。然而蛋白质相对分子质量大，组成氨基酸数量很多，许多个氨基酸残基构成一条长链，其排列方式必然是多种多样的。这条长链要么形成一个线团，要么绕成有规律的螺旋或折叠，功能性蛋白质都是球状的而非线性纤维状。为了研究的方便，早在 20 世纪 50 年代，丹麦科学家 Lhnderstrom-Lang 曾建议将蛋白质的结构分为不同的结构层次，分别称为一级结构、二级结构、三级结构和四级结构（图 4-4）。一级结构是指蛋白质的共价结构，称为初级结构；二、三、四级结构是指蛋白质链的空间排布（即链的构象），称为高级结构。

|一级结构|二级结构|三级结构|四级结构|

图 4-4　蛋白质的结构层次

一、蛋白质的共价结构

　　1. 一级结构概念——特指氨基酸的顺序

　　(1) 蛋白质的化学结构　曾经将蛋白质的化学结构视为一级结构（primary structure），包括：①多肽链数目；②每条链中氨基酸的数目、种类及排列顺序；③链间或链内桥键的位置和数目。1969 年，国际纯粹化学和应用化学联合会（IUPAC）为了对化学结构和一级结构加以区别，规定蛋白质的一级结构特指肽链中的氨基酸顺序。

　　(2) 维持一级结构的化学键　维持一级结构的化学键为共价键，主要为肽键。所以蛋白质分子的一级结构称为共价结构。

　　(3) 一级结构的书写方式　尽管天冬氨酸和谷氨酸具有两个羧基，组氨酸和精氨酸具有两个氨基，天然蛋白质的多肽链是一条没有分支的直链。蛋白质线性结构与其生物合成有关。从 N 末端到 C 末端，用氨基酸的 3 字母缩写符号或单字母符号连续排列。若用 3 字母符号，每个氨基酸之间用圆点隔开，用单字母表示则不用圆点。

　　2. 一级结构的测定——氨基酸序列的自动程序测定

　　一级结构指的是以肽键连接而成的肽链中氨基酸的排列顺序。通常蛋白质由 20 种不同氨基酸组成，如果从数学的排列组合来看，蛋白质的种类将是一个很大的数字。然而在生物界，进化选择结果是，对一种蛋白质分子而言只有一种特定的氨基酸排列顺序才能执行特定的生物功能。

　　蛋白质一级结构测定要求样品必须是均一的、已知相对分子质量的蛋白质。总的策略是：将大化小，逐段分析，并对照两套以上肽段分析结果，排出肽段前后位置，最后确定完全顺序。这个方法称为片段重叠法。其大体步骤为：①首先测定氨基酸末端的数目，由此确定蛋白质分子是由几条肽链构成的，并知其末端组成；②若蛋白质分子含有多条肽链，对肽链进行拆分、分离；③对肽链的一部分样品进行完全水解，做氨基酸组成分析；④对肽链的另一部分样品进行不完全水解，得出一套大小不等的片段（第一套），分离出各片段，并测定每个片段的氨基酸顺序；⑤再用另一种酶或化学试剂对第二步中所得的样品（即肽链）进行不完全水解，从而得到另一套片段（第二套），分离各片段并测定氨基酸顺序；⑥比较两套片段的氨基酸顺序，拼凑出整个肽链的氨基酸顺序；⑦最后确定原来多肽链中的二硫键（disulfide bond）的位置。这样就能确定出全部一级结构。

（1）肽链末端分析

① N 末端测定

a. DNFB 法（Sanger 法）　　由于氨基酸的 $\alpha\text{-}NH_2$ 可与卤素化合物发生取代反应，肽链末端的 $\alpha\text{-}NH_2$ 也可与二硝基氟苯（DNFB）反应，生成二硝基苯衍生物，即 DNP-肽链。由于新生成的 DNP-肽链中苯核与氨基之间的键比肽键稳定，不易被酸水解。因此 DNP-肽链经酸水解后，得到一个 DNP-氨基酸和其余所有游离氨基酸的混合液。相关反应为：

DNP-氨基酸为黄色，可用乙醚抽提，然后用色谱法进行分离鉴定和定量测定，即可知道肽链的 N 末端是何种氨基酸。Sanger 首先用此法测出了牛胰岛素分子的 N 末端。

b. 苯异硫腈法（Edman 法）　　肽链的末端氨基也能与苯异硫腈（PITC）作用，生成苯氨基硫甲酰衍生物（PTC-肽链）。在温和酸性条件下，末端氨基酸环化并释放出来，即苯乙内酰硫脲氨基酸（PTH-氨基酸），留下一条完整的、缺少一个氨基酸残基的肽链。反应如下：

PTH-氨基酸用乙酸乙酯抽提后，可用纸色谱或薄层色谱鉴定。对抽提后剩余的肽链又可参加第二轮反应，多次重复上述降解步骤，每次从肽链的 N 末端依次移去一个氨基酸残基，最终测出全部肽链或肽段的氨基酸顺序。此法目前采用较多。全部操作程度自动化的蛋白质序列自动分析仪就是根据 Edman 降解法的原理设计的。

c. 二甲基氨基萘磺酰氯法（DNS 法）　　二甲基氨基萘磺酰氯简称丹磺酰氯（DNS-Cl）。DNS 法的原理与 DNFB 法相同，只是用 DNS 代替 DNFB 试剂。由于丹磺酰基具有强烈的荧光，此法的灵敏度比 DNS 高 100 倍，并且水解后的 DNS-氨基酸不需要抽提，可直接用纸电泳或薄层色谱进行鉴定，还可用荧光计检测。反应如下：

$$
\begin{array}{c}
\text{(DNS-Cl)} + H_2N-\underset{\displaystyle |}{C}H-CO-NH-\underset{\displaystyle |}{C}H-CO-\!\!-\!\!-\!\!- \\
R^1 \qquad\qquad R^2 \\
\text{(肽链)}
\end{array}
$$

$$
\downarrow
$$

$$
\text{DNS-NH-肽链} \longrightarrow \text{DNS-NH-}\underset{\displaystyle |}{C}H-COOH \\
R^1 \quad \text{(DNS-氨基酸)}
$$

d. 氨肽酶法　氨肽酶是一类肽链外切酶（exopeptidases），它们能从多肽链的 N 端逐个地向里切。根据不同的反应时间测出酶水解所释放的氨基酸种类和数量，按反应时间和残基释放量作动力学曲线，就能知道该蛋白质的 N 末端残基顺序。最常用的氨肽酶是亮氨酸氨肽酶。

② C 末端测定

a. 肼解法　这是测定 C 末端最常用的方法。多肽与肼在无水条件下加热可以断裂所有的肽键，除 C 末端氨基酸外，其他氨基酸都转变成相应的酰肼化合物。肼解下来的 C 末端氨基酸借 DNFB 法或 DNS 法以及色谱技术可以进行鉴定。肼解法的反应如下：

$$
\begin{array}{c}
\underset{}{-\!\!-\!\!-}NH-\underset{\displaystyle |}{C}H-CO-NH-\underset{\displaystyle |}{C}H-COOH + NH_2\cdot NH_2 \xrightarrow[\text{无水}]{100\,^{\circ}\!C} \\
R^{n-1} \qquad\qquad R^n \\
\text{(肽链)}
\end{array}
$$

$$
\begin{array}{c}
-\!\!+H_2N-\underset{\displaystyle |}{C}H-CO-NH\cdot NH_2 + H_2N-\underset{\displaystyle |}{C}H-COOH \\
R^{n-1} \qquad\qquad\qquad R^n \\
\text{(氨基酸肼衍生物)} \qquad \text{(C末端氨基酸)}
\end{array}
$$

此法的缺点是：肼解中天冬酰胺、谷氨酰胺和半胱氨酸等被破坏而不易测出，精氨酸转变为鸟氨酸，致使 C 末端由这几种氨基酸组成的分析不够准确。

b. 羧肽酶法　羧肽酶是一种专门水解并释放肽链 C 末端氨基酸的蛋白水解酶。被释放的氨基酸数目与种类随反应时间而变化。目前常用的羧肽酶有：A、B、C、Y 等几种。

将多肽在 pH 8.0、30℃下与羧肽酶一起保温，按一定时间间隔取样分析，测定释放出来的氨基酸，根据释放的氨基酸量（物质的量）与反应时间的关系，就可以知道 C 末端氨基酸的排列顺序。如图 4-5，可推测其 C 末端顺序为：—Leu·Glu·Phe·COOH。

图 4-5　羧肽酶 A 作用于肾上腺皮质激素氨基酸的释放速率

（2）二硫键的拆开和肽链的分离　如果蛋白质分子含有几条肽链，就应设法把这些肽链分开，测定每条肽链的氨基酸顺序。如果几条肽链是借非共价键连接，则可用酸、碱、高浓度的盐或其他变性剂（如 8mol/L 脲、6mol/L 盐酸胍）处理，将肽链分开；如果几条肽链是通过共价键（二硫键）交联，或者虽然蛋白质分子只由一条肽链构成，但存在链内二硫键，则必须先将二硫键打开。通常采用氧化还原法，即用过量的 β-巯基乙醇处理，然后用碘乙酸保护还原生成的半胱氨酸的巯基，以防它重新被氧化。也可以用发烟甲酸处理，使二硫键氧化成磺酸基而将链分开。

目前较好的方法是用二硫苏糖醇（dithiothreitol）或二硫赤藓糖醇（dithioerythritol）还原二硫键，本身生成环化物，而使还原性硫基稳定

二硫键拆开后形成的单个肽链，可用纸色谱、离子交换色谱或电泳等方法进行分离。

（3）肽链的部分水解和肽段的分离　由于顺序分析一次只能连续降解分析几十个残基，而天然蛋白质分子有 100 个以上的残基，因此必须先将经分离提纯并打开二硫键的多肽链用两种或几种不同的断裂方法（指断裂的专一性不同，形成彼此错位的切口）有控制地裂解成两套或几套重叠的长短不一的肽段，然后通过电泳或色谱的方法分离并测定肽段（peptide fragment）的氨基酸顺序。如首先利用一种酶水解产生一个或两个可知末端特征的片段；再用另一种酶作用产生另一组片段；将后一组片段色谱分离，并进行末端测定。

对肽链的部分水解条件的基本要求是：选择性强，裂解点少，反应产率高。基本方法有化学裂解法和酶解法。化学裂解法最常用的是溴化氰裂解和酸水解，酶解法最常用的是胰蛋白酶水解。

① CNBr 裂解　CNBr 能专一切断肽链中甲硫氨酸羧基端的肽键。此法专一性强，在肽链上切点少，且产率高（可达 85%）。蛋白质中一般含甲硫氨酸很少，故可获得较大的片段。产物的 N 末端为甲硫氨酸（原来肽链的 N 端片段除外）。

② 酶水解　酶水解是更常用的蛋白质部分水解。蛋白质水解酶对肽键的水解率很高，且不同酶作用点不同，因此根据需要选择不同的蛋白酶进行肽链的部分水解。最常用的蛋白水解酶有胰蛋白酶、胃蛋白酶、凝乳蛋白酶、弹性蛋白酶等内切肽酶。

胰蛋白酶：主要作用于肽链中碱性氨基酸羧基端肽键。

胃蛋白酶：专一性低，主要作用于酸性氨基酸及芳香族氨基酸的羧基端肽键。

凝乳蛋白酶：作用于芳香族氨基酸及一些有大的非极性侧链氨基酸的羧基端肽键。

弹性蛋白酶：作用于脂肪族氨基酸的羧基端肽键。

（4）肽段的氨基酸顺序测定　主要采用 Edman 降解法、酶水解法等。使用 Edman 降解法时通常把肽链的羧基端与不溶性树脂偶联，每轮 Edman 反应后过滤回收剩余的肽链，有利于反应循环进行。

（5）肽段在多肽链中次序的推断　采用肽段重叠法进行对照推断。不同断裂方法形成两套或几套肽段，每套肽段相互跨过切口而重叠，以此确定肽段在原多肽链中的正确位置，拼凑出整个多肽链的氨基酸序列。如果两套肽段不能提供全部的重叠肽段，则必须使用第三种甚至更多种断裂方法。

上述蛋白质一级结构测定的方法称为重叠法，是 Sanger 进行蛋白质一级结构测定时建立的。Sanger 小组用此方法花了将近 10 年测定了第一个蛋白质的一级结构（1955 年），他们测定出牛胰岛素（insulin）的结构如图 4-6 所示。

图 4-6　牛胰岛素（insulin）的结构

对于蛋白质一级结构测定已经做到自动化，是采用根据 Edman 降解法原理设计的自动顺序分析仪器——蛋白质序列仪。目前采用的有液相序列仪、固相序列仪、气相序列仪等类型，并由电脑全自动控制。用这些先进的测定仪已测定了数万种蛋白质一级结构，并通过计算机建立了蛋白质序列库，为结构研究提供了更方便的手段。

质谱法（mass spectrograph，MS）也已用于蛋白质序列测定，如电喷射电离串联质谱法（ESI-MS/MS）、基质辅助激光解吸电离飞行时间质谱法（MALDI-TOF-MS）。

3. 蛋白质序列数据库

目前 DNA 测序技术相当成熟，由于测定基因的核苷酸序列比测定蛋白质的氨基酸序列简单得多且更有效。现在大多数蛋白质序列信息都是从基因的核苷酸编码序列翻译成氨基酸序列的，这些信息可从数据库中获得，如 PIR（Protein Information Resource，蛋白质信息库）、GenBank（Gene Sequence Data Bank）、EMBL（European Molecular Biology Laboratory Data Bank，欧洲分子生物学实验室数据库）。研究者可将新序列与数据库进行比对，确定其中是否存在同源性，从而研究基因或蛋白质分子的进化，或比较物种的亲缘关系。

二、蛋白质的空间结构

蛋白质分子的空间结构又称为构象、高级结构、立体结构、三维结构，指的是蛋白质分子中所有原子在三维空间中的排布，分为二、三、四级结构三个不同层次。

1. 概念——蛋白质的空间结构系非共价结构

（1）含义　二级结构（secondary structure）指的是多肽链借助氢键排列成沿一个方向具有周期性结构的构象。如 α-螺旋、β-折叠等。二级结构不涉及氨基酸残基的侧链构象。三级结构（tertiary structure）是指多肽链借助各种次级键盘绕成特定的不规则的球状结构的构象。四级结构（quaternary structure）是指寡聚蛋白质中各亚基之间排布上的相互关系或结合方式。

（2）维持蛋白质分子构象的化学键（图 4-7）

图 4-7　维持蛋白质分子构象的化学键

① 氢键（hydrogen bond）　电负性原子与氢形成共价键（如 N—H 和 O—H），正电荷的氢核在外侧裸露，当遇到另一个电负性强的原子时产生的一种静电吸引力即称为氢键。在 α-螺旋和 β-折叠中占有极重要的地位，对蛋白质分子三维构象的维护也很重要。蛋白质折叠的策略是使主链肽基之间形成分子内氢键的数目最多，同时使形成氢键的侧链处于蛋白质分子的表面以与水相互作用。

② 静电引力　正负带电基团之间的吸引力。如 —NH$_3^+$ 与 —COO$^-$，静电引力较强，但对蛋白质构象的稳定贡献不是很大。有时也称为离子键（ionic bond）或盐键。

③ 范德华力　偶极子和偶极子之间的微弱引力。这种力是原子团相互接近时诱导所至。范德华力是一种很弱的作用力，但其数量巨大并具有加和效应和位相效应，成为一种不可忽视的作用力，对维持蛋白质活性中心的构象尤为重要。

④ 疏水相互作用　是非极性基团为了避开水相而群集在一起的作用力。水介质中球状蛋

白质倾向于将疏水残基埋藏在分子内部。疏水相互作用是蛋白质高级结构的重要决定因素。

⑤ 二硫键 两个硫原子之间形成的共价键。此键作用很强，可把不同肽链或同一条肽链的不同部分连在一起，对稳定蛋白质构象起重要作用。多数蛋白质分子的二硫键断裂后，活性中心的构象会发生改变，导致其生物活性的丧失。

维持蛋白质构象的化学键主要是次级键，在某些蛋白质分子中，离子键、二硫键甚至配位键也参与维持蛋白质的构象。

(3) 蛋白质分子中肽链的空间结构原则

① 肽键 —CO—NH— 带有部分双键的性质，不能沿 C—N 键自由旋转。

② 由肽键中的 4 个原子和它相邻的两个 α-碳原子构成一个刚性平面，称为肽平面或酰胺平面（amide plane），如图 4-8 所示。肽平面上各原子所构成的键长、键角固定不变。

肽链主链上的重复结构称为肽单元或肽单位（peptide unit），它包括完整的肽键及 α-碳原子，即 C_α—CO—NH—。肽单元旋转，就出现各种主链构象，使侧链 R 基处于不同位置，相互影响，达到一最稳状态。

图 4-8 肽平面示意图

③ 肽平面之间可以旋转。一个 α-碳原子相连两个肽平面，可以分别围绕 N1—C_α 和 C_α—C2 两个单键旋转，构成不同的构象。一个具有生物活性的蛋白质多肽链在一定条件下往往只有一种或很少几种构象

2. 二级结构——肽链的螺旋折叠

蛋白质的二级结构是指它的多肽链中有规则重复的构象，限于主链原子的局部空间排列，不包括与肽链其他区段的相互关系及侧链构象。二级结构的类型有：α-螺旋、β-折叠、β-转角和无规卷曲等。

(1) α-螺旋 α-螺旋（α-helix）是蛋白质中最常见的一种二级结构，是 1951 年由美国人 Pauling 和 Corey 根据对角蛋白的 X 射线衍射结果而提出来的（图 4-9 所示）。α-螺旋结构模型要点如下。

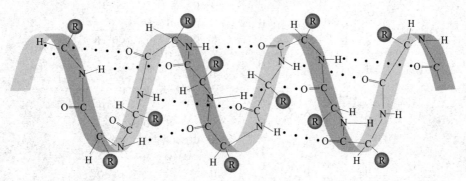

图 4-9 α-螺旋肽链模式图

① 多肽链的主链围绕一个"中心轴"螺旋上升，每隔 3.6 个氨基酸上升一圈，螺距 0.54nm，每个氨基酸上升 0.15nm，每个氨基酸旋转 100°。这种典型的 α-螺旋可用 3.6_{13} 来表示。

② 相邻螺圈之间要形成链内氢键，在每个氨基酸残基的氨基与其前面第 4 个氨基酸残基的羧基间形成。氢键的取向几乎与中心轴平行（氢键的 4 个原子位于一条直线上），是维系 α-

螺旋的主要作用力。

③ R 侧链在螺旋的外侧。

④ 天然蛋白质中的 α-螺旋大多数是右手螺旋。

（2）β-折叠　在研究丝蛋白的 X 射线衍射时，发现丝蛋白肽链存在一种与 α-螺旋不同的结构，Pauling 等提出一种折叠式结构，称为 β-折叠（β-pleated sheet）。β-折叠与 α-螺旋相比较，它具有以下特点。

① 肽链几乎是完全伸展的。

② 肽链呈锯齿状，按层平行排列，肽平面成片状，称为折叠片（图 4-10）；α-碳原子总处于折叠的"角"上。

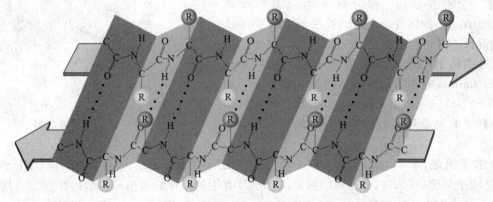

图 4-10　β-折叠结构示意图

③ 相邻肽链上或一条肽链的不同肽段的 —CO— 与 —NH— 形成氢键，氢键几乎垂直于肽链，用以维持片层间结构稳定性。

④ 肽链的 R 侧链基团在肽平面上、下交替出现，处于折叠的棱角上并与之垂直。

⑤ 折叠片分平行式和反平行式两种类型（图 4-11）。在两种 β-折叠中，反平行式结构更稳

平行式　　　　反平行式

图 4-11　β-折叠结构类型

定。因为平行式中氢键不垂直于肽键，角度较大，氢键中各原子与主链各原子间排斥力较小。纤维状蛋白质中β-折叠主要是反平行式的，而球状蛋白质中两种方式几乎同样广泛存在。

在某些蛋白质分子结构中，α-螺旋可与β-折叠互相转变。如在加热条件下，α-螺旋可转变为β-折叠。这是由于受热时，α-螺旋中氢键受破坏，肽链伸长。头发（α-角蛋白）在湿热时伸长，就是由于角蛋白的α-螺旋伸展变成了平行式β-折叠；在冷却干燥时，交联的二硫键又使肽链恢复α-螺旋构象。这也是卷发行业的生化基础。头发卷成一定形状后，涂上巯基化合物作为还原剂破坏二硫键，并加热破坏氢键使α-角蛋白伸展为β-折叠构象。然后去除还原剂再涂上氧化剂使肽链的半胱氨酸残基之间建立随机的二硫键。新的二硫键交联方式与处理前不同，在冷却后使多肽链恢复α-螺旋构象，头发将以希望的形式卷曲。

（3）β-转角　β-转角（β-turn）是球状蛋白中广泛存在的一种非重复性结构类型，可占全部氨基酸残基总数的1/4左右。β-转角是多肽主链回转180°所形成的部分，它使肽链的走向发生改变。β-转角由4个连续的氨基酸残基组成，第 n 个氨基酸残基的—CO—与第 $n+3$ 个氨基酸残基的—NH—形成氢键，构成一个紧密的环，维持β-转角的稳定（图4-12）。在这种结构中，Gly和Pro出现频率高。β-转角促进肽链自身回折，有助于反平行β-折叠的形成。

（4）无规卷曲　又称为自由回转（random coil），是上述几种结构单元以外的松散肽链结构形式。

图4-12　β-转角

以上所述的二级结构实际上都是多数蛋白质中最常见的结构单元，仅涉及多肽主链本身的盘曲、折叠。然而活性蛋白质绝大多数不是纤维状蛋白肽链而是球状蛋白质，如果涉及侧链R基团的情况，蛋白质的空间结构（构象）将更复杂。在蛋白质中，若干个二级结构单元通常按照一定规律有规则地组合在一起，彼此相互作用，形成空间构象上可彼此区别的二级结构组合单位，可作为三级结构的构件，称为超二级结构。常见的超二级结构单元有：αα、ββ、βββ（图4-13）。αα为相邻两股α-螺旋相互缠绕而成的左手卷曲螺旋。ββ为两个反平行的β-折叠通过一个连接链（β×β）或两条平行的β-折叠链间由一条α-螺旋链连接（βαβ）。βββ为三条反平行β-折叠通过β-转角连接。

αα　βαβ　βββ
图4-13　超二级结构

3. 三级结构——肽链非几何形的进一步折叠

蛋白质的三级结构是指一条多肽链在二级结构基础上进一步卷曲折叠，构成一个不规则的特定构象，它包括全部主链、侧链在内的所有原子的空间排布，但不包括肽链的相互关系。在一级结构上相距甚远的残基在三级结构中可能相互靠近，这对于蛋白质的功能是必须的。维系三级结构稳定的作用力有氢键、二硫键、离子键、疏水作用力和范德华力，其中疏水作用力起主要作用。

在蛋白质三级结构的局部折叠区域，多肽链在二级结构或超二级结构的基础上形成相对独立的紧密球状实体，称为结构域（domain）。蛋白质可能具有一个或多个结构域。结构域之间通常由一段柔性的肽链连接而易于相对运动，铰链区形成的空穴是结合底物、效应物等配体并行使生物功能的活性部位。功能域则是蛋白质分子能独立存在的功能单位，可以是一个结构域，也可以由多个结构域构成，甚至是结构域之间松散的铰链区。

球状蛋白质的构象比纤维状蛋白质的构象复杂得多，它们具有多种多样的生物功能。球状蛋白三级结构是由二级结构单元恰当配置（组合、盘绕等）而成的，如有规律地反复出现的返折（发夹弯曲）所形成的螺旋或折叠片段的回折。只有三级结构才是蛋白质生物活性的特征构象。例如，鲸肌红蛋白（myoglobin）是第一个被阐明三级结构的蛋白质，是由Kendrew等用

X射线衍射技术确定的，如图 4-14 所示。

图 4-14　肌红蛋白的三级结构

　　肌红蛋白是肌细胞储存和分配氧的蛋白质，由一条多肽链和一个辅基血红素构成。肌红蛋白的三级结构由 α-螺旋和无规卷曲共同构成的，整个分子呈球状结构，共分为 8 段 α-螺旋，螺旋间是无规卷曲（位于螺旋段间拐角处），肽链的羧基末端也是无规卷曲。α-螺旋构象约占整个分子的 75%，每段 α-螺旋区段长度为 7～24 个氨基酸残基。拐角处的无规卷曲长度为 1～8 个氨基酸残基，主要为脯氨酸和羟脯氨酸。整个分子十分紧密结实，分子内部有一个可容纳 4 个 H_2O 分子的空间。极性氨基酸残基几乎全部分布于分子的表面，从而使肌红蛋白成为水溶性蛋白质，而非极性氨基酸残基侧被埋在分子内部。辅基血红素就处于肌红蛋白分子表面的一个洞穴内，并通过组氨酸残基与肌红蛋白分子内部疏水空穴非共价相连。O_2 与血红素通过配位键结合。

　　4. 四级结构——亚基间的相互关系

　　许多天然球状蛋白质是由两条或多条肽链构成的，在这些蛋白质分子中，肽链间借非共价键聚集在一起。这种由两条或两条以上的具有三级结构的多肽链借非共价键聚合而成的特定构象称为蛋白质的四级结构（图 4-15）。四级结构的蛋白质中每个具有三级结构的最小共价单位称为亚基或亚单位（subunit）。亚基单独存在时没有生物活性，只有聚合成四级结构才具有完整生物活性。亚基一般由一条肽链组成，也有由几条肽链组成（链间以二硫键连接）的情形。四级结构涉及亚基的种类和数目以及各亚基在整个分子中的空间排布，包括亚基间的接触位点和相互作用关系，而不包括亚基本身的构象。由两个或两个以上亚基组成的蛋白质称为寡聚蛋白质（oligomeric protein），若为单一类型亚基组成则为同多聚蛋白质，若为几种不同亚基组成则为杂

图 4-15　血红蛋白的四级结构

多聚蛋白质。大多数寡聚蛋白质其亚基的排列方式都是对称的。

维持蛋白质四级结构的化学键主要是疏水作用，此外，氢键、离子键及范德华力也参与四级结构的形成。

最简单的具有四级结构的蛋白质是血红蛋白。血红蛋白是由两条 α-链和两条 β-链组成的四聚体，四条链的三级结构很像肌红蛋白，它们的肽链是同源的。每条肽链与一个血红素结合。病毒外壳蛋白质的亚基结合方式也是四级结构，例如 TMV 病毒（烟草花叶病毒）的外壳蛋白由 2130 个亚基聚合而成棒状。

三、蛋白质结构与功能的统一性

蛋白质的生物学功能是蛋白质分子的天然构象所具有的属性，功能依赖于相应的构象。

1. 一级结构与功能的关系——氨基酸顺序提供重要的化学信息

一级结构决定空间结构，空间结构是蛋白质生物学功能表现所必需的，因此蛋白质的一级结构也与其功能密切相关。比如一条多肽链能否形成 α-螺旋以及形成螺旋后的稳定程度如何，取决于其氨基酸的组成和排列顺序。

（1）同源蛋白质氨基酸的种属差异和分子进化　同源蛋白质是指不同种属来源的执行相同或相似生物学功能的蛋白质，如各种脊椎动物都有血红蛋白负责氧的转运。同源蛋白质一般具有几乎相同长度的多肽链，三级结构相似。它们的氨基酸序列具有明显的相似性，又称为序列同源。同源蛋白质的氨基酸组成上可区分为两部分，一部分是不变的氨基酸顺序，它决定蛋白质的空间结构与功能，各种同源蛋白质的不变氨基酸顺序完全一致；另一部分是可变的氨基酸顺序，这是同源蛋白质的种属差异的体现。例如，牛、猪、羊、鲸、人等，虽在种属上差异很大，但它们的胰岛素在化学结构上几乎一致，仅在 A 链的第 8、9、10 位上的 3 个氨基酸有差异（表 4-5），但这些差异并不影响功能，可能仅表现其种属特异性。

表 4-5　不同种属来源的胰岛素分子中氨基酸顺序的部分差异

胰岛素来源	氨基酸序列的部分差异			
	A8	A9	A10	B30
人	苏	丝	异亮	苏
猪	苏	丝	异亮	丙
狗	苏	丝	异亮	丙
兔	苏	丝	异亮	苏
牛	丙	丝	缬	丙
羊	丙	甘	缬	丙
马	苏	甘	异亮	丙
抹香鲸	苏	丝	异亮	丙

同源蛋白质在组成上的差异也表现出生物进化中亲缘关系的远近。例如细胞色素 c（cytochrome c）是一种广泛存在于生物体内的含铁卟啉的色蛋白，在线粒体内膜上负责电子转运。大多数生物的细胞色素 c 由 104 个氨基酸残基组成，对已弄清的近 100 种生物的细胞色素 c 的氨基酸顺序进行比较（表 4-6），发现亲缘关系越近，其结构越相似；亲缘关系越远，在结构组成上差异越大。来自两个物种的同源蛋白质，氨基酸差异数目与系统发生差异是成比例的。根据同源蛋白质在组成上的差异程度，可以断定它们亲缘关系的远近，可以反映出生物系统进化树，甚至粗略估算物种的分歧时间，从而阐明分子进化过程。通过研究生物大分子如蛋白质和核酸的进化

速率、模式及机制，可以为生物进化过程提供佐证，为研究进化机制提供重要依据。

表 4-6　不同生物细胞色素 c 的氨基酸差异（与人比较）

生物名称	与人不同的氨基酸数目	生物名称	与人不同的氨基酸数目	生物名称	与人不同的氨基酸数目
黑猩猩	0	狗、驴	11	狗鱼	23
恒河猴	1	马	12	小蝇	25
兔	9	鸡	13	小麦	35
袋鼠	10	响尾蛇	14	粗糙链孢霉	43
鲸	10	海龟	15	酵母	44
牛、猪、羊	10	金枪鱼	21		

　　（2）同源蛋白质中氨基酸顺序的个体差异和分子病　对同种生物而言，同种蛋白质的一级结构在不同生物个体中也存在细微差异，称为个体差异。这种差异常常引起多种疾病，即分子病。这是由于同源蛋白质的氨基酸组成上的个体差异引起蛋白质结构改变，从而导致生物学功能的改变。例如，镰刀形细胞贫血病，病人的血红蛋白分子与正常人血红蛋白分子比较，主要差异在于 β-链上第 6 位氨基酸残基，正常人为谷氨酸，病人则为缬氨酸。缬氨酸侧链与谷氨酸侧链的性质和在蛋白质分子结构形成中的作用完全不同，所以导致病人的血红蛋白结构异常。在缺氧时，病人红细胞呈镰刀状，使运输氧的能力减弱，引起镰刀形细胞贫血症状。

　　（3）一级结构的局部断裂与蛋白质的激活　在某些生化过程中，蛋白质分子的部分肽链要按特定方式先断裂，然后才呈现生物活性。

　　① 血液凝固的生化机理　血液中包含着对立统一的两个系统：凝血系统和溶血系统。它们相互制约，既保证血液畅流，又保证血管出现创伤时能及时堵漏。如果凝血因子都处于活性状态，则血液会随时凝固而阻流；如果血中无凝血因子，一旦受创则流血不止。

　　动物解决这个矛盾的有效办法是凝血因子以无活性的前体（precursor）形式存在。一旦动物体受到创伤而流血时，这些前体就在其他因子作用下被激活，这是一个复杂的过程。血浆中的凝血酶原（prothrombin）受血小板中一些因子的激活断裂成凝血酶（thrombin）。纤维蛋白原（fibrinogen）在凝血酶激活下转变为纤维蛋白（fibrin），形成不溶性纤维蛋白网状结构，使血液凝固。另一方面，正常情况下血液在血管内不会凝固。而对于血液在血管内发生凝固（血栓）的情况，血液内还有另一套系统——纤维蛋白溶酶原（profibrinolysin），激活后变为纤维蛋白溶酶（fibrinolysin），它可以溶解血栓。凝血和溶血两套系统的激活都是蛋白质的一级结构特异水解作用，断裂适当片段而实现的。

　　② 胰岛素原的激活　胰岛素是胰岛的 β 细胞合成的，最初合成的是一个比较大的单链多肽（比胰岛素分子大一倍），称为前胰岛素原，它是胰岛素原（proinsulin）的前体，而胰岛素原是胰岛素的前体。胰岛素原含有 86 个氨基酸残基（人），分 A、B、C 三段，被胰蛋白酶作用后切去 C 肽而转变为活性胰岛素。如图 4-16 所示。

图 4-16　胰岛素原的激活

2. 蛋白质空间结构与功能的关系——构象决定功能

蛋白质空间结构与生物学功能是统一的、对应关系，只有蛋白质具备了特定的空间结构，它才具有相应的生物学功能，空间结构的变化必然会导致功能的改变。

（1）变构现象　有些蛋白质在完成其生物功能时往往空间结构发生一定的变化，从而改变分子的性质，以适应生理功能的需要。例如，血红蛋白（hemoglobin）是一个四聚体蛋白质，具有四级结构，四个亚基占据相当于四面体的四个角，整个血红蛋白分子接近于一个圆球。血红蛋白在完成运输氧的功能时就要发生变构作用。血红蛋白有两种构象，一种构象对氧亲和力高，另一种构象对氧亲和力低。当血红蛋白氧合后，由于铁原子移到血红素中心，拖动与之络合的 His，使其靠近血红素，His 的移动引起亚基构象的一系列变化，从而导致亚基的重排。这种蛋白质与效应物的结合引起整个蛋白质分子构象发生改变的现象就称为蛋白质的变构效应，又称为别构效应或变构作用（allostery）。并且，当第一亚基与氧结合后，也导致其余 3 个亚基的构象发生改变，亚基间重排时其间的次级键也被破坏，整个分子的构象由致密态变成松弛态，致使各亚基都变得适合与氧结合，最终表现为血红蛋白和氧的亲和力急剧增加，血红蛋白运输氧能力大大加强。这种一个亚基与氧结合后增加其余亚基对氧的亲和力的现象称为协同效应（cooperative effect）。

（2）变性作用　天然蛋白质受到各种不同理化因素的影响，氢键、盐键等次级键维系的高级结构被破坏，分子内部结构发生改变，致使蛋白质的理化性质和生物活性改变或丧失，这种现象称为蛋白质的变性作用（denaturation）。

蛋白质变性后，理化性质均要发生改变，最显著的是等电点改变、溶解度降低、黏度增大、分子扩散减慢、渗透压降低，同时失去结晶力并表现出一些新的颜色反应等。蛋白质变性后其生物活性降低或丧失，如酶失去活性，激素蛋白失去原有生理功能等，而且变性蛋白质易于被酶水解。

之所以存在蛋白质的变性现象，是由于分子内部的结构发生了改变。天然蛋白质分子内部通过氢键等化学键连接使整个分子具有紧密的结构。变性后，氢键等次级键被破坏，蛋白质分子就从原来有秩序的紧密结构变为无秩序的松散结构。

由变构现象和变性现象可知，蛋白质的空间结构是蛋白质完成其功能所必需的。

第五节　蛋白质的性质

蛋白质的性质由它们的分子大小、化学组成——氨基酸和化学结构所决定的。

一、蛋白质分子的大小

1. 相对分子质量——蛋白质是巨大分子

蛋白质是大分子物质，相对分子质量很大，一般为一万到几百万。具体每种蛋白质相对分子质量的大小是在某种测试方法下得到的蛋白质分子的相对分子质量。同种蛋白质在不同方法下测得的相对分子质量大小不完全相同。

2. 测定方法——蛋白质相对分子质量的测定

由于蛋白质相对分子质量较大，故不能用小分子物质相对分子质量的测定方法来进行测定。对于蛋白质相对分子质量的测定，主要方法有以下几种。

（1）根据化学组成测定最低相对分子质量　利用化学分析定量测出蛋白质中某一特殊元素的含量，并且假设蛋白质分子中只含有一个被测元素的原子，则可以计算出蛋白质的最低相对分子质量。例如，血红蛋白含铁量为 0.335%，其最低相对分子质量为：

$$55.84 \times \frac{100}{0.335} \approx 16700 \quad （55.84 为铁的相对原子质量）$$

　　用其他方法测得的相对分子质量为 68000，故血红蛋白含有 4 个铁原子，其真实相对分子质量为：$16700 \times 4 = 66800$。又如，牛血清蛋白含色氨酸 0.58%，由此计算所得的最低相对分子质量为 35000；而用其他方法测得的相对分子质量为 69000，所以每个牛血清清蛋白分子中含有 2 个色氨酸残基，真实相对分子质量为 70000。

　　这些例子说明，化学方法测得的蛋白质的最低相对分子质量只有和别的物理化学方法配合使用，才能测出真实相对分子质量。真实相对分子质量常常应用最低相对分子质量计算核定，因为用化学方法测得的最低相对分子质量是比较准确的。

　　（2）用物理化学方法来测蛋白质的相对分子质量　　这是目前测蛋白质相对分子质量的常用方法，具体包括：测质点的扩散系数、渗透压、光散射，以及沉降超离心法、SDS-聚丙烯酰胺凝胶电泳法与凝胶过滤法等。其中，渗透压测定法最简便，但误差较大；超离心法最为准确，但设备昂贵。超离心法测蛋白质相对分子质量一般有沉淀速率法和沉降平衡法两种。

　　在离心场中，蛋白质分子所受到的净离心力（离心力减去浮力）与溶剂的摩擦阻力平衡时，单位离心力场下的沉降速率为一定值，称为沉降系数或沉降常数（sedimentation coefficient），单位为秒（s）。蛋白质分子的沉降系数一般在 $1 \times 10^{-13} \sim 200 \times 10^{-13}$ s 范围内。在实际使用时将 10^{-13} 省去，而用另一符号 S 来表示。在生物化学中，常用 S 值来表示分子、颗粒（细胞、细胞器、病毒等）的大小。S 值越大，相对分子质量越大。

二、两性解离和等电点

1. 两性解离——蛋白质是多价解离的两性电解质

　　由于蛋白质除了具有 $\alpha\text{-}NH_2$ 和 $\alpha\text{-}COOH$ 外，参与蛋白质结构组成的碱性、酸性氨基酸残基侧链也有酸性基团和碱性基团，所以蛋白质也是两性电解质。蛋白质分子的可解离基团主要指侧链的可解离基团，因此蛋白质的两性解离情况比氨基酸复杂。

　　蛋白质的可解离基团在特定 pH 范围内解离时会产生带一定电荷的基团。但由于蛋白质含有多个可解离基团，因此在一定 pH 下可发生多价解离。蛋白质分子所带电荷的性质和数量是由蛋白质分子中的可解离基团的种类和数目以及溶液的 pH 值所决定的。

2. 等电点——在等电点时蛋白质的多种性质达到最低值

　　对某一蛋白质而言，当在某一 pH 值时，其所带正、负电荷恰好相等（净电荷为零），这一 pH 值称为该蛋白质的等电点。处于等电点的蛋白质分子在电场中既不向阳极移动，也不向阴极移动；在小于等电点的 pH 溶液中，蛋白质带正电荷，在电场中向阴极移动；在大于等电点的 pH 溶液中，蛋白质带负电荷，在电场中向阳极移动。如下式所示：

$$\underset{\substack{(pH < pI) \\ \text{阳离子}}}{\overset{\overset{+}{N}H_3}{Pr\text{—}COOH}} \underset{H^+}{\overset{OH^-}{\rightleftharpoons}} \underset{\substack{(pH = pI) \\ \text{两性离子}}}{\overset{\overset{+}{N}H_3}{Pr\text{—}COO^-}} \underset{H^+}{\overset{OH^-}{\rightleftharpoons}} \underset{\substack{(pH > pI) \\ \text{阴离子}}}{\overset{NH_2}{Pr\text{—}COO^-}}$$

　　蛋白质的等电点不是固定不变的，它随溶剂性质、离子强度等而变化，在一定程度上取决于介质中的离子组成。在不含任何盐的纯水中进行蛋白质等电点的测定时，所得的等电点则称为等离子点（isoionic point）。等离子点对每种蛋白质都是一种特征常数。

　　蛋白质分子在等电点时，其电导率、渗透压、溶解度、黏度等均达最低值。这是由于在等电点时，蛋白质分子以两性离子存在，总净电荷为零，这样的蛋白质颗粒无电荷间的排斥作用，就容易凝集成大颗粒，因而最不稳定，溶解度最小，易沉淀析出。常利用这一性质，测定蛋白质的等电点、分离纯化蛋白质或鉴定蛋白质的纯度。

　　利用蛋白质的两性解离性质，可电泳分离各种蛋白质，如血清蛋白的电泳分离。

三、胶体性质

1. 胶体性质——蛋白质溶液是亲水胶体

由于蛋白质分子直径大，一般在 2～20nm 的范围内，属于胶体（colloid）溶液质点大小范围（1～100nm）内，所以蛋白质溶液是胶体溶液。因而具有布朗运动、丁达尔现象、不能透过半透膜等特性。蛋白质颗粒表面有许多亲水极性基团，因而蛋白质溶液是亲水胶体。

2. 渗析和超滤

由于蛋白质相对分子质量大，在溶液中形成的颗粒大，因此，不能通过半透膜。利用这种性质可将蛋白质和一些小分子物质分开，这种分离方法称为渗析（或透析）（dialysis）。即将要纯化的蛋白质溶液盛入半透膜袋内放在流水中，让无机盐等小分子物质扩散入水中而除去的一种分离方法。

超滤（ultrafiltration）是利用外加压力或离心力使水和其他小分子通过半透膜，而蛋白质留在膜上。超滤是工业生产上常用的一种蛋白质纯化方法。渗析和超滤只能分开大、小分子物质，而不能分开不同的蛋白质。

四、沉淀作用

蛋白质溶液这种亲水胶体比较稳定，其稳定因素为：水化层和带电层。水化层是蛋白质分子表面的许多亲水基团与水分子结合形成的一层水膜，它使蛋白质颗粒不能相互接触聚集成大颗粒；带电层是蛋白质分子表面的可解离基团在一定 pH 环境下解离产生的，由于带同性电荷的蛋白质颗粒相互排斥，也会导致蛋白质颗粒不能聚集。

蛋白质溶液的稳定是生物机体正常新陈代谢所必需的，也是相对的、暂时的、有条件的。当条件改变时，稳定性就被破坏，蛋白质分子相聚集而从溶液中析出，这种现象称为蛋白质的沉淀作用（precipitation）。任何破坏水化层和带电层的因素都能使蛋白质分子聚集而沉淀。如加入脱水剂以除去水化层，或者改变溶液的 pH 达到等电点，或者加入电解质使质点表面失去同种电荷。

五、变性作用

1. 变性的本质——空间结构的解体

由于理化因素引起维持蛋白质空间结构的次级键被破坏，所以导致其空间结构解体。引起蛋白质变性的因素有：加热、紫外线、超声波、振荡、射线等物理因素；重金属盐、强酸、强碱、尿素、有机溶剂等化学因素。它们都能破坏蛋白质的氢键、离子键等次级键。如非极性溶剂、去污剂能破坏疏水作用；尿素和盐酸胍能破坏氢键和疏水作用，是强变性剂。但是维持蛋白质一级结构的共价键没有被破坏，所以蛋白质的一级结构是未变的，一旦解除引起变性的条件，蛋白质又可能重新形成空间结构，并恢复部分理化特性和生物学活性，即存在复性可能。因此蛋白质的变性分为可逆变性和不可逆变性两种类型。条件剧烈时常引起的变性是不可逆的，反之则可逆。可逆变性一般是三级以上结构遭到破坏，若除去变性因素后，蛋白质分子的空间结构得以恢复，可完全或部分恢复其生物活性，称为复性。而不可逆变性则是二级结构也遭到了破坏，不能再恢复为原来的构象。

2. 变性的应用——变性作用具有实际意义

变性蛋白质常常相互凝聚成块，这种现象称为凝固（coagulation），凝固是蛋白质的变性深化的表现。在实际应用中，对于蛋白质变性，有时可以加以利用，有时则要防止。例如，在防止病虫害、消毒、灭菌等时，就应利用高温、高压、紫外线及高浓度有机溶剂等促进和加深蛋白质的变性；熟食易于消化的原因即在于变性蛋白质比天然蛋白质更易受蛋白水解酶作用；生鸡蛋、牛奶和豆浆和可缓解重金属中毒，则是利用其丰富的蛋白质与重金属离子发生变性作用；大豆加工做食品很多反应与蛋白质变性有关，生豆浆热处理并点入盐卤使大豆蛋白变性是豆腐形成的必要条件；鞣制是制革的重要工序，鞣剂使生皮变性为不易腐烂的革；煮茧是制丝过程中的关键性工序，利用湿热易使丝胶蛋白变性，把丝素外围的丝胶适当膨润，使茧丝间的胶着力小于茧丝的湿润张力；在生产和保存激素、酶、抗体、血清等有活性的蛋白质产品时，要防止蛋白质的变性，需在低温条件下进行。

六、颜色反应

蛋白质分子中某些氨基酸的侧链基团和肽键，可发生一些特殊的颜色反应，具体包括以下几类。

1. 一般颜色反应——蛋白质具有氨基酸的颜色反应

氨基酸具有黄色反应、米伦反应、乙醛反应、茚三酮反应、坂口反应、酚试剂反应，蛋白质也具有这些反应特性，它们可用于蛋白质的定性鉴定和定量测定，酚试剂反应还可用于检定蛋白质水解是否彻底（表 4-7）。

表 4-7　蛋白质的颜色反应

反 应 名 称	试 剂	颜色	反应基团	有此反应的蛋白质或氨基酸
双缩脲反应	$NaOH+CuSO_4$	紫红色	两个以上的肽键	所有蛋白质均具有此反应
米伦反应（Millon 反应）	$HgNO_3$ 及 $Hg(NO_3)_2$ 混合物	红色	酚基	酪氨酸、酪蛋白
黄色反应	浓硝酸及碱	黄色	苯基	苯丙氨酸、酪氨酸
乙醛酸反应（Hopkins-cloe 反应）	乙醛酸	紫色	吲哚基	色氨酸
茚三酮反应	茚三酮	蓝色	自由氨基及羧基	α-氨基酸、所有蛋白质
酚试剂反应（Folin-Cioculten 反应）	碱性硫酸铜及磷钨酸、磷钼酸	蓝色	酚基、吲哚基	酪氨酸、色氨酸
α-萘酚-次氯酸盐反应（Sakaguchi 反应）（坂口反应）	α-萘酚、次氯酸钠	红色	胍基	精氨酸

2. 特殊颜色反应——蛋白质更具有氨基酸不具备的颜色反应

最典型的是蛋白质能发生特殊的双缩脲反应（biuret reaction）。双缩脲生成的反应为：

$$2H_2N-\overset{\overset{\displaystyle O}{\|}}{C}-NH_2 \xrightarrow{132℃} H_2N-\overset{\overset{\displaystyle O}{\|}}{C}-\overset{}{\underset{H}{N}}-\overset{\overset{\displaystyle O}{\|}}{C}-NH_2 + NH_3\uparrow$$

尿素　　　　　　　　　　　　　双缩脲

$$双缩脲 \xrightarrow{CuSO_4+NaOH} 紫红色物质$$

在碱性溶液中，双缩脲与硫酸铜结合，生成紫红色或红色物质，这一反应称为双缩脲反应。凡含 2 个或 2 个以上肽键结构的化合物都能发生这个反应。

蛋白质中的肽键与双缩脲的部分结构相似，所以有同样的反应。双缩脲反应可用于定性鉴定、定量测定蛋白质（比色波长为 540nm）。

七、蛋白质改性与工业应用

不少天然蛋白质的特性尚不突出，需要通过特定的方法提高其功能特性，拓展应用领域。如改性大豆蛋白分子在分散液中有较强界面活性，能降低界面张力，用改性大豆蛋白做橙汁浑浊剂可产生良好的浑浊效果。

蛋白质具有肽键以及多种有反应活性的侧链基团，如酰胺基、氨基、羧基、羟基和巯基，可作为化学修饰和交联点位，产生具有新功能的聚合物。蛋白质功能化修饰的主要包括降解、酯化、酰化、磷酸化、糖基化、脱酰胺、交联共聚、氧化、类蛋白质合成等。化学改性的实质是通过化学试剂或酶改变蛋白质的结构、官能团、相对分子质量等，最终改善或增加蛋白质功能性。氨基（特别是赖氨酸的 ε-氨基）的活性很高，是改性的主要部位。特定点位的改性则需要专一性强的酶。

1. 酰胺基的改性——水解、聚合与脱氨基

蛋白质经酸、碱部分水解可改进其功能特性，如溶解性、起泡性、乳化能力等。天然丝素纤维结晶度高而难以生物降解，碱液处理后部分肽链断裂使相对分子质量降低，提高了生物降解性，有利于其作为生物医学材料的应用。乳清蛋白和 β-乳球蛋白在酸性或弱碱性中热水解，提高了其增稠、起泡和乳化性质。蛋白酶可使蛋白质部分降解成小分子肽，改善其吸收率和风味。

与水解相反，蛋白分解产物（小肽或低分子蛋白）可以在一定条件下重新组合生成类蛋白质，改善蛋白质的营养价值。

蛋白质中的天冬酰胺和谷氨酰胺侧链酰胺基可脱去氨基，大豆蛋白、花生蛋白脱氨基后乳化能力、乳化稳定性、吸水性和黏度都得以提高。

2. 氨基的改性——酰胺化、磷酸化、糖基化与烷基化

预脱色蚕蛹蛋白中导致褐变的赖氨酸 ε-氨基被乙酰酐酰胺化后，获得了具有稳定白色的改性蚕蛹蛋白。鱼肌纤维蛋白琥珀酰化，稳定性提高，避免凝结或沉淀。

酪蛋白酸钠是一种天然乳化剂，通过三聚磷酸钠加入磷酸酯键对氨基改性后增强蛋白的乳化功能。鱼精蛋白的氨基被半乳甘露糖非酶糖基化后，其乳化活性和稳定性得以提高。

蛋白质赖氨酸的氨基还可以与醛、酮反应进行烷基化从而引入疏水基团，使蛋白质吸水性和乳化性有所提高。美拉德反应即是醛糖对蛋白质氨基的改性反应，产物能提供给食品特殊的气味，还具有抗氧化的特性。

3. 羧基的改性——酯化与酰胺化

蛋白质端基和侧链上羧基可与醇形成酯键。酪蛋白、明胶、大豆蛋白和鱼蛋白溶液被高级醇改性后，可用作低温保护液，能抑制冰晶的形成。

羧基还可与胺类化合物形成酰胺。胶原水解物被乙醇胺酰胺化制得阳离子蛋白填充剂，可提高铬鞣革的厚度和粒面紧实度，增加染料吸收率。

4. 巯基的改性——氧化还原反应

二硫基团进行氧化硫解，可增加乳清蛋白的起泡力以及乳化力，也可制得高吸收角蛋白固体纤维。过一硫酸处理羊毛将巯基氧化为磺酸基，乙醇胺处理羊毛破坏碳硫键形成赖丙氨酸，都可赋予纤维很好的防缩性。还原剂处理大豆蛋白增加巯基量，可改善蛋白质的加工性能，用于制造高拉伸强度的生物降解塑料。

5. 接枝改性——多聚化

牛血清白蛋白以丙烯酸为单体原位聚合接枝，制备空心结构的微囊，实现对抗癌药物盐酸阿霉素的可控释放，并提高载药量和靶向性。丝蛋白水溶液添加丙烯酸接枝聚合，能获得高吸水性胶体，用作经皮肤吸收的膏状药物辅料，达到缓释药效的目的。将胶原水解物与丙烯接枝共聚可制备用于鞋面革的蛋白改性聚丙烯酸类复鞣剂，复鞣过的皮革表现出更好的粒面性能、填充性能和透气性能。蛋白质经聚氨酯接枝后能改变蛋白材料的硬脆、耐水性能差的缺点。

6. 交联改性

化学交联试剂戊二醛、环氧化合物、碳化二酰亚胺及羟基琥珀酰亚胺等，能使多肽链间以及蛋白质分子间通过末端基团或侧基形成的共价键而相互交联，可改善蛋白质材料变性温度、机械强度、耐水性能和抗蛋白酶降解等方面的性能。

第六节　蛋白质和氨基酸的分离纯化与测定

无论是对蛋白质结构与功能的研究，或是生产所需要的蛋白质产品，都涉及蛋白质的分离纯化。由于蛋白质种类繁多，性质各异，目前还没有一个固定的程序适合于各类蛋白质的分离；但多数分离工作的关键部分，基本手段还是相同的。本节介绍蛋白质及氨基酸分离纯化的一般原理。

一、分离纯化的一般原则及基本步骤

1. 一般原则——根据蛋白质的性质来设计分离纯化方法

① 所用的原料要来源方便、成本低；目标蛋白质含量、相对活性要高；可溶性和稳定性要好；目标蛋白质的基因背景、表达水平、表达方式、理化和生化性质都要明确。

② 分离纯化的目的是从复杂的混合物中尽量提高目标蛋白质的纯度或比活力（即增加单位重量中目标蛋白质的含量或生物活性），即去除不需要的和变性的杂蛋白，并尽可能提高蛋白质产量。尽可能多地去除各种杂质、脂类、核酸及毒素。

③ 保持目标蛋白质的天然状态，结构、功能和生物活性不受损害。

④ 分离纯化的大部分操作是在溶液中进行的。操作缓冲液中物质成分要审慎考虑，避免随意性；还要考虑蛋白水解酶的抑制剂、抑制微生物生长的杀菌剂、酶活性的还原剂及金属离子等。

⑤ 纯化方案通常由几种分离方法组成，分离方法应先选用粗放、快速、有利于缩小样品体积和后续处理的方法，而精确、费时和样品量少的方法宜放在后面。步骤应尽量少，避免同一方法反复使用。

⑥ 建立灵敏、特异、精确的检测方法。

2. 基本步骤——分离纯化的战略

（1）取材　即目标蛋白质及氨基酸原料的选取。

（2）组织细胞破碎　主要有机械、物理、化学和酶学 4 种方法。

（3）提取　选用溶解性能理想的溶剂进行。双液相蛋白萃取技术可同时去除核酸、脂质等杂质。

（4）分离纯化　根据待分离蛋白质的特异理化性质设计分离纯化方法。一般采用等电点沉淀、盐析、超滤和有机溶剂分级分离等方法先粗分级分离，再综合离子交换色谱、凝胶过滤、吸附色谱等色谱方法进行纯化。如有必要和可能，还可用亲和色谱以及各种电泳法如区带电泳、等电聚焦等方法进行高度纯化。

对纯化过程的每一步收集到的溶液都要进行有效成分含量测定，并计算比活力（活性单位数/mg 蛋白）、纯化倍数（该步的比活力/粗提液的比活力）、回收率（该步的总活性/粗提液的总活性）。能较快增大纯化倍数和较缓降低回收率的方法有应用价值。纯化工作一直要进行到比活力不再增加为止，通常以电泳检测为单一条带或 HPLC 的洗脱图谱上呈现单一对称峰为标准。

（5）结晶　分离提纯的蛋白质常常要制成晶体，结晶也是进一步纯化的步骤。结晶的最佳条件是使溶液略处于过饱和状态，可通过控制温度、加盐盐析、加有机溶剂或调节 pH 等方法来实现。结晶也是判断制品是否处于天然状态的有力证据。

（6）鉴定、分析　对所制得的蛋白质产品还需进行蛋白质的纯度、含量、相对分子质量等理化性质的鉴定和分析测定，主要方法有电泳法、色谱法、定氮法及分光光度法等。

二、分离纯化的基本方法

对蛋白质分离纯化的方法，可根据蛋白质的不同性质来选择。蛋白质的性质主要包括溶解度、电荷性质、分子大小、吸附性质和对配体分子的特异亲和力等。

1. 盐析与等电点沉淀——根据溶解度不同的分离方法

（1）盐析　大多数蛋白质是水溶性的，其溶解度与它们自身的理化性质、蛋白质的溶剂环境有关。高浓度的中性盐可降低蛋白质的溶解度，是因为高浓度的盐既争夺了蛋白质分子的水膜层，降低了环境中水的相对浓度，又中和了蛋白质表面的电荷，破坏了蛋白质胶体的稳定。这种由于在蛋白质溶液中加入大量中性盐，使蛋白质沉淀析出的作用称为盐析（salting out）。盐析所需盐浓度一般较高，但不引起蛋白质变性。不同蛋白质因所带电荷和水化程度不同，而在不同的盐浓度下分别沉淀析出，达到分级分离的目的。在蛋白质溶液中逐渐增大中性盐（常用硫酸铵）的浓度，不同蛋白质就先后析出，这种方法称为分段盐析（fractional salting out）。例如血清中加入 50% 饱和度的 $(NH_4)_2SO_4$ 时就可使球蛋白析出，加入 100% 饱和度的 $(NH_4)_2SO_4$ 可使清蛋白析出。

（2）等电点沉淀　由于蛋白质分子在等电点时净电荷为零，减少了分子间的静电斥力，因而容易聚集并沉淀，此时溶解度最小。当蛋白质混合物的 pH 值被调到其中一种成分的等电点时，该蛋白质大部分或全部将沉淀下来，其他等电点高于或低于该蛋白质等电点的蛋白质则仍留在溶液中。这样沉淀出来的蛋白质保持着天然构象，能再溶解。

2. 离子交换色谱——根据电荷性质不同的分离方法

色谱法（chromatography），是利用被分离样品混合物中各组分的化学性质的差别，使各组分以不同程度分布在固定相（stationary phase）和移动相（mobile phase）中，当移动相流过固定相时，各组分在两相中分配情况不同而以不同速度前进从而分离。

离子交换色谱（ion-exchange chromatography）分离蛋白质是根据在一定 pH 条件下蛋白质所带电荷不同而进行的分离方法。常用于蛋白质分离的离子交换剂有弱酸型的羧甲基纤维素（CM-纤维素）和弱碱型的二乙氨基乙基纤维素（DEAE-纤维素），前者为阳离子交换剂，后者为阴离子交换剂。还有改进型 CM-Sephadex（葡聚糖凝胶）、DEAE-Sephadex 等。

蛋白质与离子交换剂的结合是靠相反电荷间的静电吸引，吸引力的大小与溶液的 pH 值有关。阳离子交换剂含有酸性基团，能与带正电荷的蛋白质结合，当改变 pH 时，带正电的蛋白质又能可逆地洗脱。反之，阴离子交换剂亦然。常通过改变溶液中盐类离子强度（加盐梯度洗脱或分段洗脱）和 pH 值来完成蛋白质混合物的分离，结合力小的蛋白质先被洗脱出来，分部收集柱下端的洗脱液。阳离子交换色谱时，带正电荷越少的蛋白质结合较松或几乎不被吸留，因而最先被洗脱下来；带正电荷越多的蛋白质结合越牢固，洗脱时最后被洗脱下来（图 4-17）。

图 4-17　离子交换色谱的原理

⊕ 带不同正电荷的蛋白质；⊖ Mes阴离子；◯ CM纤维素；⊕ Na^+；⊖ Cl^-

3. 凝胶过滤——根据相对分子质量不同的分离方法

凝胶过滤 (gel filtration) 又称为分子筛色谱 (molecular sieve chromatography), 是一种柱色谱, 是根据分子大小来分离蛋白质混合物的最有效的方法之一。当不同分子大小的蛋白质混合液通过装填有高度水化的惰性多聚体 (常用葡聚糖凝胶和琼脂糖凝胶, 商品名分别为 Sephadex 和 Sepharose) 的色谱柱时, 凝胶介质内部是具有不同交联度的网状结构, 比凝胶"网眼"大的蛋白质分子不能进入"网眼"而被排阻在凝胶颗粒之外, 比"网眼"小的分子则进入凝胶颗粒的内部。这样, 由于不同大小的分子所经历的路程不同而得以分离, 大分子先洗下来, 小分子后洗下来, 见图 4-18。

图 4-18　凝胶过滤的原理

4. 吸附色谱——根据吸附力不同的分离方法

吸附色谱法利用吸附力的强弱不同和解吸性质不同而达到分离的目的。蛋白质与非极性吸附剂作用主要通过范德华力和疏水作用, 与极性吸附剂作用主要通过离子吸引和氢键。蛋白质纯化中使用最广泛的吸附剂是羟基磷灰石 (hydroxyapatite, HA), 蛋白质分子中带负电荷的基团与羟基磷灰石晶体的钙离子结合, 再用磷酸缓冲液洗脱下来。

疏水作用色谱 (hydrophobic interaction chromatography) 根据蛋白质表面的疏水性差异分离蛋白质, 不同蛋白质其分子表面的疏水氨基酸残基数量不同, 在高盐条件下与连接在支持介质上的非极性基团相互作用, 以盐溶液梯度洗脱, 吸附最弱的蛋白质首先被洗脱。

5. 亲和色谱——根据特异亲和力不同的分离方法

亲和色谱 (affinity chromatography) 是分离蛋白质的一种极有效的方法, 通常只需一步处理即可得到纯度较高的某种蛋白质。它是根据不同蛋白质对特定配体 (ligand) 的特异而非共价结合的能力不同进行蛋白质分离的。亲和色谱的基本步骤是: 先把提纯的某种蛋白质的配体通过适当的化学反应共价地连接到像琼脂糖一类的多糖颗粒表面的官能团上, 这种材料能允许蛋白质自由通过; 当含有待提纯的蛋白质的混合样品加到这种多糖材料的色谱柱上时, 待提纯的蛋白质则与其特异的配体结合, 而被吸附在载体 (琼脂糖) 表面上; 而其它的蛋白质, 因对这个配体不具有特异的结合位点, 将通过柱子而流出; 被特异地结合在柱子上的蛋白质可用含自由配体的溶液洗脱下来 (图 4-19)。

6. 高效液相色谱——可用于分配色谱、吸附色谱、离子交换色谱、凝胶过滤

高效液相色谱 (high performance liquid chromatography, HPLC) 的优点是快速、灵敏、高效 (图 4-20)。其特点是分离物质是在高压下 ($3.4 \times 10^7 \, Pa$) 进行的, 因而又曾称为高压液相色谱。

图 4-19　亲和色谱原理

图 4-20　高效液相色谱装置图

HPLC 可用于分配色谱、吸附色谱、离子交换色谱和凝胶过滤。不同物质的分离，主要依靠流动相组成的变化。更换色谱柱即可用于不同物质的分离。

一般 HPLC 的固定相为极性载体，流动相为非极性的有机溶剂。由于强极性分子牢固地吸着于固定相上，因而样品保留时间长，容易造成分离峰拖尾。反相高效液相色谱（reversed phase HPLC）则使用非极性的固定相和极性流动相。极性分子对流动相有较高的亲和力，因此洗脱相对更迅速。反相方法对氨基酸等极性分子的分离尤为适用。

快速蛋白质液相色谱（fast protein liquid chromatography，FPLC）是基于各种柱色谱法，专门用于蛋白质快速分离的系统。

7. 电泳

电泳（electrophoresis）是指带电质点在电场中向与本身所带电荷相反的电极移动的现象。电泳可用于氨基酸、肽、蛋白质和核酸的分离和分析。具体原理如下。

带电质点在电场中由于静电引力作用，向着与它所带电荷相反的电极移动，带电质点移动的速度与外加电场强度和它本身所带电荷成正比，而与介质的黏度及质点本身的大小成反比。当两种质点（如两种不同的氨基酸）在同样条件下电泳时，各质点运动的速度取决于它们各自所带电荷及质点的大小，所带电荷多或质点小，移动就快。

由于不同蛋白质具有不同的等电点，在一定 pH 条件下（非等电点），不同蛋白质就带不同性质的电荷，从而在外加电场下被分离开。电泳的方向和速度主要取决于缓冲液 pH 值及蛋白质分子的大小。缓冲液的 pH 值与蛋白质的等电点相差越大，蛋白质带电荷越多，在电场中移动速度越快。蛋白质分子大小不同，因而可通过电泳将其分开（图4-21）。

图 4-21　电泳原理及装置

（1）聚丙烯酰胺凝胶电泳（polyacrylamide gel electrophoresis，PAGE）　聚丙烯酰胺凝胶是由单体丙烯酰胺和少量交联剂亚甲基双丙烯酰胺在催化剂（如过硫酸铵或核黄素）以及加速剂（四甲基乙二胺，TEMED）的作用下，聚合交联而成的具有三维网状结构的凝胶。

为了提高分离的灵敏度，常常在样品中加入一种蛋白质去污剂十二烷基硫酸钠（sodium dodecyl sulfate，SDS）。SDS能使蛋白质变性，它与蛋白质结合形成SDS-蛋白质复合物。由于SDS带负电荷，使得各种蛋白质-SDS复合物都带上相同密度的负电荷，从而掩盖了各种蛋白质间的电荷差异，去除了电荷效应。在SDS-PAGE中，蛋白质的移动速率（迁移率）主要取决于蛋白质的相对分子质量。

蛋白质经PAGE后对目的条带进行切胶回收，即能纯化到目的蛋白质。

（2）等电聚焦（isoelectric focusing，IEF）　蛋白质在具有pH梯度的凝胶介质中进行电泳，各种蛋白质将移向并聚焦（停留）在其等电点的pH梯度处，形成很窄的区带。IEF的关键在于调制稳定的连续pH梯度，通常用两性电解质载体实现，目前主要使用固相pH梯度（immobilized pH gradient，IPG）。利用等电聚焦分离装置，将凝胶柱切成薄片，分别收集各pH区段，即可回收各组分。等电聚焦是一种高分辨率的蛋白质分离技术，也可用于蛋白质等电点测定。

（3）双向电泳（two-dimensional electrophoresis，2D）　同时利用等电点和分子大小这两种性质的差别进行蛋白质的分离。2D电泳是将IEF和PAGE结合，使溶质在二维平面上分离。首先以IEF为第一向电泳，在水平方向上通过pH梯度使蛋白质泳动到各自等电点处。再将胶条转至另一种凝胶介质中。然后以普通的PAGE为第二向电泳，在垂直方向上使蛋白质根据分子质量和荷电量相互分离（图4-22）。凝胶切成小块分别回收各组分，即能得到目的蛋白质。2D电泳分辨率极高，能够在同一块凝胶上同步检测和定量数千种蛋白质，是蛋白质组学研究的重要工具。

图 4-22　双向电泳原理

三、氨基酸的分离

氨基酸的分离在氨基酸的生产和利用、蛋白质研究等方面都有重要意义，是了解蛋白质化学结构的基础，也是生产上鉴定氨基酸产品纯度的必要手段。

1. 滤纸色谱——根据溶解度不同进行的分配色谱

滤纸色谱（filter paper chromatography）是一种分配色谱。滤纸色谱是以滤纸为支持物，以滤纸纤维所吸附的水为固定相，以水饱和的有机溶剂为移动相。将氨基酸的混合样品点于滤纸上，当有机相经过样品时，混合物中的各种氨基酸就在有机溶剂和水中进行两相分配。由于水相被滤纸纤维固定，而有机相不断地前进，不同氨基酸的极性不同，它们在水与有机溶剂中的分配情况（溶解度）不同，各氨基酸随有机相前进的速度也就不一样。经过一定时间后，各种氨基酸彼此就分开了。各种物质在色谱中前进的速率可用 R_f 值（比移值）来表示：

$$R_f = \frac{原点到色谱点中心的距离}{原点到溶剂前沿的距离}$$

各种物质在一定溶剂系统中，其 R_f 值是一定的，借此可作简单的定性判断。R_f 值愈大，说明该物质前进愈快，在有机相中的溶解度愈大。

用滤纸色谱分离氨基酸，可用单向色谱（图 4-23），但更常用的是双向色谱（图 4-24）。双向色谱时，两向所用的溶剂系统不相同，这有利于各种氨基酸更好地分开。

图 4-23　氨基酸单向纸色谱图谱

图 4-24　氨基酸单向纸色谱图谱

2. 离子交换——根据电荷不同进行的分离方法

除了可应用于蛋白质分离之外，离子交换色谱法还是一种常用的氨基酸分离、制备方法。常用酸性或碱性的人工合成的高分子化合物（如聚苯乙烯）作为离子交换树脂装填于柱内进行色谱分离。具体化学机理是：固定相阳离子交换树脂（如国产 732 型树脂），它含酸性基团磺酸基，SO_3^{2-} 基在固定相中，并与带相反电荷的 Na^+、H^+ 等正离子静电结合，当流动相中有另一种带正电荷离子（如氨基酸阳离子）存在时，可与其发生正离子交换，即氨基酸阳离子被交换后固定在树脂上，Na^+、H^+ 等离子被洗下来。在一定 pH 值时，不同氨基酸所带电荷不同，因此其交换行为也不同。当改变 pH 时，氨基酸阳离子又能可逆地被洗脱下来。用阳离子交换柱时，氨基酸的洗脱顺序一般按酸性、中性、碱性氨基酸的顺序先后被洗脱。在带电荷相同情况下，极性大的氨基酸先被洗脱下来；在极性基团相同的情况下，相对分子质量小的先洗脱下来。氨基酸的阳离子交换原理见图 4-25。阴离子交换树脂含有碱性基团〔如—N$(CH_3)_3^+$OH$^-$〕，碱性基团解离出的 OH$^-$ 可以和溶液里的阴离子（如氨基酸阴离子）发生交换，然后被洗脱。氨基酸的洗脱顺序与阳离子交换柱相反。

自动化的氨基酸分析仪就是完成全部离子交换色谱过程，在洗脱液中，氨基酸的浓度由茚三酮反应的颜色深浅来检测并进行自动记录。

3. 薄层色谱——根据吸附性不同进行薄层色谱

薄层色谱（thin-layer chromatography，TLC）是一种快速而微量的色谱分析方法。是将固体吸附剂（如纤维素粉末、硅胶粉等）涂布在玻璃板等上，对物质进行色谱分离的方法。薄层色谱用于氨基酸分离、鉴定和定量测定，主要是根据吸附剂对样品中各种氨基酸的吸附力不同，吸附力强者迁移速率慢于吸附力弱者。例如，将氨基酸混合物加在薄板近下缘的起始线上，然后将板放在含溶剂的槽中（溶剂浸没线比起始线低），溶剂则由毛细引力向上渗入薄板中，由于薄板吸附剂对不同氨基酸的吸附力不同，于是不同氨基酸就以不同的距离分布在板上。当溶剂上升到板的另一端时，将板取出并干燥，然后在板上喷上茚三酮溶液，并加热片刻，氨基酸就呈

图 4-25　氨基酸的阳离子交换色谱原理

现出蓝紫色斑点而被识别。TLC 不仅适用于氨基酸分离鉴定，对其他化学物质和生物小分子的定性定量及分离制备也是一种有效的方法。

4. 纸电泳与薄膜电泳——在电场下的快速分离方法

由于氨基酸具有两性解离，其带电情况就取决于环境的 pH 值。当不同氨基酸具有不同的等电点，在一定 pH 条件下，不同氨基酸就带不同性质的电荷，从而在外加电场下被分离开。

（1）纸电泳　纸电泳根据所加电压的大小可分为常压（100～500V）纸电泳和高压（2000～10000V）纸电泳，前者多用于分离蛋白质等大分子物质，后者多用于分离氨基酸、多肽、核苷酸、糖类等小分子物质。

（2）醋酸纤维薄膜电泳　原理与纸电泳相同，但由于作为支持介质的醋酸纤维膜的质地与纸大不相同，因此采用的设备和技术与纸电泳不相同。醋酸纤维膜是一种细密而又薄的微孔膜，不含半纤维素和木质素，几乎不含重金属离子。

醋酸纤维薄膜电泳分离氨基酸速率快，可大大节约时间。样品分离后可把膜剪成若干小片，分别把分离成分洗下来进行检测。

醋酸纤维薄膜电泳大多采用水平式电泳槽。

5. 薄层电泳——可用于氨基酸制备的分离方法

薄层电泳是将支持介质制成薄而均匀的涂层的电泳技术，广泛应用于氨基酸、肽类、胺类、染料等的分析和制备。常用的支持介质有：硅胶、硅藻土、氧化铝、葡聚糖凝胶、聚丙烯酰胺凝胶、生物凝胶、CM-纤维素等。

对于氨基酸的分离制备，常采用硅胶和纤维素薄层，利于电泳后将分离成分从薄层板上刮下来。

四、蛋白质及氨基酸的分析测定

对已分离纯化的蛋白质、氨基酸样品，还需要测定其含量并对其纯度进行分析鉴定。

1. 蛋白质含量测定——常用定氮法、比色法和紫外吸收法

常用蛋白质含量测定的方法有 4 种：凯氏定氮法、双缩脲法、福林-酚试剂法、紫外线吸收法。双缩脲、福林-酚试剂法属于比色法。

（1）凯氏定氮法　此法最早是 19 世纪丹麦化学家凯道尔（Kjeldahl）所创。定氮法是根据氮在蛋白质分子中含量恒定（平均占 16%），将样品蛋白质中的氮通过硝化全部转变成无机氮，再通过分析化学的手段，测出氮的含量，从而得出蛋白质含量（氮质量乘以 6.25）。所得

结果误差较小，比较准确，至今仍常采用。

将蛋白质样品用浓 H_2SO_4 硝化分解（加热常加少量的硫酸铜、硫酸钾作催化剂），使其中的氮转变为铵盐，碳转变为 CO_2，硫转变为 SO_2、SO_3 等逸出；铵盐再与浓碱反应，放出的氨被硼酸吸收，滴定剩余的酸，算出氮的含量。有关反应为：

$$NH_3 + H_3BO_4 \longrightarrow (NH_4)_2H_2BO_4 \xrightarrow{HCl 滴定} NH_4Cl + H_3BO_4$$

凯氏定氮法本质是测的表观氮含量，再估算蛋白质含量，无法区分氮是来源于蛋白质还是其他含氮化合物，如三聚氰胺（化学式为 $C_3N_6H_6$）。因此只有在被测物的组成是蛋白质时才能用此方法来估算蛋白质含量。

（2）双缩脲法　在碱性条件下，蛋白质与硫酸铜所生成的颜色深浅与蛋白质浓度成正比。将样品同标准蛋白质同时试验，并于 $540\sim560nm$ 下比色测光吸收值，通过标准曲线求蛋白质的含量。此法简便、迅速，但灵敏度较差，所需样品量大（$0.2\sim1.7mg/mL$）。

（3）福林-酚试剂法　又称 Lowry 法。蛋白质分子中的肽键在碱性条件下能与 Cu^{2+} 络合生成络合物，同时将 Cu^{2+} 还原成 Cu^+。试剂中包含碱性铜试剂和磷钼酸、磷钨酸混合试剂。碱性铜试剂与蛋白质发生双缩脲反应，然后蛋白质中的酚基（酪氨酸）在碱性条件下很容易将混合试剂还原成蓝色的钼蓝和钨蓝，蓝色的深浅与蛋白质含量成正比；在 $650\sim660nm$ 下测定光吸收值，即可测定蛋白质含量。此法比双缩脲法灵敏 100 倍，操作简便，蛋白质的测定范围为 $25\sim250\mu g/mL$。

BCA 法（二喹啉甲酸法）是 Lowry 测定法的改进，灵敏度更高。二喹啉甲酸及其钠盐在碱性条件下，可以和 Cu^+ 结合生成深紫色的化合物，在 562nm 处具有强吸收值，并且化合物颜色的深浅与蛋白质的浓度成正比。

（4）紫外光谱法　蛋白质分子中酪氨酸、色氨酸在 280nm 左右具有最大吸收，且各种蛋白质中这两种氨基酸含量差别不大，所以 280nm 的吸收值与浓度成正相关，可用于蛋白质含量的测定。

此法简便但准确度较差，因为存在其他具有紫外线吸收的物质（如核酸）的干扰。在测定工作中尽可能减小误差，如利用在 280nm 及 260nm 下的吸收差求出蛋白质的浓度，即：

$$蛋白质浓度(mg/mL) = 1.45A_{280} - 0.74A_{260}$$

（5）Bradford 法（考马斯亮蓝结合法）　采用考马斯亮蓝 G-250 染料，在酸性溶液中与蛋白质中的碱性氨基酸和芳香族氨基酸残基相结合，使染料的最大吸波长由 465nm 变为 595nm，溶液的颜色也由棕黑色变为蓝色。在 595nm 下测定的吸光度值 A_{595}，与蛋白质浓度成正比。该方法简便快速，灵敏度高，干扰物质少。

2. 电泳技术——凝胶电泳常用于纯度鉴定及相对分子质量测定

对已分离纯化的蛋白质样品，常需要鉴定其纯度，测定其相对分子质量。纯度鉴定和相对分子质量测定的方法很多，但在实验室中常采用的聚丙烯酰胺凝胶电泳法（PAGE）是既灵敏又方便的方法。

（1）纯度鉴定　进行蛋白质纯度鉴定时，将纯化的蛋白质样品在高 pH 缓冲液（碱性系统）中及在低 pH 缓冲液（酸性系统）中分别进行 SDS-PAGE 盘状电泳。如果在两种系统中电泳都得到均一的一条区带，表明该样品达到了电泳纯；否则，说明含有其他蛋白质。

（2）相对分子质量的测定　用 SDS-PAGE 平板电泳进行。在 SDS 存在下，蛋白质分子的迁移率主要取决于它的相对分子质量，与所带电荷及分子形状无关。蛋白质的相对分子质量与迁移率的关系为：

$$M_r = k(10^{-bm})$$

即：

$$\lg M_r = \lg k - bm = k_1 - bm$$

式中，k 及 k_1 为常数；b 为斜率；m 为相对迁移率。

相对分子质量（M_r）的对数与相对迁移率（m）呈线性关系。

在实际测定中，常常用几种已知相对分子质量的单体蛋白质作为标准（marker），根据相对分子质量和实际迁移率作图，然后由样品的迁移率即可从图上求得其相对分子质量。在电泳前，如果样品用巯基乙醇处理则可测定亚基的相对分子质量。

3. 氨基酸的显色测定——色谱、电泳检测的最终手段

由于氨基酸一般为无色，所以需借助一定的手段使它们显现出来，即利用显色剂来实现。显色剂的种类很多，灵敏度也各不相同，有的适用于纸上显色，有的适于溶液显色。有些显色剂对各种氨基酸都有作用，如茚三酮、吲哚醌等；而某些显色剂对个别氨基酸有显色作用（表 4-8）。有些显色剂同氨基酸所生成的颜色与氨基酸的含量成正比，借此可做定量测定。

表 4-8　氨基酸的显色

氨 基 酸	显 色 试 剂	颜　色
各种氨基酸	0.1%～0.5%茚三酮（或乙醇）溶液	蓝紫色
各种氨基酸	1%吲哚醌酒精冰醋酸溶液	不同氨基酸显不同颜色
各种氨基酸	1%溴酚蓝酒精溶液	蓝色
甘氨酸	0.1%邻苯二酚酒精溶液	墨绿色
酪氨酸	α-亚硝基-β 萘酚酒精硝酸溶液	红色
酪氨酸	对氨基苯磺酸-碳酸钠溶液	浅红色
组氨酸	对氨基苯磺酸-碳酸钠溶液	橘红色
丝氨酸	碘酸钠甲醇溶液及醋酸铵处理	黄色
精氨酸	尿素萘酚酒精溶液、氢氧化钠溴溶液	红色
半胱氨酸	亚硝酸铁氰化钠甲醇溶液	红色
脯氨酸	吲哚酸-醋酸锌异丙醇溶液	蓝色
色氨酸	对甲基苯甲醛丙酮溶液	蓝紫色

4. 免疫印迹——一种高精度的分析鉴定蛋白质的技术

免疫印迹法（immunoblot），又称蛋白质印迹法、蛋白质转移电泳法或 Western 印迹法（Western blot）。它是将经过 SDS-PAGE 电泳后，凝胶中所含的样品蛋白质借助电泳方法转印、固定到硝酸纤维素（NC）膜上，然后利用酶标记的抗体、激素或凝集素等物质便可特异地检出固定在 NC 膜上相应的组分——抗原、受体或不同类型的蛋白质。免疫印迹法具有分析容量大、敏感度高、特异性强等优点，是检测蛋白质特性、表达与分布的一种最常用的方法。

电泳后的凝胶条平铺在 NC 膜上，这样由于蛋白质的疏水键和 NC 膜上的某些基团相互发生作用，同时又借助电场力将蛋白质谱带由凝胶条转移至 NC 膜上。这样既可除去蛋白质中的 SDS，恢复蛋白质的构象及生物活性，又能提高酶与底物、受体与激素、抗原与抗体、糖蛋白与凝集素的反应性，并可用于鉴定特殊组分，只含有待测蛋白质的条带显示颜色。例如，用辣根过氧化物酶标记的伴刀豆球蛋白（ConA）作探针能灵敏、专一地检出血清中含葡萄糖、甘露糖或果糖链的糖蛋白（图 4-26）。

5. 酶联免疫吸附试验——利用抗原抗体特异结合定量测定蛋白质

酶联免疫吸附试验（enzyme-linked immunosorbent assay，ELISA）是用酶标记抗体，与吸附在固相载体上的已知的蛋白质（抗原或抗体）发生特异性结合，用洗涤法将液相中的游离

图 4-26 免疫印迹原理

成分洗除，最后通过酶作用于底物，进行显色反应，由酶标仪进行定量测定（原理见图 4-27）。颜色反应的深浅与样品中相应蛋白质的量呈正比。ELISA 方法是一种既特异又灵敏的检测方法。常用的 ELISA 法有双抗体夹心法和间接法，前者用于检测大分子抗原，后者用于测定特异抗体。用于标记抗体的酶有辣根过氧化物酶、碱性磷酸酶、葡萄糖氧化酶等。

图 4-27 ELISA 原理

习 题

1. 用对或不对回答下列问题。如果不对，请说明原因。

① 构成蛋白质的所有氨基酸都是 L 型氨基酸。因为构成蛋白质的所有氨基酸都有旋光性。

② 只有在很低或很高 pH 值时，氨基酸的非电离形式才占优势。

③ 当 pH 值大于可电离基团的 pK'_a 时，该基团半数以上被解离。

④ 一条肽链在回折转弯时，转弯处的氨基酸常常是脯氨酸或甘氨酸。

⑤ 如果一个肽用末端测定不出它的末端，这个肽只能是个环肽。

⑥ 如果用 Sephadex G-100 来分离细胞色素 c、血红蛋白、谷氨酸和谷胱甘肽，则洗脱顺

序为：谷氨酸→谷胱甘肽→细胞色素 c→血红蛋白。

⑦ α-螺旋中每个肽键的酰胺氢都参与氢键形成。

⑧ 蛋白质的等电点是可以改变的，但等离子点不能改变。

2. 向 1L 1mol/L 的处于等电点甘氨酸溶液中加入 0.3mol HCl，问所得溶液的 pH 值是多少？如果加入 0.3mol NaOH 以代替 HCl 时，pH 值又是多少？

3. 1.068g 的某种结晶 α-氨基酸，其 pK'_1 和 pK'_2 值分别为 2.4 和 9.7，溶解于 100mL 的 0.1mol/L NaOH 溶液中时，其 pH 值为 10.4。计算该氨基酸的相对分子质量，并提出其可能的分子式。

4. 已知 Lys 的 ε-氨基的 pK'_a 为 10.5，问在 pH 9.5 时，Lys 水溶液中将有多少这种基团给出质子？

5. 有一个肽段，经酸水解测定知由 4 个氨基酸组成。用胰蛋白酶水解成为两个片段，其中一个片段在 280nm 有强的光吸收，并且对 Pauly 反应、坂口反应都是阳性；另一个片段用 CNBr 处理后释放出一个氨基酸与茚三酮反应呈黄色。试写出这个肽的氨基酸排列顺序及其化学结构式。

6. 一种纯的含钼蛋白质，用 1cm 的比色杯测定其吸光系数 $\varepsilon_{280}^{0.1\%}$ 为 1.5。该蛋白质的浓溶液含钼量为 10.56μg/mL。1∶50 稀释该浓溶液后 A_{280} 为 0.375。计算该蛋白质的最小相对分子质量（Mo 的相对原子质量为 95.94）。

7. 1.0mg 某蛋白质样品进行氨基酸分析后得到 58.1μg 的亮氨酸和 36.2μg 的色氨酸，计算该蛋白质的最小相对分子质量。

8. 某一蛋白质分子具有 α-螺旋及 β-折叠两种构象，分子总长度为 $5.5×10^{-5}$ cm，该蛋白质相对分子质量为 250000。试计算该蛋白质分子中 α-螺旋及 β-折叠两种构象各占多少？（氨基酸残基平均相对分子质量以 100 计算）。

第五章 核酸化学

第一节 概 述

核酸（nucleic acid）是生物体内一类含有磷酸基团的生物大分子，担负着生命信息的储存和传递，对它的研究是生命化学研究的一个重要领域。

一、染色体、基因和核酸

1. 染色体和基因——遗传的基本单位

染色体（chromatin）是细胞核（nucleus）内能被碱性染料着色的物质的螺旋集缩体，由核酸、组蛋白、非组蛋白等组成（原核生物染色体仅含 DNA，不含组蛋白和非组蛋白）。染色体是遗传信息（genetic information）的载体，是细胞中主宰遗传的结构。经典遗传学认为，染色体和基因（遗传因子）间有平行现象，基因（gene）存在于染色体上，基因在遗传中具有完整性和独立性，随染色体的配对、分离而进行独立的分配。

2. 核酸——遗传信息的载体

自 1869 年 Mischer 从外科手术绷带上脓细胞的细胞核中分离出一种可溶于碱不溶于酸的含磷的强酸性有机化合物，以及 1944 年 Avery 等在肺炎双球菌转化实验中发现转化物质是 DNA 以来，经过一个多世纪的研究，现已完全证实：基因是核酸的一些组成部分或结构区域，即基因存在于核酸分子上。所以核酸是遗传变异的物质基础，是遗传信息的载体，在蛋白质生物合成中起十分重要的作用。生物体的遗传、变异、生长发育、细胞分化等都与核酸密切相关。

二、核酸的化学组成

核酸除含有碳、氢、氧、氮外，还含有较多的磷和少量的硫，其中磷的含量为 9%～10%。含磷高是核酸元素组成的特点，可用定磷法来测核酸含量。

核酸同蛋白质一样，也是高分子有机化合物，经过不同程度的水解，可得到：多核苷酸、寡核苷酸和核苷酸；彻底水解产物为戊糖、含氮碱基和磷酸。

1. 分类——核酸分 RNA 和 DNA

根据彻底水解产物中所含糖的不同，核酸分为脱氧核糖核酸（deoxyribose nucleic acid，DNA）和核糖核酸（ribonucleic acid，RNA）两类。

DNA 主要存在于染色体中，少部分在核外（如线粒体 DNA、叶绿体 DNA 和质粒 DNA 等）。DNA 是主要的遗传物质，是遗传信息的主要载体，通过复制将遗传信息传递给子代。

RNA 在细胞核和细胞质内都有分布，与遗传信息表达有关。参与蛋白质合成的 RNA 主要分为 mRNA（信使 RNA，messenger RNA）、tRNA（转运 RNA，transfer RNA）和 rRNA（核糖体 RNA，ribosomal RNA）。mRNA 约占总 RNA 量的 5%，其作用是将遗传信息从 DNA 传到蛋白质，在肽链合成中起决定氨基酸排列顺序的模板作用。tRNA 约占总 RNA 的 15%，相对分子质量较小，游离于胞质中，主要功能是在蛋白质合成中转运氨基酸。rRNA 约占总 RNA 量的 80%，相对分子质量较高，是核糖体的组成成分（占 60% 左右），核糖体是蛋白质合成的场所，rRNA 起到一定的催化作用。

除了上述三种主要的 RNA 外，在细胞核和细胞质中实际上还有大量的由 300 个左右或更少核苷酸组成的小分子 RNA，如 microRNA（miRNA，微 RNA），具有特殊功能，几乎涉及细胞功能的各个方面。

2. 核酸中的糖——核糖和脱氧核糖

核酸中的糖主要有两种：D-核糖和 D-2-脱氧核糖，两者都是 β 构型的戊糖，分别为：

HOCH₂　O　OH　　　　　HOCH₂　O　OH
　β-D-呋喃核糖　　　　　β-D-2-脱氧呋喃核糖

β-D-核糖为 RNA 所含，β-D-2-脱氧核糖为 DNA 所含。D-核糖可与苔黑酚反应呈绿色，D-2-脱氧核糖可与二苯胺反应呈蓝色。

3. 含氮碱基——嘌呤和嘧啶衍生物

含氮碱基是核酸中含氮的碱性杂环化合物，主要有两类。

（1）嘧啶碱基　嘧啶的母体环为：

核酸中嘧啶碱基主要有三种，都是嘧啶的衍生物：RNA 含胞嘧啶和尿嘧啶，DNA 含胞嘧啶和胸腺嘧啶。

胞嘧啶(Cyt)　　　尿嘧啶(Ura)　　　胸腺嘧啶(Thy)

（2）嘌呤碱基　嘌呤环为：

核酸中主要有两种嘌呤碱基：腺嘌呤和鸟嘌呤，这两种嘌呤碱在 RNA 和 DNA 中都含有。

腺嘌呤(Ade)　　　　　鸟嘌呤(Gua)

除了上述几种主要的碱基外，核酸中还有一些稀有碱基，如 5-甲基胞嘧啶、次黄嘌呤和黄嘌呤等，大多数为主要碱基甲基化、硫代、乙酰化等的衍生物。

4. 核苷酸——核酸的基本结构单位

核酸在化学上是多聚核苷酸，核苷酸（nucleotide）是构成核酸分子的基本结构单位。核苷酸是核苷的磷酸酯，核苷（nucleoside）又由核糖或脱氧核糖和碱基组成，所以核苷酸由碱基、戊糖和磷酸三部分组成。

（1）碱基与戊糖的连接　碱基与戊糖连接形成核苷，其连接键是由戊糖的半缩醛羟基缩合而成的，所以为糖苷键，称为 N-糖苷键。核酸分子中的糖苷键均为 β-糖苷键。嘧啶碱基和戊糖的连接：嘧啶环的第 1 位 N 与戊糖的第 $1'$ 位 C 相连（为与碱基编号区别，在核苷中糖的编号数字上加一撇"$'$"），即 N1—C。

嘌呤碱基和戊糖的连接：嘌呤环的第 9 位 N 与戊糖的第 1′位 C 相连，即 N9—C1′。

核苷的碱基环平面与戊糖环平面相垂直，碱基环可以沿 N-糖苷键自由旋转。但由于空间障碍，在天然核酸中，碱基的排布主要为反式结构。

（2）核苷酸的种类 核苷的核糖上有三个羟基（2′、3′、5′）可以和磷酸酯化；脱氧核糖上有两个羟基（3′、5′）可以和磷酸酯化，因此生成的核苷酸有：2′-核苷酸、3′-核苷酸和 5′-核苷酸，其中 5′-核苷酸最重要。生物体内 2′-核苷酸、3′-核苷酸都不如 5′-核苷酸稳定，所以生物体内游离核苷酸主要是 5′-核苷酸或 5′-脱氧核苷酸。它们各有四种：

5′-磷酸腺苷	5′-磷酸鸟苷	5′-磷酸胞苷	5′-磷酸尿苷
(5′-AMP)	(5′-GMP)	(5′-CMP)	(5′-UMP)

5′-磷酸脱氧腺苷	5′-磷酸脱氧鸟苷	5′-磷酸脱氧胞苷	5′-磷酸脱氧胸苷
(5′-dAMP)	(5′-dGMP)	(5′-dCMP)	(5′-dTMP)

参与核酸生物合成的直接原料不是核苷一磷酸，而是核苷三磷酸，它具有三个磷酸基，靠近核糖 C5′位的为 α-磷酸基，依次为 β、γ-磷酸基，如腺苷三磷酸（ATP）：

（3）核酸组分的表示方式 通常用 3 字母表示碱基，1 个字母表示核苷。如 Ade 为腺嘌呤，A 为腺苷。腺苷酸用 pA（磷酸 5′位）或 Ap（磷酸 3′位）表示。B 代表任一碱基，N 代表任一核苷。甲基化稀有组分，如 $m_3^{2,2,7}G$ 为 N^2，N^2，N^7-三甲基鸟苷，m 代表甲基，右上角数字为甲基所在位置，右下角数字为甲基数目。

5. 核苷酸的衍生物

核苷酸的衍生物以游离的形式广泛存在于细胞中。它们除了作为合成核酸的基本单元外，还具有其他方面的重要功能。

（1）ATP 和 GTP

① ATP　ATP 是生物体内分布最广和最重要的一种核苷酸衍生物。

ATP 分子结构的最显著特点是含有两个高能磷酸键。ATP 水解时，可以释放出大量自由能，可以作为推动生物体内各种需能反应的能量来源。ATP 也是一种很好的磷酰化剂。磷酰化反应的底物可以是普通的有机分子，也可以是酶。磷酰化的底物分子具有较高的能量（活化分子），是许多生物化学反应的激活步骤。

ATP 是生物体内最重要的能量转换中间体。ADP 和磷酸在外界能量作用下，可以重新合成 ATP。

$$ATP + H_2O \underset{\text{光能或化学能}}{\overset{\text{释放能量}}{\rightleftharpoons}} ADP + Pi + H^+$$

ATP-ADP 循环是自然界生物赖以生存的基础。

② GTP　GTP 是生物体内游离存在的另一种重要的核苷酸衍生物。它具有 ATP 类似的结构，也是一种高能化合物。GTP 主要是作为蛋白质合成中磷酰基供体。在细胞内，ATP 和 GTP 可以相互转换。

$$GTP + ADP \overset{\text{酶}}{\rightleftharpoons} GDP + ATP$$

在生物体内，GTP 可以通过 GMP 和 ATP 作用来合成。

$$GMP + ATP \overset{\text{酶}}{\rightleftharpoons} GTP + AMP$$

$$GDP + ATP \overset{\text{酶}}{\rightleftharpoons} GTP + ADP$$

（2）cAMP 和 cGMP　生物细胞中存在着两种重要的环状核苷酸：cAMP（$3',5'$-环腺嘌呤核苷一磷酸）和 cGMP（$3',5'$-环鸟嘌呤核苷一磷酸）。cAMP 和 cGMP 的主要功能是作为细胞之间传递信息的信使。

碱基=A(cAMP)
碱基=G(cGMP)

6. 核苷酸的重要作用

核酸的基本组成单位——核苷酸，它也是生物体内一类重要的生物化学成分。在许多生物化学反应中，核苷酸都起着重要作用，主要表现在如下方面。

① 核苷酸是合成 DNA 和 RNA 的前体。

② 在多糖合成中 UDPG 是葡萄糖的活性形式，在磷脂合成中 CDP-甘油二酯是含磷酸基团的活性形式，在卵磷脂的合成中还涉及 S-腺苷甲硫氨酸的参与。

③ ATP 是生物体内生物能生成、储藏、转运的中心，是最普遍、最重要的能量形式。

④ 各种代谢反应中所需要的 NAD^+（H）、$NADP^+$（H）、CoA_{SH}、FAD、FMN（其结构见第七章）等都是腺苷酸的衍生物。

⑤ cAMP 由 ATP 转变而来，在生物体细胞内具有传递生理信息的重要作用，被称为第二信使。

⑥ GTP 是生物大分子移位反应的主要动力。

第二节　核酸的结构

核酸为生物大分子，其分子结构也像蛋白质一样，可分为几个不同层次。

一、核酸的一级结构

核酸的一级结构是指核苷酸的排列顺序，包括核苷酸间的连接键。不同的生物性状就是有核酸分子上的核苷酸排列顺序决定的。

1. 磷酸二酯键——核苷酸间的基本连接键

核苷酸之间是通过 3′,5′-磷酸二酯键连接起来的，即磷酸分子的一个酸性基与一个核苷的核糖 C3′位羟基缩合成酯，磷酸分子的另一个酸性基与第二个核苷的核糖 C5′位羟基缩合成酯。核酸的一级结构就是通过 3′,5′-磷酸二酯键连接的核苷酸链，如图 5-1。

图 5-1　核苷酸链

2. 一级结构——核苷酸的排列顺序

核酸的一级结构是多核苷酸链中的核苷酸排列顺序。脱氧核糖 C2′位不含羟基，DNA 链只能形成 3′,5′-磷酸二酯键，是无支链的线性分子。但原核细胞染色体 DNA、质粒 DNA 以及真核细胞细胞器 DNA 都是环状。尽管核糖 C2′位含羟基，天然 RNA 仍为无分支的直链结构，这是因为 RNA 是以 DNA 为模板进行生物合成的。

由于 3′,5′-磷酸二酯键的存在，使得核苷酸链具有特殊的方向性，即核苷酸链存在两个末端，一个称为 5′末端，含磷酸基；一个称为 3′末端，含游离羟基。核酸一级结构的阅读或书写时按 5′→3′方向进行。核酸一级结构的具体表示如下。

① 线条式缩写

② 字母式缩写：5′···UpCpApGp···3′或5′···U C A G···3′。

二、核酸的高级结构

核酸分子相对分子质量比较大，有复杂的三维结构。在一级结构基础上折叠或盘曲，从而形成高级结构。

1. DNA 的二级结构——双螺旋结构模型

（1）DNA 双螺旋结构模型提出的依据　对于 DNA 高级结构的研究，主要依赖于 20 世纪 40 年代 X 射线衍射技术用于核酸结构的研究，Wilkins 和 Franklin 用高纯度 DNA 纤维拍摄的高质量 X 射线衍射图，对 DNA 结构模型的提出作出了重大的贡献。1953 年，Watson 和 Crick 主要根据 Wilkins 和 Franklin 的研究成果及 Chargaff 对 DNA 碱基组成的研究提出了 DNA 二级结构模型——双螺旋结构模型（图 5-2）。从此开创了分子生物学的新纪元。

图 5-2　DNA 双螺旋结构模型

（2）DNA 双螺旋结构模型的特征

① 主链　两条反向平行的脱氧核苷酸链围绕同一"中心轴"相互缠绕，形成双螺旋，碱基对位于双螺旋的内侧，糖和磷酸在外侧构成链的骨架；碱基平面与纵轴垂直，糖环平面平行于纵轴；两条链均为右手螺旋，其磷酸二酯键的方向相反，即一条为 5′→3′，另一条为 3′→5′，其中 3′→5′者为正链。

② 碱基配对　两条核苷酸链依靠彼此碱基之间形成的氢键而结合在一起。为了让碱基间

尽可能多地形成氢键，A 只能与 T 配对，形成两个氢键；G 只能与 C 配对，形成 3 个氢键。GC 之间的连接更稳定。这种碱基之间相互对应的关系称为碱基互补。因此在 DNA 分子中一个单位是一个碱基对（base pairing，bp）。碱基配对规律是 DNA、RNA 乃至蛋白质生物合成的分子基础。

③ 碱基参数　双螺旋的平均直径为 2nm，两个相邻的碱基对之间的高度即碱基垂直堆积距离为 0.34nm，两个脱氧核苷酸之间的夹角是 36°，所以每圈螺旋含有 10 个核苷酸（残基），螺距为 3.4nm。

④ 螺旋表面　配对碱基并不充满双螺旋的全部空间，而且碱基对占据的空间不对称，因而在双螺旋的表面形成两条螺形凹沟，一条较深称为大沟（major groove，宽 1.2nm，深 0.85nm），一条较浅称为小沟（minor groove，宽 0.6nm，深 0.75nm）。沟状结构与蛋白质和 DNA 的识别作用有关。

（3）DNA 双螺旋结构的稳定因素

① 氢键　两条链间碱基的相互作用。虽然氢键是一个弱键，但 DNA 中氢键数量大，所以氢键是比较重要的因素。

② 碱基堆积力　一条链上相邻两个平行碱基环间的相互作用，这是来自杂环碱基 π 电子之间的相互作用，本质为范德华力，是维持 DNA 双螺旋稳定的主要因素。碱基堆积使双螺旋内部形成疏水核心，从而有利于碱基间形成氢键。

③ 离子键 DNA 分子中磷酸基团在生理条件下解离，使 DNA 成为一种多阴离子，有利于与带正电荷的组蛋白或介质中的阳离子之间形成静电作用，能减少双链间的静电排斥，有利于双螺旋的稳定。

（4）DNA 双螺旋的结构类型　每个核苷酸残基都有 6 个可自由旋转的单键，使得 DNA 分子具有柔性，并具有不同的构象形式。根据对天然及合成核酸的 X 射线衍射分析，DNA 构象形式可分成几种类型，各种构象在一定条件下可以相互转变。主要取决于制备 DNA 晶体时的相对湿度、盐的种类及盐浓度。上述 Watson-Crick 模型主要指 B-DNA，这是溶液中及细胞内天然状态 DNA 的重要构象。左旋 DNA 如 Z-DNA 也可能是天然 DNA 的一种构象。

（5）Watson-Crick 双螺旋模型　该模型能够解释许多重要的生命现象，如 DNA 复制、RNA 转录、蛋白质翻译、遗传与变异等，是目前公认的一个模型。

2. tRNA 二级结构——三叶草结构模型

多数 RNA 为单链，可以自身回折发生部分区域碱基配对形成局部双链，构成发夹结构（或茎环结构），进而折叠成三级结构。除 tRNA 外，细胞中的 RNA 几乎都与蛋白质形成核蛋白复合物，可以看作 RNA 的四级结构。

tRNA 是 RNA 中相对分子质量较小的（25000 左右），一般由 70～90 个核苷酸残基组成。1965 年，Holley 在测出酵母丙氨酸转移核糖核酸（tRNA^{Ala}）的一级结构后，提出了酵母 tRNA^{Ala} 的"三叶草"形二级结构模型（图 5-3）。该模型的基本特征如下。

（1）四臂四环　形如三叶草，以氢键连接的双螺旋区称为臂；臂连接的以单链形式存在的突出部位称为环（loop）。

（2）氨基酸接受区（包括一臂）　是 5′端和 3′端由 7 个核苷酸对形成的臂；3′端有一不成对的游离 —CCA$_{OH}$ 区段，末端羟基在 tRNA 执行功能时与氨基酸的羧基以酯键相连。

（3）反密码区（一臂一环）　在氨基酸接受臂对侧，一般由 5 个核苷酸对组成的臂连接一个突环——反密码环，反密码环一般由 7 个核苷酸组成，突环正中的 3 个核苷酸称为反密码子（anticodon），能识别 mRNA 链上的密码子形成碱基配对。次黄嘌呤核苷酸（I）常出现在反密码子中。

图 5-3　酵母 tRNA^{Ala} 的二级结构

　　（4）二氢尿嘧啶区（一臂一环）　　在"三叶草"的左侧（5′端侧）存在一个含二氢尿嘧啶的单链环，即二氢尿嘧啶环，由 8～12 个核苷酸组成；与该环相连的臂就称为二氢尿嘧啶臂，由 3～5 个核苷酸对组成。二氢尿嘧啶（D）是 5、6 位加双氢饱和的尿嘧啶，为一种稀有组分。

　　（5）TψC 区（一臂一环）　　在分子的右侧（3′端侧）有一个含 TψC 的环，称为 TψC 环，由 7 个核苷酸组成；连接它的臂就称为 TψC 臂，由 5 个核苷酸对组成。"ψ"称为假尿嘧啶核苷，是一种稀有组分，是尿嘧啶的 5 位碳与核糖形成 C—C 苷键，这种键比 N-苷键稳定。

　　（6）可变区　　在反密码区和 TψC 区之间存在一个额外区，这个区的长度变化较大，随 tRNA 的种类而异，常作为 tRNA 分类的标准。此区较小的，仅形成一个小臂，比较大的则形成一个突环。

　　在 tRNA 的三叶草形二级结构中，维持其稳定的是氢键。而且在此结构基础上，突环上未配对的碱基也可因分子结构扭曲而形成配对，这样就形成了倒"L"形的 tRNA 三级结构，具有两个反平行右手双螺旋区（如图 5-4）。所有 tRNA 折叠后都三级结构相似的空间构象，有利于携带氨基酸的 tRNA 进入核糖体的特定部位。

　　3. DNA 三级结构——超螺旋

　　DNA 的三级结构是指双螺旋基础上分子的进一步扭曲或再次螺旋所形成的构象。其中，超螺旋（superhelix）是最常见的，也是研究最多

图 5-4　酵母 tRNA^{Phe} 三级结构模型

的 DNA 三级结构。

由于 DNA 双螺旋是处于最低能量状态的结构，如果使正常 DNA 的双螺旋额外地多转几圈或少转几圈，就会使双螺旋内的原子偏离正常的位置，这样在双螺旋分子中就存在额外的张力。如果双螺旋末端是开放的，张力会通过链的旋转而释放；如果 DNA 分子两端是以某种方式固定的或者是环状 DNA，这些额外张力就不能释放到分子之外，而只能在 DNA 分子内部重新分配，从而造成原子或基团的重排，并导致 DNA 形成超螺旋，即双螺旋的螺旋。细胞内的 DNA 主要以负超螺旋形式存在。

真核细胞的染色体 DNA 与组蛋白非共价结合。DNA 双链缠绕组蛋白八聚体构成核小体结构，核小体串珠链再螺旋形成螺线管，并进一步反复折叠盘绕，最后形成染色体，人的 DNA 共压缩 8400 倍左右，因此能组装到有限的细胞核空间中。这种 DNA 与蛋白质的复合物属于 DNA 的四级结构。

第三节　核酸的性质

核酸的性质是由其组成成分和结构决定的。核酸的主要组分是碱基、戊糖和磷酸。核酸的结构特点是相对分子质量大，分子中具有共轭双键、氢键、糖苷键和 $3'$, $5'$-磷酸二酯键，还有许多活性基团，如羟基、磷酸基、氨基等。这些组分及结构特点决定了核酸的性质，是核酸设计、研究、制备技术的依据。

一、核酸的溶解性

RNA 和 DNA 及其组成成分核苷酸、核苷、碱基的纯品都是白色粉末或结晶，而大分子 DNA 则为疏松的石棉样的纤维状结晶。

1. 溶解性——碱基、核苷酸和核酸具有不同的溶解性

DNA 和 RNA 都是极性化合物，一般都微溶于水，不溶于乙醇、乙醚、氯仿、三氯乙酸等有机溶剂。

核酸、核苷酸、碱基在水中的溶解度依次减小，但核酸的钠盐比自由酸易溶于水；不同核酸在水中溶解所需盐浓度不同。

2. 0.14 摩尔法——分离 DNA 蛋白和 RNA 蛋白的方法

在生物体细胞内，大多数核酸（DNA 和 RNA）都与蛋白质结合成核蛋白形式存在，即 DNA 蛋白（DNP）和 RNA 蛋白（RNP）。

两种核酸蛋白在水中的溶解度受盐浓度的影响不相同。DNA 蛋白的溶解度在低浓度盐溶液中随盐浓度的增加而增加，在 1mol/L NaCl 溶液中的溶解度要比纯水中高 2 倍，可是在 0.14mol/L 的 NaCl 溶液中溶解度最低（几乎不溶）。RNA 蛋白在溶液中的溶解度受盐浓度的影响较小，在 0.14mol/L NaCl 溶液中溶解度却较大。因此，在核酸分离提取时，常用 0.14mol/L NaCl 溶液来分别提取 DNA 蛋白和 RNA 蛋白，然后用蛋白质变性剂（如十二烷基硫酸钠）去除蛋白，即得纯的 DNA 或 RNA。此法就称为 0.14 摩尔法。

二、核酸的解离

1. 多价解离——体内 DNA 呈多阴离子态

核酸分子上含有较多的磷酸基，在生理条件下，核酸可解离而成多价阴离子，即多元酸；同时核酸分子又含有许多含氮碱基，具有碱性，所以核酸是两性电解质。磷酸基的解离常数比碱基的解离常数低，磷酸基全部处于解离态，故核酸呈现出多阴离子状态，带负电。尤其对 DNA 分子而言，由于分子内碱基通过形成氢键而配对，使可解离的碱基减少，磷酸基的解离相对增强，因而可把 DNA 看成是酸性较强的多元酸。DNA 的这种多阴离子态，有利于在染

色体中与组蛋白等碱性蛋白结合，便于调节基因的活性。

2. 带电性——核酸和核苷酸可用离子交换分离

由于核酸、核苷酸是两性电解质，在一定 pH 条件下各解离基团的解离情况各不相同，使核酸、核苷酸带一定种类和数量的电荷，因而可用离子交换法对核酸、核苷酸进行分离。

在一定 pH 下，如果核酸、核苷酸带正电荷，可用阳离子交换树脂进行分离。带正电荷越少的核酸或核苷酸与阳离子树脂结合较松或几乎不被吸留，因而最先被洗脱下来；带正电荷越多的核酸或核苷酸与树脂结合越牢固，洗脱时最后被洗脱下来。如果核酸或核苷酸在一定 pH 下带负电荷，则用阴离子交换树脂进行分离。

三、紫外线吸收

由于嘌呤碱和嘧啶碱具有共轭双键，碱基、核苷、核苷酸、核酸都在 240～290nm 范围内有特征吸收。由于各组分结构上的差异，其紫外吸收也有区别。例如，最大吸收波长（λ_{max}）AMP 为 257nm、GMP 为 256nm、CMP 为 280nm、UMP 为 262nm。通常在对核酸及核苷酸测定时，选用 260nm 波长。

四、变性与复性

核酸和蛋白质一样，分子都具有一定的空间构象，维持空间构象的主要作用力是氢键、碱基堆积力等弱的次级键，因而也容易被破坏而变性。

1. DNA 变性——DNA 生物功能表现所必需

DNA 受到某些理化因素的影响，使分子中的氢键、碱基堆积力等被破坏，双螺旋结构解体，分子由双链（dsDNA）变为单链（ssDNA）的过程称为变性（denaturation）。变性的实质是维持二级结构的作用力受到了破坏，即双螺旋破坏。但是 DNA 的一级结构未变，即变性不引起共价键的断裂。

引起变性的外部因素包括加热、极端的 pH、有机溶剂、尿素、甲酰胺等。它们都能破坏氢键、疏水键、碱基堆积力，从而破坏双螺旋。

DNA 变性后，分子由具有一定刚性变为无规则线团，DNA 溶液的黏度降低，沉降速率增加；藏在里面的碱基全部暴露出来，使 DNA 的 A_{260} 增加，即表现出增色效应（hyperchromic effect）。

在活细胞内，DNA 在表现其生物活性时，要解开双螺旋链，实质上也是一个变性过程。因此，DNA 变性也是其发挥生物功能所必需的。这与蛋白质变性有很大的区别，蛋白质变性通常引起功能丧失。

在实际应用时，DNA 的热变性用得较多。DNA 热变性是一个跃变过程。在熔解曲线中，当 A_{260} 达到最大值一半时，所对应的温度称为熔点或熔解温度（melting temperature，T_m）。在近似生理条件下，DNA 的 T_m 值一般在 85～95℃之间。

根据 A-T、G-C 碱基对中所含氢键的数目可知，DNA 的 T_m 值与它所含 G-C 的多少有关，可用以下经验公式进行计算：

$$(G+C)\% = (T_m - 69.3) \times 2.44 \tag{5-1}$$

由式（5-1），通过测定 DNA 的 T_m 值，即可计算其 G-C 的含量，并进而计算 A-T 的含量。DNA 分子中 G-C 含量越高，T_m 越高，分子就越稳定。

2. DNA 复性——核酸研究中的常用手段

DNA 的变性是可逆的，解除变性因素并满足一定条件后，解开的两条 DNA 互补链又可以重新恢复形成双螺旋结构，并恢复原有理化性质。这个过程称为 DNA 复性（renaturation）。

例如，对热变性的 DNA 溶液，缓慢冷却（又称为退火），双螺旋又重新形成，如图 5-5。之所以变性 DNA 能够复性，是由于互补链的存在，且满足了复性条件得以重新碱基配对，如复性温度、DNA 浓度、溶液离子强度等。

不同来源的、某些区域具有互补序列的 DNA 或 RNA 片段，在热变性条件下，它们会成为游离的单链，然后缓慢冷却到复性温度，各种单链会按照碱基互补配对原则重新缔合成双链片段或部分双链区段，并可能形成双螺旋，进而形成不同的杂合核酸分子，包括 DNA 双链、DNA-RNA 双链。在核酸研究中，尤其是在核酸分子杂交研究和基因工程（见第十四章）中，要经常利用核酸分子的变性和复性。在分子生物学中应用极广的 Southern 印迹、Northern 印迹、聚合酶链反应（PCR）和生物芯片技术，其基本原理都是基于核酸的变性与复性。根据这些异源 DNA 或 RNA 间重新配对的概率大小和新双链区段长短，可判断异源核酸分子间的相似程度或同源性大小，进行基因定位及测定基因频率等。

图 5-5　DNA 的热变性与复性

第四节　核酸的生物功能

一、DNA 的复制与生物遗传信息的储存

DNA 是主要的遗传物质，是遗传信息的载体，生物的性状就是由 DNA 分子上脱氧核苷酸的排列顺序决定的。遗传的基本单位是基因（gene）。基因有三个基本性质：一是遗传信息由亲代传递给子代；二是决定生物表型；三是突变形成各种等位基因。DNA 具有基因的所有属性，是基因的化学本质和分子基础，基因就是 DNA 分子上的一个片段。

DNA 具有以下三种属性。

（1）DNA 具有基因遗传的属性　Watson 和 Crick 发现了 DNA 的双螺旋结构不久，就提出了著名的 DNA 复制机制假说。1958 年，生物学家们用实验精确地证明了 DNA 复制理论的正确性。生物的遗传，实际上是通过 DNA 复制与信息表达将生物性状从亲代传给子代的过程。DNA 复制是保持生物个体和种群遗传性状稳定性的基本分子机制，是 DNA 最重要的生物功能。

（2）DNA 具有基因决定表型的属性　生物的遗传信息是以 DNA 的碱基顺序形式储存在细胞之中，而生物遗传信息最终要以蛋白质的形式表现出来。基因的表达其实质是以 DNA 为模板转录成 RNA，再以 RNA 为模板翻译成蛋白质和酶，最终决定性状。

（3）DNA 具有基因突变的属性　一切生物的变异和进化都是由于 DNA 结构的改变而引起蛋白质组成和表型变化的结果。

二、RNA 是生物遗传信息表达的媒体

在 DNA 分子所携带的遗传信息表达过程中，RNA 起着重要的作用。DNA 通过转录作用，将其所携带的遗传信息（基因）传递给 mRNA，在三种 RNA（mRNA、tRNA 和 rRNA）的共同作用下，完成蛋白质的合成。生物的遗传信息从 DNA 传递给 RNA 的过程称为转录。根据 mRNA 链上的遗传信息合成蛋白质的过程称为翻译。

1. 基因的转录——mRNA 的合成

基因转录是以 DNA 为模板合成与其碱基顺序互补的 RNA 的过程。

细胞生长周期的某个阶段，DNA 双螺旋解开其中一条链成为转录模板，在 RNA 聚合酶催化下，按碱基配对的原则合成一条互补的 RNA 链。mRNA 不能自我复制，即其本身不能作

为复制模板，因此在转录过程中即使出现某些差错，也不会遗传下去。mRNA 是 DNA 的转录本，携带有合成蛋白质的全部信息。蛋白质的生物合成实际上是以 mRNA 作为模板进行的。tRNA 和 rRNA 及其他 RNA 也是由 DNA 转录而来。

2. tRNA 和 rRNA 的功能

（1）tRNA 的功能　tRNA 的作用是将 mRNA 携带的遗传密码翻译成氨基酸信息，并将相应的氨基酸活化后，带到核糖体进行蛋白质合成。

（2）rRNA 的功能　rRNA 是含量最大的一种 RNA。核糖体是蛋白质生物合成的基地。rRNA 是构成核糖体的主要组成部分，能够催化肽键形成。

3. 核酸与蛋白质的生物合成关系

核酸与蛋白质生物合成关系可以用图 5-6 来说明。

图 5-6　核酸与蛋白质的生物合成关系

蛋白质的合成过程非常复杂，涉及的问题很多。下面就主要问题进行讨论。

（1）tRNA 对氨基酸的识别、结合和活化　tRNA 在氨基酰-tRNA 合成酶的帮助下，能够识别相应的氨基酸，并通过 tRNA 氨基酸臂的 3′-OH 与氨基酸的羧基形成活化酯——氨基酰-tRNA。每一种氨基酸至少有一种对应的氨基酰-tRNA 合成酶。氨基酰-tRNA 合成酶具有高度的专一性，只能识别一种相应的 tRNA。tRNA 分子能接受相应的氨基酸，决定于它特有的碱基顺序，而这种碱基顺序能够被氨基酰-tRNA 合成酶所识别。因此 tRNA 只能携带与其反密码子对应的氨基酸。

（2）氨基酰-tRNA 在 mRNA 模板指导下组装成蛋白质　氨基酰-tRNA 通过反密码臂上的三联体反密码子通过碱基配对识别 mRNA 上相应的密码子，并将所携带的氨基酸按 mRNA 遗传密码的顺序安置在特定的位置，最后在核糖体中合成肽链（图 5-7），从而将 DNA 的核苷酸序列信息转换为蛋白质的氨基酸序列信息。

4. RNA 功能的多样性

除了作为遗传信息表达的中间传递体这一核心功能外，体内有大量非编码 RNA（non-coding RNA，ncRNA），RNA 分子还参与各种各样的生物学过程。如：小分子

图 5-7　mRNA 的遗传信息被 tRNA 反密码子阅读和识别示意图

RNA 在 RNA 成熟加工中起作用，对基因表达起调控功能；细胞质中的小分子 RNA 帮助运输新合成的分泌蛋白；RNA 是有些病毒的遗传物质；RNA 具有催化功能，如核酶；RNA 还是 DNA 复制时的引物。

RNA 不仅是信息的携带者，还可以是功能的执行者。在生物进化过程中，最早出现的生物大分子可能是 RNA，而不是 DNA 和蛋白质，即在进化某个阶段有一个"RNA 世界"。因此研究 RNA 成为最活跃的研究领域，新的 RNA 功能被不断发现。

三、生物遗传变异的化学本质——DNA 结构变化

生物遗传变异是指在生物繁衍生息过程中，子代表现出与亲代不同的某些特征或性状。生物遗传变异是生物进化的基本机制。另一方面，遗传变异也是遗传性疾病以及某些病变，如癌症等产生的主要原因。

DNA 结构的改变将导致相应蛋白质一级结构（氨基酸顺序）的变化，从而引起生物特征或性状发生变异。所以，一切生物的变异和进化都是由于 DNA 结构的改变而引起蛋白质组成和性质变化的结果。

生物遗传变异的分子机制是 DNA 分子中为氨基酸编码的三联体密码子的改变。DNA 遗传密码的改变主要有如下几种类型：①碱基顺序颠倒，如 TA 被颠倒成 AT；②某个碱基被调换，如 GC 换成 GT；③少了或多了一对或几对碱基。例如：

5'-ATGGCTATGC-3'　变成　5'-ATGGTATGC-3'

3'-TACCGATACG-5'　变成　3'-TACCATACG-5'

上述 DNA 碱基顺序的改变是 DNA 在复制过程中出现错误产生的。由于 DNA 是具有复制功能的分子，一旦 DNA 碱基顺序出错，它就会通过复制机制遗传下去。

第五节　核酸的研究方法

一、核酸的制备

1. 核酸的分离纯化

（1）一般原则　细胞内 DNA、RNA 都以核蛋白（DNP/RNP）形式存在，核酸的纯化即是去除蛋白质、糖和脂质等杂质。在提取须防止核酸的降解和变性。通常使用核酸酶的抑制剂或去激活剂如 EDTA（乙二胺四乙酸）。

（2）DNA 的分离　利用 0.14 摩尔法，将细胞提取物用 0.14mol/L NaCl 溶液溶解，使 DNP 纤维沉淀，再用苯酚或氯仿抽提除去蛋白质，最后用乙醇沉淀 DNA。

（3）RNA 的分离　RNA 比 DNA 更不稳定，且 RNase 无处不在又很难抑制，RNA 的分离较为困难。提取 RNA 多采用酸性胍盐/苯酚/氯仿提取法，用酚溶液处理以去除蛋白质和核酸。

（4）核酸组分的分离　常用于核苷、核苷酸的分离方法有离子交换柱色谱、凝胶过滤、薄层色谱及高效液相色谱等。

2. 寡核苷酸的化学合成

寡核苷酸固相合成通常由 3'→5' 方向合成单链寡核苷酸。需要将待掺入的核苷酸的游离基团如 5'-OH 和碱基上的氨基保护起来，并活化 3'-OH。第一个核苷酸通过 3'-OH 结合在树脂上，其 5'-OH 与活化的核苷酸之间形成亚磷酸三酯中间物，被碘氧化成磷酸三酯中间物后再除去生长链上的 5'-OH 保护基团，因此增加了一个核苷酸单位。按照输入程序重复进行延伸反应，寡核苷酸合成后与固相树脂断开在洗脱纯化。可通过自动化的寡核苷酸合成仪固相合成，DNA 片段能到达上百个核苷酸且较便宜，RNA 片段的合成要困难一些，目前合成长片段 RNA 成本昂贵。

二、核酸的含量与纯度测定

核酸含量测定的方法有紫外吸收法、定磷法、定糖法、凝胶电泳法。紫外吸收法方便，样

品便于回收，是常用的方法，但灵敏度不高。凝胶电泳法配合分析扫描仪能够精确测出核酸含量。定糖法和定磷法则是用化学方法测定戊糖或磷酸，从而测定核酸的含量。

1. 紫外线吸收法——核酸和核苷酸测定的基本方法

通常利用测定 260nm 和 280nm 光吸收比值来确定核酸纯度。纯 DNA 的 A_{260}/A_{280} 为 1.8，纯 RNA 的 A_{260}/A_{280} 为 2.0。因此，在纯化 DNA 时，通常用 $A_{260}/A_{280}=1.8\sim2.0$ 作为纯度标准，若大于此值，表示有 RNA 污染；若小于此值，则有蛋白质或酚类等成分的污染。

做定量测定时，可用下式求出核苷酸百分含量：

$$核苷酸 = \frac{M_r \times A_{260}}{\varepsilon_{260} \times C} \times 100\% \tag{5-2}$$

式中，M_r 为核苷酸相对分子质量；ε_{260} 为在 260nm 的摩尔吸光系数；C 为样品质量浓度，做 mg/mL；A_{260} 为样品在 260nm 波长下的吸收值。

对于大分子核酸的测定，常用摩尔吸光系数法或摩尔磷原子吸光系数法。摩尔吸光系数 ε 是指一定质量浓度（mg/mL、μg/mL）的核酸溶液在 260nm 的吸收值，是非常有用的数据。如天然状态的 DNA 的比吸光系数为 0.020，是指浓度为 1μg/mL 的天然 DNA 水溶液在 260nm 的吸收值。也就是说当测得 A_{260} 为 1 时，就相当于样品中含 DNA 为 50μg/mL。RNA 的比吸光系数为 0.025。

摩尔磷原子吸光系数 $\varepsilon(P)$ 是指含磷为 1mol/L 浓度时的核酸水溶液在 260nm 处的吸收值。在 pH7.0 条件下，天然 DNA 的 $\varepsilon(P)$ 值为 6000～8000，RNA 为 7000～10000。当核酸变性或降解时，$\varepsilon(P)$ 值大大升高。因为大分子核酸的相对分子质量难以确定，所以用摩尔磷原子吸光系数法测定大分子核酸更为方便。

2. 定磷、定糖——测定核酸含量

(1) 定磷法　由于核酸含有磷酸基，且纯的核酸含磷元素的量为 9.5% 左右，故可通过测定磷的量来测定核酸含量。其原理是：先将核酸样品用强酸（如浓硫酸、过氯酸等）消化成无机磷酸；然后，磷酸与定磷试剂中的钼酸铵反应生成磷钼酸铵，它在还原剂作用下被还原成钼蓝复合物；最后在 650～660nm 下比色测定，得出总含磷量（核酸磷加上无机磷）再减去无机磷（即不经消化直接测定）的量即为核酸磷的真实含量。此值乘以系数 10.5（即 100/9.5）即为核酸含量。定磷法的适用范围为 10～100μg 核酸。

(2) 定糖法　核酸分子含有核糖或脱氧核糖，这两种糖具有特殊的呈色反应，据此可进行核酸的定量测定。

① RNA　在浓盐酸或浓硫酸作用下，RNA 受热发生降解，生成的核糖进而脱水转化成糠醛，糠醛与 3,5-二羟甲苯（苔黑酚或地衣酚）反应生成绿色物质，最后在 670～680nm 下比色测定。有关反应为：

② DNA　DNA 受热酸解放出脱氧核糖，后者在浓硫酸或冰醋酸存在下可与二苯胺反应生成蓝色物质，在 595～620nm 波长下进行比色测定。化学反应为：

③ 定糖法的测定范围　苔黑酚法为 20～250μgRNA，二苯胺法为 40～400μgDNA。在此范围内光吸收与核酸浓度成正比。

3. 凝胶电泳——DNA 纯度鉴定

核酸分子带负电，电泳时向正极运动。在核酸研究中用得较多的是琼脂糖凝胶电泳，它是目前分离纯化和鉴定核酸特别是 DNA 的标准方法。琼脂糖（agarose）凝胶电泳操作简单迅速，用低浓度的溴化乙锭（EB）染色，就可直接在紫外灯下观察、鉴定和分析 DNA，十分灵敏，还可根据荧光强度大体判断样品浓度（图 5-8）。可对相应区带切胶回收以制备 DNA。用于分析 RNA 时，必须加入蛋白质变性剂如甲醛，以失活核糖核酸酶。

图 5-8　琼脂糖凝胶电泳

在凝胶电泳中，DNA 相对分子质量的对数与它的泳动率成反比。相对分子质量越大，迁移率越慢。相对分子质量不同的 DNA 分子因此彼此分开。聚丙烯酰胺凝胶电泳（PAGE）分辨率更高，甚至能区分出一个碱基差异的 DNA 分子。电泳也能区分相对分子质量相同但构象不同的 DNA 分子，通常超螺旋分子迁移速率最快，线状分子次之，开环状分子最慢。因此，凝胶电泳法可鉴定 DNA 纯度。如果 DNA 样品不纯，或含有 RNA，或含有小相对分子质量DNA，则在电泳过程中可明显区别开来，呈现出非单一的谱带；如果 DNA 样品很纯，电泳后只呈现出一条区带。

三、核酸的分子杂交技术

分子杂交（hybridization）是基因工程和分子生物学的重要技术之一，能定性定量检测特异 DNA 和 RNA 序列，是鉴定阳性重组体、筛选基因、确定 DNA 的同源性、研究基因定位、组建 DNA 的物理图谱、研究 DNA 的间隔顺序、研究基因表达等的有效手段。

核酸分子杂交分为鉴别 DNA 和鉴定 RNA 的杂交，其原理是核酸的变性和复性的性质。在带有互补顺序的异源单链间的配对过程中，DNA 单链可重新形成双链，DNA 单链也可与互补的 RNA 成为杂交分子，RNA 单链间也能彼此杂交，即核酸杂交分子有 DNA-DNA 类、DNA-RNA 类、RNA-RNA 类。把已知序列的预先标记（如放射性同位素[32]P、荧光素、生物素或地高辛标记等）的核酸片段（称为探针，probe），用它来识别或"钓出"另一分子中与其同源的部分。

核酸分子杂交，主要采用印迹法（图 5-9）。1975 年，Southern 创立的 Southern 印迹法，是将琼脂糖凝胶上的 DNA 片段变性后按原有顺序转移到硝酸纤维膜上并固定起来，然后与[32]P 标记的 DNA 探针杂交，用放射自显影技术确定能与探针杂交的互补 DNA 条带。1977 年，Stark 利用同样的原理建立了测定 RNA 的分子杂交技术，即 Northern 印迹法。此法与 Southern 印迹法的主要区别是在变性剂条件下，以琼脂糖凝胶电泳分离 RNA。变性剂的作用是防止 RNA 分子二级结构发卡环的形成，保持其单链线型状态。电泳分离后，将凝胶上的 RNA 带转移到硝酸纤维薄膜上，用 RNA 作探针进行杂交。

图 5-9　印迹法

原位杂交（in situ hybridization）是不将核酸提取出来，而将标记的核酸探针直接与细胞或组织中的核酸进行杂交，能准确反映出核酸在细胞组织中的功能状态。

四、PCR 技术

PCR 是聚合酶链反应（polymerase chain reaction）的简称。它是一种体外快速扩增特定 DNA 的技术，1985 年由 Mullis 发明。其原理是应用与待扩增的目的 DNA 片段两侧互补的引物，在 DNA 聚合酶的作用下，引发目的 DNA 片段反复合成，从而使目的 DNA 片段拷贝迅速增加。PCR 的基本过程如图 5-10 所示。

待扩增目的 DNA 分子由 A 和 B 两条单链组成。首先合成出一对分别与 A、B 链 3′端互补的寡核苷酸（约 20 个核苷酸），即特异引物。然后将起始反应液中的模板 DNA（含有目的 DNA 片段）加热变性解链。在降低温度复性时，引物与 A、B 链两端的互补序列配对结合。最后，在 DNA 聚合酶的催化下，以 4 种脱氧核苷三磷酸（dNTP）为原料，分别以 A 和 B 单链为模板进行聚合反应（复制）。第一轮反应结束后，目的 DNA 分子数目增加了一倍。新合成的目的 DNA 通过加热解链后，又能作为下一轮反应的模板。如此反复进行"变性—退火—延伸"循环，目的 DNA 分子的数目可以呈 2 的指数增加。只需数小时（二三十个循环）DNA 片段就能扩增几百万倍。PCR 扩增片段的长度、位置完全由一对引物决定，因此能获得特异 DNA 片段。由于在 PCR 操作过程中，需要反复加热解链，一般的 DNA 聚合酶容易变性失活。从耐热菌中纯化得到一种特殊的 Taq DNA 聚合酶，可以在较高的温度下（70～75℃）进行催化聚合。这样就不需要在每次循环时加入新酶，而且可以获得质量更好的 DNA 片段，从而使 PCR 在技术上更成熟，应用更方便。

PCR 技术非常灵敏，在生命科学和临床医学中具有重要的应用价值。已广泛应用于分子生物学研究、遗传病的诊断、致癌基因的检测以及特定基因的筛选、法医鉴定等方面。

含目的DNA
片段的DNA分子

1. 加热解链

2. 降温复性

B链引物　　　　　　　　　A链引物

3. DNA聚合酶

第一次循环产物

重复1、2、3步

第二次循环产物

重复1、2、3步

第三次循环产物

经过25个循环后，目的DNA片段数目可达到10^6

图 5-10　PCR 的基本过程示意图

五、核酸碱基顺序的测定

核酸碱基顺序的测定，是从分子水平上揭示生物遗传信息的化学本质，研究核酸与蛋白质合成关系的基础。因此，分析核酸碱基顺序在核酸化学及分子生物学中占有重要地位。

1. DNA 碱基顺序测定方法

目前广泛采用的测序方法主要有两种：以化学裂解反应为基础的 Maxam-Gilbert 法（化学降解法）；以使用 DNA 聚合酶为基础的 Sanger 法（末端终止法）。这两种方法的设计思想都是通过测定 DNA 小片段（由化学试剂或酶催化产生）的长度来推测碱基顺序。两者的主要区别是获得 DNA 小片段的方法不同。

（1）Maxam-Gilbert 法（化学降解法）　这种方法的基本原理是应用一定化学试剂，选择性地切断某种特定核苷酸（A、G、C 或 T）所形成的磷酸二酯键，得到不同链长的 DNA 小片段，故又称为化学降解法。这种方法主要包括两个步骤：4 组不同的特异反应对碱基选择性水解；对水解产物 DNA 小片段进行电泳分析和碱基顺序的推测。

（2）Sanger 法（末端终止法）　$2',3'$-双脱氧核苷三磷酸（ddNTP）是 DNA 合成链延伸的抑制剂，能随机掺入合成中的 DNA 链使合成终止。Sanger 法的原理是以 DNA 的酶促合成为基础，以被测 DNA 单链为模板，以 $5'$ 端标记的短链为引物，通过特殊设计的"末端终止"技术合成出一系列相差一个核苷酸长度的互补链，然后利用凝胶电泳分离这些不同长度的

DNA 小片段，以此推测确定待测 DNA 链的碱基顺序（图 5-11）。

图 5-11　末端终止法测定 DNA 序列的原理

（3）DNA 自动测序法　DNA 自动测序法的设计原理是以 Sanger 法为基础，主要的改进是利用 PCR 技术合成 DNA 小片段，并以荧光标记物代替同位素标记。即以不同颜色的荧光分别代表 A、G、C 和 T 四种碱基，毛细管电泳结果经激光束激发后，其最大的发射波长被转换成四种碱基含义的电信号，再由仪器的检测系统识别和记录。

（4）DNA 的高通量测序　DNA 测序方法日趋成熟。高通量测序技术能一次并行对几十万到几百万条 DNA 分子进行序列测定。测序原理和技术不同等，大多是通过 DNA 合成的方法进行测序，主要有以下几种：大规模平行签名测序（massively parallel signature sequencing）、454 焦磷酸测序（454 pyrosequencing）、Illumina Solexa sequencing、ABI SOLiD sequencing、离子半导体测序（ion semiconductor sequencing）、单分子实时测序（single molecule real time DNA sequencing）、DNA 纳米球测序（DNA nanoball sequencing）等，有的业已以成熟的模式进行商业化运作。其特点是边合成边测序，一般读长较短。高通量测序技术是对传统测序技术革命性的改变，使得对基因组和转录组进行细致全貌的分析成为可能，又被称为深度测序技术。

2. RNA 碱基顺序测定方法

RNA 链碱基顺序的测定比较复杂。虽然已有多种方法可用以 RNA 的测序，但都不是很理想。近年来，在 DNA 测序法基础上发展的 RNA 测序法得到了广泛的应用。此法是应用逆转录法，以待测的 RNA 链为模板，在逆转录酶催化下，合成互补 DNA（一种与 RNA 互补的 DNA 分子，常用 cDNA 表示）。然后测定 DNA 的碱基顺序，间接得出 RNA 的碱基顺序。

第六节 核苷酸的应用与工业生产

一、核苷酸的应用

核苷酸是生物体内重要的化合物，除作为 DNA 和 RNA 的前体，还具有许多生理功能，在细胞结构、代谢、能量和调节方面起着重要作用。

1. 医药行业

工业生产的核苷酸主要用作药物或者医药中间体。

核酸类药物可分为两类。第一类为具有天然结构的核酸类物质，有助于改善机体的物质代谢和能量平衡，是天然的代谢调控剂。临床上用于放射病、急慢性肝炎、心血管等疾病。如 AMP、cAMP、CTP、CDP-胆碱、GMP、UTP、IMP、腺苷、肌苷等。AMP 具有显著的扩展血管和降压作用，适于肝病、静脉曲张性溃疡并发症等。

第二类为自然结构碱基、核苷、核苷酸结构的类似物或聚合物，是治疗病毒感染、肿瘤、艾滋病的重要手段，也是产生免疫抑制的临床药物。如 6-巯基嘌呤、6-巯基嘌呤核苷、5-氟尿嘧啶、阿糖胞苷、阿糖腺苷、环胞苷、5-氟环胞苷和无环鸟苷等。5-氟尿嘧啶为尿嘧啶抗代谢物，可抑制胸腺嘧啶脱氧核苷酸合成酶，影响 DNA 的生物合成，抑制肿瘤细胞的增殖，用于固型癌的治疗。这一类核酸类药物通常由核苷酸医药中间体衍生而来，AMP 即是医药工业上合成阿糖腺苷的重要原料。

5-氟尿嘧啶

2. 食品行业

5′-肌苷酸（次黄嘌呤核苷一磷酸，5′-IMP）、5′-鸟苷酸（5′-GMP）、5′-黄苷酸（5′-XMP）具有味道，可作为化学调味品。特别是呈味核苷酸二钠（5′-鸟苷酸二钠与 5′-肌苷酸二钠，I+G）与谷氨酸钠的协调作用产生强烈的香味，形成完美的鲜醇滋味，使味觉改善，俗称强力味精。在食品中添加呈味核苷酸还能消除异味，如应用于肉类罐头中，能抑制铁锈味和淀粉味。

核苷酸具有广泛而稳定的营养保健作用，可制作功能性食品和保健品。母乳含有较多核酸，普通奶粉大多不含核酸，婴儿饮用易出现过敏反应且抗感染力较弱。将核苷酸添加到以牛奶为基础的代乳品中，有利于婴儿生长发育。

3. 其他行业

在农业方面，用核苷酸对农作物进行浸种、拌种有明显的增产效果。核糖核酸及其降解物的衍生物具有抗菌作用，可用于防治植物病菌的生物农药。核苷酸也能促进畜禽水产的生长，可作为饲料添加剂。

核苷酸在化妆品行业的应用也很广泛，可添加于洗涤剂、乳化剂、化妆品中，具有防皱、生肌保湿和使皮肤柔软的效果。

二、核苷酸的工业生产

核苷酸在工业上主要由 RNA 酶解法、发酵法、合成法及菌体自溶法生产。

1. 酶解法

酵母 RNA 的含量高并易于提取，培养酵母菌体收率高，因此 RNA 通常由酵母制造，最常用的生产菌是 *Candida utilis*。

工业中 5′-IMP 和 5′-GMP 主要以酵母 RNA 为原料通过酶分解制造，由酵母 RNA 的生产、回收 RNA 的酶解和分解产物的分离纯化三个主要工艺构成（图 5-12）。

图 5-12　RNA 水解制取核苷酸

① 首先用选择性生成 5'-核苷酸的核酸酶水解 RNA 得到 5'-核苷酸混合物。

② 用离子交换树脂分离各种化合物。

③ 再用 5'-AMP 脱氨酶将 5'-AMP 转变为 5'-IMP。

酶解法既能得到核苷酸，又消除了废菌排放的污染，甚至可利用制糖厂的废糖蜜、造纸厂的亚硫酸纸浆废水为原料进行好氧培养，实现综合利用。生产过程中得到的其他核苷酸、核苷有的用作药物中间体。

2. 发酵法

5'-IMP 可通过发酵生产。5'-IMP 通常在细胞内较少积累，因此使用 *Corynebacterium ammoniagenes* 的变异株，解除反馈抑制，提高 5'-IMP 在细胞内浓度。细胞内积累的 5'-IMP 没有膜通过性，通常使其去磷酸化以肌苷形式分泌到细胞外得以在培养基中积累。然后再磷酸化获得最终产物 5'-IMP。核苷酸生物合成途径和调节机理的研究，极大地推动了发酵法生产核苷酸。

5'-GMP 的工业生产主要是从 *Bacillus subtilis* 的变异株发酵液中粗纯化鸟苷，再磷酸化生成 5'-GMP，并用离子交换树脂分离纯化。

习　　题

1. 判断对错，如果不对，请说明原因。

① 腺嘌呤和鸟嘌呤都含有嘧啶环，并都含有氨基。

② RNA 用碱水解可得到 2'-核苷酸，而 DNA 用碱水解却不能得到 2'-脱氧核苷酸。

③ 在碱基配对中，次黄嘌呤可以代替腺嘌呤，与胸腺嘧啶配对。

④ 真核细胞与原核细胞的 DNA 都与组蛋白结合成核蛋白。

⑤ tRNA 是胞浆 RNA 中相对分子质量最小的，但所含稀有组分却是最多的。

2. 比较 DNA、RNA 在化学组成、大分子结构和生物功能上的特点？

3. DNA 双螺旋结构基本要点是什么？DNA 双螺旋结构有何重要生物学意义？

4. 某 RNA 完全水解得到四种单核苷酸样品 500mg，用水定容至 50mL，吸取 0.1mL 稀释到 10mL，测 $A_{260}=1.29$。已知四种单核苷酸的平均相对分子质量为 340，摩尔吸光系数为 $6.65×10^3$，求该产品的纯度。

5. 有一假定的圆柱状的 B 型 DNA 分子，其相对分子质量为 $3×10^7$，试问此 DNA 分子含有多少圈螺旋？（一对脱氧核苷酸残基平均相对分子质量为 618）。

6. 有甲、乙、丙 3 种不同生物来源的 DNA 样品，它们的 T_m 值分别为 84℃、87℃ 和 89℃。它们的碱基组成各是多少？哪一种含 G-C 高，哪一种含 A-T 高？

第六章 酶 化 学

第一节 概 述

一、酶的概念

1. 酶的概念——酶是生物催化剂

构成生物机体的各种物质并不是孤立地、静止不动的状态，而是经历着复杂的变化。机体从外界环境摄取的营养物质经过分解、氧化，以提供构成机体本身结构组织的原料和能量。在体内的一些小分子物质转变成机体本身结构所需的大分子物质、生物体个体的生长发育和繁殖遗传、机体对食物的消化吸收和新陈代谢所产生废物的排出、生物机体对外界刺激的反应、机体的其他生理活动如运动以及由于内外因素对机体损伤的修复等过程，都需要经历许多化学变化来实现。体内进行的这一系列化学变化都由一类特殊的蛋白质所催化，这类蛋白质就是酶（enzyme）。

酶不仅是高效、高度专一的催化剂，而且更重要的还在于它是生物催化剂，其特征如下。

（1）所有酶均由生物体产生 几乎所有的生物都能合成酶，甚至病毒也能合成或含有某些酶。

（2）酶和生命活动密切相关

① 几乎所有生命活动或过程都有酶参加。酶在生物机体内大体担负四种类型的功能：

a. 执行具体的生理机制，如乙酰胆碱酯酶（acetylcholinesterase）和神经冲动传导有关；

b. 参与消除药物毒物转化等过程，如限制性内切核酸酶（restriction endonuclease）能特异性地水解外源 DNA，防止异种生物物质的侵入；

c. 协同激素等物质起信号转化、传递与放大作用，如细胞膜上的腺苷酸环化酶（adenylate cyclase）、蛋白激酶（protein kinase）等可将激素信号转化并放大，使代谢活性增强；

d. 催化代谢反应，在生物体内建立各种代谢途径，形成相应的代谢体系，其中最基本的是生命物质的合成系统和能量的转换生成系统。

酶和正常生命特征密切相关，如果代谢系统中某一环节上酶出现了异常，或者缺失，也会造成许多先天性遗传病。例如，苯丙酮尿症（phenylketonuria）就是由于苯丙氨酸羟化酶（phenylalanine hydroxylase）先天性缺失，使正常的苯丙氨酸代谢受阻，导致该氨基酸代谢中间物在血液中积累，从而使大脑的智力发育受到影响；同时由于酪氨酸生成被切断，因此皮肤中黑色素不能形成，伴随着出现"白化"病症。

② 酶的组成和分布是生物进化与组织功能分化的基础。由于生命物质的合成与能量转换是一切生物所必需的，因此不论动物、植物还是微生物都具有与此相关的酶系和辅酶。但是，不同生物又有各自特殊的代谢途径和代谢产物，它们还有各自相应的特征酶系、酶谱。即使是同类生物，酶的组成与分布也有明显的种属差异，例如精氨酸酶（arginase）只存在于排尿素动物的肝脏内，而排尿酸的动物则没有。另外，在同种生物各种组织中酶的分布也有所不同，例如，由于肝脏是氨基酸代谢与尿素形成的主要场所，因此精氨酸酶几乎全部集中在肝脏内。

在同一类组织中，由于功能需要与所处的环境不同，酶的含量也可能有显著差异，例如，与三羧酸循环、氧化磷酸化系统有关的酶系（见本书第九章）在心肌中的含量就比骨骼肌高得多，而与酵解有关的酶，如醛缩酶（aldolase）等则恰恰相反。

为适应特定功能的需要，酶在同一细胞内，甚至同一细胞器内，它的组成和分布也是不均一的，例如，线粒体的内膜上集中着呼吸链和氧化磷酸化有关酶系（见本书第八章），而且呼吸链组成在内膜上的分布也有一定的规律。

③ 在生物的长期进化过程中，为适应各种生理机能的需要，为适应外界条件的千变万化，还形成了从酶的合成到酶的结构和活性各种水平的调节机制。

2. 酶的化学本质——大多数酶都是蛋白质

从已纯化的酶，分析其化学组成及其理化性质的结果看来，酶都是蛋白质。因此，凡是蛋白质所共有的一些理化性质，酶都具备。大多数酶是蛋白质的观点，相关证据如下。

（1）酶的相对分子质量很大 据已测定的酶的相对分子质量看，属于典型的蛋白质的相对分子质量的数量级（表6-1），如胃蛋白酶（pepsin）的相对分子质量为36000，牛胰核糖核酸酶（pancreatic ribonuclease）为14000，脲酶（urease）为480000等。酶的水溶液具有亲水胶体的性质。酶不能透过半透膜，因而也可用透析方法纯化。

（2）酶由氨基酸组成 将酶制剂水解后可得到氨基酸。某些酶的氨基酸组成已确定，如核糖核酸酶由124个氨基酸组成，木瓜蛋白酶（papain）由212个氨基酸组成等。

（3）酶具两性性质 酶和蛋白质一样，也是两性电解质，在溶液中是带电的，即在一定pH下，它们的基团可发生解离。由于基团解离情况不同而带有不同电荷，因此每种酶有其等电点（表6-1）。

表 6-1 一些结晶酶的相对分子质量及等电点

酶	相对分子质量	等 电 点
核糖核酸酶（ribonuclease）	14000	7.8
胰蛋白酶（trypsin）	23000	7.0～8.0
碳酸酐酶（carbonic anhydrase）	30000	5.3
胃蛋白酶（pepsin）	36000	1.5
过氧化物酶（peroxidase）	40000	7.2
α-淀粉酶（α-amylase）	45000	5.2～5.6
脱氧核糖核酸酶（deoxyribonuclease）	60000	4.7～5.0
β-淀粉酶（β-amylase）	152000	4.7
过氧化氢酶（catalase）	248000	5.7
木瓜蛋白酶（papain）	420000	9.0
脲酶（urease）	480000	6.8
磷酸化酶 a（phosphorylase a）	495000	6.8
L-谷氨酸脱氢酶（glutamate dehydrogenase）	1000000	4.0

（4）酶的变性失活与水解 一切可以使蛋白质变性失活的因素同样可以使酶变性失活。如酶受热不稳定，易失去活性，一般蛋白质变性的温度往往也就是酶开始失活的温度；一些使蛋白质变性的试剂如三氯醋酸等，也是酶变性的沉淀剂。

所以在提取和分离酶时，可采用防止蛋白质变性的一些措施来防止酶失去活性。

二、酶的催化特性

酶作为一种特殊催化剂，在催化化学反应时也具有一般催化剂的特征。例如，在反应的前后，酶本身并没有量的改变，它只能加速一个化学反应的速率，而不能改变反应的平衡点。但是，酶作为一种生物催化剂，它又与一般催化剂不同，对化学反应的催化作用更有显著的特点。酶和生命活动的密切关系是因为酶具有特殊的催化特性。

1. 高效率——酶具有很高的催化能力

酶的催化效率比一般化学催化剂高 $10^6 \sim 10^{13}$ 倍。如在 0℃ 时，1mol 亚铁离子（Fe^{2+}）每秒只能催化分解 10^{-5} mol H_2O_2；而在同样情况下，1mol 过氧化氢酶能催化分解 10^5 mol H_2O_2，两者相比，酶的催化能力比 Fe^{2+} 高 10^{10} 倍。又如存在于血液中催化 $H_2CO_3 \longrightarrow CO_2 + H_2O$ 的碳酸酐酶，1min 内每分子的碳酸酐酶可使 96000 万个 H_2CO_3 分子分解，因此能维持血液中正常酸碱度和及时完成排 CO_2 的任务。由此可见，酶的效率是很高的，在生物细胞内，虽然各种酶的含量很低，但却可催化大量的作用物发生反应。

2. 专一性——酶对底物具有选择性

一种酶只能作用于一类或一种物质的性质称为酶作用的专一性或特异性（specificity）。通常把被酶作用的物质（反应物）称为该酶的底物（substrate）。所以也可说酶的专一性是指一种酶仅作用于一个或一类底物。一般无机催化剂对其作用物没有严格的选择性，如 HCl 可催化糖、脂肪、蛋白质等多种物质水解，而蔗糖酶（sucrase）只能催化蔗糖水解，蛋白酶（proteinase）催化蛋白质水解，它们对其他物质则不具有催化作用。酶作用的专一性是酶和一般催化剂的最主要的区别，具有很重要的生物学意义。

酶对底物的专一性可分为几种不同的类别。

（1）绝对专一性　这类酶仅催化一种底物反应，称为绝对专一性，如脲酶唯一的底物为尿素。

（2）相对专一性　这类酶对底物专一性程度较低，能作用于和底物结构类似的一系列化合物，如核酸酶。

① 键专一性　仅要求底物中有一定的化学键，如酯酶（esterase）只作用于酯键，对酯键旁的两个基团不作要求，能催化简单酯类、甘油酯类、一元醇酯、乙酰胆碱等。

② 族专一性（基团专一性）　除要求底物中的某一化学键外，还要求该化学键旁具有一定基团。如麦芽糖酶（maltase）作用于糖基为葡萄糖基的 α-糖苷键，对配基并无要求，如水解麦芽糖。

（3）立体异构专一性　这类酶能识别底物的空间结构，只能作用于底物立体异构体中的一种。甚至能区分对称分子中的两个等同的基团。如从有机化学观点来看，甘油分子中的两个伯醇基是等同的；但甘油激酶仅催化 C1 位磷酸化生成甘油-1-磷酸，而不生成甘油-3-磷酸，说明这两个伯醇基是不等同的。

① 光学专一性　这类酶只作用于底物的两种旋光异构体中的一种。如 D-乳酸脱氢酶（D-lactate dehydrogenase）只催化 D-乳酸脱氢反应，而不能作用于 L-乳酸。

② 几何专一性　这类酶只作用于底物的顺式或反式异构体中的一种。如延胡索酸酶（fumarase）只催化反丁烯二酸水化生成苹果酸，而不催化顺丁烯二酸反应。

3. 活性可调节

酶的活性受多种机理的调节控制，如异亮氨酸能反馈抑制苏氨酸生物合成异亮氨酸的关键酶苏氨酸脱氨酶，限制异亮氨酸的生成；当异亮氨酸浓度下降时，反馈抑制解除，又能重新合成异亮氨酸。

另外酶的浓度也受到基因表达调控，如乳糖能诱导大肠杆菌（*Escherichia coli*）通过乳糖操纵子合成 β-半乳糖苷酶，酶浓度提高，从而分解乳糖；当乳糖被全部降解后，阻遏物再次关闭乳糖操纵子，β-半乳糖苷酶不再合成。

酶活性受到调节和控制，保证了生物体代谢活动的协调性与有序性，保证了生命活动的正常进行。

4. 酶催化反应条件温和

酶是蛋白质，其催化作用在接近生物体温的温度和接近中性的环境下进行。而一般无机催化剂所需的高温高压、强酸强碱条件反而导致酶失活。

三、酶的组成及分类

1. 酶的组成——根据组成分为单纯酶和结合酶

酶和其他蛋白质一样，根据其组成成分可分为简单蛋白质和结合蛋白质两类。

有些酶的活性仅仅决定于它的蛋白质结构，如水解酶类（淀粉酶、蛋白酶、脂肪酶、纤维素酶、脲酶等），这些酶仅由蛋白质构成，故称为单纯酶（simple enzyme）；另一些酶，其结构中除含有蛋白质外，还含有非蛋白质部分，如大多数氧化还原酶类，这一些酶由结合蛋白质构成，因而称为结合酶（conjugated enzyme）。在结合酶中，蛋白质部分称为酶蛋白或脱辅基酶蛋白（apoenzyme），非蛋白部分统称为辅因子（cofactor）。酶蛋白与辅因子结合成的完整分子称为全酶（holoenzyme），即全酶 ＝ 酶蛋白 ＋ 辅因子（辅酶或辅基）。只有全酶才有催化活性，将酶蛋白和辅因子分开后均无催化作用。

酶的辅因子又可分成辅酶（coenzyme）和辅基（prosthetic group）两类。这两者的含义，现在一般是按其与酶蛋白结合的牢固程度来区分的。与酶蛋白结合比较疏松（一般为非共价结合），并可用透析方法除去的称为辅酶（简写为 Co）；与酶蛋白结合牢固（有共价键结合，也有非共价键结合），不能用透析方法除去的称为辅基。这种根据结合的松紧程度来区别辅酶和辅基的方法并不是很严格的，因此习惯上都统称为辅酶。近年来的研究表明辅酶和辅基参与酶促反应时所需要的条件是不相同的。

酶的种类很多，但辅因子的种类却不多。一些酶的辅因子见表 6-2。辅酶及辅基从其化学本质来看可分为两类：一类为无机金属元素，如铜、锌、镁、锰、铁等；另一类为小分子有机物，如维生素、铁卟啉等。维生素（见本书第七章）是一类在机体中含量很少，但具有重要生理功能的物质。多数维生素及其衍生物在活细胞中主要是构成许多酶的辅因子。通常一种酶蛋白只能与一种特定的辅因子结合，成为一种有特异性的酶，如谷氨酸脱氢酶其辅因子为辅酶Ⅰ，与辅酶Ⅱ结合则无活性；但同一种辅因子却常能与多种不同的酶蛋白结合，构成多种特异性能很强的全酶。所以酶蛋白决定着酶作用的专一性；而辅酶或辅基在酶促反应中常参与化学反应，主要起着传递氢、传递电子、传递原子或化学基团，以及某些金属元素起着"搭桥"等作用，它们决定着酶促的性质和反应类型。

表 6-2 一些酶的辅因子

类　别	酶	辅　因　子	辅因子的作用
含金属离子的辅基	酪氨酸酶、细胞色素氧化酶、漆酶、抗坏血酸氧化酶	Cu^+ 或 Cu^{2+}	连接作用或传递电子
	碳酸酐酶、羧肽酶、醇脱氢酶	Zn^{2+}	连接作用
	精氨酸酶、磷酸转移酶、肽酶	Mn^{2+}	连接作用
	磷酸水解酶、磷酸激酶	Mg^{2+}	
含铁卟啉的辅基	过氧化物酶、过氧化氢酶、细胞色素、细胞色素氧化酶	铁卟啉	传递电子
含维生素的辅酶	多种脱氢酶	NAD 或 NADP	传递氢
	各种黄酶	FMN 或 FAD	传递氢
	转氨酶、氨基酸脱羧酶	磷酸吡哆醛	转移氨基、脱羧
	α-酮酸脱羧酶	焦磷酸硫胺素	催化脱羧基反应
	乙酰化酶等	辅酶 A	转移酰基
	α-酮酸脱氢酶系	二硫辛酸	氧化脱羧
	羧化酶	生物素	传递 CO_2

类　别	酶	辅　因　子	辅因子的作用
其他	磷酸基转移酶	ATP	转移磷酸基
	磷酸葡萄糖变位酶	1,6-二磷酸葡萄糖	转移磷酸基
	UDP 葡萄糖异构酶	二磷酸尿苷葡萄糖	异构化作用

根据酶蛋白分子的特点和分子大小又把酶分成三类：①单体酶（monomeric enzymes），仅由一条肽链构成；②寡聚酶（oligomeric enzymes），由多个亚基构成，亚基可以是相同的，也可以是不同的，许多寡聚酶都是调节酶，在代谢调控中起重要作用；③多酶体系（multienzyme system），代谢途径中相关的几种酶按照一定方式非共价地彼此嵌合而成。所有反应依次连接有利于反应的连续进行。如丙酮酸脱氢酶复合体由 3 种酶的 60 个亚基以及 6 种辅因子组成，催化丙酮酸氧化脱羧。

2. 酶的命名

酶的命名有两种方法，一种为习惯命名法，另一种为系统命名法。按前一种方法命名的习惯名称要求简短，使用方便。习惯命名有的根据酶的来源，有的按照酶所催化反应的性质，有的将二者结合起来给一个名称。这种命名方法的缺点是不够系统、不够准确，难免有时会出现一酶数名或一名数酶的混乱情况。为此，1961 年，国际酶学委员会（Enzyme Commission，EC）提出了系统命名法。按此法规定的系统名称包括两部分：底物名称和反应类型。如果反应中有多个底物，则每个底物均需写出（水解反应中的"水"可以省去），底物名称间用"："隔开。如果底物有构型，亦需表明。例如，习惯命名谷丙转氨酶（glutamate pyruvate transaminase）的系统名称为 L-丙氨酸：α-酮戊二酸氨基移换酶（L-alanine：α-ketoglutarate aminotransferase）。

3. 酶的分类——酶按其催化反应分类

国际通用的系统分类法是国际生物化学与分子生物学联合会（IUBMB）以酶所催化的反应类型为基础，将酶共分六大类：氧化还原酶类、转移酶类、水解酶类、裂合酶类、异构酶类、合成酶类。每一大类又可进一步细分。

（1）氧化还原酶　催化氧化还原反应，往往冠以脱氢酶、氧化酶、还原酶等名称。这类酶与细胞内能量代谢紧密相关。

$$A\text{-}2H + B \Longrightarrow A + B\text{-}2H$$

（2）转移酶　催化基团转移反应，大多数需要辅酶参与，并且底物与酶或辅酶会在一些部位形成共价键。这类酶包括激酶（它们参与 ATP 磷酸基团的转移）、转氨酶等。

$$A\text{-}X + B \Longrightarrow A + B\text{-}X$$

（3）水解酶　催化加水分解的反应。

$$A\text{-}B + H_2O \longrightarrow A\text{-}H + B\text{-}OH$$

（4）裂合酶　催化从底物上移去基团形成双键。它们催化的反应往往可逆，在底物双键上引入新的基团，此时也称为合酶。

$$A\text{-}B \Longrightarrow A + B$$

（5）异构酶　催化各种同分异构体的相互变换。

（6）合成酶　催化两个底物分子反应生成一个分子，大多数需要提供能量才能进行，如ATP 参与反应。

$$A + B + ATP \longrightarrow A\text{-}B + ADP + Pi$$

4. 酶的系统编号

根据以上分类标准，每种酶给予一个编号，酶与编号一一对应，称为酶标数（EC）。每大类酶使用四个分类数字和一个系统名称，编号之前冠以 EC。例如在糖代谢途径中有下列反应：

$$ATP + D\text{-葡萄糖} \longrightarrow ADP + D\text{-葡萄糖 -6- 磷酸}$$

催化这个反应的酶的国际系统名称是 ATP：D-葡萄糖磷酸转移酶。酶的名称表示它催化磷酸基从 ATP 转移到葡萄糖的反应，这个酶属于第二大类，它的分类数字是 2.7.1.1，第一个数字"2"表示大类（转移酶），第二个数字"7"表示亚类（磷酸转移酶），第三个数字"1"表示亚亚类（磷酸转移酶以羟基为受体），第四个数字"1"表示该酶在亚亚类中的流水编号。由于酶的系统名称往往太长，一般使用习惯名称。上述酶的名称是己糖激酶（hexokinase）。

催化水解作用的酶在名称上不标明反应类型，如水解蛋白质的酶叫蛋白酶（proteinase）、水解淀粉的酶叫淀粉酶（amylase），有时在酶的名称前面加上来源，如胃蛋白酶（pepsin）、胰淀粉酶（amylopsin）等以区别同一类酶。

第二节 酶的结构与功能的关系

酶分子本质是蛋白质，但蛋白质分子不都具有催化功能。一个蛋白质分子的表面具有能可逆地结合小的溶质分子或离子的区域，借用有机金属化学的概念，这些溶质分子被称为配体（ligand），包括酶的底物、辅酶或辅基，以及各种调节因子等，都可以成为配体，所以每一个酶蛋白通常有一个或多个配体结合部位，这是酶分子本身的结构决定的。

一、酶的一级结构与催化功能的关系

1. 必需基团——酶分子中只有少数几个氨基酸侧链基团与活性直接相关

酶分子中有各种功能基团，如 —NH$_2$、—COOH、—SH、—OH 等，但并不是酶分子中所有的这些基团都与酶活性直接相关，而只是酶蛋白一定部位的若干功能基团才与催化作用有关。这种关系到酶催化作用的化学基团称为酶的必需基团（essential group）。常见的有组氨酸的咪唑基、丝氨酸的羟基、半胱氨酸的巯基、谷氨酸的 γ-羧基等。

必需基团可分为两类：能与底物结合的必需基团称为结合基团（binding group）；能促进底物发生化学变化的必需基团称为催化基团（catalytic group）。有的必需基团兼有结合基团与催化基团的功能。还有一些必需基团起间接作用，对结合基团和催化基团有促进作用或稳定酶活性中心的构象。

2. 酶原激活——切去部分片段是酶原激活的共性

有的酶，当其肽链在细胞内合成之后，即可自发盘曲折叠成一定的三维结构，一旦形成了一定的构象，酶就立即表现出全部酶活性，例如溶菌酶（lysozyme）。然而有些酶（大多为水解酶）在生物体内首先合成出来的只是它的无活性的前体，即酶原（zymogen）。酶原在一定的条件下才能转化成有活性的酶，这一转化过程称为酶原激活（zymogen activation）。常见的几种酶原激活情况见表 6-3。

表 6-3 酶原的激活

激 活 作 用	激 活 剂
胃蛋白酶原——→胃蛋白酶＋42 肽 （相对分子质量 42500）　（34500）　（8000）	H$^+$、胃蛋白酶
胰蛋白酶原——→胰蛋白酶＋六肽 （24000）　（23800）	肠激酶、胰蛋白酶
胰凝乳蛋白酶原——→α-胰凝乳蛋白酶＋2 个二肽 （22000）　（约 22000）	胰蛋白酶、胰凝乳蛋白酶

续表

激 活 作 用	激 活 剂
羧肽酶原 A ──→ 羧肽酶 A＋几个碎片 　　（96000）　　　（34000）	胰蛋白酶
凝血酶原──→凝血酶＋多肽	凝血酶原激活剂、K⁺
弹性蛋白酶原──→弹性蛋白酶＋几个碎片	胰蛋白酶

　　酶原的激活过程是通过去掉分子中的部分肽段，引起酶分子空间结构的变化，从而形成或暴露出活性中心，转变成为具活性的酶。不同的酶原在激活过程中去掉的肽段数目及大小不同（表 6-3）。使酶原激活的物质称为激活剂（activator）。虽然不同酶原的激活剂不完全相同，但有的激活剂可激活多种酶原，例如胰蛋白酶可以激活动物消化系统的多种酶原。

　　3. 共价修饰——改变一定基团可使酶活性改变

　　应用一些化学试剂可与某些氨基酸侧链基团发生结合、氧化或还原等反应，生成共价修饰物，使酶分子的一些基团发生结构和性质的变化。常用于修饰氨基的修饰剂有顺丁烯二酸酐、乙酸酐、二硝基氟苯等；用于修饰组氨酸咪唑基的有溴丙酮、二乙基焦磷酸盐以及光氧化；修饰精氨酸的胍基常用丙二醛、2,3-丁二酮或环己二酮；修饰半胱氨酸巯基用碘乙酸、对氯汞苯甲酸、磷碘苯甲酸等；修饰丝氨酸羟基常用二异丙基氟磷酸。

　　在细胞内有一些酶存在天然的共价修饰，从而实现酶的活性态与非活性态的相互转变。这种酶大多与代谢速率的调节有关（见本书第十三章），称为调节酶（regulatory enzyme）。细胞内酶的共价修饰包括磷酸化与去磷酸化、乙酰化与去乙酰化、甲基化与去甲基化等。不同的调节酶其修饰情况不一样，有的酶接上一个基团后有活性，去掉这个基团后失去活性；另外的酶则刚好相反。

　　酶的一级结构是酶的基本化学结构，是催化功能的基础。一级结构的改变使酶的催化功能发生相应的改变。肽键是酶蛋白的主键，不同的酶蛋白，不同氨基酸数目，催化功能就不同。例如核糖核酸酶在其 C 末端用羧肽酶（carboxypeptidase）去掉 3 个氨基酸时，对酶的活性几乎没有影响，但用胃蛋白酶去掉 C 末端的 4 个氨基酸时，则酶活性全部丧失。

　　许多酶都存在着二硫键（—S—S—），一般二硫键的断裂将使酶变性而丧失其催化功能。但是某些情况下，二硫键断开，而酶的空间构象不受破坏时，酶的活性并不完全丧失，如果使二硫键复原，酶又重新恢复其原有的生物活性。

　　二、酶的活性与其高级结构的关系

　　1. 活性中心——酶分子中只有很小的结构区域与活性直接相关

　　酶的活性不仅决定于一级结构，而且与其高级结构紧密相关。就某种程度而言，在酶活性的表现上，高级结构甚至比一级结构更为重要，因为只有高级结构才能形成活性中心。通常把酶分子上必需基团比较集中并构成一定空间构象、与酶的活性直接相关的结构区域称为酶的活性中心（active center）或称活性部位（active site）。

　　活性中心是直接将底物转化为产物的部位，它通常包括两个部分：与底物结合的部分称为结合中心（binding center）；促进底物发生化学变化的部分称为催化中心（catalytic center）。前者决定酶的专一性，后者决定酶所催化反应的性质；有些酶的结合中心和催化中心是同一部位（图 6-1）。

活性中心以外的必需基团

底物

催化基团

结合基团

活性中心

图 6-1　酶的活性中心

不同的酶构成活性中心的基团和构象均不同，对不需要辅酶的酶（单纯酶）来说，活性中心就是酶分子在三维结构中比较靠近的少数几个氨基酸残基或是这些残基上的某些基团，它们在一级结构上可能相距甚远，甚至位于不同肽链，通过肽链的折叠盘绕而在空间构象上相互靠近；对需要辅酶的酶（结合酶）来说，活性中心主要就是辅酶分子或辅酶分子上的某一部分结构，以及与辅酶分子在结构上紧密偶联的蛋白质的结构区域。活性中心的构象具有柔性和可塑性，酶活性的调节与之相关。

酶分子的活性中心一般只有一个，有的有数个，在酶分子的总体中只占相当小的部分。催化中心常常只有一个，包括 2～3 个氨基酸残基，主要为组氨酸、丝氨酸、天冬氨酸、赖氨酸等。结合中心则随酶而异，有的仅一个，有的有数个。每个结合中心的氨基酸数目也很不一致。在同一种酶中，其活性中心的氨基酸顺序具有保守性。

2. 牛胰核糖核酸酶折合实验——二、三级结构与酶活性的关系

酶的二级、三级结构是所有酶都必须具备的空间结构，是维持酶的活性部位所必须的构象。当酶蛋白的二级和三级结构彻底改变后，酶的空间结构遭受破坏从而使其丧失催化功能，这是以蛋白质变性理论为依据的。另一方面，有时使酶的二级和三级结构发生改变，能使酶形成正确的催化部位从而发挥其催化功能。由于底物的诱导而引起酶蛋白空间结构发生某些精细的改变，与适应的底物相互作用，从而形成正确的催化部位，使酶发挥其催化功能，这就是诱导契合学说（见本章第三节）的基础。

牛胰核糖核酸酶（RNase A）的活性中心主要由第 12 位和第 119 位两个组氨酸残基构成，这两个残基在一级结构上相隔 107 个氨基酸残基，但是它们在高级结构中相距得很近，两个咪唑基之间约 0.5nm，这两个氨基酸（还有 41 位的赖氨酸）就构成了酶的活性中心。用枯草杆菌蛋白酶（subtilisin）水解 RNase A 分子中的 Ala^{20}-Ser^{21} 间的肽键，其产物仍具有活性，称为 RNase S。产物中含有两个片段：一个小片段，含有 20 个氨基酸残基（1～20），称为 S 肽；一个大片段，含有 104 个氨基酸残基（21～124），称为 S 蛋白。S 肽含有 His^{12}，S 蛋白含有 His^{119}。S 肽与 S 蛋白单独存在时，均无活性，但若将二者按 1:1 的比例混合，则恢复酶活性，但此时第 20 与 21 之间的肽键并未恢复。这是因为 S 肽通过氢键及疏水作用与 S 蛋白结合，使 His^{12} 和 His^{119} 在空间位置上互相靠近而重新形成了活性中心（图 6-2）。可见，只要酶分子保持一定的空间构象，使活性中心必需基团的相对位置保持恒定，一级结构中个别肽键的断裂，乃至某些区域的小片段（如 RNase 中的第 15～20 氨基酸）的去除，并不影响酶的活性。

图 6-2 牛胰核糖核酸酶分子的切断与重组

3. 聚合与解聚——四级结构与酶活性的关系

具有四级结构的酶，按其功能分为两类：一类与催化作用有关，另一类与代谢调节关系密切。

只与催化作用有关的具有四级结构的酶，由几个相同或不同的亚基组成，每个亚基都有一个活性中心。四级结构完整时，酶的催化功能才会充分发挥出来；当四级结构被破坏时，若采用适当的方法分离，亚基仍保留着各自的催化功能。例如，天冬氨酸转氨甲酰酶（aspartate transcarbamylase）的亚基是具有催化功能的，当用温和的琥珀酸使四级结构解体时，分离的亚基仍各自保持催化功能；当用强烈的条件如酸、碱、表面活性剂等破坏其四级结构时，得到的亚基就没有催化活性。

在一些调节酶中，其分子结构常常是寡聚蛋白，酶的活性通过亚基的聚合与解聚来调节。有的酶呈聚合态时是有活性的，解聚成亚基后为非活性态，如乙酰 CoA 羧化酶（acetyl-CoA carboxylase）为聚合态时是具活性的；相反，有的酶呈解聚态时为活性态，聚合体则是无活性态，如 cAMP 依赖性蛋白激酶（常称蛋白激酶 A，PKA）。PKA 为含有两个催化亚基、两个调节亚基的四聚体，当聚合在一起时是无活性的，当有 cAMP 存在时，cAMP 与调节亚基结合，使得两类亚基解聚，游离出催化亚基，解除了调节亚基对催化亚基的抑制作用，则成为活性态。

4. 同工酶——高级结构与酶活性关系的典型

（1）同工酶的概念　同工酶（isozyme）是指能催化相同的化学反应，但其酶蛋白本身的分子结构组成不同的一组酶。生物体的不同器官、不同细胞，或同一细胞的不同部分，以及在生物生长发育的不同时期和不同条件下，都有不同的同工酶分布。1959 年 Market 发现乳酸脱氢酶（lactate dehydrogenase，LDH）同工酶以来，迄今已发现的同工酶有许多种。由于蛋白质分离技术的发展，特别是利用凝胶电泳能使许多同工酶从细胞提取物中分离出来。现在已知许多酶都存在着多种分子形式，同工酶是广泛存在的一种分子形式。

同工酶是由不同基因或等位基因编码的多肽链，或由同一基因生成的不同 mRNA 产生的多肽组成的蛋白质。同工酶都是由两个或两个以上的肽链聚合而成，它们的生理性质、理化特性及免疫性能，如血清学性质、K_m 值及电泳行为等都是不同的。

（2）同工酶的结构与功能　同工酶的结构主要表现在非活性中心部分不同，或所含亚基组合情况不同。对整个酶分子而言，各同工酶与酶活性有关的部分结构相同。同工酶的存在并不表示酶分子的结构与功能无关，或结构与功能的不统一，而只是表示同一种组织或同一细胞所含的同一种酶可在结构上显示出器官特异性或细胞部位特异性。

从电泳图谱分析，LDH 有 5 种同工酶（图 6-3）。

图 6-3　乳酸脱氢酶同工酶电泳图谱

LDH₁全由 α 亚基构成，主要分布于心肌中；LDH₅全由 β 亚基构成，主要分布于骨骼肌中。因而也将 α 亚基称为心肌型（H 型），β 亚基称为骨骼肌型（M 型）。从阳极到阴极的 5 个带依次称为 LDH₁、LDH₂、LDH₃、LDH₄、LDH₅。LDH 同工酶各成分在不同组织的分布不相同，反映组织器官特异性。LDH 为一四聚体蛋白，含有 α 和 β 两种亚基，每个亚基相对分子质量约 35000，整个酶的相对分子质量为 140000。LDH 五种同工酶的亚基组成不同：

$$
\begin{array}{llll}
\alpha & \alpha & \alpha & \alpha(\alpha_4) \qquad\qquad LDH_1 \\
\alpha & \alpha & \alpha & \beta(\alpha_3\beta) \qquad\quad LDH_2 \\
\alpha & \alpha & \beta & \beta(\alpha_2\beta_2) \qquad\; LDH_3 \\
\alpha & \beta & \beta & \beta(\alpha\beta_3) \qquad\quad LDH_4 \\
\beta & \beta & \beta & \beta(\beta_4) \qquad\qquad LDH_5
\end{array}
$$

LDH 是一种参与糖酵解（糖的无氧分解代谢，见本书第九章）的酶，它既可以催化丙酮酸还原成乳酸，也可以催化乳酸脱氢氧化为丙酮酸，这种功能上的差异与不同组织的 LDH 同工酶不同有关。一般在厌氧环境的器官，如骨骼肌中 LDH_5 含量高，在这些环境中主要反应是催化丙酮酸还原为乳酸；在有氧环境的器官，如心脏、脑及肾脏中 LDH_1 含量高，在这些环境中因为氧气供应充足，该酶可催化乳酸氧化为丙酮酸，从而使丙酮酸进一步氧化（有氧代谢），为机体提供能量。由此可见，不同的同工酶在功能上也是有差别的。LDH_1 和 LDH_5 的功能差异如下：

骨骼肌(无氧代谢)：葡萄糖 $\longrightarrow$ 丙酮酸 $\xrightarrow[\text{(M型)}]{LDH_5}$ 乳酸

(血液)

心肌(有氧代谢)：CO_2+H_2O $\longleftarrow$ 丙酮酸 $\xleftarrow[\text{(H型)}]{LDH_1}$ 乳酸

（3）研究同工酶的意义　对同工酶的研究具有重要的理论意义及实践意义。如前所述，同工酶具有组织器官特异性和细胞部位特异性，这在体内的调节上具有重要的意义；另外，由于同工酶在胚胎发育、细胞分化及生长发育的不同阶段，各同工酶的相对比例会发生改变，因而同工酶的研究为细胞分化、发育、遗传等方面的研究提供了分子基础。

同工酶的研究已应用于生产及医疗实践中。同工酶是分子水平的指标，可作为遗传标志，同工酶分析法在农业上已开始用于优势杂交组合的预测，例如番茄优势分配杂交组合种子与弱优势杂交组合种子中的酯酶同工酶（esterase isozyme）是有差异的，从这种差异可以帮助判断杂种优势。同工酶相对含量的改变能敏感地反映脏器的功能状况，在临床上可用同工酶作某些病变的诊断指标，例如冠心病及冠状动脉血栓引起的心肌受损患者血清中 LDH_1 及 LDH_2 含量增高，而骨骼肌损伤、急性肝炎及肝癌患者 LDH_5 增高。因此，可以通过测定血清中某些酶的同工酶为某些疾病的诊断提供证据。

第三节　酶催化反应的机制

一、酶促反应的本质

1. 酶是催化剂——只影响反应速率，而不改变反应平衡点

酶是生物催化剂，它对化学反应的作用，也遵从一般催化剂的规律：

① 能加速化学反应速率，反应前后它的质和量都无改变，只需微量即可促进大量反应物的化学变化；

② 只能加速在热力学上有可能进行的化学反应，而不可能触发热力学上不可能进行的化学反应；

③ 只能缩短化学反应达到平衡所需要的时间，而不能改变化学反应的平衡点；

④ 催化可逆反应的酶对可逆反应的正反应和逆反应都有催化作用。

2. 加速反应的本质——降低活化能

分子进行反应所必须取得的最低限度的能量称为活化能。在一个化学反应体系中，活化分子越多，反应就越快，因此，设法增加活化分子数，就能提高反应速率。要使活化分子增多，有两种可能的途径：一种是加热或光照射，使一部分分子获得能量而活化，直接增加活化分子

的数目，以加速化学反应的进行；另一种是降低活化能的高度（即能阈，energy barrier），间接增加活化分子的数目。催化剂的作用就是能够降低活化能（activity energy）。活化能愈低，反应物分子的活化愈容易，反应也就愈容易进行（图6-4）。

　　酶催化作用的实质就在于它能降低化学反应的活化能，使反应在较低能量水平上进行，从而使化学反应加速。如在没有催化剂时，蔗糖水解所需活化能为1340kJ/mol，H$^+$为催化剂使活化能降低至105kJ/mol，而用蔗糖酶催化时活化能只需要40kJ/mol。

图 6-4　酶催化与无酶催化反应的自由能变化

　　3. 中间产物学说——酶的工作方式

　　酶之所以能降低活化能，加速化学反应，可用目前公认的中间产物学说（intermediate theory）理论来解释。这个理论认为，在酶促反应中，底物先与酶结合成不稳定的过渡态中间物，然后再分解释放出酶与产物。可用下式表示：

$$S + E \rightleftharpoons SE \longrightarrow E + P$$

　　这里 S 代表底物（substrate），E 代表酶（enzyme），ES 为中间物，P 为反应的产物（product）。

　　底物具有一定的活化能，当底物和酶结合成过渡态的中间物时，要释放一部分结合能，这部分能量的释放，使得过渡态的中间物处于比 E+S 更低的能级，因此使整个反应的活化能降低，使反应大大加速。酶和底物形成复合物的过程是专一性的识别过程，使分子间反应变为分子内反应，反应基团互相邻近并定向，提高了催化效率。

二、酶反应机制

　　1. 酶作用专一性的机制——诱导契合学说

　　酶与底物作用的专一性是由于酶与底物分子的结构互补，通过分子的相互识别而产生的。一种酶为什么只能催化一定的物质发生反应，即一种酶只能同一定的底物结合，针对酶对底物的这种选择特异性的机制，曾经提出过几种不同的假说。如锁钥学说（lock-key theory）、诱导契合学说（induced-fit theory）、结构性质互补假说（structure property complemention theory）、"三点附着"假说（"three-point attachment" theory）。目前公认的诱导契合学说，可以较好地解释酶作用的专一性。该学说认为酶和底物在接触以前，二者并不是完全契合的，只有在底物和酶的活性部位接近时，产生了相互诱导，酶的构象发生了微妙的变化，底物分子发生形变，酶与底物才完全互补契合，催化基团转入了有效的作用位置，酶才能高速地催化反应。如图6-5，图6-5(a) 为酶和底物结合前的状态，催化基团处于没有活性的构象状态；图6-5(b) 为酶和适宜的底物结合后，催化基团获得有效的位置，形成酶-底物复合物，并开始发挥催化功能。底物与酶的这种契合关系可比喻为手与手套的关系。

图 6-5　诱导契合学说示意图

　　诱导契合学说的关键点在于：①酶的活性部位在结构上具有一定的柔性；②酶的作用专一

性不仅取决于酶和底物的结合，也取决于酶的催化基团有正确的取位。诱导契合学说认为催化部位要诱导才能形成，而不是"现成的"，因此可以排除那些不适合的物质偶然"落入"现成的催化部位而被催化的可能。诱导契合学说也能很好地解释所谓"无效"结合，因为这种物质不能诱导催化部位形成。

2. 酶作用高效性的机制

(1) 共价催化　有一些酶以共价催化 (covalent catalysis) 来提高其催化反应的速率。在催化时，亲核催化剂或亲电子催化剂能分别放出电子或吸收电子并作用于底物的缺电子中心或负电中心，迅速形成不稳定的共价中间复合物，这个中间物很容易变成过渡态，因此，反应的活化能大大降低，底物可以越过较低的能阈而形成产物。

通常在这些酶的活性中心都含有亲核基团 (nucleophilic group)，如丝氨酸的羟基、半胱氨酸的巯基、组氨酸的咪唑基等，这些基团都有共用的电子对作为电子的供体；以及底物的亲电子基团 (electrophilic group)，如脂肪酸中羧基的碳原子和磷酸基中的磷原子，以共价键结合。此外，许多辅酶也有亲核中心。酶的亲核基团主要包括下列几种：

$$-CH_2-\underset{H}{\overset{\cdot\cdot}{O}}: \qquad -CH_2-\underset{H}{\overset{\cdot\cdot}{S}}: \qquad -CH_2-$$

　　　　丝氨酸的羟基　　　　半胱氨酸的巯基　　　　组氨酸的咪唑基

以酰基转移反应（转移如脂肪酰和磷酸）为例来说明共价催化的原理。这类酶分子活性中心的亲核基团首先与含酰基的底物（如脂类分子）通过酰基-丝氨酸或酰基-半胱氨酸以共价结合，形成酰化酶中间产物，接着酰基从中间产物转移到另一酰基受体（醇或水）分子中。这可用下列反应式表示。

含亲核基团的酶 E 催化的反应（R 为酰基）：

$$第一步：\quad \underset{\substack{酰基供体\\(底物)}}{RX} + \underset{酶}{E} \xrightarrow{快} \underset{酰化酶}{RE} + X^-$$

$$第二步：\quad RE + H_2O \xrightarrow{快} \underset{最终酰基受体}{ROH + E + H^+}$$

$$总反应：\quad RX + H_2O \xrightarrow{酶，快} ROH + X^- + H^+$$

$$非催化反应：RX + H_2O \xrightarrow{慢} ROH + X^- + H^+$$

在酶催化的反应中，第一步是有酶参加的反应，因而比没有酶时对底物与酰基受体的反应快一些；第二步反应，因酶含有易变的亲核基团，形成的酰化酶与最终的酰基受体的反应，也必然要比无酶的最初的底物与酰基受体的反应要快一些。合并两步催化的总速率要比非催化反应大得多，因此，形成不稳定的共价中间物可以大大加速反应。

(2) 酸碱催化　酸碱催化 (acid-base catalysis) 是通过瞬时地向反应物提供质子或从反应物接受质子以稳定过渡态、加速反应的一类催化机制。酸碱催化剂是催化有机反应的最普通、最有效的催化剂，有两种酸碱催化剂：一种是狭义的酸碱催化剂，即 H^+ 及 OH^-，由于酶反应的最适 pH 一般接近于中性，因此 H^+ 与 OH^- 的催化在酶反应中的意义比较有限；另一种是广义的酸碱催化剂，即质子受体和质子供体的催化，它们在酶反应中的重要性大得多，发生在细胞内的许多类型的有机反应都是受广义的酸碱催化的，例如将水加到羰基上、羧酸酯的水解，以及许多取代反应等。

酶蛋白中含有好几种可以起广义酸碱催化作用的功能基，如氨基、羧基、巯基、酚羟基及咪唑基等（见表 6-4）。其中组氨酸的咪唑基值得注意，因为它既是一个很强的亲核基团，又是一个有效的广义酸碱功能基。

表 6-4　酶蛋白中可作为广义酸碱的功能基

广义酸基团(质子供体)	广义碱基团(质子受体)	广义酸基团(质子供体)	广义碱基团(质子受体)	广义酸基团(质子供体)	广义碱基团(质子受体)
—COOH	—COO⁻	—SH	—S⁻	咪唑基(质子化)	咪唑基
—NH₃⁺	—NH₂	⬡—OH	⬡—O⁻		

影响酸碱催化反应速率的因素有两个。第一个因素是酸碱的强度。这些功能基中，组氨酸咪唑基的解离常数约为 6.0，这意味着由咪唑基上解离下来的质子的浓度与水中的氢离子浓度相近。因此，它在接近于生理体液的 pH 条件下（即在中性条件下），有一半以酸形式存在，另一半以碱形式存在。也就是说咪唑基既可以作为质子供体，又可以作为质子受体在酶促反应中发挥催化作用。因此，咪唑基是最有效、最活泼的一个催化功能基。第二个因素是这些功能基供出质子或接受质子的速率。在这方面咪唑基又有其优越性，它供出或接受质子十分迅速，其半衰期小于 10^{-10} s，且供出质子或接受质子的速率几乎相等。由于咪唑基有如此优点，尽管组氨酸在大多数蛋白质中含量很少，却很重要。推测很可能在生物进化过程中，它不是作为一般的蛋白质结构成分，而是被选择作为酶分子中的催化成员而存留下来的。事实上，组氨酸是许多酶的活性中心的构成成分。

由于酶分子中存在多种提供质子或接受质子的基团，因此酶的酸碱催化效率比一般酸碱催化剂高得多。广义酸碱催化为在接近中性的 pH（体内环境）下进行催化创造了有利条件，具有重要的生物学意义。例如肽键在无酶存在下进行水解时需要高浓度的 H^+ 或 OH^-，以及很长的作用时间（10~24h）和高温（10~120℃）；而以胰凝乳蛋白酶作为酸碱催化剂时，在常温、中性下很快就可使肽键水解。

(3) 其他因素　在底物诱导下，酶构象改变，底物和酶的反应基团正确定向，有利于形成过渡态中间物，加速反应进行。底物分子浓集于酶的活性中心，有效浓度增高有利于反应发生。酶的活性部位通常位于酶分子表面的裂缝内，裂缝内非极性基团较多，构成一个疏水的微环境，有利于酶的催化作用。

酶促反应通常不是单一机制起作用，对不同的酶起主要作用的因素不同，可能分别受一种或几种因素的影响。

第四节　酶促反应动力学

一、酶促反应的基本动力学

1. 底物浓度的影响——底物浓度对酶促反应速率的影响是非线性的

早在 20 世纪初即已发现底物浓度对酶促反应具有特殊的饱和现象，这种现象在非酶促反应中是不存在的。如果酶促反应的底物只有一种（称单底物反应），当其他条件不变、酶的浓度也固定的情况下，一种酶所催化的化学反应速率与底物的浓度间有如下的规律：在底物浓度低时，反应速度随底物浓度的增加而急剧增加，反应速率与底物浓度成正比，表现为一级反应；当底物浓度较高时，增加底物浓度，反应速度虽随之增加，但增加的程度不如底物浓度低时那样显著，即反应速率不再与底物浓度成正比，表现为混合级反应；当底物浓度达到某一定值后，再增加底物浓度，反应速度不再增加，而趋于恒定，即此时反应速率与底物浓度无关，表现为零级反应，此时的速率为最大速率（v_{max}），底物浓度即出现饱和现象。由此可见，底物浓度对酶促反应速率的影响是非线性的。对于上述变化，如以酶促反应速率对底物浓度作图，则得到如图 6-6 所示的矩形双曲线。

2. 米氏方程——定量表达底物浓度与酶反应速率的关系

为了解释上述现象，并说明酶促反应速率与底物浓度间量的关系，Michaelis 和 Menten 提出了酶促反应动力学的基本原理，并归纳成一个数学式，称为米氏方程（Michaelis Menten equation）：

$$v = \frac{v_{max} c_S}{K_m + c_S} \qquad (6-1)$$

式中，v_{max} 为最大反应速率；c_S 为底物浓度；K_m 为米氏常数（Michaelis constant）；v 为 c_S 不足以产生最大速率 v_{max} 时的反应速率。

式（6-1）反应了底物浓度与酶促反应速率间的定量关系。

根据中间产物理论，酶促反应可按下列两步进行：

图 6-6　酶促反应速率与底物浓度的关系

$$E + S \underset{k_2}{\overset{k_1}{\rightleftharpoons}} ES \underset{k_4}{\overset{k_3}{\rightleftharpoons}} E + P$$

反应中每一步有各自的速率常数：由酶和底物生成不稳定中间复合物 ES 的速率常数为 k_1，反向为 k_2；由 ES 转变成产物的速率常数为 k_3，反向为 k_4。由于 P + E 形成 ES 的速率极小（特别是在反应处于初速阶段时，产物的量 P 很少），即可将 ES 转变为 P + E 的反应视为不可逆，故 k_4 可忽略不计。

根据质量作用定律，由 E+S 形成 ES 的速率为：

$$v = \frac{dc_{ES}}{dt} = k_1(c_E - c_{ES}) c_S \qquad (6-2)$$

式中，c_E 为酶的总浓度（游离酶与结合酶之和）；c_{ES} 为酶与底物形成的中间复合物的浓度；$c_E - c_{ES}$ 为游离酶的浓度；c_S 为底物浓度。

通常底物浓度比酶浓度过量得多，即 $c_S \gg c_E$，因而在任何时间内，与酶结合的底物的量与底物总量相比可以忽略不计。

同理，ES 复合物的分解速率，即 c_{ES} 的减少率可用下式表明：

$$v = \frac{-dc_{ES}}{dt} = k_2 c_{ES} + k_3 c_{ES} \qquad (6-3)$$

当中间复合物 ES 处于稳态时，ES 复合物的生成速率与分解速率相等，保持浓度的恒定，达到动态平衡，即：

$$k_1(c_E - c_{ES}) c_S = k_2 c_{ES} + k_3 c_{ES} \qquad (6-4)$$

将式（6-4）移项整理，可得到：

$$\frac{c_S(c_E - c_{ES})}{c_{ES}} = \frac{k_2 + k_3}{k_1} = K_m \qquad (6-5)$$

K_m 称为米氏常数。从式（6-5）中解出 c_{ES}，即可得到 ES 复合物的稳定态浓度：

$$c_{ES} = \frac{c_E c_S}{K_m + c_S} \qquad (6-6)$$

因为酶促反应的初速率与 ES 复合物的浓度成正比，所以可以写成：

$$v = k_3 c_{ES} \qquad (6-7)$$

当底物浓度达到能使这个反应体系中所有的酶都与其结合形成 ES 复合物时，反应速率 v

即达到最大速率 v_{max}。c_E 为酶的总浓度，因为这时 c_E 已相当于 c_{ES}，式（6-7）可以写成：

$$v_{max} = k_3 c_E \tag{6-8}$$

将式（6-6）的 c_{ES} 值代入式（6-7），得：

$$v = k_3 \frac{c_E c_S}{K_m + c_S} \tag{6-9}$$

以式（6-8）除式（6-9），则可得：

$$\frac{v}{v_{max}} = \frac{k_3 \dfrac{c_E c_S}{K_m + c_S}}{k_3 c_E}$$

故

$$v = \frac{v_{max} c_S}{K_m + c_S}$$

这就是米氏方程。如果 K_m 和 v_{max} 均为已知，便能够确定酶促反应速率与底物浓度之间的定量关系。

3. v_{max} 和 K_m——动力学的基本参数

当酶促反应处于 $v = \frac{1}{2} v_{max}$ 的特殊情况时，则米氏方程为：

$$\frac{v_{max}}{2} = \frac{v_{max} c_S}{K_m + c_S} \tag{6-10}$$

故

$$K_m = c_S \tag{6-11}$$

这就是说：米氏常数 K_m 为酶促反应速率达到最大反应速率一半时的底物浓度。因此 K_m 的单位为物质的量浓度（mol/L）。

（1）K_m 值的求法　从酶的 v-c_S 图上可以得到 v_{max}，再根据 $\frac{1}{2} v_{max}$ 可求得相应的 c_S 即为 K_m 值。但实际上和这个方法来求 K_m 值是行不通的，因为即使用很大的底物浓度，也只能得到趋近于 v_{max} 的反应速率，而达不到真正的 v_{max}，因此测不到准确的 K_m 值。为了得到准确的 K_m 值，可以把米氏方程的形式加以改变，使它成为相当于 $y = ax + b$ 的直线方程，然后用图解法求出 K_m 值。常用于测定 K_m 值的方法有下列几种。

① Lineweaver-Burk 作图（双倒数作图法）　由米氏方程 v-c_S 曲线外推 v_{max}、K_m 是很不准确的。Lineweaver 和 Burk 将米氏方程化为倒数形式：

$$\frac{1}{v} = \frac{K_m + c_S}{v_{max} c_S}$$

即

$$\frac{1}{v} = \frac{K_m}{v_{max}} \times \frac{1}{c_S} + \frac{1}{v_{max}} \tag{6-12}$$

以 $\frac{1}{v}$ 对 $\frac{1}{c_S}$ 作图可得一直线（图 6-7），纵轴截距为 $\frac{1}{v_{max}}$，斜率为 $\frac{K_m}{v_{max}}$，横轴截距为 $-\frac{1}{K_m}$，即可得到 v_{max} 和 K_m。

如果某一酶双倒数作图有线性偏离，就说明米氏方程的假设对该酶不适用。

② Eadie-Hofstee 和 Hannes 作图　双倒数作图有以下缺点：第一，直线外推至 $-1/K_m$ 时，通常已到纸的边缘，甚至需要重作图；第二，低的底物浓

图 6-7　Lineweaver-Burk 作图

度下测定往往不准确, 底物浓度应由低到高全面选择; 第三, 这种作图法与其他作图法比较, 很少有线性偏离, 不利于观察酶的作用机制。Eadie-Hofstee 将双倒数形式的方程两边同乘以 $v\, v_{max}$, 整理可得:

$$v = -K_m \frac{v}{c_S} + v_{max} \tag{6-13}$$

如图 6-8 (a), v 对 $\dfrac{v}{c_S}$ 作图为一直线, 斜率为 $-K_m$, 纵轴截距为 v_{max}, 横轴截距为 $\dfrac{v_{max}}{K_m}$。

Hannes 作图是将双倒数方程两边同乘以 c_S, 可得:

$$\frac{c_S}{v} = \frac{1}{v_{max}} \times c_S + \frac{K_m}{v_{max}} \tag{6-14}$$

如图 6-8 (b), 以 $\dfrac{c_S}{v}$ 对 c_S 作图可得一直线, 斜率为 $\dfrac{1}{v_{max}}$, 纵轴截距为 $\dfrac{K_m}{v_{max}}$。

图 6-8　Eadie-Hofstee 和 Hannes 作图

Eadie-Hofstte 和 Hanes 作图为动力学研究者偏爱, 但双倒数作图法仍为广大酶学工作者使用。计算机通常以最小二乘法处理实验数据得到 K_m、v_{max}, 但结果并不完全可靠, 重要的是应该观察是否有偏离线性的迹象。

③ Eisenthal 和 Cornish-Bowden 作图　由以上讨论可知, 即使有计算机进行数据处理, 也难以完全正确估计 K_m、v_{max} 值。Eistenthal 和 Conish-Bowden 提出了基于米氏方程的另一种作图法。在固定酶浓度时, 双倒数关系式为:

$$\frac{1}{v} = \frac{K_m + c_S}{v_{max} c_S} \tag{6-15}$$

两边乘以 v_{max}, 得:

$$\frac{v_{max}}{v} = \frac{K_m + c_S}{c_S} = \frac{K_m}{c_S} + 1 \tag{6-16}$$

以 v_{max} 对 K_m 作图可得一直线。乍看起来, 似乎不可理解, 但从数学上来说, 此关系式是正确的。当:

$$K_m = 0, \ v_{max} = v$$
$$v_{max} = 0, \ K_m = -c_S$$

每一对 (v, c_S) 都可标在 v_{max} 轴和 K_m 轴上, 相应的 c_S 和 v 连成直线, 这一簇直线交于一点, 这一点的坐标为真实的 (K_m, v_{max})。然而, 由于实验误差, 这些直线通常交于一个范围内 (图 6-9)。许多酶学工作者认为, 只要没有偏离线性的迹象, 估计 K_m、v_{max} 的最好方法是从这些交点中取一个中间值。

(2) 米氏常数是酶学研究中的重要数据　K_m 是酶学研究中的一个极重要的数据。在实际应用中，应注意它以下特点。

① K_m 是酶的特征常数　由 $K_m = \dfrac{k_2 + k_3}{k_1}$ 说明，K_m 是反应速率常数 k_1、k_2 和 k_3 的函数，由于这些反应速率常数是由酶反应的性质、反应条件决定的，因此，对于特定的反应、特定的反应条件而言，K_m 才是一个特征常数。它只与酶的性质有关而与酶的浓度无关。不同的酶，具有不同的 K_m 值。各种酶的 K_m 值一般在 $10^{-2} \sim 10^{-6}$ mol/L 数量级范围内（表6-5）。

图6-9　固定 [E_0] 时酶促反应典型的 Eisenthal-Cornish-Bowden 作图（v_{max}^* 和 K_m^* 分别为的 v_{max}、K_m 最好估计值）

表 6-5　一些酶的米氏常数

酶　名　称	底　物	K_m/(mol/L)
蔗糖酶	蔗糖	2.8×10^{-2}
蔗糖酶	棉子糖	35×10^{-2}
α-淀粉酶	淀粉	6×10^{-4}
麦芽糖酶	麦芽糖	2.1×10^{-1}
脲酶	尿素	2.5×10^{-2}
己糖激酶	葡萄糖	1.5×10^{-4}
己糖激酶	果糖	1.5×10^{-3}
胰凝乳蛋白酶	N-苯甲酰酪氨酰胺	2.5×10^{-3}
胰凝乳蛋白酶	N-甲酰酪氨酰胺	1.2×10^{-2}
胰凝乳蛋白酶	N-乙酰酪氨酰胺	3.2×10^{-2}
过氧化氢酶	H_2O_2	2.5×10^{-2}
琥珀酸脱氢酶	琥珀酸盐	5×10^{-7}
丙酮酸脱氢酶	丙酮酸	1.3×10^{-3}
乳酸脱氢酶	丙酮酸	1.7×10^{-5}
碳酸酐酶	HCO_3^-	9×10^{-3}

② K_m 的应用是有条件的　K_m 值作为常数只是对固定的底物、一定的温度、一定的 pH 值等条件而言的。因此，在应用 K_m 值时（如用来鉴定酶），必须在指定的实验中进行。

③ K_m 值可以反映酶同底物的亲和力　如果一个酶对某底物的 K_m 值大，说明反应速率达到最大反应速率一半时所需的底物浓度高，表明酶同底物的亲和力小；反之，K_m 值小，酶同底物的亲和力大。

(3) 酶的 K_m 值在实际应用中的重要意义

① 鉴定酶　通过测定 K_m 值，可鉴别不同来源或相同来源但在不同发育阶段、不同生理状态下催化相同反应的酶是否属于同一种酶。

② 判断酶的最适底物　一种酶如果可以作用于多个底物，就有多个 K_m 值。测定各种底物的 K_m 值，可以找出酶的最适底物（optimum substrate），或称天然底物。K_m 值最小（或

v_{max}/K_m 最大）的就是最适底物。酶通常是根据最适底物来命名的。例如，蔗糖酶既可催化蔗糖分解（K_m 为 28mmol/L）也可催化棉子糖分解（K_m 为 350mmol/L），因为前者为最适底物，故称蔗糖酶，而不称为棉子糖酶。

③ 计算一定速率下的底物浓度　由 K_m 值及米氏方程可决定在所要求的反应速率下应加入的底物浓度，或者已知底物浓度来求该条件下的反应速率（估计产物生成量）。

④ 了解酶的底物在体内具有的浓度水平　一般来说，作为酶的天然底物，它在体内的浓度水平应接近于它的 K_m 值，因为如果 $c_{S体内} \ll K_m$，那么 $v \ll v_{max}$，大部分酶处于"浪费"状态；相反，如果 $c_{S体内} \gg K_m$，那么，v 始终接近于 v_{max}，则这种底物浓度失去其生理意义，也不符合实际情况。

⑤ 判断反应方向或趋势　催化可逆反应的酶，对正逆两向的 K_m 值常常是不同的，测定这些 K_m 值的大小及细胞内正逆两向的底物浓度，可以大致推测该酶催化正逆两向反应的效率。这对了解酶在细胞内的主要催化方向及生理功能具有重要意义。

⑥ 判断抑制类型　测定不同抑制剂对某个酶的 K_m 及 v_{max} 的影响，可以判断该抑制剂的抑制作用类型。

⑦ 推测代谢途径　一种物质在体内的代谢途径往往不止一个，在一定条件下该代谢物究竟走什么样的代谢路线，可由 K_m 推测。例如，丙酮酸在某些生物体内可转变成乳酸、乙酰辅酶 A 和乙醛，分别由乳酸脱氢酶、丙酮酸脱氢酶和丙酮酸脱羧酶（pyruvate decarboxylase）催化，这 3 种酶催化丙酮酸转变成上述 3 种产物时的 K_m 值分别为 1.7×10^{-5} mol/L、1.3×10^{-3} mol/L 和 1.0×10^{-3} mol/L。所以，当丙酮酸浓度较低时，主要转变成乳酸（K_m 值小的反应占优势）。

二、酶浓度对酶反应速率的影响

在酶催化的反应中，酶先要与底物形成中间复合物，当底物浓度大大超过酶浓度时，反应速率随酶浓度的增加而增加（当温度和 pH 不变时），两者成正比例关系（图 6-10）。酶反应的这种性质是酶活力测定的基础之一，在分离提纯上常被应用。在底物浓度低的条件下，酶没有全部被底物饱和，因此是不能正确测得酶活力的。例如，要比较两种酶活力的大小，可用同样浓度的过量底物和相同体积的甲乙两种酶制剂一起保温一定的时间，然后测产物的量。如果甲产物是 0.2mg，乙是 0.6mg，这说明乙制剂活力比甲制剂活力大 3 倍。

图 6-10　酶浓度对酶反应速率的影响

三、温度对酶反应速率的影响

酶促反应同其他大多数化学反应一样，受温度的影响较大。如果在不同温度条件下进行某种酶反应，然后再将测得的反应速率对温度作图，那么一般可得到如图 6-11 所示的曲线。在较低的温度范围内，酶反应速率随温度升高而增大，但超过一定温度后，反应速率反而下降，这种温度通常就称为酶反应的最适温度（optimum temperature）。这条曲线所表现的酶反应速率的改变，实际上是温度的两种影响的综合结果：温度加速酶反应；温度又能加速酶蛋白变性（参见图 6-11 虚线部分）。多数酶的最适温度在 30～40℃ 之间。

温度的这种综合影响与时间有密切关系，根本原因是由于温度促使酶蛋白变性是随时间累加的。在反应的最初阶段，酶蛋白变性尚未表现出来，因此反应的（初）速率随温度升高而增加；但是，反应时间延长时，酶蛋白变性逐渐突出，反应速率随温度升高的效应逐渐为酶蛋白变性效应所"抵消"，因此在不同反应时间内测得的"最适温度"也就不同，它随反应时间延长而降低（图 6-12，其中 t 为时间）。

图 6-11　酶反应的"最适温度"　　　　图 6-12　酶反应最适温度与时间的关系

最适温度不是酶的特征物理常数，因为一种酶具有最适宜的温度不是一成不变的，它要受到酶的纯度、底物、激活剂、抑制剂以及酶促反应时间等因素的影响。因此，对同一种酶来讲，应说明是在什么条件下的最适温度。

掌握温度对酶作用的影响规律，具有一定实践意义，如临床上的低温麻醉就是利用低温能降低酶的活性，减慢细胞的代谢速率，以利于手术治疗。低温保存菌种和作物种子，也是利用低温降低酶的活性，以减慢新陈代谢。相反，高温杀菌则是利用高温使酶蛋白变性失活，导致细菌死亡。酶的固体状态比在溶液中对温度的耐受力更高，因此酶制剂通常以冰冻干粉形式长期保存。

四、pH 值对酶反应速率的影响

酶的活性受 pH 值的影响较大。在一定 pH 值下酶表现最大活力，高于或低于此 pH 值，活力均降低。酶表现最大活力时的 pH 值称为酶的最适 pH（optimum pH）。大多数酶的最适 pH 值在 5～8 之间。与最适温度一样，最适 pH 不是酶的特征物理常数，受底物性质和浓度、缓冲液性质和浓度、介质离子强度以及温度等因素的影响。

典型的酶活力-pH 曲线有如钟罩形，它和两性电解质在不同 pH 的解离曲线很相似（图 6-13）。pH 对酶活性的影响可能是由于它们改变了酶的活性中心或与之有关的基团的解离状态。这就是说，酶要表现活性，它的活性部位有关基团都必须具有一定的解离形式，其中任何一种基团的解离形式发生变化都将使酶转入"无活性"状态（这与活性部位以外其他基团的解离状态关系不大）。

(a) 酶活力-pH曲线　　　　　(b) 两性离子-pH曲线

图 6-13　pH 值对酶活性的影响

五、激活剂对酶反应速率的影响

凡能提高酶的活性，加速酶促反应进行的物质都称为激活剂或活化剂（activator）。酶的激活与酶原的激活不同，酶激活是使已具活性的酶的活性增高，使活性由小变大；酶原激活是使本来无活性的酶原变成有活性的酶。

有些酶的激活剂是金属离子和某些阴离子，如许多激酶需要 Mg^{2+}，精氨酸酶（arginase）需要 Mn^{2+}，羧肽酶（carboxypeptidase）需要 Zn^{2+}，唾液淀粉酶（ptyalin）需要 Cl^- 等；有些酶的激活剂是半胱氨酸、巯基乙醇、谷胱甘肽、维生素 C 等小分子有机物；有的酶还需要其他蛋白质激活。需要指出的是，金属离子又是许多酶的辅因子。如 Mn^{2+} 是磷酸转移酶的辅因子，起连接作用。激活剂与辅因子的区别在于：激活剂不是酶的固有成分，决定酶活性的大小；辅因子是酶的必需成分，决定酶活性的有无。

激活剂的作用是相对的，一种酶的激活剂对另一种酶来说，也可能是一种抑制剂。不同浓度的激活剂对酶活性的影响也不同。

六、抑制剂对酶反应速率的影响

研究抑制剂对酶的作用，对于研究生物机体的代谢途径、酶活性中心功能基团的性质、酶作用的专一性、酶的催化机制以及某些药物的作用机理等方面都具有十分重要的意义。

1. 抑制作用的概念——抑制作用不同于失活作用和去激活作用

某些物质能够降低酶的活性，使酶促反应速率减慢。不同物质降低酶活性的机理不一样，可分为下列三种情况。

（1）失活作用（inactivation） 酶蛋白分子受到一些理化因素的影响后破坏了次级键，部分或全部改变了酶分子的空间构象，从而引起酶活性的降低或丧失，这是酶蛋白变性的结果。因此，凡是蛋白质变性剂（denaturant）均可使各种酶失活，变性剂对酶普遍适用性。

（2）抑制作用（inhibition） 酶的必需基团（包括辅因子）的性质受到某种化学物质的影响而发生改变，导致酶活性的降低或丧失。这时酶蛋白一般并未变性，有时可用物理或化学方法使酶恢复活性，这就是抑制作用。能引起酶抑制作用的物质称为抑制剂（inhibitor）。抑制剂对酶有一定的选择性，只能引起某一类或某几类酶的活力降低或丧失，不像变性剂那样几乎可使所有酶都丧失活性。

（3）去激活作用（deactivation） 某些酶只有在金属离子存在下才能很好地表现其活性，如果用金属螯合剂去除金属离子，会引起这些酶活性的降低或丧失。常见的例子是用乙二胺四乙酸（EDTA）去除二价金属离子如 Mg^{2+}、Mn^{2+}，可降低某些肽酶或激酶的活性。但这并不是真正的抑制作用，因为抑制作用是指化学物质对酶蛋白或其辅基的直接作用。EDTA 等去激活剂（deactivator）并不和酶直接结合，而是通过去除金属离子而间接地影响酶的活性。因为这些金属离子大多是酶的激活剂，所以将这类对酶活性的影响称为去激活作用，以区别于抑制作用。

2. 抑制作用的类型——可逆抑制与不可逆抑制

根据抑制剂与酶作用的方式不同，可把抑制作用分为不可逆抑制和可逆抑制两类。

（1）不可逆抑制（irreversible inhibition） 抑制剂与酶活性中心必需基团以共价结合，引起酶活性丧失，是酶的共价修饰抑制。由于抑制剂同酶分子结合牢固，故不能用透析、超过滤、凝胶过滤等物理方法去除。根据不同抑制剂对酶的选择性不同，这类抑制作用又可分为非专一性不可逆抑制与专一性不可逆抑制两类；前者是指抑制剂可作用于酶分子上的一类或几类基团或作用于几类不同的酶，如烷化剂（碘乙酸、DNFB 等）可作用于氨基、羧基、咪唑基、巯基以及硫醚基，酰化剂（酸酐、磺酰氯等）可使酶蛋白的羟基、巯基和氨基酰化，有机汞（对氯汞苯甲酸）可作用于半胱氨酸的巯基而抑制含巯基的酶；后者是指抑制剂通常只专一地作用于某一种酶活性部位的必需基团，包括 K_s 型和 k_{cat} 型专一性不可逆抑制剂。

酶只与它的底物或底物的结构类似物之间有较高的亲和力。自然界存在或人工设计合成了一类酶的天然底物的衍生物或类似物，利用酶对底物的选择性专一地对酶进行修饰标记。K_s 型不可逆抑制剂具有底物类似结构，同时还带有一个活泼的化学基团，如对甲苯磺酰-L-赖氨酰氯甲酮具有与胰蛋白酶底物类似的结构，其活泼的化学基团能与活性部位必需基团 His[57] 共价结合，引起胰蛋白酶不可逆失活。k_{cat}型不可逆抑制剂本身也是酶的底物，还有一个潜伏的反应基团。只有遇到专一性靶酶时，酶将其作为底物结合并对其进行催化，潜伏的反应基团被激活或解开，作用于酶活性部位的必需基团，使酶不可逆失活。k_{cat}抑制剂具有高度专一性，又称为自杀性底物（suicide substrate）。

（2）可逆抑制（reversible inhibition）　　抑制剂与酶蛋白以非共价键结合，具有可逆性，可用透析、超滤、凝胶过滤等方法将抑制剂除去。这类抑制剂与酶分子的结合部位可以是活性中心，也可以是非活性中心。根据抑制剂与酶结合的关系，可逆抑制作用可分为竞争性抑制、非竞争性抑制和反竞争性抑制等类型。

① 竞争性抑制（competitive inhibition）　　某些抑制剂的化学结构与底物相似，因而与底物竞争性地同酶活性中心结合。当抑制剂与活性中心结合后，底物就不能再与酶活性中心结合；反之，如果酶的结合部位已被底物占据，则抑制剂也不能同酶结合。所以，这种抑制作用的强弱取决于抑制剂与底物浓度的比例，而不取决于两者的绝对量。竞争性抑制通常可用增大底物浓度来消除。若抑制剂的化学结构与过渡态底物类似，其竞争性抑制效率更高，称为过渡态底物类似物抑制剂。

竞争性抑制是最常见的一种可逆抑制作用。最典型的竞争性抑制是丙二酸（malonic acid）对琥珀酸脱氢酶（succinate dehydrogenase）的抑制作用。丙二酸与琥珀酸结构相似，因而竞争性地争夺琥珀酸脱氢酶的结合部位，产生竞争性抑制：

$$
\begin{array}{ccc}
\text{COOH} & & \text{COOH} \\
| & & | \\
\text{CH}_2 & & \text{CH} \\
| & \xrightarrow[\uparrow \text{抑制}]{\text{琥珀酸脱氢酶}} & \| \\
\text{CH}_2 & \quad \text{COOH} \quad & \text{HC} \\
| & | & | \\
\text{COOH} & \text{CH}_2 & \text{COOH} \\
& | & \\
& \text{COOH} & \\
\text{琥珀酸} & \text{丙二酸} & \text{延胡索酸}
\end{array}
$$

② 非竞争性抑制（noncompetitive inhibition）　　酶可以同时与底物及抑制剂结合，两者没有竞争作用。酶与抑制剂结合后，还可与底物结合；相反，酶与底物结合后，也还可以与抑制剂结合。不管抑制剂与酶先结合还是后结合，只要抑制剂与酶结合后，酶-底物复合物就再不能转化为产物。非竞争性抑制剂通常与酶的非活性中心部位结合，这种结合引起酶分子构象变化，致使活性中心的催化作用降低。非竞争性抑制作用的强弱取决于抑制剂的绝对浓度，因而不能用增大底物浓度来消除抑制作用。

某些含金属离子（Cu^{2+}、Ag^+、Hg^{2+}等）的化合物、EDTA等与酶活性中心以外的巯基等基团反应，酶分子的空间构象改变，引起非竞争性抑制。

③ 反竞争性抑制（uncompetitive inhibition）　　酶只有与底物结合后，才能与抑制剂结合。反竞争性抑制常见于多底物反应，如L-Phe反竞争性抑制碱性磷酸酶。

3. 抑制作用的动力学——K_m和v_{max}的变化

（1）竞争性抑制　　在竞争性抑制中，抑制剂或底物与酶的结合都是可逆的，可用下式表示（I表示抑制剂）：

$$E+S \underset{k_2}{\overset{k_1}{\rightleftharpoons}} ES \xrightarrow{k_3} E+P \text{ 或 } E+I \underset{k_{i2}}{\overset{k_{i1}}{\rightleftharpoons}} EI$$

在竞争性抑制中，抑制剂同酶结合成为复合物 EI，不能同底物结合，即不存在：

$$EI+S \xrightarrow{k_i} ESI \tag{6-17}$$

式中，k_i为抑制常数，$k_i = k_{i2}/k_{i1}$，因此 k_i 是 EI 复合物的解离常数，可写成：

$$k_i = \frac{c_E c_I}{c_{EI}} \tag{6-18}$$

按照米氏方程推导的方法，可推出竞争性抑制剂、底物浓度与酶反应的动力学方程：

$$\frac{1}{v} = \frac{K_m}{v_{max}}\left(1 + \frac{c_I}{k_i}\right)\frac{1}{c_S} + \frac{1}{v_{max}} \tag{6-19}$$

依据此方程可作竞争性抑制作用的米氏方程和双倒数方程特征曲线（图6-14）。

图 6-14　竞争性抑制作用特征曲线

图 6-14 中，a 为没有抑制剂的曲线，b 和 c 为存在抑制剂的曲线，c_I 的浓度 $c > b$。由图可见，v_{max} 没有改变，说明酶同底物的结合部位没有改变，在增加底物浓度的情况下，可达到同一个最大反应速率。在有竞争性抑制剂存在的情况下，K_m 值增大，$K'_m > K_m$，这说明酶同底物结合的能力（亲和力）降低，其原因是酶的某些活性部位被抑制剂占据，而且抑制剂浓度愈高（$c > b$），底物同酶结合的能力就愈低。

（2）非竞争性抑制　在非竞争性抑制作用中，存在着如下的平衡：

$$E + S \overset{K_m}{\rightleftharpoons} ES \longrightarrow P$$

$$E + I \overset{k_i}{\rightleftharpoons} EI$$

$$ES + I \overset{k_i}{\rightleftharpoons} ESI \overset{-S}{\underset{+S}{\rightleftharpoons}} EI$$

酶与底物结合后，可再与抑制剂结合，酶与抑制剂结合后，也可再与底物结合：

$$ES + I \rightleftharpoons ESI \quad k_i = \frac{c_{ES}c_I}{c_{EIS}}$$

或
$$EI + S \rightleftharpoons ESI \quad k_i = \frac{c_{EI}c_S}{c_{EIS}}$$

经过类似的推导，可得出非竞争性抑制作用的动力学方程：

$$\frac{1}{v} = \frac{K_m}{v_{max}}\left(1 + \frac{c_I}{k_i}\right)\frac{1}{c_S} + \frac{1}{v_{max}}\left(1 + \frac{c_I}{k_i}\right) \tag{6-20}$$

其米氏方程及双倒数方程的特征曲线见图6-15。

图 6-15　非竞争性抑制作用特征曲线

由图 6-15 可见，在有非竞争性抑制剂（b 和 c）存在的情况下，增加底物浓度不能达到没有抑制剂存在时（a）的最大速率（v_{max}）。有非竞争性抑制剂存在时，虽然最大反应速率减小，但 K_m 不变。

（3）反竞争性抑制　相对于竞争性抑制与非竞争性抑制，反竞争性抑制存在着下列平衡，抑制剂只能与酶-底物中间复合物结合：

$$\text{E} + \text{S} \xrightleftharpoons{K_m} \text{ES} \longrightarrow \text{P}$$

$$\text{ES} + \text{I} \xrightarrow{k_i} \text{ESI}$$

酶蛋白必须先与底物结合，然后才与抑制剂结合，抑制剂不能直接与酶结合：

$$\text{E} + \text{I} \xrightarrow{k_i} \text{EI} \quad \text{ES} + \text{I} \rightleftharpoons \text{ESI}$$

其动力学方程为：

$$\frac{1}{v} = \left(\frac{K_m}{v_{max}}\right)\frac{1}{c_S} + \frac{1}{v_{max}}\left(1 + \frac{c_1}{k_i}\right) \tag{6-21}$$

在反竞争抑制作用下，K_m 及 v_{max} 都变小（见图 6-16）。

图 6-16　反竞争性抑制作用特征曲线

酶促反应与抑制剂的关系总结于表 6-6。

表 6-6　酶促反应与抑制剂的关系

类　型	反　应　式	速　度　方　程	v_{max}	K_m
无抑制剂	E + S ⟷ ES ⟶ E + P	$v = \dfrac{v_{max}c_S}{K_m + c_S}$	v_{max}	K_m
竞争性抑制	E + S ⟷ ES ⟶ E + P E + I ⟷ EI	$v = \dfrac{v_{max}c_S}{K_m\left(1 + \dfrac{c_1}{k_i}\right) + c_S}$	不变	增大
非竞争性抑制	E + S ⟷ ES ⟶ E + P E + I ⟷ EI ES + I ⟷ ESI	$v = \dfrac{v_{max}c_S}{\left(1 + \dfrac{c_1}{k_i}\right)(K_m + c_S)}$	减小	不变
反竞争性抑制	E + S ⟷ ES ⟶ E + P ES + I ⟷ ESI	$v = \dfrac{v_{max}c_S}{K_m + \left(1 + \dfrac{c_1}{k_i}\right)c_S}$	减小	减小

4. 酶的抑制作用与药物设计——以酶为靶点开发新药

酶的抑制作用也可以为医药、农业、畜牧业设计新药提供理论依据，具有很重要的应用价值。由于抑制酶的活性可以杀死病原体或校正新陈代谢的不平衡，许多药物就是以酶为作用靶点的酶抑制剂。一些酶抑制剂还被用作除草剂或杀虫药。在应用中较多的是具有高度专一性的

k_{cat}型不可逆抑制剂（自杀性底物）和竞争性抑制剂。

（1）不可逆抑制剂类药物　青霉素是临床上常用的抗生素，是糖肽转移酶的不可逆抑制剂，共价结合酶的丝氨酸羟基使酶失活，抑制细菌肽聚糖的交联而阻碍细胞壁合成。而青霉素耐药性产生的主要原因是耐药细菌获得了编码β-内酰胺酶的基因，该酶能水解青霉素的内酰胺环，破坏了青霉素的杀菌能力。克拉维酸（clavulanic acid）是β-内酰胺酶（β-lactamase）的自杀性底物（图 6-17），为青霉素亚砜衍生物，可消除细菌的耐药性。将其与青霉素混合使用，能增强青霉素对付抗性细菌株的能力。

克拉维酸　　　　　　　　β-内酰胺酶　　　　　酰化酶

图 6-17　克拉维酸抑制 β-内酰胺酶的机制

抗菌药 β-卤代-D-Ala 是细菌丙氨酸消旋酶的专一性不可逆抑制剂，属于以磷酸吡哆醛为辅酶的酶类的自杀性底物。β-卤代-D-Ala 本身也是其专一性靶酶丙氨酸消旋酶的底物，当被酶催化反应时，β-卤代-D-Ala 的潜伏的反应基团被活化，共价作用于丙氨酸消旋酶的必需基团，使酶不可逆失活。因此细菌无法将 L-Ala 消旋为合成肽聚糖的原料 D-Ala，肽聚糖合成受阻，细菌不能合成细胞壁而死亡。

（2）竞争性抑制剂类药物　对氨基苯甲酸是叶酸结构的一部分，磺胺类药物对氨基苯磺酰胺其结构与对氨基苯甲酸类似，是二氢叶酸合成酶的竞争性抑制剂，能阻止细菌中二氢叶酸的合成，从而影响核酸代谢，导致细菌生长增殖被抑制。而人体能直接利用食物中的叶酸，因此磺胺类药物可作为抗菌药物。抗菌增效剂甲氧苄啶（trimethoprim，TMP）是二氢叶酸的类似物，能竞争性抑制二氢叶酸还原酶，与磺胺类药物配合使用可增强磺胺药的药效，使细菌的四氢叶酸合成被双重阻碍，严重影响细菌核酸和蛋白质合成（图 6-18）。

图 6-18　磺胺类药物和 TMP 作用原理

（3）酶抑制剂在农业和畜牧业中的应用　有机磷化合物能共价修饰酶分子活性部位的丝氨

酸羟基，是一些蛋白酶和酯酶的非专一性不可逆抑制剂。有机磷农药，如敌敌畏、敌百虫、对硫磷等，强烈抑制乙酰胆碱酯酶活性，导致乙酰胆碱无法分解而累积，使神经系统处于过度兴奋状态，引起神经中毒症状。解磷定能把酶上的磷酸根除去，恢复酶活性，可作为解毒药物。

尿素是廉价的氮源，但其降解率过高，易引起氨中毒。脲酶抑制剂可抑制脲酶活性，减慢尿素分解速率，提高反刍动物对尿素氮的利用率，避免氨中毒，还能减少粪尿产生氨从而降低环境污染。脲酶抑制剂作为饲料添加剂在畜牧业中广泛应用，如硼酸盐、磷酸盐等无机化合物，以及异丁酸、异戊酸等支链脂肪酸和胺磷酸。尿素衍生物如巯基脲、羟基脲，通过竞争性抑制降低尿素的分解。

（4）酶抑制剂新药　以酶为靶点的药物是发现新药的重要着手点，设计并合成病原或异常组织特异的酶的专一性抑制剂对于疾病的治疗非常有用。酶抑制剂类药物的发现主要有两种途径：一是来源于天然化合物，主要是动植物和各种微生物的代谢产物，其中放线菌是产生酶抑制剂药物最多的类群，其中最重要的是链霉菌属；二是化学合成物，新药筛选的化合物库中绝大部分为有机化学产物，合成药是新药的主要来源，将高通量筛选技术与组合化学、组合生物合成技术相结合，实现酶抑制剂大规模筛选，是开发酶抑制剂新药的主要渠道。

第五节　酶 的 制 备

一、酶的制备及纯化

1. 制备策略——活性蛋白提取的一般原则

酶分离纯化工作的最终目的就是要获得高纯度的酶制剂，整个工作包括三个基本环节：抽提、纯化和制剂制备。第一步是将酶从原料中抽提出来制成酶溶液；然后是纯化，即选择性地将酶从溶液中分离出来，或者选择性地将杂质从酶溶液中移除出去；最后是制剂制备，即将纯化的酶制作成一定形式的制剂。

在着手分离纯化工作时，下述问题应作为基本原则加以考虑。

第一，要注意防止酶变性失活，这一点在纯化的后期更为突出。一般凡是用以预防蛋白质变性的措施通常也都适用于酶的分离纯化工作。①除了少数例外，所有操作都应在低温条件下进行，尤其是在有机溶剂存在的情况下更应特别小心；②大多数酶在 pH＜4 或 pH＞10 的情况下不稳定，故必须控制整个系统不要过酸过碱；同时要避免在调整 pH 时产生局部酸碱过量的现象；③酶和其他蛋白质一样，常易在溶液表面或界面处形成薄膜而变性，故操作中应尽量减少泡沫形成；④重金属能引起酶失效，有机溶剂能使酶变性，微生物污染以及蛋白水解酶的存在能使酶分解破坏，所有这些都应予以足够的重视。

第二，从理论上说，凡是用于蛋白质分离纯化的一切方法都同样适用于酶。由于酶分离纯化的最终目的是要将酶以外的一切杂质（包括其他酶）尽可能地除去，因此，允许在不破坏"目的酶"的限度内，使用各种手段。此外，由于酶和它作用的底物及它的抑制剂等具有亲和性，当这些物质存在时，酶的理化性质和稳定性往往会发生一些变化，此时酶的分离纯化工作需采用更多、更有效的方法与条件。

第三，酶具有催化活性，检测酶活性可以追踪酶，为酶的抽提、纯化以及制剂制备过程中选择适当的方法与条件提供直接的依据。实际上，从原料开始，整个过程的每一步始终都应贯穿酶活力的测定与比较，因为只有这样，才能知道在某一步骤中采用的各种方法与条件，分别使酶的比活力提高了多少，酶回收了多少，从而决定它们的取舍。比活力提高倍数表示纯化方法的有效程度，总活力回收率表示提纯过程中酶的损失情况，二者是衡量纯化方法的指标。

2. 酶提取纯化的方法——不同目的选用不同方法

提取的要求是将尽可能多的酶、尽量少的杂质从原料引入溶液。

（1）预处理和破碎细胞 根据酶在体内的分布可分为细胞内酶和细胞外酶；根据细胞内酶的存在状态，即是否与细胞内的颗粒体或膜结合，又可分为结合酶与可溶酶。细胞外酶没有破碎细胞的问题，但是细胞内酶却只有在细胞破裂后才能释放出来，而且抽提效果也往往与细胞破碎程度有关。至于结合酶，还有一个切断它与颗粒体或膜的联结问题。

（2）抽提 细胞破碎后，可采用两种方式进行抽提：一是"普遍"抽提；二是先后用不同溶剂进行选择性抽提，如先后采用不同浓度的乙醇选择性地抽提肝匀浆中的酶，如果待分离的酶集中于细胞器颗粒体中，则先将颗粒体从细胞匀浆中分离出来，然后进行抽提。

由于大多数酶属于球蛋白类，因此一般都可以用稀盐、稀酸或稀碱的水溶液进行抽提，但抽提液的具体组成和抽提条件的选择取决于酶的溶解性、稳定性以及有利于切断酶和其他物质的联系。

在抽提中应考虑下列因素。

① pH 首先应考虑酶的酸碱性，选择的 pH 不应超出酶的稳定范围；其次从最佳的抽提效果着眼，最好远离待抽提酶的等电点，也就是说，酸性蛋白质宜用碱性溶液抽提，碱性蛋白质宜用酸性溶液；第三，在某些情况下抽提还要兼顾到有利于切断酶和细胞内其他成分间可能的联系，从这点考虑以选用 pH4～6 为佳。

② 盐 大多数蛋白质在低浓度盐溶液中有较大的溶解度，所以抽提液一般采用等渗盐溶液。最常用的如 0.02～0.05mol/L 的磷酸缓冲液、0.15mol/L 的 NaCl 溶液等。焦磷酸钠和柠檬酸钠的缓冲液有助于切断酶和其他物质的联系，并有螯合某些金属的作用，因此用得也较多。少数情况用水抽提效果亦佳，如霉菌产生的脂肪酶的抽提，这可能与低渗可破坏细胞结构有关。

③ 温度 通常控制在 0～4℃。但有些酶对温度的耐受性较高，如酵母醇脱氢酶（alcohol dehydrogenase）、细菌碱性磷酸酶（alkaline phosphatase）、胃蛋白酶（pepsin）等，可在 37℃ 或更高一些温度下提取。

④ 其他 在破细胞后，某些亚细胞结构也往往受到损伤，这样就可能给抽提系统带来各种不稳定因素。为此，有时还需要在抽提液中加入某些物质，例如，为防止蛋白酶的破坏性水解作用可加入蛋白酶抑制剂如对甲苯磺酰氟（PMSF）；为防止氧化等因素的影响可加入半胱氨酸、惰性蛋白和底物等。

总的来说，破坏细胞壁（膜）以后，可溶酶一般不难抽提。至于结合酶，其中有一些与颗粒体结合不太紧密，在颗粒体结构受损时就能释放出来，抽提也不难，如 α-酮戊二酸脱氢酶（α-ketoglutarate dehydrogenase）、延胡索酸酶（fumarase）可用缓冲液抽提；细胞色素 C（cytochrome C）可用 0.145mol/L 的三氯醋酸抽提。但是，那些和颗粒体结合得很紧的酶，它们常以脂蛋白形式存在，其中有的在作成丙酮粉末以后就可抽出，有的却需要使用较强烈的手段，如用正丁醇等处理。正丁醇的特点是兼具高度的亲水性和亲脂性（特别是磷脂），能破坏脂蛋白间的结合使酶进入溶液，如用于琥珀酸脱氢酶（succinate dehydrogenase）的抽提。近年来广泛采用的还有去污剂，如用胆酸盐、Triton、Tween、Teepol 等抽提呼吸链酶系；也可使用促溶试剂如过氯酸；有时还需用脂肪酶、核酸酶、蛋白酶等处理后才能使酶抽提出来。

（3）浓缩 抽提液和发酵液中酶的浓度一般都很低，所以在进行纯化前往往须先浓缩。常用的浓缩方法有以下几种。

① 蒸发 工业生产上应用较多的是薄膜蒸发浓缩法，即使待浓缩的酶溶液在高度真空条件下成极薄的液膜，同时使之与大面积热空气接触，水分就能瞬时蒸发而达到浓缩的目的。由于水分蒸发时能带走部分热量，所以只要真空条件好，酶在浓缩过程中实际受到的热作用并不太强，可用于热敏性酶类的浓缩。

② 超滤　在加压情况下，将待浓缩溶液通过一层只允许水分子和小分子选择性地透过的微孔超滤膜，而酶等大分子被滞留，从而达到浓缩目的。其优点是：没有热破坏，没有相变化，保持原来的离子强度和 pH。只要膜选择适当，浓缩过程还可能同时进行粗分；此外成本也不高，已渐渐为人们所采用。超过滤可用于小量样品，也可用于工业生产规模。

③ 凝胶过滤　利用葡聚糖凝胶 Sephadex 能吸水膨润，而酶等大分子排阻于凝胶外的原理进行浓缩。通常采用"静态"方式，即将干胶直接加入样品溶液，凝胶吸水膨胀一定时间后，再借助过滤或离心等办法分离浓缩的酶液。凝胶过滤浓缩法的优点是：条件温和，操作简便，没有 pH 与离子强度等的改变。

④ 冰冻浓缩　此法的原理是，溶液相对纯水融点升高，冰点降低。

⑤ 其他　除以上几种方法外，还有聚乙二醇等浓缩法，它们一般只适用小量样品，而且往往成本较高。

（4）酶的纯化

① 纯化的含义　在抽提液中，除了待纯化的酶外，通常不可避免地杂有其他小分子和大分子物质；其中小分子杂质在以后的纯化步骤中一般会自然地除去，大分子物质包括核酸、黏多糖和其他蛋白质。核酸和黏多糖往往干扰以后的纯化，特别是细菌的抽提液中常含有大量核酸，所以应设法预先除去。核酸可加硫酸链霉素、聚乙烯亚胺、鱼精蛋白或 $MnCl_2$ 等使之沉淀除去，必要时也可使用核酸酶；黏多糖则常用醋酸铅、乙醇、单宁酸和离子型表面活性剂等处理除去，有时也可用酶。这些杂质移除后，余下的就是杂蛋白了，纯化的主要工作，同时也是比较困难的工作，就是要将粗酶液中的杂蛋白除去。

② 纯化方法的选择　关于酶与杂蛋白的分离，可参照现成的程序，也可另外建立新的流程。要获得较理想的分离效果应注意：第一，工作前应对所要纯化的酶的理化性质（溶解度、分子大小和解离特性）以及酶的稳定性等有一个较全面的了解，这样就可知道应选择哪些方法与条件，避免哪些处理，以及了解在什么情况下酶比杂蛋白更稳定而能加以利用；第二，判断选择的方法与条件是否适当，始终应以活力测定为准则；一个好的步骤应该是比活力（纯度）提高多，总活力回收高，而且重现性好；一般纯化过程不宜重复相同的步骤和方法，因为这样只能使酶的总活力下降，而不能使酶的纯度进一步上升；第三，要严格控制操作条件，特别是随着酶逐渐纯化、杂蛋白逐渐移除、总的蛋白浓度下降，蛋白质间的相互保护作用随之减小，酶的稳定性降低，就更应注意防止变性。

现有的纯化方法都是根据酶和杂蛋白在下列性质上的差异而建立的：

a. 根据溶解度的不同，包括盐析法、有机溶剂沉淀法、共沉淀法及选择性沉淀法等；

b. 利用稳定性的差异，如选择性热变性法、选择性酸碱变性法和选择性表面变性法；

c. 根据分子大小的差别，如凝胶过滤（色谱）法、超滤法及超离心法等；

d. 根据解离电学性质的特点，如离子交换色谱法、电泳法、等电聚焦法等；

e. 根据吸附能力的差异，如吸附色谱法、疏水色谱法等；

f. 基于酶和底物、辅因子以及抑制剂间具有专一的亲和作用的特点，如亲和色谱法。

值得指出的是，上述方法中有许多往往包含两种或两种以上的因素在同时起作用。各种纯化酶的方法都有其固有的优缺点，在设计某一酶的纯化路线时，应考虑各种因素对选用的纯化方法及先后次序的影响。对目标酶而言，可以有多种纯化方法，实际采用何种方法，要看制备的规模和要求酶的质量、允许用以制备的时间及实验室的人员和设备。一般根据溶解度变化建立的纯化方法较适宜于早期的纯化阶段，规模较大；而柱色谱法（如离子交换色谱、凝胶过滤、疏水色谱、亲和色谱）或电泳分离更适宜于后期的纯化过程，规模较小。

有些情况，尤其在纯化过程中存在蛋白水解酶时，为了尽快将酶纯化，宁愿先用一些快速提纯法（如硫酸铵盐析等），而不采用较费时的柱色谱等方法。采用高效液相色谱（HPLC）也能使色谱操作快速进行。使用各种柱色谱技术时，要选择合适的色谱介质、柱尺寸和流速，要注意缓冲液的 pH 和离子强度。凝胶过滤时可采用较坚硬的 Superose 交联珠状琼脂糖介质提高操作压力，使流速加快，缩短色谱时间。离子交换色谱和色谱聚焦的珠状亲水介质与常规介质相比，分辨率较高，但价格比较昂贵，且需要特殊仪器，因而一般只用于纯化过程的最后几步。

虽然亲和技术发展日新月异，但许多酶仍可方便地用"老式"的酒精沉淀或硫酸铵沉淀法制备。这些酶来源丰富，除用传统法制备得不到均质产品或产生部分失活外，一般不再费力采用亲和色谱技术。

（5）保存 将纯化后的酶溶液透析除盐后冷冻干燥成酶粉，低温下可长期保存。

二、酶活性的测定

1. 定性测定——根据酶催化的反应判断

酶的定性和定量测定的原理不同于一般化学物质，它不能用质量和体积来表示。要检查某一个酶是否存在，利用该酶所催化的化学反应特征，将所提取的酶液与它所催化的底物在一定条件下进行反应，如有产物产生，并且一经煮沸此种活性即消失，就可以证明提取液中有此酶存在。例如，栖土曲霉的发酵液能促使酪蛋白水解，就可以断定栖土曲霉能形成蛋白酶（protease）；红曲霉发酵液能使淀粉糖化，证明红曲霉发酵液具有糖化淀粉酶（amylase）。

2. 活力单位——表示酶量的指标

酶催化一定化学反应的能力称为酶活力（activity）。当底物浓度大大超过酶浓度时，酶催化反应的反应速率与酶浓度成正比。酶活力通常以在一定条件下，酶所催化的化学反应的速率来确定。因此，酶活力的测定也就是酶所催化的反应速率的测定。所测反应速率大，表示酶活力高；反应速率小，表示酶活力低。

酶促反应的速率用单位时间内、单位体积中底物的减少量或产物的增加量来表示。所以，反应速率的单位为：浓度/单位时间。酶活力测定时应以测其反应的初速率为准。在酶活力测定中，底物往往是过量的，底物的减少量不易测准，因此通常是测产物的生成量。

酶活力的高低是用酶活力单位（U）来表示的（active unit，U 为单位 unit 的缩写）。酶活力单位是根据某种酶在最适条件下，单位时间内酶作用的底物的减少量或产物的生成量来规定的。例如，栖土曲霉蛋白酶的活力单位规定为：在 40℃、pH7.2 的条件下，每分钟分解酪蛋白产生相当于 1μg 酪氨酸的酶量为一个活力单位；α-淀粉酶的活力单位规定为：在 60℃、pH6.2 的条件下，每小时可催化 1g 可溶性淀粉液化所需要的酶量为一个活力单位，或是每小时催化 1mL 2％的可溶性淀粉液化所需要的酶量为一个活力单位。可见，各种酶的活力单位是不同的，就是同一种酶也有不同的活力单位标准，所以在比较文献上记载的酶活力单位时必须注意这一点，以免造成差错。

为便于比较和统一活力标准，1961 年国际酶学委员会曾作过统一规定：在标准条件下，1min 内转化 1μmol 底物的酶量定义为一酶活力单位，亦即国际单位（IU）。如果底物有一个以上可被作用的键，则一个活力单位是指 1min 内使 1μmol 有关基团转化的酶量。上述"标准条件"是指温度 25℃，以及被测酶的最适条件，特别是最适 pH 及最适底物浓度。

1972 年国际酶学委员会又推荐一个新的酶活力国际单位，即 Katal（Kat）单位。1Kat 单位定义为：在最适条件下，每秒可使 1mol 底物转化的酶量；同理，可使 1μmol 底物转化的酶量为 μKat 单位。

3. 比活力——表示酶纯度的指标

比活力（specific activity）是指每毫克酶蛋白（或每毫克蛋白氮）所含的酶活力单位数（有时也用每克酶制剂或每毫升酶制剂含多少活力单位来表示）。即：

$$比活力 = \frac{活力单位数}{毫克酶蛋白(氮)} \tag{6-22}$$

比活力是表示酶制剂纯度的一个指标，在酶学研究和酶纯化时常用到。在纯化酶时不仅在于得到一定量的酶，而且要求得到不含或尽量少含其他杂蛋白的酶制品。在一步步纯化的过程中，除了要测定一定体积或一定质量的酶制剂中含有多少活力单位外，往往还需要测定酶制剂的纯度如何，酶制剂的纯度一般都用比活力的大小来表示。比活力愈高，表明酶愈纯。

4. 转换数——另一种表示酶催化能力大小的方法

酶的转换数（turnover number）表示酶的催化中心的活性，它是指每秒内每一催化中心（或活性中心）所能转换的底物分子数，或 $1\mu mol$ 酶活性中心每秒转换底物的微摩尔（μmol）。

米氏方程推导中的 k_3 即为转换数（$ES \xrightarrow{k_3} E+P$）。当底物浓度过量时，因为 $v_{max}=k_3 c_{F0}$，故转换数可用下式计算：

$$转换数 = k_3 = \frac{v_{max}}{c_{F0}} \tag{6-23}$$

5. 酶活力的定量测定方法——不同酶选用不同方法

（1）化学分析法　根据酶的最适温度和最适 pH，从加进底物和酶液后即开始反应，每隔一定时间，分几次取出一定容积的反应液，停止作用后分析底物的消耗量或产物的生成量。这是酶活力测定的经典方法，至今仍常采用。几乎所有的酶都可以根据这一原理设计测定其活力的具体方法。此法的优点是不需特殊仪器，应用范围广，但一般工作量大，有时实验条件不易准确控制。

（2）分光光度计量法　利用底物和产物光吸收性质的不同，选择适当的波长，在整个反应过程中可不断测定其吸收光谱的变化。此法无需停止反应，便可直接测定反应混合物中底物的减少或产物的增加。这一类方法最大的优点是迅速、简便、特异性强，并可方便地测得反应进行的过程，特别是对于反应速率较快的酶作用，能够得到准确的结果。近年来出现的自动扫描分光光度计（即酶联免疫检测仪，俗称酶标仪）对于酶活力和酶反应研究工作中的测定更是快速、准确和自动化。

有的酶反应本身没有光吸收变化，可通过与能引起光吸收变化的另一酶反应偶联，使第一个酶反应的产物，作为第二个酶的底物，通过测第二个酶促反应产物的光吸收变化来测量第一个酶的活力，该方法称为酶偶联分析法（enzyme-coupled assay）。

（3）量气法　当酶促反应中底物或产物之一为气体时，可以测量反应系统中气相的体积或压力的改变，从而计算气体释放或吸收的量，根据气体变化和时间的关系，即可求得酶反应速度。

（4）pH 测量法　使酶反应在较稀的缓冲液中进行，然后用 pH 计测定反应进行过程中溶液 pH 值的改变。该方法比较简单，但在反应过程中，酶活力也随 pH 的改变而改变，因此不能用于酶活力的准确测定。

（5）氧和过氧化氢的极谱测定　用阴极极化的铂电极进行氧的极谱测定，可以记录在氧化酶作用过程中溶解于溶液内的氧浓度的降低。另外，可用阳极极化的铂电极测定过氧化氢作为测定过氧化氢酶的活力。

除上述方法外，还有其他方法也可用于酶活力的测定，如测定旋光、荧光、黏度以及同位素技术等。

第六节　酶的多样性

酶的催化活性不是一成不变的，有些酶在不同条件下，其结构发生变化使活性改变；有些酶具有不同结构形式，从而具有不同的催化效率，甚至改变催化性质；有的酶一种酶分子甚至具有几种不同的功能；酶的本质也不仅仅是蛋白质，有的 RNA 也具有酶的催化特性。所有这些均说明，酶的结构和功能都是多种多样的，是变化的、动态的，也正因为如此，才构成了生物体内物质代谢的复杂性、多样性和统一性，以及对于多变环境的适应性。

一、核酶

1982 年 Cech 发现，原生动物四膜虫的 26S rRNA 的前体加工转变成的 L19RNA 具有催化自我剪接（self-splicing）的能力；1983 年 Altman 又发现核糖核酸酶 P（RNase P，一种加工 tRNA 前体的酶）中的 RNA 具有该酶的催化活性；之后又逐渐发现另外一些 RNA 具有催化一定化学反应的能力。Cech 给这类具有酶催化特性的 RNA 取名为"ribozyme"，中译名为：核酶（酶性 RNA、类酶 RNA 等）。

1. 核酶的组成和结构

核酶是具有特殊结构的 RNA。不同核酶的多聚核苷酸链的长度有很大的差异。例如核酶 RNase P 链长在 345～417 核苷酸之间，而槌头状核酶只含 49 个核苷酸单元。体外研究证明，最小的核酶只含有 3 个核苷酸单元。

RNA 是核酶的功能部分。有些核酶的分子除了 RNA 外，还含有其他一些成分。例如核酶 RNase P 由 RNA 和蛋白质共同组成，蛋白质只起维护 RNA 构象的作用。此外，许多核酶还需要无机离子，如 Pb^{2+}、Mn^{2+} 或 Mg^{2+} 等的激活。

核酶具有相应的空间结构，核酶的二级结构与它们的催化活性密切相关。从现已研究的核酶的结构分析，最简单的核酶其催化部位的二级结构为槌头结构，由 13 个保守核苷酸序列和 3 个茎环结构构成，进行分子内催化，剪切反应在槌头结构右上方的 GUN 序列的 3′ 端自动发生（图 6-19）。

图 6-19　核酶槌头结构

2. 核酶的催化作用

核酶的作用底物基本上都是 RNA 分子，即 RNA 催化 RNA。核酶催化的反应主要包括：水解反应（RNA 限制性内切酶活性）、连接反应（聚合酶活性）和转核苷酰反应等。核酶水解 RNA，是催化 RNA 分子中一定部位的磷酸二酯键断裂。核酶 RNase P 在 Mg^{2+} 的存在下，能起核酸水解酶的作用，即可在 tRNA 前体的 5′ 端部分水解切除一个特殊序列，生成 tRNA。在发夹结构核酶中，含有 GUC 序列的 RNA 都可以作为底物，剪切发生在底物识别序列 GUC 的 5′ 端。

与蛋白酶相比，核酶的催化效率要低得多。如四膜虫 IVS（间插序列）水解 RNA 的速率每分钟只有两次；胰核酶水解 RNA 的速率每分钟也只有数千次。从作用方式上，不同的核酶各有特点。有的核酶催化分子内反应，有的催化分子间反应。切割型核酶一般只有水解酶功能，如 RNase P 能水解 tRNA 前体的 5′ 端特殊序列，形成自由的 3′-OH 和 5′-磷酸末端。剪接型核酶的特点是兼有水解酶和连接酶功能，如 IVS 所起的自催化剪接作用。

20 世纪 90 年代以来的研究表明，这类具 RNA 本质的新酶，基本的底物是 RNA，但不局限于 RNA，它还可以作用于 DNA、多糖以及氨酰酯等，如催化 DNA 分子的断裂，直链淀粉的分支反应（branching reaction）。蛋白质生物合成中的氨酰-tRNA 合成酶（aminoacyl-tRNA synthetase，催化氨基酸与它相应的 tRNA 相连接）及肽酰转移酶（peptidyl transferase）中的 RNA 组分也起催化作用（见本书第十二章）。这表明核酶很可能具有氨酰酯酶、氨酰-tRNA 合成酶和肽基转移酶的活性。由于这些反应均与蛋白质的生物合成有关，因此核酶在核酸的翻译、表达和核糖体功能中可能具有重要作用。迄今已发现几十种 RNA 催化剂，这些新型催化剂的发现及新的催化机理的阐明，将极大地扩展和丰富酶学的内涵。

3. 核酶研究的现状与展望

核酶的发现具有重要的意义，表明核酸既是信息分子又是功能分子。在生命起源上，能较好地解决自然界中是先有核酸还是先有蛋白质的问题，对于生命起源和生物进化的研究有着重要的启示。RNA 是一种即能携带遗传信息又有催化功能的物质，因此很可能 RNA 是生命起源中首先出现的生物大分子。

近年来，核酶的研究取得了许多重要进展。由于核酶具有 RNA 限制性内切酶活性，切割位点高度特异，可人工合成核酶用于切割特定的基因转录产物，抑制基因表达。利用槌头结构可设计出自然界不存在的核酶。设计时使核酶的配对区与待降解靶 mRNA 有合适的互补，就能进行特异切割，从而破坏 mRNA。广泛用于病毒、肿瘤的治疗和基因表达调控、基因功能研究等领域。

在核酶的研究中，目前仍然有两个问题没有得到很好的解决：①核酶催化效率太低；②由于核酶本身是 RNA，很容易被核酸水解酶（RNase）所破坏。因此，核酶的应用受到很大的限制。高效核酶的设计和合成、切割及连接机制和选择性的探讨，核酶在生物体内的稳定性，非 RNA 底物核酶的研究等，是核酶研究的主要方向。近年来，核酸技术的发展，如定向分子进化技术、PCR 技术等的应用，为筛选具有特殊性质的新型核酶开辟了新的途径。

二、调节酶

酶同一般无机催化剂比较，最重要的特点就是有的酶其催化活性是可以调节的。即在不同条件下，它所催化的化学反应速率是可变的，这种在体内活性可发生改变并调节代谢速率的酶，称为调节酶（regulatory enzyme）。调节酶通常是通过酶分子本身的结构变化来改变酶的活性。调节酶主要包括共价修饰酶和别构酶两大类。此外，有的酶还可通过亚基的聚合或解聚等方式来调节酶的活性。

1. 共价修饰酶（covalent modification enzyme）

酶蛋白分子肽链上某些氨基酸侧链基团，在另一种酶的催化下，发生可逆的化学修饰，使酶分子共价连接（或脱掉）一定的化学基团，称为共价修饰或化学修饰（chemical modification）。酶被修饰后，有的被激活（或活性增高），有的被抑制（或活性降低）。通过这种修饰作用，使酶处于活性与非活性形式的互变状态，从而调节酶的活性。其中，磷酸化和脱磷酸化是一种普遍的调节方式，磷酸化作用由蛋白激酶催化将 ATP 或 GTP 的 γ 位磷酸转移到蛋白质 Ser、Thr 以及 Tyr 残基的羟基，脱磷酸化作用则由蛋白磷酸酶催化。如糖原代谢中，糖原分解的关键酶糖原磷酸化酶，其磷酸化状态为有活性的磷酸化酶 a，脱磷酸化状态为无活性的磷酸化酶 b；糖原合成的关键酶糖原合成酶则刚好相反，其磷酸化状态为无活性的合成酶 D，脱磷酸化状态为有活性的合成酶 I。

2. 别构酶（allosteric enzyme）

别构酶是另一类重要的调节酶，它同共价修饰酶不同，不是通过共价键（化学基团）的变化，而是通过酶分子非催化部位与化合物可逆地非共价结合后发生构象的变化来改变酶的活性，因此又称为变构酶。这类酶具有两个在空间上彼此独立并分开的特异部位（或称中心）：

即活性部位（active site）和调节部位（regulatory site）。前者是底物结合部位，后者是称为效应物（或调节物，常常是代谢的产物）的结合部位。当底物同活性部位结合时，酶即催化底物转变为产物；当效应物同调节部位结合时，可引起酶分子的构象改变，从而引起酶活性的改变（降低或升高）（图6-20）。

图 6-20　别构酶的调节

别构酶一般位于代谢途径中的第一步反应，控制着整个代谢途径的速率与途径之间的平衡。别构酶的动力学不符合米氏方程，具有协同效应，即一个配体分子与酶结合后能影响第二个配体的结合。

3. 聚合解聚调节酶（polymeric-depolymeric regulatory enzyme）

调节酶都是寡聚酶，有的酶通过酶的各个亚基的聚合与解聚来调节其活性。在这类调节酶中，有的是亚基聚合后才具有活性（或活性提高），有的则相反，解聚后才是有活性的，聚合后是无活性的（或活性降低）。

三、多功能酶

多功能酶（multifunctional enzyme）是指结构上仅为一条肽链，却具有两种或两种以上功能的酶蛋白。例如，大肠杆菌的天冬氨酸激酶Ⅰ（aspartate kinaseⅠ）和高丝氨酸脱氢酶Ⅰ（homoserine dehydrogenaseⅠ）就组成一个多功能酶，尽管这个酶分子由4个相同亚基组成，但上述两种酶的活性中心却在一个亚基上，其中链的N末端部分具有天冬氨酸激酶活性，C末端部分具有高丝氨酸脱氢酶活性。

四、人工酶

人工酶（artificial enzyme）是指非天然存在的、在人工参与下体外合成、半合成、模拟或对天然酶加以改造后形成的酶。由于对酶的结构与功能研究的日益深入，人们已从多方面改造或构建天然酶，以便更好发挥酶的功能，或创建新酶，赋予酶的新功能。

1. 抗体酶（abzyme）

抗体酶是将抗体（免疫球蛋白）的高度选择性（专一性）与酶的高效催化能力融为一体的特殊蛋白质，它既具有酶的催化特性，又能与特异抗原相结合。

抗体酶是用人工合成的酶和底物结合的中间过渡态类似物作为半抗原（hapten）免疫动物，使动物产生抗体，这种抗体即具有酶的催化功能和抗体专一性。

抗体介导前药治疗（ADEPT）技术利用抗体酶的高度专一性可用于药物对靶细胞的定位，临床应用时可减少药物对正常细胞的损害。5-氟尿嘧啶（5FdU）是临床常见的抗癌药物，但毒副作用大。用半抗原诱导产生的抗体酶能水解无毒的5-氟尿嘧啶前药转变为5-氟尿嘧啶。将此抗体酶与肿瘤专一性抗体偶联成双特异性抗体，从而开发成特异性抗癌药物，抗体酶通过肿瘤专一性抗体而存在于肿瘤细胞的表面。静脉给药后，当前药扩散至肿瘤细胞的表面或附近，抗体酶才会将前药迅速水解释放出有毒的 5-氟尿嘧啶，从而提高肿瘤细胞局部药物浓度，增强对肿瘤的杀伤力，避免了化疗缺乏专一性而产生的高毒性、半衰期短等缺点。

2. 突变酶 (mutation enzyme)

应用蛋白质工程（见本书第十四章）技术将天然酶的活性基团进行改造所得到的酶称为突变酶。因为目前蛋白质工程的主要手段是通过改变酶的基因来改造酶，要引起基因突变，故名突变酶。这种改造通常使活性中心的某些氨基酸被取代，从而改变酶的活性。如枯草杆菌蛋白酶 (subtilisin) 的第 99 位的天冬氨酸和第 156 位的谷氨酸这两种酸性氨基酸被碱性氨基酸赖氨酸替换后，产生了一种活性很高的枯草杆菌蛋白酶。

3. 模拟酶 (analog enzyme)

利用有机化学的方法合成比酶分子结构简单得多的具有催化功能的非蛋白分子，这种分子模拟天然酶对底物的结合和催化过程，既具有酶催化作用的高效率和专一性，又具有比天然酶稳定的特性，这种物质即称为模拟酶。现在也可以通过计算机进行模拟。这种模拟可分为 3 个层次：①合成具有类似酶活力的简单化合物；②酶活性部位模拟；③整个酶分子模拟。现在已利用环糊精 (cyclodextrins，为含有 6~8 个葡萄糖基的环状寡糖) 成功模拟了核糖核酸酶、胰凝乳蛋白酶、碳酸酐酶等。如利用 β-环糊精的空穴作为底物结合部位，以连在环糊精侧链上的羧基、咪唑基及环糊精自身的羟基共同构成催化部位，可模拟胰凝乳蛋白酶。

第七节　酶在工业上的应用及酶工程

一、酶在食品工业中的应用

食品加工过程中如何保持食物的色、香、味和结构是很重要的问题，因此加工过程中要避免使用剧烈的化学反应。酶由于反应温和、专一性强、本身无色无味、反应容易控制，因而最适宜用于食品加工。与食品原料的主要成分糖类、蛋白质、脂类分解相关的淀粉酶、蛋白酶、脂肪酶等可用于原料的有效利用，也用于食品物理性质、营养价值和风味的改良，以及生理活性功能食品开发。如转谷氨酰胺酶广泛用于蛋白质的凝集性质的改良，能使食品蛋白质非加热凝胶化，赋予乳蛋白形成凝胶能力，提高鱼肉蛋白黏弹性。

酶在食品加工中最大的用途是淀粉加工，其次是乳品加工、果汁加工、烘烤食品、以及啤酒发酵等。与此有关的各种酶如淀粉酶 (amylase)、葡萄糖异构酶 (glucose isomerase)、乳糖酶 (lactase)、凝乳酶 (rennin)、蛋白酶 (proteinase) 等的总销售金额几乎占酶制剂市场总营业额的 60% 以上，其中一半用于淀粉加工，主要是制造果葡糖浆、葡萄糖、麦芽糖，以及各种淀粉糖浆、麦芽糊精等。

1. 淀粉加工

常用于淀粉加工的酶是 α-淀粉酶、β-淀粉酶、糖化酶、葡萄糖异构酶和脱支酶等，主要由 *Bacillus* 属细菌以通气搅拌液体培养法生产。葡萄糖的制造使用 α-淀粉酶和葡萄糖淀粉酶；麦芽糖的制造使用 β-淀粉酶和异淀粉酶。

加工的第一步是将淀粉先用 α-淀粉酶液化，再通过各种酶的作用便可制成多种淀粉糖浆，其性质亦各不相同，风味各异，故适用于不同的用途。

2. 乳品工业

在乳品工业中所用的酶主要有：①凝乳酶 (rennin) 用于制造干酪，凝乳酶使鲜奶凝固；②过氧化氢酶 (catalase) 用于牛奶消毒；③溶菌酶 (lysozyme) 常用于婴儿奶粉；④乳糖酶 (lactase) 用于分解乳糖；⑤脂肪酶 (lipase) 用于黄油增香。其中以干酪生产与分解乳糖最为重要，全世界干酪生产耗牛奶达一亿多吨，占牛奶总产量的 1/4。自发现微生物凝乳酶以后，现在 85％的动物酶已由微生物酶所代替，凝乳酶已成为仅次于淀粉酶的酶产品。

3. 果蔬加工

水果加工中最重要的酶是果胶酶（pectinase），果胶在植物中作为一种细胞间隙填充物质而存在。在果蔬保藏方面，用葡萄糖氧化酶（glucose oxidase）去除脱水蔬菜糖分，可防止储藏过程中发生褐变。用半纤维素酶处理咖啡豆制造速溶咖啡，可降低抽提温度，增加收率，改善风味。

酶在橘子罐头加工中有着广泛的用处，黑曲霉（*Aspergillus niger*）所产生的半纤维素酶（hemicellulase）、果胶酶和纤维素酶（cellulase）的混合物可用于橘瓣去除囊衣，以代替耗水量大又费工时的碱处理。橘子中的柠檬苦素（imonin）是引起橘汁产生苦味的原因，用球节杆菌（*Arthrobacter globiformis*）固定化细胞的柠碱酶处理可消除苦味。花青素酶用于果汁的脱色。

4. 酿酒工业

啤酒是以麦芽为原料，经糖化发酵而成的酒精饮料，麦芽中含降解原料生成可发酵性物质所必需的各种酶类，主要为淀粉酶、蛋白酶、β-葡聚糖酶（β-glucanase）、纤维素酶以及核酸分解酶等。在糖化过程中，这些酶分解原料中淀粉与蛋白质生成还原糖、糊精、氨基酸、肽类等物质。使用微生物淀粉酶、蛋白酶、β-葡聚糖酶等酶制剂，可补充麦芽中酶活力不足的缺陷。脲酶能将尿素分解，用于酒质的保持。

5. 制糖工业

主要是分解棉子糖，清洗设备及降低蔗汁黏度。此外，还用于菊粉水解生成果糖，以及由葡萄糖直接变为果糖分解蔗汁淀粉，生产帕拉金糖（palatinose）。

6. 肉类和鱼类加工

酶在这方面的两个重要用途是改善组织、嫩化肉类及转化废弃蛋白成为供人类食用或作为饲料的蛋白浓缩物。常用的酶有木瓜蛋白酶、菠萝蛋白酶等植物蛋白酶和一些细菌蛋白酶。溶菌酶可作为肉类加工品的防腐剂。

7. 面包烤焙食品制造

淀粉酶活力作为面粉质量的指标之一。为保证面团的质量，需要添加酶进行强化。α-淀粉酶、纤维素酶可防止冷冻坏和面包的老化，半纤维素酶、霉菌蛋白酶和木瓜蛋白酶用于坯的改良，脂氧合酶用于坯的漂白，脂肪酶用于维持坯的稳定，木聚糖酶用于体积增大，葡萄糖氧化酶用于强化谷蛋白结构。

8. 调味品制造

利用蛋白酶水解鱼肉、鸡肉等动物性蛋白质或大豆、玉米等植物性蛋白质，制造天然调味液。根据蛋白酶不同种类的组合，可获得不同味道的调味液。

二、酶在化工、轻工方面的应用

1. 用于酶法合成有机酸

酶法合成有机酸是有机化学合成与生化合成相结合而构成的生产工艺，已经用于工业生产的有苹果酸、酒石酸和长链脂肪酸等。

（1）苹果酸 L-苹果酸在食品工业方面是优良的酸性剂，在化工、印染、医药品生产上也有不少用途。可用发酵法和酶法生产，工业上以延胡索酸为原料，通过微生物延胡索酸酶（fumarase）合成。

（2）酒石酸的酶法合成 L-（＋）-酒石酸是一种食用酸，在医药化工等方面用途也很广，系从葡萄酒生产的副产物酒石中提取，但产量有限。用化学合成法也可以制造酒石酸，但产物是 DL 型体，水溶性较天然 L-构型差，不利于应用。用酶法可以制造光学活性的酒石酸，酶法合成酒石酸首先以顺丁烯二酸在钨酸钠为催化剂下用过氧化氢反应生成环氧琥珀酸，再用微生物环氧琥珀酸水解酶开环而成为 L-（＋）-酒石酸。

微生物环氧琥珀酸水解酶是胞内诱导酶，培养基中须添加环氧琥珀酸诱导，转化反应可用细胞也可用固定化细胞，生产这种酶的微生物有假单胞杆菌、无色杆菌、产碱杆菌、根瘤菌、土直菌、诺卡氏菌等。

（3）长链二羧酸　长链二羧酸是香料、树脂、合成纤维的原料，可利用微生物加氧酶与脱氢酶氧化 $C_9 \sim C_{18}$ 正烷烃来制造，二羧酸是正烷烃氧化分解（末端氧化与 ω-氧化之后）的中间产物。

使用正烷烃氧化力强的二羧酸高产菌株假丝酵母（Candida albicans），将其进一步诱变筛选出不能降解烷烃的突变株，当其氧化 C_{16} 正烷烃时，正烷烃转化率为 97%，其中 60% 转化成二羧酸。

2. 用于氨基酸的生产

酶在氨基酸生产上的用途有两个：一是用于 DL-氨基酸的光学拆分，另一种用途是合成氨基酸。后者是先利用化学方法合成分子结构简单的化合物作为前体，然后通过酶反应合成所需要的氨基酸，这是结合化学合成与酶反应的优点而建立的一种有效的生产手段，能够价廉、高收率地生产一些采用发酵法或合成法尚难生产的氨基酸。不少氨基酸可采用酶合成（表 6-7），L-天冬氨酸、L-赖氨酸、L-丙氨酸等已大规模工业化生产。甚至一些天然不存在的氨基酸也可通过酶催化合成，如构成 β-内酰胺抗生素侧链的一些 D-氨基酸（D-对羟苯基甘氨酸）和作为药物的 D-苯甘氨酸、D-苯丙氨酸、D-天冬氨酸等。

表 6-7　应用酶反应生产氨基酸

产品	反应	微生物（酶）
L-天冬氨酸	延胡索酸＋NH_3 ⟶ L-天冬氨酸	大肠杆菌（天冬氨酸酶）
L-赖氨酸	（1）DL-α-氨基己内酰胺＋H_2O ⟶ L-赖氨酸＋D-ACL	（1）卢氏隐球菌（内酰胺酶）
	（2）D-ACL ⟶ L-α-ACL	（2）无色杆菌（A. obae）（消旋酶）
L-酪氨酸	苯酚＋丙酮酸＋NH_3 ⟶ L-酪氨酸＋H_2O	β-酪氨酸酶
L-DOPA	儿茶酚＋丙酮酸＋NH_3 ⟶ 3,4-L-DOPA＋H_2O	β-酪氨酸酶
L-色氨酸	吲哚＋丙酮酸＋NH_3 ⟶ L-色氨酸＋H_2O	变形杆菌色氨酸酶
D-对羟基苯甘氨酸	DL-5-对羟基苯基乙内酰脲 ⟶ D-对羟基苯甘氨酸	沟槽假单胞菌（P. striata）（乙内酰脲酶）
L-异亮氨酸	苏氨酸＋葡萄糖 ⟶ 异亮氨酸	黏质赛氏杆菌

3. 用于化工产品的生产上

化工产品大部分都是以石油、天然气为原料生产的，需要高温高压的多阶段反应，且合成过程会使用有毒溶剂。酶催化合成化工产品是一种节省能源、减少污染的绿色化学。重要的工业原料丙烯酰胺是水溶性乙烯树脂聚合体的单体，广泛用于各种聚合体合成。传统上是以还原铜等金属催化的水合法化学合成，不仅单体品质低下并生成副反应产物，而且工艺复杂、能耗高。腈水合酶（nitrile hydratase）能催化丙烯腈生成丙烯酰胺，以耐受丙烯腈和丙烯酰胺的 Rhodococcus rhodochrous 菌株制成生物反应器工业生产丙烯酰胺，底物丙烯腈以单独供给方式添加，转化反应后产物以结晶形式析出累积。该方法产率高、无副产物且能耗低，成为丙烯酰胺生产的标准方法（图 6-21）。

4. 用于其他化工、轻工业

酶在化工、轻工业中的主要用途是：用于洗涤剂的制造，以增强去垢力，蛋白酶、脂肪酶等酶制剂的联合使用可以提高洗涤效果，淀粉酶大量用于餐具的自动化清洗；用于制革工业原料皮的脱毛，裘皮的软化；用于明胶制造，以代替原料皮的浸灰，减少污水；用于造纸工业，作用于淀粉以制粘接剂，漆酶可降解木质素，在制浆和漂白工艺中作用都非常大；用于化妆品生产，以去除肤屑、洁净体肤，如超氧化物歧化酶（SOD）可清除自由基，能有效防止皮肤衰老，在化妆品中应用广泛；用于感光片的生产，以回收银粒和片基，以及用于处理水废物，作为饲料添加剂等。

图 6-21　铜催化法和生物转化法合成丙烯酰胺

三、酶在医药工业中的应用

1. 医药用酶

早期酶制剂主要用于治疗消化道疾病、烧伤及感染引起的炎症疾病上，现在国内外已广泛应用于多种疾病的治疗上，其制剂品种类已超过 700 余种，按应用可分为以下几类。

（1）促进消化酶类　利用酶作为消化促进剂，早已为人们所采用，这类酶的作用是水解和消化食物中的各种成分，如蛋白质、糖类和脂类等。淀粉糖化酶含有多种糖类分解酶，用于糖类消化异常的改善。早期使用的消化剂，其最适 pH 为中性至微碱性，主要用于胃中食物消化。后来从微生物制得不仅在胃中，同时也能在肠中促进消化的复合消化剂，内含蛋白酶、淀粉酶、脂肪酶和纤维素酶。

（2）消炎酶类　菠萝蛋白酶、舍雷肽酶作为消炎酶制剂，被广泛使用。链球菌脱氧核糖核酸酶和蛋清来源的氯化溶菌酶可缓解手术后肿胀。

（3）与纤维蛋白溶解作用有关的酶类　提高血液中蛋白水解酶水平，将有助于促进血栓的溶解。目前已用于临床的酶类主要有链激酶（streptokinase）、尿激酶（urokinase）、纤溶酶（fibrinolysin）、凝血酶（thrombin）等。尿激酶作为末梢静脉血栓症和脑血栓症的治疗药物被广泛使用。

（4）抗肿瘤酶类　酶能治疗某些肿瘤，如天冬酰胺酶（asparaginase）是一种令人注目的抗白血病药物，能选择性地剥夺某些类型肿瘤组织的营养成分天冬氨酸，干扰或破坏肿瘤组织代谢，而不影响能自身合成天冬氨酸的正常细胞。谷氨酰胺酶（glutaminase）能治疗多种白血病、腹水瘤等。神经氨酸苷酶（neuraminidase）是一种良好的肿瘤免疫治疗剂。此外，尿激酶可用于加强抗癌药物如丝裂霉素 C（mitomycin C）的药效，米曲溶栓酶能治疗白血病和肿瘤等。

（5）其他药用酶　除上述几类用于治疗的酶以外，还有许多药用酶，如青霉素酶（penicillinase）能分解青霉素，治疗青霉素引起的过敏反应；透明质酸酶（hyaluronidase）可分解黏多糖，使组织间质的黏稠性降低，有助于组织通透性增加，是一种主要的药物扩散剂；弹性蛋白酶（elastase）有降血压和降血脂作用；激肽释放酶（kallikrein）能治疗与血管收缩有关的各种循环障碍；葡聚糖酶（glucanase）能预防龋齿；细胞色素 C 是参与生物氧化的一种非常有效的电子传递体，可用作组织缺氧治疗的急救和辅助用药。

2. 诊断用酶

临床生化的中心任务是研究并定量分析疾病的生化改变。细胞外液（血浆、血清、尿、消化液、脑脊液及羊水等），是最常用的材料。虽然大多数酶存在于活细胞内，但细胞受损时，酶则逸出并进入细胞外液，于是细胞外液酶活性增高。测定这些酶活性增高的程度、类型及持续时间，可为临床鉴别受损组织，了解损伤程度，评估治疗效果及预后提供极为有用的资料。利用酶试剂构建检测系统特异性强、反应时间短，具有简便、快捷、准确的特点，且适于多项目自动分析，是十分理想的诊断用试剂。

目前，用于临床诊断的酶已超过100种，其中50多种酶在临床上的应用比较广泛。

（1）血清酶　根据酶的来源及血清中发挥作用的情况，可将血清酶分为四类：①血浆特异酶；②外分泌酶；③细胞内酶；④其他酶。

（2）其他体液及细胞和组织中的酶

① 其他体液中的酶　目前，血清或血浆以外的其他体液中的酶在诊断上的应用不如血清酶那样广泛、重要，这方面临床资料也不多，主要有脑脊液酶、胆汁中转氨酶、醇脱氢酶和酸性磷酸酶。

② 细胞和组织中的酶　细胞和组织中酶的测定对于某些疾病的研究和诊断有重要价值。在这方面已取得的显著成就是对许多遗传性疾病酶异常的证明。这些疾病主要包括：半乳糖血症、先天性溶血性贫血、糖原累积病、进行性肌营养不良等。白细胞碱性磷酸酶（alkaline phosphatase）活性测定具有一定的临床意义，其活性降低可见于慢性粒细胞白血病。

（3）用于检测代谢产物的酶　除了检测细胞外液及组织中的酶活性，还可以利用酶试剂定性定量检测生物样品中具有医学意义的各种代谢产物。肌酸酐是肌酸的代谢终产物，血液或尿液中的肌酸酐含量是了解肾机能的最好指标，肌酸酐临床检测的主要方法是依次使用肌酸酐酶、肌酸酶、肌氨酸氧化酶对肌酸酐降解，然后利用过氧化物酶生色系统对生成的过氧化氢进行测定。

（4）诊断酶的应用　临床诊断酶按应用类型可分为以下三类。

① 用于病情的诊断　这是诊断用酶最主要的用途，例如，线粒体谷草转氨酶（GOT_m）存在于肝细胞线粒体，当肝细胞坏死严重时，大量 GOT_m 释出进入血内，使血中 GOT_m 升高。因此，对于急性肝炎，测定血中 GOT_m 有助于了解病情严重程度。

② 用于病因的诊断　血清 GOT（谷草转氨酸）测定主要用于心肌梗死、肝病及肌肉疾病的诊断，但许多疾病均可引起血清 GOT 活性增高。GPT（谷丙转氨酶）在肝细胞中较多，当肝脏损伤时，此酶即释放进入血清中，因而其血清含量增加。目前，GPT 升高往往作为诊断肝炎的一个重要指标，但其他疾病亦可导致血清 GPT 不同程度的升高。因此对血清 GPT 活性升高，须从多方面分析综合考虑进行鉴别。

③ 用于疾病机制的探讨　先天性代谢异常是由于某种酶的缺损，从而形成某种化学反应途径的堵塞，比如缺损葡萄糖-6-磷酸酶（glucose-6-phosphatase），导致肝内蓄积糖原，由于这些作用在肝内进行，用血清中酶的变化很难诊断。只有卵磷脂胆固醇酰基转移酶（lecithin-cholesterol acyltransferase）在肝细胞中生成是一例外，能从血中活化的酶来诊断。

3. 药物生产相关的酶

酶可应用于药物或医药中间体的合成，尤其是利用酶的立体选择性，可获得光学活性的药物。水溶性维生素尼克酰胺可由腈水合酶催化 3-氰基吡啶制造。左旋多巴（L-DOPA）为抗震颤麻痹药，化学方法合成的产物是 L 型和 D 型混合的外消旋体，而 D-DOPA 能引起毒性反应，难以拆分；酪氨酸苯酚裂解酶通过以邻苯二酚、丙酮酸和氨为原料，可以制造 L-DOPA。4-羟基-L-脯氨酸是氨基甲酰类抗生素侧链的光学活性医药中间体，可由 *Dactylosporangium* 产生的 L-脯氨酸羟化酶对 L-脯氨酸立体选择性羟化制备；而在此之前只能由动物胶原蛋白提取，工业上在大肠杆菌中大量制备该特异性羟化酶。

四、固定化酶

1. 概述

酶是一种蛋白质，稳定性差，对热、强酸、强碱、有机溶剂等均不够稳定，即使在酶反应最适条件下，也往往会很易失活，随着反应时间的延长，反应速率会逐渐下降，反应后又不能回收，而且只能采用分批法生产手段等，对于现代工业来说还不是一种理想的催化剂。如果能设计一种方法，将酶束缚在特殊的"相"，使它与整体相（或整体流体）分隔开，但能进行底物和效应物（激活剂或抑制剂）的分子交换，这种固定化的酶就可以像一般化学反应的固体催化一样对待，它既具有酶的催化特性，又具有一般化学催化剂能回收、反复使用等优点，并且生产工艺可以连续化、自动化。通常酶相是不溶于水的，因而被称为固相酶、水不溶酶（immobilized enzyme）。随着固定化技术的发展，作为固定化对象不一定是酶，亦可以是微生物细胞或细胞器，这些固定化物可统称为固定化生物催化剂。1969 年日本千畑一郎等首先应用固定化氨基酰化酶生产 L-氨基酸，至今已有多种固定化酶获得工业规模的应用，例如，固定化葡萄糖异构酶生产高果糖浆，固定化青霉素酰化酶生产 6-氨基青霉烷酸，固定化微生物细胞生产 L-天冬氨酸和 L-苹果酸，固定化乳糖酶生产低乳糖牛奶等。

固定化酶不但仍然具有酶的高度专一性及温和条件下高效率催化的特点，还具有离子交换树脂那样的优点，即有一定的机械强度，可以搅拌或装柱形式作用于底物溶液，使反应连续化、自动化，不带进杂质，产物容易精制，收率较高；反应结束后，固定化酶还可以回收，反复使用。另外，酶经固定化后，对于酸碱及温度等稳定性大大增加，便于反复使用及保存。固定化酶的许多优点将为酶学的研究和应用开辟广阔的前景，这是近年来酶学研究中的一项重大革新。

2. 固定化酶的制备方法

固定化酶的制备方法大致可分为四类。

（1）吸附法　吸附法是使酶分子吸附于不溶性载体上。此法用得不多。

（2）载体偶联法（共价法）　这是一种让酶通过化学反应以共价键偶联于适当的载体上（如纤维素、葡聚糖凝胶等）的方法。先在载体上面接一些可与酶蛋白分子起反应的基团，然后再与酶通过共价键结合起来。此法已广泛被采用。

（3）交联法　在这种方法中，酶依靠双功能团试剂造成分子间交联而成为网状结构。常用的双功能团试剂有戊二醛、顺丁烯二酸酐等。酶蛋白分子中的氨基、酚基、咪唑基及巯基均可参加交联反应。

（4）包埋法　包埋法是将酶包埋在凝胶网格中或半透膜微型胶囊中的一种方法。

3. 研究固定化酶的意义

固定化酶的研究，在理论方面对生命规律的探讨具有一定的价值。现已知道，细胞内与呼吸作用中的电子传递、蛋白质合成、膜的主动运输以及神经传导等重要生理功能有关的酶都是天然的固定化酶，它们或者是在凝胶的环境中，或是吸附在界面上，或是在线粒体一类的细胞器上起作用。但迄今为止对酶的研究都是将酶从天然载体（如膜）上分离下来，因而是使酶处在一种与细胞内不完全相同的状态下来进行研究的，这就不易得到完全符合于机体中的真实情况的信息。理想的办法是将酶结合到细胞的凝胶物质或天然膜这一类固相载体上，再来研究细胞器中的多酶体系，为此，固定化酶提供了一种良好的模型。

目前固定化酶更吸引人的还是它在工业、医药和分析、分离等实际应用中的巨大潜力。固定化酶的成功使用将可能使有关的工业发生巨大变革。例如，使目前某些工厂的一些庞大的反应罐变为精巧的管道系统；如果多酶反应器研究成功，即可实现某些产品生产的连续化、自动化，这也是当前生物工程中的酶工程所面临的任务。在临床上，已经试验应用微型胶囊的固定化酶埋入体内，以治疗因某些酶缺陷而导致的遗传性疾病。目前已将碳酸酐酶、脲酶、胰蛋白酶、过氧化氢酶及天冬酰胺酶制成微型胶囊，试验用于治疗遗传性酶缺陷症及慢性肾功能衰弱性等疾病。此外，固定化酶的研究对于日趋发展的医学生物学工程也一定有着重要的意义。

五、酶工程

随着酶学研究的迅速发展，特别是酶的应用的推广，使酶学和工程学相互渗透和结合，发展成一门新的技术科学——酶工程（enzyme engineering）。酶工程是工业上有目的地设计一定的反应器和反应条件，利用酶的催化功能，在常温常压下催化化学反应，生产人类需要的产品或服务于其他目的的一门应用技术；也就是把酶或细胞直接应用于化学工业的技术系统。从目前看，主要包括酶的基因定点突变、酶功能基团的化学修饰、酶和细胞的固定化技术、反应器、反应的检测和控制等。广义的讲，还应包括酶的生产、分离和纯化。酶工程是生物工程的重要组成部分。

酶工程是在应用酶催化作用的基础上逐渐发展起来的。20世纪50年代以来，酶的应用技术有了很大的进步：50年代酶制剂的生产有了迅速发展，这一时期主要是溶液酶的应用；60年代出现了固定化酶技术，60年代末已应用于工业生产；70年代出现了固定化细胞的技术；近年又发展了固定化增殖细胞的研究，亦发展了包括辅因子再生的固定化多酶反应体系的研究。

习　　题

1. 判断对错，如果不对，请说明原因。
(1) 生物体内具有催化能力的物质都是蛋白质。
(2) 所有酶都具有辅酶或辅基。
(3) 酶促反应的初速度与底物浓度无关。
(4) 当底物处于饱和状态时，酶促反应的速率与酶的浓度成正比。
(5) 对于所有酶而言，K_m值都与酶的浓度无关。
(6) 测定酶的活力时，必须在酶促反应的初速率时进行。

2. 现有1g淀粉酶制剂，用水稀释1000mL，从中吸取0.5mL测定该酶的活力，得知5min分解0.25g淀粉。计算每克酶制剂所含的淀粉酶活力单位数（淀粉酶活力单位规定为：在最适条件下，每小时分解1g淀粉的酶量为1个活力单位）。

3. 称取25mg蛋白酶粉配成25mL酶溶液，从中取出0.1mL酶液，以酪蛋白为底物，用Folin比色法测定酶活力，得知每小时产生1500μg酪氨酸；另取2mL酶液用凯氏定氮法测得蛋白氮为0.2mg。根据以上数据，求出：
(1) 1mL酶液中所含的蛋白质量及活力单位；
(2) 比活力；
(3) 1g酶制剂的总蛋白含量及总活力。
（每分钟产生1μg酪氨酸的酶量为1个活力单位）。

4. 当底物浓度c_S分别等于$4K_m$、$5K_m$、$6K_m$、$9K_m$和$10K_m$时，求反应速率v相当于最大反应速率v_{max}的几分之几？

5. 根据下列实验数据，用 Lineweaver-Burk 作图法求：

(1) 非抑制反应下的 K_m 和 v_{max}；

(2) 抑制反应下的 K_m 和 v_{max}；

(3) 判断抑制作用的类型。

c_S/(mmol/L)	v(无抑制剂时) /[μmol/(mg·min)]	v(有抑制剂时) /[μmol/(mg·min)]
3.0	2.29×10^3	1.83×10^3
5.0	3.20×10^3	2.56×10^3
7.0	3.86×10^3	3.09×10^3
9.0	4.36×10^3	3.49×10^3
11.0	4.75×10^3	3.80×10^3

6. 从某生物材料中提取纯化一种酶，按下列步骤进行纯化，计算最后所得酶制剂的比活力、活力回收率和纯化倍数（纯化率）。

纯化步骤	总蛋白质/mg	总活力/U	比活力/(U/mg 蛋白)	回收率/%	纯化倍数
粗提液	18620	12650			
盐析	440	1520			
离子交换	125	985			
凝胶过滤	12	196			

第七章 维生素、水和矿物质平衡

第一节 概 述

人和动物为维持正常的生理功能而必须从食物中摄取各种营养物质，在人体生长、代谢、发育过程中发挥着重要的作用。这些营养物质统称为营养素。如果缺乏某些营养素，机体就会出现功能障碍，重则危及生命。所以人体需要获得合理的营养素，方能保证身体健康、增强抵抗力、防止疾病的发生。

一、基本营养要素

1. 六大要素——水、无机盐和维生素都是不可缺少的营养要素

营养素包括六大类：糖类、蛋白质、脂类、维生素、水、无机盐类与微量元素，这些营养素分别为机体提供能量、调节物质代谢并构成机体的结构成分。水在人体内所占的比例是 55%~65%，蛋白质占 20%，脂肪占 15%，糖类占 2%，矿物质占 5%，维生素占 1%。蛋白质、糖类、脂肪三种营养素称为丰量营养素，维生素、矿物质则习惯称为微量营养素。

2. 维生素——重要的微量营养素

维生素与前面介绍的糖类、脂肪和蛋白质三大物质不同，在天然食物中仅占极少比例，但又为人体所必需。人体犹如一座极为复杂的化工厂，不断地进行着各种生化反应。其反应与酶的催化作用有密切关系。酶要产生活性，必须有辅酶参加。已知许多维生素是酶的辅酶或者是辅酶的组成分子。因此，维生素是维持和调节机体正常代谢的重要物质。可以认为，最好的维生素是以"生物活性物质"的形式，存在于人体组织中。

3. 无机盐——机体所需常量元素与微量元素

人体内已发现的化学元素有 50 余种，除碳、氢、氧、氮主要以有机化合物的形式出现外，其余各种元素，无论其存在的形式如何，含量多少，统称为无机盐。其中含量较多的有钙、镁、钠、钾、氯、磷、硫 7 种元素，占人体总灰分的 60%~80%；而另一些无机元素在体内含量甚少，有的甚至只有痕量，故称为微量元素，如铜、锌、铁、钴、锰、锡、铬、碘、氟等，这些元素同样具有重要生理功能（见表 7-1）。

表 7-1 常见金属元素及其与人体的关系

作 用	金属	从食物及水中的摄入量/(mg/d)	从空气吸入的数量/(μg/m³)	每日排泄量/(mg/d)	平衡结果[2]
必需的	铁	15.0 (6.5)[1]	266.00 (1.74)	接近吸收量	=
	锌	14.5 (31~51)	33.80 (0.23)	接近吸收量	=
	铜	1.325 (32~60)	23.00 (1.74)	接近吸收量	=
	锰	4.400 (3~4)	28.80 (0.65)	接近吸收量	=
	铬	0.245 (10)	3.60 (1.44)	接近吸收量	=
	钼	0.335 (40~60)	0.60 (0.18)	接近吸收量	=
	钴	0.340 (63~97)	0.12 (0.03)	接近吸收量	=

续表

作　　用		金属	从食物及水中的摄入量/(mg/d)	从空气吸入的数量/(μg/m³)	每日排泄量/(mg/d)	平衡结果②
必需的		硒	0.068 (5)	0.07 (0.1)	接近吸收量	=
		镍	0.600 (5)	2.40 (0.4)	接近吸收量	=
		钒	0.116 (5)	40.00 (25.6)	接近吸收量	=
		锡	7.300 (2)	0.60 (0.008)	接近吸收量	=
		氟	2.400 (80~90)		2.380	+
		碘	0.205 (100)		接近吸收量	=
		锶	1.900 (17~38)		接近吸收量	=
非必需的	可能必需	铷	1.500 (90)		接近吸收量	=
		砷	1.000 (5?)		<1.000	+
		硅				
		硼	1.300 (99)		接近吸收量	=
	无害的	铝	17.0 (0.1)	50.00 (0.29)	接近吸收量	+
		钡	0.735 (1~15)	30.00 (3.90)	接近吸收量	=
		钛	1.375 (1~2)	3.80 (0.27)	接近吸收量	?
		铌	0.620 (40、60)		接近吸收量	=
		锆	4.200 (0.01)		接近吸收量	=
有害的	有毒害的	铋	0.02 (80)	0.76 (3.66)	接近吸收量	?
		锑	<0.150 (少量)	1.76 (<1.67)	接近吸收量	+
		铍	0.012 (0.01)	0.04 (0.33)	接近吸收量	+
		镉	0.160 (25.0)	7.40 (4.40)	<0.100	+
		汞	0.020 (5~10)	14.80 (42.50)	<0.020	+
		铅	0.300 (5~10)	144.00 (32.50)	0.293	+

① 括号内的数字系指吸收的百分率,%。
② 平衡结果：=表示有能力保持平衡；—表示随年龄增加含量减少；+表示有蓄积倾向；?表示存在疑问。

4. 水——溶解生命分子的作用

水是维持生命的重要物质。水是一种最理想的溶剂，许多生命物质都溶解于水中。水为生命活动提供了环境，给体内各组织细胞输送必需的营养物质并运出代谢产物；同时水又可以直接参与生命活动过程，例如，光合作用需要水的分解，呼吸作用中氢和氧又结合成水。

二、维生素的含义及其生理功能

1. 含义——维生素既不是基础物质也不是能源物质

维生素（vitamin）是生物体生长和代谢所必需的微量有机物。维生素都是小分子有机物，它们在化学结构上并无相似之处，有脂肪族、芳香族、脂环族、杂环族和甾类化合物等。各种维生素所属的成分类型以及性质虽然不同，但它们却有着以下共同点：

① 维生素均以维生素原（维生素前体）的形式存在于食物中；

② 维生素不是构成机体组织和细胞的组成成分，它也不会产生能量，其作用主要是参与机体代谢的调节；

③ 大多数的维生素，机体不能合成或合成量不足，不能满足机体的需要，必须通过日常食物中获得；

④ 人体对维生素的需要量很小，日需要量常以毫克（mg）或微克（μg）计算，但一旦缺乏就会引发相应的维生素缺乏症，对人体健康造成损害。

维生素的定义中要求维生素满足以下四个特点，才可以称为必需维生素。

① 外源性　人体自身不可合成（维生素 D 人体可以少量合成，但是由于较重要，仍被作为必需维生素），需要通过食物补充。

② 微量性　人体所需量很少，但是可以发挥巨大作用。

③ 调节性　维生素必须能够调节人体新陈代谢或能量转变。

④ 特异性　缺乏了某种维生素后，人将呈现特有的病态。

2. 生理功能——调节酶活性及代谢活性

维生素对有机体的生长、生理机能的调节起着十分重要的作用。尤为重要的是绝大多数维生素通过辅酶或辅基的形式参与生物体内的酶反应体系，调节酶活性及代谢活性。也有少数维生素还具有一些特殊的生理功能。

生物对维生素的需要情况是由两方面因素决定的。一方面是代谢过程中是否需要，另一方面是自身能否合成。人类所需维生素广泛存在于食物中，除了营养不良、饮食单调或食物保存加工不当可造成维生素缺乏外，某些疾病或其他特殊原因也可能引起维生素不足或缺乏。缺少维生素不仅会影响生物正常的生命活动，而且会引发疾病。常见维生素的来源与功能总结见表 7-2。

表 7-2　7 种常见维生素来源及功能

维生素种类	主要食物来源	主要功能	缺乏症
维生素 A	动物的肝、蛋、奶、胡萝卜等	促进人体的正常生长发育。增强抵抗力、维持正常视觉	皮肤粗糙、夜盲症
维生素 B_1	稻、麦等谷物的种皮，豆类，酵母菌，蛋类等	维持人体正常的代谢和神经系统的正常功能	神经炎、脚气病
维生素 B_2	肝、绿叶蔬菜等	促进智力发展，促进细胞再生，促进生发等	口舌炎症等
维生素 C	新鲜的蔬菜和水果、如番茄、柑、橘、山楂等	维持正常的代谢，维持骨骼、肌肉和血管的正常生理功能、增强抵抗力	坏血病、骨骼脆弱、骨坏死
维生素 D	海洋鱼类的肝、禽畜的肝、蛋、奶等	促进钙、磷的吸收和骨骼的发育	佝偻病和骨质疏松症
维生素 E	植物油、绿叶蔬菜等	抗氧化、延缓衰老以及与性器官的成熟和胚胎发育等有关	尚未发现典型的缺乏症
维生素 K	肝、绿叶蔬菜等	参与合成多种凝血因子	成人一般不易缺乏

三、维生素的命名及分类

1. 命名——几种不同命名方法

维生素的命名尚无统一标准，有的按照发现的先后顺序以英文字母依次命名，如维生素 A、维生素 B、维生素 C、维生素 D、维生素 E、维生素 K 等；有的按照其化学本质命名，如维生素 B_1 称为硫胺素，维生素 B_2 称为核黄素等；有的则根据其生理功能命名，如维生素 B_1 称为抗脚气病维生素，维生素 C 称为抗坏血病维生素等。

应当注意的是有些化合物按其性质和特点不应归入维生素，但商业上仍以维生素命名。如，维生素 B_{13}，实际上是乳清酸［如图 7-1（a）所示］，它是人体内可合成的代谢产物；又如维生素 U［如图 7-1（b）所示］，即一种甲硫氨酸衍生物，大量存在于谷糠中，少量存在于甘蓝、莴苣、苜蓿和其他绿叶蔬菜中，非正常生理所必需。

2. 分类——按溶解性分类

维生素是个庞大的家族，目前所知的维生素就有几十种，按照溶解性大致可分为水溶性和脂溶性两大类。

（1）水溶性维生素　包括 B 族维生素及维生素 C，B 族维生素所包括的各种维生素在化学结构和生理功能上彼此无关，但分布及溶解性大致相同。这是一类极为重要的维生素，因为它们的衍生物多为辅酶或辅基。

图 7-1　维生素 B_{13} 和维生素 U

（2）脂溶性维生素　包括维生素 A、维生素 D、维生素 E、维生素 K，顾名思义，这类维生素只溶于脂类溶剂而不溶于水，所以它们在食物中常与脂肪共存。

脂溶性维生素在人体内排泄效率不高，摄入过多可在体内积蓄以致产生有害影响；而水溶性维生素排泄率高，一般不在体内积蓄，大量使用，一般不会产生毒性。

第二节　水溶性维生素与辅酶

一、维生素 B_1 与 TPP

1. 结构——含硫并含氨基的双环化合物

维生素 B_1 又叫硫胺素（thiamine）或者抗神经炎素（aneurin），是由一个含氨基的嘧啶环和一个噻唑环构成的双环化合物，已可以人工合成。纯品常以盐酸盐的形式存在，为白色结晶或结晶性粉末；有微弱的特异臭味，味苦，有引湿性，露置在空气中，易吸收水分。其化学结构和结晶显微照片如图 7-2 所示。

图 7-2　维生素 B_1 及其结晶

硫胺素主要分布在谷类、豆类的种皮中，米糠、酵母以及动物的心、肝、肾中含量也很高。硫胺素是所有维生素中最不稳定的一种。维生素 B_1 很易被破坏，其水溶液煮沸 1h 就有 1/2 被分解；尽管其在中性及碱性溶液中加热易分解，但在酸性溶液中却很稳定。

硫胺素在 233nm 和 267nm 有两个紫外吸收峰；在氰化高铁碱性溶液中，它可被氧化成深蓝色荧光的脱氢硫胺素（thiochrome）；硫胺素与重氮化氨基苯磺酸和甲醛作用产生品红色，与重氮化对氨基乙苯酮作用产生红紫色。这些性质都可用于硫胺素的定性定量测定。

2. 硫胺焦磷酸酯（TPP）——脱羧酶的辅酶

在机体中，硫胺素常以硫胺磷酸酯（TP）或硫胺焦磷酸酯（TPP）的形式存在，广泛分布于骨骼肌、心肌、肝脏、肾脏和脑组织中，半衰期为 9～10d。

TPP 是 α-酮酸脱羧酶和转酮醇酶等的辅酶，因此硫胺素对维持机体正常的糖代谢具有重要作用。若机体缺乏硫胺素，糖代谢受阻，丙酮酸、乳酸在组织中积累，从而影响心血管和神经组织的正常功能，表现为多发性神经炎、肢端麻木、心力衰竭、心率加快、下肢水肿等症状，俗称脚气病。

此外，硫胺素能抑制胆碱酯酶的活性，减少乙酰胆碱的水解，维持正常的消化腺分泌和胃肠道蠕动，从而促进消化。若硫胺素缺乏，消化液分泌会减少，肠胃蠕动减弱，出现食欲不振、消化不良等症状。

二、维生素 B₂ 和黄素辅酶

1. 结构——含异咯嗪环和核糖醇

维生素 B₂ 又称为核黄素（riboflavin），是核糖醇和 6,7-二甲基异咯嗪的缩合物。其溶液呈黄色，为体内黄酶类（黄酶在生物氧化中发挥递氢作用）辅基的组成部分，当缺乏时，就影响机体的生物氧化，使代谢发生障碍。其化学结构和结晶显微照片如图 7-3 所示。

图 7-3　维生素 B₂ 及其结晶

核黄素分布较广，酵母、绿色植物、谷物、鸡蛋、乳类等均含有，动物性食物中含量较高。核黄素是橙黄色针状结晶，耐高温，但见光易分解。核黄素微溶于水及乙醇，极易溶于碱性溶液，在中性或酸性溶液中加热是稳定的。它的两个性质是造成其损失的主要原因：①可被光破坏；②在碱溶液中加热可被破坏。核黄素水溶液呈黄绿色荧光，荧光的强弱与核黄素的含量成正比，利用此性质可做定量分析。

2. FMN 和 FAD——脱氢酶的辅基

在机体内，核黄素主要以两种形式存在：黄素单核苷酸（flavin mononucleotide，FMN）和黄素腺嘌呤二核苷酸（flavin adenie dinucleotide ，FAD），它们的结构如下：

$$FMN \quad X=-PO_3^{2-}$$

$$FAD \quad X=$$

核黄素的这两种氧化形式 FAD 和 FMN 在 445～450nm 波长范围内都有吸收，显黄色，但它们的加氢产物 FADH₂ 和 FMNH₂ 却是无色的，因为当它们被还原后，异咯嗪的共轭双键系统消失了。FMNH₂ 和 FADH₂ 可以像 NADH 和 NADPH 那样参与电子转移，但 NADH 和 NADPH 只参与双电子转移，而 FMNH₂ 和 FADH₂ 既可以给出一个电子，也可以同时给出 2 个电子。当参与单电子转移时，可以形成部分氧化的化合物 FMNH· 和 FADH·（见图 7-4）。这些中间产物是相对稳定的自由基，称为黄素半醌。由于 FMN 和 FAD 存在以上氧化型和还原型两种形式，因此它们常作为一类脱氢酶黄素酶（如琥珀酸脱氢酶、脂酰辅酶 A 脱氢酶）的辅基，通过氧化态与还原态的互变，促进底物脱氢或起传递氢的作用。

图 7-4　FMNH· 和 FADH· 的生成

核黄素广泛参与体内多种氧化还原反应，促进糖、脂肪和蛋白质代谢。所以缺乏时组织呼吸减弱，代谢强度降低，临床上表现为口腔发炎、角膜炎、视觉模糊、皮炎等。

三、维生素 B_3 和辅酶Ⅰ、辅酶Ⅱ

1. 结构——吡啶衍生物

维生素 B_3 即维生素 PP，人体缺乏时表现为舌炎、口角炎、皮炎等，这些症状俗称癞皮病（糙皮病），故维生素 B_3 又称抗癞皮病（糙皮病）维生素。具体包括尼克酸（又称烟酸、蒽酸，nicotinic acid）和尼克酰胺（又称烟酰胺、蒽酰胺，nicotinamide）。二者均为吡啶的衍生物，但在体内主要以酰胺形式存在。它们的结构如下：

尼克酸　　　　　尼克酰胺

维生素 B_3 广泛分布于肉类、乳类、花生、蔬菜中，酵母和米糠中含量最高。维生素 B_3 为无色晶体，对酸、碱和热稳定，能溶于水和乙醇，不溶于丙二醇、氯仿、醚、脂类溶剂及碱溶液。能升华，无气味，微有酸味。它与溴化氰作用产生黄绿色化合物，此反应可用于定量测定。维生素 B_3 用于抗糙皮病，亦可用作血管扩张药，大量用作食品、饲料的添加剂。作为医药中间体，用于异烟肼、烟酰胺、尼可刹及烟酸肌醇酯等的生产。

2. NAD 和 NADP——脱氢酶的辅酶

在体内尼克酰胺主要转变成烟酰胺腺嘌呤二核苷酸（nicotineamide adenine dinucleotide，NAD）和烟酰胺腺嘌呤二核苷酸磷酸（nicotineamide adenine dinuleotide phosphate，NADP），即辅酶Ⅰ（CoⅠ）和辅酶Ⅱ（CoⅡ）。故维生素 PP 作为合成 NAD 和 NADP 的原料，在生物氧化过程中起着重要的作用。因为尼克酸是吡啶的 3-羧酸衍生物，所以含有尼克酰胺的这些辅酶也经常被称作吡啶核苷酸辅酶。

NAD

NADP

辅酶Ⅰ和辅酶Ⅱ均为脱氢酶的辅酶，在氧化过程中作为氢的受体和供体，起着传递氢的作用。两种辅酶都含有一个连接两个 $5'$-核苷酸的磷酸酐键，这两个 $5'$-核苷酸是腺苷单磷酸和尼克酰胺的核糖核苷酸，也称为尼克酰胺单核苷酸（NMN）。另外在 $NADP^+$ 和 NADPH 结构中的腺苷酸的核糖的 $2'$ 位上连有一个磷酸基团。NAD 和 NADP 的结构和它们的还原形式 NADH 和 NADPH 的结构如下：

尼克酰胺
单核苷酸
(NMN)

腺苷单磷酸
(AMP)

NAD⊕ (NADP⊕)
氧化形式

NADH(NADPH)
还原形式

NAD 和 NADP 都是脱氢酶的辅酶，它们通常被称为具有还原力的分子。NADPH 可以提供能量和氢用于还原反应；而大多数 NADH 是在分解代谢中生成的，在线粒体被氧化产生大量的 ATP。

NADH 和 NADPH 由于含有二氢吡啶环，在 340nm 处有一吸收峰，但 NAD 和 NADP 在这个波长没有吸收峰，所以 340nm 处吸收的出现和消失可以用作监测与氧化和还原相关的脱氢酶催化反应指标。

四、维生素 B_4

维生素 B_4（adenine phosphate）又称腺嘌呤、腺嘌呤磷酸盐、6-氨基嘌呤磷酸盐，性状为白色针状结晶。220℃开始升华，360～365℃分解。溶于酸和碱，微溶于醇，不溶于醚及氯仿。水溶液呈中性。具有强烈的咸味。是由 4，6-二氯-5-硝基嘧啶先用氨水氨化得到 4，6-二氨基-5-硝基嘧啶，再与甲酸、甲酰胺和硫代硫酸钠一起环合而得。主要用于参加 DNA 和 RNA 的合成，用于放射治疗、苯中毒和抗肿瘤等引起的白细胞减少症，用于急性粒细胞减少症及其他医药与生化领域。

五、维生素 B_5 和辅酶 A

1. 结构——含有 β-丙氨酸特征片段

维生素 B_5 即泛酸，又名遍多酸（pantothenic acid），因在自然界中分布很广而得名。泛酸是由 β-丙氨酸与 α，γ-二羟-β，β-二甲基丁酸缩合而成的，结构如下：

泛酸为淡黄色油状物，具酸性；易溶于水和乙醇，不溶于脂溶剂；在酸性溶液中易分解，在中性溶液中较稳定。具制造抗体功能，能帮助抵抗传染病，缓和多种抗生素副作用及毒性，并有助于减轻过敏症状，缺乏时则容易引起血液及皮肤异常，发生低血糖症。

2. 辅酶 A——酰基载体

泛酸在体内主要以辅酶 A（coenzyme A，CoA）的形式参与代谢。CoA 含有腺苷-3′,5′-二磷酸，这个腺苷酸通过 5′-磷酸与泛酸-4-磷酸的磷酸基相连，泛酸部分又连接着巯基乙胺，CoA 是生物体内酰基的载体，与酰化作用密切相关。它通过自身的巯基接受和放出酰基，起着转移酰基的作用，因此泛酸对糖、脂类和蛋白质的代谢具有非常重要的作用。如其可以参与丙酮酸和脂肪酸的氧化，其活性基是巯基乙胺部分的巯基（—SH），所以辅酶 A 有时写作 CoA_{SH}。实际上细胞中的所有泛酸均结合成 CoA。重要的酰基 CoA 有乙酰 CoA 和脂肪酰 CoA。辅酶 A 的溶液在 pH2～6 之间相对稳定，相对分子质量 767.6，最高吸收峰 257nm（pH2.5～11.0）。

人类肠道中细菌可以合成泛酸，所以尚未发现泛酸缺乏症，但可广泛用作各种疾病的辅助药物。

六、维生素 B_6 与磷酸吡哆素

1. 结构——含吡啶的醛或胺

维生素 B_6 即所有呈现吡哆醛生物活性的 3-羟基-2-甲基吡啶衍生物的总称，也叫吡哆素（pyridoxine），包括吡哆醇（pyridoxol）、吡哆醛（pyridoxal）、吡哆胺（pyridoxamine）3 种化合物，它们均为吡啶的衍生物，其结构如下：

维生素 B_6 在动植物中分布很广，在酵母菌、肝脏、谷物、肉、鱼、蛋、豆类及花生中含量较高。纯品维生素 B_6 为无色结晶，在碱性溶液中易分解，但对酸稳定，吡哆醇耐热，吡哆醛和吡哆胺不耐高温。与三氯化铁作用显红色，与重氮化对氨基苯磺酸作用生成橘红色物质，与 2，6-二氯醌氯亚胺作用产生蓝色物质。这些显色反应均可用作维生素 B_6 的定性定量测定。

2. 磷酸吡哆醛和磷酸吡哆胺——转氨酶的辅酶

维生素 B_6 在生物体内都以磷酸酯的形式存在，参与代谢作用的主要是磷酸吡哆醛和磷酸吡哆胺，结构分别如下：

磷酸吡哆醛　　　　磷酸吡哆胺

两者均为转氨酶和大多数氨基酸脱羧酶的辅酶，因此与氨基酸代谢密切相关。人体很少缺乏维生素 B_6，但抗结核药物异烟肼可与吡哆醛结合形成异烟腙而从尿排出，导致维生素 B_6 缺乏。故维生素 B_6 可用于防治大剂量异烟肼所致的中枢神经兴奋、周围神经炎等症状。此外，维生素 B_6 还用于治疗呕吐、动脉粥样硬化等病症。

七、维生素 B_7

1. 结构——含噻吩和咪唑的稠环化合物

维生素 B_7 即生物素（biotin），也叫维生素 H、辅酶 R（coenzyme R）等，由噻吩环和咪唑环结合而成的稠环化合物。其侧链上有一个戊酸，极微溶于水（22mg/100mL 水，25℃）和乙醇（80mg/100mL，25℃），较易溶于热水和稀碱液，不溶于其他常见的有机溶剂。遇强碱或氧化剂则分解。

维生素B_7

生物素在动植物界分布很广，如肝、肾、蛋黄、酵母、蔬菜、谷类中都有。很多生物都能自身合成，人体虽不能合成，但人体肠道中的细菌能合成部分生物素。生物素是无色的长针状晶体，溶于热水而不溶于有机溶剂。生物素对热、酸、碱均很稳定，但易被氧化剂破坏。

2. 功能——羧化酶的辅酶

生物素与细胞内 CO_2 的固定有关，是羧化酶如丙酮酸羧化酶、乙酰辅酶 A 羧化酶的辅酶。动物缺乏生物素会导致毛发脱落、皮肤发炎等症状。大量食用生鸡蛋，因蛋清中的抗生物素蛋白与生物素结合，会导致缺乏，引发食欲不振、恶心呕吐、鳞屑状皮炎等病症。图 7-5 显示的

是生物素和乙酰辅酶 A 所参与的脂肪酸合成过程。

图 7-5　参与机体脂肪酸合成过程中的维生素

八、维生素 B₉（叶酸）和叶酸辅酶

1. 结构——蝶呤啶衍生物

叶酸（folic acid）又称维生素 B₉、维生素 Bc、维生素 M、蝶酰谷氨酸（pteroyl glutamic，PGA），由蝶呤、对氨基苯甲酸及 L-谷氨酸三部分组成。

叶酸因广泛存在于植物叶中而得名，酵母及动物肝、肾中也有分布。纯品为浅黄色结晶，微溶于水，不溶于有机溶剂。叶酸的钠盐极易溶于水，不过其钠盐溶于水后受光照会分解为蝶啶和氨基苯甲酰谷氨酸钠。叶酸在空气中稳定，但受紫外光照射即分解失去活力。其在酸性溶液中对热不稳定，但在中性和碱性环境中十分稳定，100℃下受热 1h 也不会被破坏。人体缺乏叶酸时，会出现巨红细胞性贫血以及白细胞减少症。叶酸对孕妇尤其重要，应予以适当补充。

2. 四氢叶酸——一碳基团载体

叶酸在体内主要以四氢叶酸（tetrahydrogen folic acid，代号为 FH₄ 或 THFA）形式存在。四氢叶酸又称辅酶 F（CoF），它是叶酸分子中蝶啶的 5、6、7、8 位各加一个氢形成的，是辅酶形式的叶酸的母体化合物。接触空气容易氧化，其结构如下：

四氢叶酸在体内作为一碳基团转移酶系的辅酶，以一碳基团的载体参与一些生物活性物质的合成，如嘌呤、嘧啶、肌酸、胆碱、肾上腺素等。所谓一碳单位，是指在代谢过程中某些化合物分解代谢生成的含一个碳原子的基团，如甲基（—CH₃）、亚甲基（—CH₂）、次甲基或称甲烯基（＝CH—）、甲酰基（—CHO）、亚氨甲基（—CH＝NH）等。四氢叶酸分子中第 5、

10 两个氢原子即为一碳单位的传递体。

四氢叶酸携带这些一碳单位，形成 10-甲酰基四氢叶酸（10-CHO-THF）、5,10-亚甲基四氢叶酸（5，10-CH_2-GHF）、5-甲基四氢叶酸（5-CH_3-THF）及 5-亚氨甲基四氢叶酸（5-CH=NH-THF）等。其中 5-甲基四氢叶酸与血浆蛋白相结合，主要转运到肝脏储存。

九、维生素 B_{12} 和辅酶 B_{12}

1. 结构——含钴的复杂维生素

维生素 B_{12} 是一种含钴的化合物，又称为钴胺素（colalamine）。自然界中的维生素 B_{12} 都是微生物合成的，高等动植物不能制造维生素 B_{12}。它是维生素中唯一含有金属元素的结构复杂的环系化合物。

维生素 B_{12} 由一个咕啉核和一个拟核苷酸两部分组成。咕啉核中心有一个三价钴原子，钴原子上可连接不同的基团。由于结构中连接的是氰基，称为氰钴素（cyanocobalamine），此外还可连接羟基、甲基等。如果钴与腺苷的 $5'$ 位连接，就称为 $5'$-脱氧腺苷钴素或辅酶 B_{12}（coenzyme B_{12}）。维生素 B_{12} 及辅酶 B_{12} 的结构如下：

辅酶B_{12}

维生素B_{12}

肝、肾、瘦肉、鱼及蛋类食物中维生素 B_{12} 含量较高。纯品为一种红色晶体，无臭无味；可溶于水、乙醇和丙酮，不溶于氯仿；在中性溶液中耐热，在强酸强碱下易分解。

2. 辅酶 B_{12}——参与体内一碳基团代谢

维生素 B_{12} 及其类似物对维持动物正常生长和营养、上皮组织细胞的正常代谢以及红细胞的新生和成熟都有很重要的作用；缺乏维生素 B_{12}，会导致巨幼红细胞贫血。它还以辅酶的形式参与体内一碳基团代谢，是生物合成核酸和蛋白质所必需的因子。

维生素 B_{12} 中的钴与甲基相连，生成甲基钴素（$CH_3 \cdot B_{12}$），它在体内参与甲基转换反应和叶酸代谢，是 N^5-甲基四氢叶酸甲基转换酶的辅酶。细胞内储存的甲基四氢叶酸在该酶的催化下与同型半胱氨酸之间发生甲基转换，产生四氢叶酸和蛋氨酸。

前面提到的辅酶 B_{12} 是甲基丙二酰辅酶 A 的辅酶，此酶催化甲基丙二酰辅酶 A 转变成琥珀酰辅酶 A，该反应为联系脂代谢的反应之一。

十、维生素 C

1. 结构——酸性己糖衍生物

维生素 C 实质上是一种己糖衍生物，是烯醇式己糖酸内酯；它可预防坏血病，因此也称为抗坏血酸（ascorbic acid）。维生素 C 主要来源于新鲜蔬菜和水果，人类一般不能自身合成，只能靠食物供给。

维生素 C 与糖类相似，也有 D 型和 L 型两种异构体，但只有 L 型具有生理功能。由于分子中 2 位与 3 位碳原子之间烯醇式羟基上的氢易游离成 H^+，故具有酸性。维生素 C 的纯品为无色片状结晶，有酸味；易溶于水，不溶于有机溶剂；维生素C还是一种强还原剂，易被弱氧化剂如2，6-二氯酚靛酚氧化脱氢而成氧化型抗坏血酸。维生素C在酸性溶液中比中性溶液及碱性溶液中稳定，但易被热、光及某些金属离子（如Cu^{2+}、Fe^{2+}）破坏。

2. 功能——还原剂、促进胶原及黏多糖合成

维生素C有氧化型和还原型两种存在形式，两者都具有生物活性。维生素C在体内参与氧化还原反应时，二者可相互转化（图7-6），通过接受和放出氢起到传递氢的作用。维生素C的还原作用还可保护酶分子中的—SH不受氧化，因此常用于防治职业中毒，如铅、汞、砷、苯等的慢性中毒。此外，维生素C还参与一些羟化反应，如脯氨酸、类固醇的羟化等。

维生素C的主要功能概括如下。

① 参与胶原蛋白的合成。

② 治疗坏血病。

③ 预防牙龈萎缩、出血。

④ 预防动脉硬化：可促进胆固醇的排泄，防止胆固醇在动脉内壁沉积，甚至可以使沉积的粥样斑块溶解。

图 7-6　L-抗坏血酸（还原型）与脱氢抗坏血酸（氧化型）

⑤ 抗氧化剂：可以保护其他抗氧化剂，如维生素A、维生素E、不饱和脂肪酸，防止自由基对人体的伤害。

⑥ 治疗贫血：使难以吸收利用的三价铁还原成二价铁，促进肠道对铁的吸收，提高肝脏对铁的利用率，有助于治疗缺铁性贫血。

⑦ 防癌：维生素C的抗氧化作用可以抵御自由基对细胞的伤害，防止细胞的变异；阻断亚硝酸盐和仲胺形成强致癌物亚硝胺。

⑧ 保护细胞、解毒，保护肝脏。

⑨ 提高人体的免疫力：白细胞含有丰富的维生素C，当机体感染时白细胞内的维生素C急剧减少。维生素C可增强中性粒细胞的趋化性和变形能力，提高杀菌能力。

⑩ 提高机体的应急能力：人体受到异常的刺激，如剧痛、寒冷、缺氧、精神强刺激，会引发抵御异常刺激的紧张状态。该状态伴有一系列机体反应，包括交感神经兴奋、肾上腺髓质和皮质激素分泌增多。肾上腺髓质所分泌的肾上腺素和去甲肾上腺素是由酪氨酸转化而来，在此过程需要维生素C的参与。

第三节　脂溶性维生素

一、维生素 A

1. 结构——由 β-胡萝卜素转化的不饱和一元醇

维生素 A 是具有脂环的不饱和一元醇，由一个 β-白芷酮、两个异戊烯单位和一个伯醇基组成。维生素 A 有维生素 A_1 和维生素 A_2 两种形式，维生素 A_1 又称视黄醇（retinol），维生素 A_2 又称脱氢视黄醇（dehydroretinol）。维生素 A_2 与维生素 A_1 相比，在脂环的 3 位上多一个双键，两者生理功能相同，但前者的生理活性只是后者的 40%。两者结构见图 7-7。

维生素 A_1 主要存在于哺乳动物及咸水鱼的肝脏中，而维生素 A_2 主要存在于淡水鱼的肝脏中。绿色植物中虽未发现维生素 A，但存在一种能在人体的肠黏膜或肝脏中转变成维生素 A 的物质，称为维生素 A 原（provitamine A），即胡萝卜素（carotene），包括 α-胡

视黄醇

脱氢视黄醇

图 7-7　视黄醇和脱氢视黄醇

萝卜素、β-胡萝卜素、γ-胡萝卜素和玉米黄素（zexanthin）。其中 β-胡萝卜素最为重要，它可在肠壁分泌的胡萝卜素酶作用下裂解转变成维生素 A_1。

2. 功能——维持正常视觉和上皮组织健康

维生素 A 的首要作用是构成视觉细胞内感光物质。眼球的视网膜上有两类感觉细胞：圆锥细胞（通常称为视锥细胞）和圆柱细胞（或称柱细胞）。圆锥细胞负责感受强光并对颜色敏感，而柱细胞负责微弱光线下的暗视觉，维生素 A 就与暗视觉直接相关。柱细胞中所含的感受弱光的感光物质是视紫红质（rhodorsin），它是由视蛋白（opsin）和 11-顺视黄醛（retinal）结合成的色素蛋白。视紫红质受到光线作用后，11-顺视黄醛发生异构化作用转变为反视黄醛（结构见图 7-8），并触发神经冲动而产生视觉。视黄醛的产生和补充都需要维生素 A 为原料（维生素 A 氧化脱氢即产生视黄醛）。若维生素 A 供应不足，会导致视紫红质合成受阻，视网膜不能很好感受弱光，造成暗视觉障碍，即夜盲症。

视紫红质的合成、分解与视黄醛关系如图 7-9 所示。

图 7-8　11-顺视黄醛和反视黄醛　　　　图 7-9　视紫红质的合成、分解与视黄醛关系

维生素 A 对维持上皮组织结构的完整性非常重要。缺乏时上皮干燥、增生及角质化。在眼部会因为泪腺上皮角质化，泪液分泌受阻，以至结膜干燥产生干眼病，所以维生素 A 又称为抗干眼病维生素。皮脂腺及汗腺角质化后，皮肤干燥，毛发易脱落。

此外，维生素 A 还与黏多糖、糖蛋白及核酸合成有关，因而能促进机体的生长与发育。缺乏时可出现生长停止，发育不良。

二、维生素 D

1. 结构——固醇类衍生物

维生素 D 是固醇类衍生物，其结构以环戊烷多氢菲为母核。由于维生素 D 具有抗佝偻病作用，故又称为抗佝偻病维生素。已知维生素 D 主要有维生素 D_2、维生素 D_3、维生素 D_4、维生素 D_5，它们都具有相同的核心结构，其区别仅在侧链上。4 种维生素 D 中，以维生素 D_2 和维生素 D_3 的活性最高。维生素 D_2 又称为麦角钙化醇（calciferol），维生素 D_3 称为胆钙化醇（cholecalciferol）。以上几种维生素 D 均由相应的维生素 D 原经紫外线照射转变而来。植物不含维生素 D，但维生素 D 原在动、植物体内都存在。动物的肝、肾、脑、皮肤以及蛋黄、牛奶

中维生素 D 的含量都较高，鱼肝油中含量最丰富。

维生素 D_2 和维生素 D_3 的结构及对应维生素 D 原的转化如下：

维生素 D 都为无色晶体，不易被酸、碱、氧化剂破坏；在 265nm 处有特征吸收光谱，可做定量测定。

2. 功能——调节钙磷代谢

维生素 D_2 和维生素 D_3 在体内并不具有生物活性，它们在体内主要以 $1,25\text{-}(OH)_2 \cdot D_3$（1,25-二羟胆钙化醇）的形式发挥作用。$1,25\text{-}(OH)_2 \cdot D_3$ 的主要功能是促进肠壁对钙和磷的吸收，调节钙磷代谢，有助于骨骼钙化和牙齿形成。小孩缺乏维生素 D 时，钙磷吸收不足，骨骼钙化不全，骨骼变软，软骨层增加、胀大，结果两腿因体重的影响而形成弯曲或畸形，称为佝偻病或软骨病。但维生素 D 吸收过多，可出现表皮脱屑，内脏有钙盐沉淀，还可使肾功能受损。

三、维生素 E

1. 结构——苯并二氢吡喃衍生物

维生素 E 是最主要的抗氧化剂之一，为苯并二氢吡喃的衍生物，又称生育酚（tocopherol）。现共发现有 6 种，其中 α、β、γ、δ 4 种有生理活性，它们的活性比为 100：40：8：20，可见 α-生育酚的活性最大。在结构上它们的侧链均相同，只是苯环上的甲基数量和位置不同（如图 7-10 所示）。

图 7-10　四种生育酚（tocopherol）和生育三烯酚（tocotrienol）

各种植物油，如麦胚油、棉籽油、玉米油、大豆油中都含有丰富的维生素 E，豆类及绿叶蔬菜中含量也较高。维生素 E 为淡黄色油状物，溶于脂肪和乙醇等有机溶剂中，不溶于水，对酸、碱及热都稳定。但易被氧化，可被紫外线破坏，在 259nm 处有吸收峰。

2. 功能——抗氧化、抗不育作用

维生素 E 常用作抗氧化剂，其抗氧化作用主要是通过自身被氧化成无活性的醌化合物，从而保护其他物质不被氧化。因而用维生素 E 治疗营养性巨红细胞贫血，正是利用了维生素 E 的抗氧化剂性能，使红细胞膜中的不饱和脂肪酸不能氧化破坏，防止了红细胞因破裂引起的溶血。

维生素 E 能抗动物不育症。实验动物缺乏维生素 E 会因生殖器官受损而不育，雄性睾丸萎缩，不能产生精子；雌性动物则因胚胎和胎盘萎缩引起流产。

四、维生素 K

1. 结构——萘醌衍生物

天然维生素 K 最早于 1929 年由丹麦化学家达姆从动物肝和麻子油中发现并提取。分维生素 K_1 和维生素 K_2 两种，还有一种人工合成的产物维生素 K_3。它们都是 2-甲基萘醌的衍生物，维生素 K_3 无侧链，维生素 K_1 和维生素 K_2 只是侧链基团不同，其结构如下：

维生素 K_1

维生素 K_2

维生素 K_3

维生素 K_1 广泛分布于绿色植物（如苜蓿、菠菜等）及动物肝脏中，维生素 K_2 则是人体肠道细菌的代谢产物，鱼肉中富含维生素 K_2。

维生素 K_1 为黄色油状物，维生素 K_2 为黄色晶体，耐高温，但易被光和碱性溶液破坏。

2. 功能——促进血液凝固

脂溶性维生素 K 吸收需要胆汁协助，水溶性维生素 K 的吸收则不需要胆汁。维生素 K 可通过促进肝脏合成凝血酶原而促进血液凝固。如果缺乏维生素 K，血液中凝血酶原含量降低，凝血时间延长，会导致皮下、肌肉及肠道出血，或者因为受伤后血流不凝或难凝，故维生素 K 又称为凝血维生素。此外，维生素 K 还参与骨骼代谢，原因是维生素 K 参与合成 BGP（维生素 K 依赖蛋白质），BGP 能调节骨骼中磷酸钙的合成。经常摄入大量含维生素 K 的绿色蔬菜的妇女能有效降低骨折的危险性。

五、硫辛酸

1. 结构——含硫一元羧酸

硫辛酸被称为"万能抗氧化剂"，是一个含硫的八碳酸，在 6、8 位上有二硫键相连，又称 6,8-二硫辛酸。硫辛酸有氧化型和还原型两种存在形式，6、8 位上巯基脱氢为氧化型硫辛酸（两个硫原子通过二硫键相连），加氢变成还原型称为二氢硫辛酸（二硫键还原为巯基）。

氧化型　　　还原型

硫辛酸可作为辅酶参与机体内物质代谢过程中酰基转移，起到递氢和转移酰基的作用（即作为氢载体和酰基载体），具有与维生素相似的功能（类维生素），故在此列入维生素一类介绍。因为是一种含硫的脂肪酸，故也有人将其归属于脂溶性维生素。同时，由于在体内代谢中与 TPP、NAD 等辅酶一起参加生化反应，因此，根据结构与功能的统一性，有人又将其归入 B 族维生素。硫辛酸是既具水溶性（微溶）又具脂溶性的淡黄色晶体，在食物中，硫辛酸常与维生素 B_1 同时存在。

2. 功能——脱羧酶系辅酶

硫辛酸在糖代谢中作为 α-酮酸氧化脱羧酶的辅酶，在 α-酮酸氧化脱羧中起受氢和递氢的作用。它可能与焦磷酸硫胺素（TPP）起协同作用，在细菌中它与 TPP 结合形成硫辛酰焦磷酸硫胺素（LTPP）而发挥作用。

硫辛酸有抗脂肪肝和降低胆固醇的作用，因为它容易发生氧化还原反应。还原型硫辛酸对含巯基酶具有保护作用，临床上用于砷汞等解毒。

第四节　体液平衡

人体内物质代谢过程主要是在体液环境中进行的。体液（body fluid）由水、无机盐、低分子有机化合物和蛋白质等物质组成。体液中的这些物质都是以离子状态存在，故又称为电解质。体液广泛分布于细胞内外，具有相对稳定的酸碱度。所谓体液平衡是指水和电解质的平衡。水和电解质平衡是在神经、激素的调节下通过肾脏、肺等器官的活动实现的。这种平衡是保证细胞的正常代谢、维持各种器官生理功能和生命活动所必需的条件。

一、水平衡

1. 水的作用——调节体温与促进代谢

首先，水能散发热量，调节体温。人体内到处无时不在进行化学活动，加上人们从事体力工作或运动时，肌肉活动所产生的热量较大，而水可以吸收较多的热而本身温度升高不多。水的蒸发热也大，蒸发少量的汗就可散发出大量的热。水的流动性大，能随血液迅速分布全身，再通过体液交换，使物质代谢过程中产生的热在体内迅速均匀分布，并通过体表散发到环境中去。

其次，水可以促进物质代谢。水是良好的溶剂，能将许多化合物溶解于其中，使体内的化学反应得以顺利进行；水维持着血液、淋巴液等人体组织的浓度，促进其正常循环。水还能直接参与体内的水解、水化、加水脱氢等反应。由于水黏度小，易于流动，因而有利于体内营养物质和代谢产物的运输，协助和排泄人体的废物；未被重新吸收的水分在最后到达大肠时，用于制造半固体的粪便排泄掉，或者透过肠壁回到人体。

2. 水平衡——神经系统、激素和肾脏来调节

人体每天摄入适量的水，同时也不断排出一定量的水，使各部分体液的分布与含量维持动态

平衡（表7-3）。人体内水分的主要来源有食物中的水、饮用水以及体内营养物质代谢所产生的水。而体内水分的排出主要依靠呼吸、皮肤蒸发、粪便排出和肾脏排出等途径。要维持体内的水平衡需要神经系统、激素和肾脏的调节作用来实现，其中起主要作用的一种激素是抗利尿激素。

表7-3 成人每日水的进出量   单位：mL

摄入量		排泄量	
食物	1000	呼吸与皮肤蒸发	850
饮料	1200	肾排泄	1500
氧化水	300	粪便排泄	150
合计	2500	合计	2500

抗利尿激素（antidiuretic hormone，ADH）可以促进肾脏远曲小管和集合管对水的重吸收。其作用机理实际上是通过肾小管细胞膜受体—蛋白激酶—环化腺苷—磷酸（cAMP）系统（如图7-11所示），增加肾小管膜对水的通透性，从而促进肾小管对水的重吸收，减少尿液的排出。ADH主要作用于远曲小管和集合管上皮细胞，通过激活膜上腺苷酸环化酶（AC），催化腺苷三磷酸（ATP）生成cAMP，后者激活膜上结合的蛋白磷酸激酶，使肾小管上皮细胞管腔腔面膜蛋白磷酸化，增加了膜孔的数目，从而增加肾远曲小管和收集管对水的通透性，使得水更易透过上皮而吸收，从而减少尿量。ADH的分泌又主要受细胞外液渗透压、血容量和血压的影响。

图7-11 肾小管细胞膜受体—蛋白激酶—环化腺苷—磷酸（cAMP）系统
（R、AC分别代表ADH受体、腺苷酸环化酶）

3. 酸碱平衡——体液 pH 调节

人体各种生理活动除受外界环境因素的影响外，还有赖于内环境的稳定。体液的酸碱度（常以 pH 表示）是机体内环境的重要组成部分，它随时会受到物质代谢的影响，但机体可通过各种调节方式维持体内酸碱物质的数量保持在一定的比例范围之内。这种调节酸碱物质的数量和比例、使体液 pH 维持在一定范围内的过程或能力，称为酸碱平衡。

机体对体液的酸碱度有着巨大的调节能力，这种调节有三个方面，即血液缓冲系统的缓冲作用、肺的调节和肾的调节。

以上三个方面中，血液的缓冲系统起主要作用。这是因为血液中含多种缓冲物质构成的缓冲系统，不仅对固定酸如糖酵解产生的乳酸、脂肪酸氧化产生的酮体以及蛋白质代谢产生的磷酸等有缓冲作用，而且对挥发酸如组织中物质代谢产生的 CO_2 进入血液后生成的 H_2CO_3 也有一定的缓冲作用。

肺通过呼出 CO_2 而控制血液中挥发酸的浓度，但对固定酸的调节不起作用。肾脏对酸碱平衡的调节则是通过离子交换得以实现的。

二、矿质平衡

矿质是指 Na、K、Cl、Ca、P 等元素，它们是维持机体正常生理功能不可缺少的组成成分。这些元素在体内既不能生成，也不会消失，只能随食物摄入。有机体通过摄取量的调节，保持体液中离子浓度的恒定，为机体提供恒定的"内环境"，称为矿质平衡。

1. 矿质营养——维持机体代谢和生理活动所需

矿质营养是指各种矿质元素在机体生理活动中的作用。各种元素的作用大小是不同的。人体和动物的体液是组织细胞进行各种代谢和功能活动的内在环境，它包括细胞内液和细胞外液。细胞内液的容量和化学组成直接影响细胞代谢和功能；细胞外液（包括细胞周围的组织间液和血浆）是沟通细胞与外界环境的媒介，细胞通过它与外界进行物质交换。

体液中的电解质（矿质）维持细胞内外液的容量和渗透压，其中 Na^+ 和 Cl^- 是细胞外液中起主要作用的阳离子和阴离子，K^+ 和 HPO_4^{2-} 是细胞内液中起主要作用的阳离子和阴离子。同时这些矿质元素也维持体内的酸碱平衡，维持神经肌肉的应激性。此外，一些矿质元素还与骨骼生长发育、肌肉收缩与松弛、酶活性的高低以及其他一些生命物质的活性密切相关。因此，保证各种矿质元素的种类和比例的正常供给，是维持机体正常代谢和各种生理活动所必需的。

2. 渗透压——体液交换的动力

渗透压（osmotic pressure）是由溶液中溶质分子的运动形成的。渗透压的大小决定于单位体积溶质颗粒的数量，而与溶质分子或颗粒的大小无关。例如，在 $0℃$ 时，0.16mol/L NaCl 与 0.3mol/L 蔗糖的渗透压相等，约相当于 6.7atm❶。此时，虽然二者的浓度不相等，但一个 NaCl 可解离成 Na^+ 和 Cl^- 两个质点，蔗糖不解离，所以二者的颗粒数量大致相等。

人的血浆渗透压由两部分组成：绝大部分由血浆中的晶体物形成，其中最主要的是氯化钠，其次是碳酸氢钠，另外还有葡萄糖、氨基酸、尿素等，这一部分称为晶体渗透压（约占总渗透压的 99.5%）；另一部分由蛋白质这类高分子物质形成，称为胶体渗透压（约占总渗透压的 0.5%）。由此可见，无机盐浓度的变化对渗透压的影响是最大的。

细胞内外在一般情况下是维持渗透压平衡的。细胞内液的阳离子以 K^+ 为主，细胞外液以 Na^+ 为主。细胞内液阴离子以 HPO_4^{2-} 和蛋白质为主，而细胞外液以 Cl^- 和 HCO_3^- 为主。虽然细胞内液的电解质浓度大于细胞外液（约大 10%），但是由于细胞内液含二价离子（HPO_4^{2-}、SO_4^{2-}、Ca^{2+}、Mg^{2+} 等）和蛋白质较多，这些电解质所产生的渗透压较少，因此，细胞内外液的渗透压仍基本相等。

在正常代谢活动中，如果出现渗透压不平衡，则会发生体液的交换，如血浆与组织间液的交

❶1atm＝101325Pa。

换。血浆的蛋白质浓度比组织间液的蛋白质浓度高得多，因而血浆的胶体渗透压比组织间液的胶体渗透压高，二者相差约 3.33kPa。通常称此压力差为血浆的有效渗透压。水分在血浆与组织间液间的分配由心脏和血管收缩产生的血压和血浆的有效渗透压来调节。血压驱使水分通过毛细血管壁流向组织间液，而血浆的有效渗透压把水分从组织间液吸回血管内。在动脉端，血压比血浆有效渗透压高，水分从血浆流向组织间液；在静脉端，血浆有效渗透压比血压高，水分流回到血浆，从而完成了体液交换，保持水平衡和矿质平衡。

习　题

1. 用对或不对回答下列问题。如果不对，请说明原因。

(1) 维生素对于动植物都是不可缺少的营养成分。

(2) 所有水溶性维生素作为酶的辅酶或辅基，必须都是它们的衍生物。

(3) 人体内可将 β-胡萝卜素转变成维生素 A。

(4) 维生素 D_3 的活性形式是 $1,25\text{-}(OH)_2 \cdot D_3$。

(5) Na^+ 和 K^+ 是重要的阳离子，通过调节，细胞内外的 Na^+ 和 K^+ 浓度都是相等的。

2. 脱氢酶的辅酶（或辅基）有哪些？它们各是什么维生素转化的？

3. 为什么说维生素 C、维生素 E 和硫辛酸都可作抗氧化剂？

4. 如果人体内维生素 A、维生素 B、维生素 D 缺乏或不足，可引起什么样的疾病？如果红细胞的渗透压大于血浆，红细胞将发生什么变化？如果红细胞的渗透压小于血浆呢？

第八章　能量代谢与生物能的利用

第一节　概　　述

以物质代谢为基础，与物质代谢过程相伴随发生的，是蕴藏在化学物质中的能量转化，统称为能量代谢（energetic metabolism）。生物体的一切生命活动都需要能量的提供，能量来源于有机物的氧化。

有机物在生物体内的氧化还原作用被称为生物氧化（biological oxidation）。生物氧化需要消耗氧并放出二氧化碳，所以又将生物氧化称为组织呼吸或细胞呼吸（cellular respiration）。生物体内的氧化和生物体外的燃烧虽然最终产物都是二氧化碳和水，所释放的能量也完全相等，但两者所进行的方式却大不相同，生物氧化主要在线粒体中进行。

一、生物氧化的方式和特点

生物氧化是发生在生物体内的氧化-还原反应，主要表现为被氧化的物质总是失去电子，而被还原的物质总是得到电子，并且物质被氧化时，总伴随能量的释放。生物体内的完全氧化和体外燃烧在化学本质上是相同的，但是在细胞内进行，所以与有机物的体外燃烧有许多不同之处，具备自身的方式和特点。

1. 脱氢——生物氧化的主要方式

生物体内物质的氧化方式包括失电子、加氧和脱氢。

① 失电子，例如，亚铁离子氧化为高铁离子，反应式如下：

$$Fe^{2+} \longrightarrow Fe^{3+} + e$$

② 加氧，向底物中加入氧原子或氧分子，如醛氧化为酸：

$$\underset{\text{醛}}{2R-\overset{\displaystyle H}{\underset{}{C}}=O} + O_2 \longrightarrow \underset{\text{酸}}{2R-\overset{\displaystyle OH}{\underset{}{C}}=O}$$

③ 脱氢，例如醇氧化为醛：

$$\underset{\text{醇}}{2R-\overset{\displaystyle H}{\underset{\displaystyle H}{C}}-OH} + O_2 \longrightarrow \underset{\text{醛}}{2R-\overset{\displaystyle H}{\underset{}{C}}=O} + 2H_2O$$

在以上不同的氧化方式中，脱氢是生物氧化的主要方式。氧化反应中脱下的电子或氢原子需由另一物质接受。接受电子或氢的物质称为受电子体或受氢体，提供电子或氢的物质称为供电子体或供氢体。失电子、加氧、脱氢称为氧化，得电子、得氢、脱氧称为还原。生物体内氧化与还原的偶联反应称为生物氧化。

2. 脱羧——CO_2 的生成机制

细胞呼吸产生的 CO_2 是由有机酸在酶催化下的脱羧作用产生的。根据所脱羧基在有机酸分子中所处位置的不同分为 α-脱羧和 β-脱羧。脱羧过程伴随氧化作用的称为氧化脱羧，没有氧化作用的称为直接脱羧。

① α-直接脱羧，如丙酮酸脱羧：

$$CH_3-\overset{\overset{\displaystyle O}{\|}}{C}-\boxed{COOH} \xrightarrow[Mg^{2+},\ TPP]{\alpha\text{-酮酸脱羧酶}} CH_3-\overset{\overset{\displaystyle O}{\|}}{C} + CO_2$$

丙酮酸　　　　　　　　　　　　　　乙醛

② β-直接脱羧，如草酰乙酸脱羧：

$$\begin{array}{c}COOH\\ \alpha\,C=O\\ \beta\,CH_2 \\ COOH\end{array} \xrightleftharpoons{\text{丙酮酸羧化酶}} \begin{array}{c}COOH\\ C=O\\ CH_3\end{array} + CO_2$$

草酰乙酸　　　　　　　　　　　丙酮酸

③ α-氧化脱羧，如丙酮酸的氧化脱羧：

$$CH_3\overset{\overset{\displaystyle O}{\|}}{C}\boxed{COOH} + CoA_{SH} + NAD^+ \xrightarrow{\text{丙酮酸氧化脱羧酶系}} CH_3C\sim SCoA + NADH+H^+ + CO_2$$

丙酮酸　　　　　辅酶A　　　　　　　　　　　乙酰辅酶A

④ β-氧化脱羧，如苹果酸的氧化脱羧：

$$\begin{array}{c}COOH\\ \alpha\,CHOH\\ \beta\,CH_2 \\ \boxed{COOH}\end{array} + NADP^+ \xrightarrow{\text{苹果酸酶}} \begin{array}{c}COOH\\ C=O\\ CH_3\end{array} + CO_2 + NADPH + H^+$$

苹果酸　　　　　　　　　　丙酮酸

3. 耗氧——水的生成机制

H_2O 是生物氧化的产物之一。其生成机制是代谢物被各种脱氢酶催化脱氢，脱下的氢再经过一系列传递体的传递，最后与氧结合生成水。所以生物氧化是需氧的过程。

4. 特点——加水脱氢，缓慢放能

生物氧化和体外燃烧在本质上是相同的，但在表现形式上有很大差别。自然界中物质的燃烧通常是在干燥、高温下进行的，自由能以骤发的方式释放，并伴随光和热的产生。生物氧化是在细胞的水溶液中以较温和（pH 中性及体温条件）的方式进行的，产生的自由能缓慢释放，大部分可转化或储存。

水不仅是生物氧化的介质，而且还直接参与氧化还原反应过程。广泛存在于生物体内的加水脱氢氧化还原反应，可使代谢物为机体生命活动提供更多的能量。以葡萄糖为例，每分子葡萄糖含 12 个氢原子，如果每次脱 2 个氢原子，按生成 3 分子 ATP 计算，进行 6 次脱氢，可产生 18 分子 ATP。但实际上在生物体内每分子葡萄糖完全氧化分解，可产生 38（或 36）分子 ATP，这就是由于生物氧化中存在加水脱氢反应，在底物中每加 1 分子水，即多 1 次脱氢过程，可多产生 ATP。

二、参与生物氧化的酶类

参与生物氧化的酶类包括脱氢酶、氧化酶、传递体等。这些酶主要存在于线粒体中，所以生物氧化也主要在线粒体中进行。

1. 脱氢酶——催化呼吸底物的氧化

能使代谢物的氢活化、脱落并将其传递给受氢体或中间传递体的一类酶称为脱氢酶（dehydrogenase）。根据所含辅因子的不同，可将脱氢酶分为两类。

第一类，以黄素核苷酸为辅基的脱氢酶。

这类酶以黄素单核苷酸（FMN）或黄素腺嘌呤二核苷酸（FAD）为辅基。酶蛋白部分与辅基之间多数以非共价键连接，个别以共价键连接。如琥珀酸脱氢酶，酶蛋白部分与 FAD 之间是以共价键连接的。以黄素核苷酸为辅基的脱氢酶又称为黄素酶，直接催化底物（SH_2）脱

下一对氢原子，由 FMN 或 FAD 接受，反应式如下：

$$SH_2 + E—FMN \rightleftharpoons S + E—FMNH_2$$

$$SH_2 + E—FAD \rightleftharpoons S + E—FADH_2$$

根据最终受氢体的不同，还可将黄素酶分为两类。

① 需氧黄酶（aerobic flavoenzyme）　以氧为直接受氢体的称为需氧黄酶。氧化底物脱下的氢由氧接受并产生过氧化氢。反应过程如下：

② 不需氧黄酶（anaerobic flavoenzyme）　不以氧为直接受氢体，催化底物脱下的氢先经中间传递体，再传给氧生成水，这一类酶称为不需氧黄酶。如琥珀酸脱氢酶、NADH 脱氢酶、脂肪酰 CoA 脱氢酶、α-磷酸甘油脱氢酶等就是不需氧黄酶，催化如下反应：

第二类，以烟酰胺核苷酸为辅酶的脱氢酶。

此类脱氢酶以 NAD（CoⅠ）或 NADP（CoⅡ）为辅酶，催化代谢物脱下的氢由 NAD^+ 或 $NADP^+$ 接受，再交给中间传递体，最后传给氧生成 H_2O。这类酶不能以氧为直接受氢体，属于不需氧脱氢酶。催化反应如下：

已发现以烟酰胺核苷酸为辅酶的脱氢酶 200 多种，常见的如表 8-1 所示。

表 8-1　一些重要的烟酰胺核苷酸脱氢酶

酶	辅　酶	催化的反应
醇脱氢酶	NAD	乙醇 $\rightleftharpoons$ 乙醛　　　　　维生素 A $\rightleftharpoons$ 视黄醛
异柠檬酸脱氢酶	NAD	异柠檬酸 $\rightleftharpoons$ 草酰琥珀酸 $\rightleftharpoons$ α-酮戊二酸 + CO_2
异柠檬酸脱氢酶	NADP	异柠檬酸 $\rightleftharpoons$ α-酮戊二酸 + CO_2
β-羟丁酸脱氢酶	NAD	β-羟丁酸 $\rightleftharpoons$ 乙酰乙酸
β-羟脂酰 CoA 脱氢酶	NAD	β-羟脂酰 CoA $\rightleftharpoons$ β-酮脂酰 CoA
乳酸脱氢酶	NAD	L-乳酸 $\rightleftharpoons$ 丙酮酸
苹果酸脱氢酶	NAD	L-苹果酸 $\rightleftharpoons$ 草酰乙酸
苹果酸酶	NADP	L-苹果酸 $\rightleftharpoons$ 丙酮酸 + CO_2
胆碱脱氢酶	NAD	胆碱 $\rightleftharpoons$ 三甲氨乙醛
3-磷酸甘油醛脱氢酶	NAD	3-磷酸甘油醛 + 磷酸 $\rightleftharpoons$ 1-3-二磷酸甘油酸
6-磷酸葡萄糖脱氢酶	NADP	6-磷酸葡萄糖 $\rightleftharpoons$ 6-磷酸葡萄糖酸

续表

酶	辅　酶	催化的反应
谷氨酸脱氢酶	NAD 或 NADP	L-谷氨酸 $\Longleftrightarrow \alpha$-酮戊二酸 $+NH_3$
谷胱甘肽脱氢酶	NADP	还原型谷胱甘肽 $\Longleftrightarrow$ 氧化型谷胱甘肽
胱氨酸还原酶	NAD	胱氨酸 $\Longleftrightarrow$ 2 半胱氨酸
α-酮戊二酸脱氢酶	NAD	α-酮戊二酸 $+CoA \longrightarrow$ 琥珀酰 $CoA+CO_2$
丙酮酸脱氢酶	NAD	丙酮酸 $+CoA \longrightarrow$ 乙酰 $CoA+CO_2$
类固醇脱氢酶	NADP	类固醇 $\Longleftrightarrow$ 类固酮

2. 氧化酶——氧的还原

以氧为直接受电子体的氧化还原酶称为氧化酶（oxidase）。氧化酶一般是含金属 Cu^{2+} 和 Fe^{3+} 的蛋白质，通过 Cu^{2+} 和 Fe^{3+} 氧化态与还原态的互变。将传递体或底物的 2e 传给氧并使其激活为 O^{2-}，再与 $2H^+$ 结合生成水。如细胞色素氧化酶、抗坏血酸氧化酶等即属此类酶。催化反应如下：

3. 传递体——能量转换的重要环节

在生物氧化过程中起传递氢或传递电子作用的物质称为传递体（carrier）。传递体既不能使代谢物脱氢，也不能使氧活化。能传递氢原子的传递体称为递氢体，如黄素蛋白传递体及辅酶 Q 等。能传递电子的传递体称为递电子体，如细胞色素及铁硫蛋白等。

三、同化作用与异化作用

1. 同化作用——主要是合成代谢

生物机体从环境中获取物质，转化为体内的新物质。这一过程称为同化作用（assimilation）。换句话说，绿色植物将 CO_2 同化为葡萄糖，并进一步合成淀粉；人和动物将小分子葡萄糖合成糖原，将氨基酸合成蛋白质，核苷酸合成核酸等都属同化作用。同化作用是耗能的生命活动过程。

2. 异化作用——主要是分解代谢

生物体内的旧物质转化为环境中的物质，这一过程称为异化作用（dissimilation）。如人和动物体内的糖原降解为葡萄糖，再被氧化成 CO_2 和 H_2O，就属异化作用。异化作用伴随着能量的释放。

同化作用与异化作用可简单表示如下：

新陈代谢 ⎰ 同化作用 ⎰ 小分子合成大分子 ⎱ ⎰ 物质代谢
　　　　　 ⎱ 　　　　 ⎱ 需要能量　　　 ⎱
　　　　　　 异化作用 ⎰ 释放能量　　　 ⎰
　　　　　　　　　　 ⎱ 生物大分子分解为小分子 ⎱

第二节　线粒体氧化体系

在线粒体中，由若干递氢体或递电子体按一定顺序排列组成的，与细胞呼吸过程有关的链式反应体系往往以复合体的形式存在于线粒体内膜上。存在于线粒体内的细胞色素氧化酶体系（cytochrome oxidase system）称为线粒体氧化体系。在生物氧化中，它是主要的氧化还原体系，此外还有微粒体氧化体系、过氧化物氧化体系、多酚氧化酶体系、抗坏血酸氧化酶体系等生物氧化体系。

一、线粒体的膜相结构

线粒体（mitochondria）是细胞内的一种细胞器，是生物氧化和能量转换的主要场所。其膜相结构如图 8-1 所示。

图 8-1　线粒体膜相结构示意图

参与生物氧化的各种酶类如脱氢酶、电子传递体系、偶联磷酸化酶类等都分布在线粒体内膜和嵴上。因此，线粒体内膜在生物氧化及能量转换代谢中具有重要作用。

二、呼吸链

1. 概念——呼吸作用中的电子传递链

由供氢体、传递体、受氢体（O_2）以及相应的酶系统组成的生物氧化还原链称为呼吸链（respiratory chain）。

2. 组成——具辅基的结合蛋白类

目前已发现，构成呼吸链的成分有 20 多种，一般可分为 5 类。

（1）以 NAD 或 NADP 为辅酶的脱氢酶　这类酶催化代谢物脱氢，脱下的氢由辅酶 NAD^+（CoⅠ）或 $NADP^+$（CoⅡ）接受。NAD^+ 和 $NADP^+$ 吡啶环上的氮为 5 价氮，能可逆地接受电子转变成 3 价氮。酶催化代谢物分子脱下两个氢原子，其中一个氢原子加到吡啶环氮对位的碳原子上，另一个氢原子裂解为 H^+ 和 e，e 和吡啶环上的 5 价氮结合，中和正电荷而变为 3 价氮，质子则留在介质中。该反应可用下式表示：

$$NAD^++2H \Longrightarrow NADH+H^+ \qquad NADP^++2H \Longrightarrow NADPH+H^+$$

NAD⁺或NADP⁺（氧化态） + 2H ⇌ NADH + H⁺或NADPH + H⁺（还原态）

（2）黄素酶　黄素蛋白（flavoproteins, FP）是指以黄素单核苷酸（FMN）或黄素腺嘌呤二核苷酸（FAD）为辅基的不需氧脱氢酶。FMN 和 FAD 分子结构中有异咯嗪，起到传递氢的作用。氧化型 FMN 既可接受两个氢形成 $FMNH_2$，又可接受个 H^+ 和一个 e 形成不稳定的 $FMNH^·$（半醌中间体），再接受一个 H^+ 和一个 e 转变为还原型 FMN（$FMNH_2$）。FAD 也有相同的转变。FMN 和 FAD 以三种不同形式（氧化型、半醌型和还原型）存在，在呼吸链中参与一个或两个电子的传递。反应式如下：

FMN或FAD　　　　　　　　　FMNH₂或FADH₂
（氧化态）　　　　　　　　　（还原态）

NADH 脱氢酶是含有 FMN 的黄素蛋白，它可催化 NADH 脱氢。琥珀酸脱氢酶、脂酰辅酶 A 脱氢酶等是以 FAD 为辅基的黄素蛋白，它们可直接将底物脱下的氢传递进入呼吸链。

（3）铁硫蛋白　铁硫蛋白（iron-sulfur proteins，Fe-S）又称铁硫中心，是以铁硫簇（iron-sulfur cluster）为辅基，相对分子质量较小的一类蛋白质。铁硫簇主要形式有 Fe_2S_2 和 Fe_4S_4。Fe_2S_2 由两个 Fe 原子与两个不稳定 S 原子构成，其中每个铁原子还各与两个半胱氨酸残基的巯基硫相结合。Fe_4S_4 由四个铁原子与四个不稳定的 S 原子构成，铁与硫相间排列在一个正六面体的八个顶角端，此外四个铁原子还各与一个半胱氨酸残基上的巯基硫相连。Fe_2S_2 的活性部分含有两个活泼的无机硫和两个铁原子，其结构如下：

```
-----半胱----- -----半胱-----
        S   S    S
         ＼ ｜  ／
          Fe  Fe
         ／ ｜  ＼
        S   S    S
-----半胱----- -----半胱-----
```

铁硫蛋白中的铁原子可进行 $Fe^{2+} \rightleftharpoons Fe^{3+} + e$ 反应而传递电子，是一类单电子传递体。当铁硫蛋白还原后，3 价铁变成 2 价铁。

（4）辅酶 Q　辅酶 Q（coenzyme Q，CoQ）又称泛醌（ubiquinone，UQ，Q），是一种脂溶性醌类化合物，在呼吸链中是一种和蛋白质结合不紧密的辅酶，分子结构中含有以异戊二烯为单位构成的长碳氢链，异戊二烯侧链使 CoQ 在线粒体内膜脂双层中局部扩散，作为一种流动着的电子载体在复合体Ⅰ（复合体Ⅱ）和复合体Ⅲ之间起传递电子的作用。CoQ 在电子传递链中处于中心地位。哺乳动物细胞内的 CoQ 含有十个异戊二烯单位，故又称 Q_{10}。CoQ 可接受一个 e 和一个 H^+ 还原成半醌式；再接受一个 e 和一个 H^+ 还原成二氢泛醌。CoQ 也有三种不同存在形式，即氧化型、半醌型和还原型，在呼吸链中传递一个或两个电子。

不同的 CoQ 只是侧链（R）异戊二烯基的数目不同。CoQ 的醌型结构可以结合两个氢而被还原为氢醌。CoQ 在呼吸链中起传递氢作用，是一类递氢体。氧化还原反应如下：

氧化型CoQ　　　　　　　　　还原型CoQ

（5）细胞色素　细胞色素（cytochrome，Cyt）是一类以铁卟啉为辅基催化电子传递的结合蛋白。细胞色素因有特殊的吸收光谱而呈现颜色。根据它们吸收光谱的不同，将细胞色素分为 Cyt a、b、c 三类，每一类中又因其最大吸收峰的微小差异再分成几个亚类。各种细胞色素之间的主要差别是铁卟啉辅基侧链的差异以及铁卟啉与蛋白质部分的连接方式的不同。细胞色素 b、c 的铁卟啉都是铁原卟啉Ⅸ，与血红素相同，但细胞色素 c 中卟啉环上的乙烯侧链与酶蛋白多肽链中半胱氨酸残基共价相连，而细胞色素 b 则是以非共价方式与蛋白质肽链相联。细胞色素 a 中的铁卟啉为血红素 A，其卟啉环上相连的一个甲基被甲酰基取代，一个乙烯基侧链连接一条聚异戊二烯长链。铁卟啉中的铁原子可进行 $Fe^{2+} \rightleftharpoons Fe^{3+} + e$ 反应而传递电子。Cyt a 的辅基是血红素 A，Cyt b 的辅基是血红素 B。这些血红素辅基只是侧链基团不同（见图 8-2）。

细胞色素通过铁卟啉辅基中铁原子的氧化还原反应传递电子。因此，细胞色素是呼吸链中的递电子体。传递电子方式如下：

$$2Cyt \cdot Fe^{3+} + 2e \rightleftharpoons 2Cyt \cdot Fe^{2+}$$

图 8-2　细胞色素 a 和 b 的辅基

3. NADH 氧化呼吸链——以 NAD 为辅酶的脱氢酶催化的物质氧化

按标准氧化还原电位递增值确定的呼吸链各传递体的排列顺序是目前一致认可的方法。在生物化学中，以 E_0' 值来表示氧化还原剂对电子的亲和力。根据氧化还原原理，E_0' 值愈低的氧化还原对释出电子的倾向愈大，愈容易成为还原剂，因而排列于呼吸链的前面。体内存在两条重要的呼吸链。NADH 氧化呼吸链是细胞内最重要的呼吸链。生物氧化中绝大多数都是以 NAD^+ 为辅酶的脱氢酶。这些酶催化代谢物脱氢并生成 NADH，NADH 再通过呼吸链将氢传递给氧生成水。NADH 呼吸链各组分的排列顺序如图 8-3 所示。

图 8-3　NADH 氧化呼吸链

以 $NADP^+$ 为辅酶的脱氢酶催化代谢物脱氢生成的 NADPH 多数存在于线粒体外，主要作为还原能用于物质的合成代谢。线粒体内生成的少量 NADPH，可在转氢酶催化下生成 NADH，再进入呼吸链被氧化。反应式如下：

$$NADPH + H^+ + NAD^+ \xrightarrow{\text{转氢酶}} NADP^+ + NADH + H^+$$

4. 琥珀酸氧化呼吸链——以 FAD 为辅基的脱氢酶催化的物质氧化

凡是以 FAD 为辅基的脱氢酶所催化的底物脱氢反应，其电子传递按此顺序进行。琥珀酸由琥珀酸脱氢酶催化，脱下的 2H 经复合体 II 使 CoQ 形成 $CoQH_2$，再往下的传递与 NADH 氧化呼吸链相同。α-磷酸甘油脱氢酶及脂酰 CoA 脱氢酶催化代谢物脱下的氢也由 FAD 接受，通过此呼吸链被氧化。琥珀酸氧化呼吸链中各组分的排列顺序如图 8-4 所示。

线粒体中 NADH 呼吸链和琥珀酸氧化呼吸链的相关性以及某些重要代谢物被氧化时进入呼吸链的途径见图 8-5。

图 8-4 琥珀酸氧化呼吸链

β-羟丁酸
谷氨酸
异柠檬酸
苹果酸等

$NAD^+ \rightarrow \boxed{\begin{array}{c} FMN \\ Fe\text{-}S \end{array}} \rightarrow CoQ \rightarrow b \rightarrow c_1 \rightarrow c \rightarrow aa_3 \rightarrow O_2$

FAD
硫辛酸

FAD

丙酮酸
α-酮戊二酸

琥珀酸
脂酰CoA
α-磷酸甘油

图 8-5 线粒体中某些底物氧化的呼吸链

从图 8-5 可见，琥珀酸脱氢酶催化底物产生的 $FADH_2$，不需经过 NAD^+，而直接将氢传给 CoQ。各种代谢物被氧化后脱下的氢进入呼吸链的途径略有不同。

第三节 能量代谢中生物能的产生、转移和储存

在生物氧化过程中，既消耗氧，产生 CO_2 和 H_2O，同时还释放出大量的能量。生物氧化过程中，有许多环节可将葡萄糖释放出的能量捕获储存起来，以便用于机体做功。肌肉收缩、合成代谢、跨膜运输以及所有的需能反应都属于机体做功，用于做功的能量称为自由能（free energy）。机体利用自由能所做的功是在常温常压下进行的。ATP、ADP 和无机磷酸广泛存在于生物体的各个细胞内，起着传递能量的作用，因此又称为能量传递系统（energy-transmitting system），即生物氧化产生的能量可被转移和储存。

一、氧化还原与自由能变化

在某一系统的总能量中，在恒定的温度、压力及一定体积条件下能够用来做功的那部分能量，称为自由能。用 G 表示。

1. 反应方向与趋势——自由能变化与浓度的关系

在化学反应 A ⇌ B 的过程中，产物 B 和反应物 A 的自由能之差 $G_B - G_A$，就是该反应的自由能变化（用 ΔG 表示）。

ΔG 可用于判断反应是否能够自发进行。$-\Delta G$：表示反应有自由能释放，能自发进行；$+\Delta G$：表示反应不能自发进行；若 $\Delta G = 0$，反应无自由能变化，表示反应处于平衡状态。

一个反应的自由能变化既与产物的浓度有关，又与反应物浓度有关，还与反应时的温度有关。ΔG 可由下式计算：

$$\Delta G = \Delta G^\ominus + RT \ln \frac{[\text{产物}]}{[\text{反应物}]}$$

式中，ΔG 为自由能变化；$\Delta G^\ominus$ 为标准自由能变化（指在 1mol/L 浓度、1atm、温度

298K（25℃）、pH＝7.0 的条件下，反应的自由能变化。生物体中化学反应一般是在 pH7 的条件下进行，标准自由能变化用 $\Delta G^{\ominus}{}'$ 表示）；R 为气体常数，8.315 J/（mol·℃）；T 为热力学温度，K；[产物] 和 [反应物] 为产物和反应物浓度，mol/L；ln 为自然对数。

当反应达到平衡时，$\Delta G^{\ominus}=0$，即无自由能变化，$[B]_{eq}/[A]_{eq}=K{'}_{eq}$。表示上述特定条件下生化反应的平衡常数。因此 $\Delta G^{\ominus}{}'$ 可用下式计算：

$$\Delta G^{\ominus}{}'=-RT\ln K{'}_{eq}$$

若换算成常用对数，上式则演变为下式：

$$\Delta G^{\ominus}{}'=-2.303\,RT\lg K{'}_{eq}$$

2. 电子转移——氧化还原与自由能变化

在生物氧化中，氧化反应与还原反应相偶联。一种物质失去电子（还原剂），则必然有另一物质获得电子（氧化剂）。研究各种物质对电子的亲和力，可以判断氧化还原反应的趋势。各种物质对电子的亲和力大小可通过测定氧化电位或还原电位来衡量。

氧化还原电位与温度、氧化剂和还原剂浓度有关：

$$E=E'_0+\frac{RT}{nF}\ln\frac{[氧化剂]}{[还原剂]}$$

式中，E'_0 为标准电位（即在 pH＝7.0、25～30℃ 条件下）；R 为气体常数；T 为热力学不温度，K；n 为氧化还原反应得失电子价数；F 为法拉第常数，96487C/mol；ln 为自然对数；[氧化剂] 和 [还原剂] 为 1mol/L 时的电极电位。

生物体内一些重要的氧化还原反应体系的标准电位见表 8-2。

表 8-2　生物体内一些重要氧化还原体系标准电位 E'_0（pH7.0、25～30℃）

氧化还原体系（半反应）	E'_0/V
$\frac{1}{2}H_2O_2+H^+/H_2O$	+1.35
$\frac{1}{2}O_2/H_2O$	+0.82
细胞色素 $aa_3\ Fe^{3+}/Fe^{2+}$；Cu^{2+}/Cu^+	+0.29
细胞色素 c　Fe^{3+}/Fe^{2+}	+0.25
高铁血红蛋白/血红蛋白	+0.17
辅酶 Q/还原型辅酶 Q	+0.10
脱氢抗坏血酸/抗坏血酸	+0.08
细胞色素 b　Fe^{3+}/Fe^{2+}	+0.07
甲烯蓝　氧化型/还原型	+0.01
延胡索酸/琥珀酸	+0.03
黄素蛋白 $FMN/FMNH_2$	-0.03
丙酮酸＋NH_3/丙氨酸	-0.13
α-酮戊二酸＋NH_3/谷氨酸	-0.14
草酰乙酸/苹果酸	-0.17

续表

氧化还原体系（半反应）	E_0'/V
丙酮酸/乳酸	-0.19
乙醛/乙醇	-0.20
1，3-二磷酸甘油酸/3-磷酸甘油醛	-0.29
$NAD^+/NADH+H^+$	-0.32
$NADP^+/NADPH+H^+$	-0.32
丙酮酸$+CO_2$/苹果酸	-0.33
乙酰乙酸/β-羟丁酸	-0.34
α-酮戊二酸$+CO_2$/异柠檬酸	-0.38
$2H^+/H_2$	-0.42
乙酸/乙醛	-0.58
琥珀酸/α-酮戊二酸$+CO_2$	-0.67

电子总是从低电位向高电位流动，因此，标准电极电位 E_0' 值越小（负值越大），提供电子的趋势越大，还原能力越强；E_0' 值越大，得到电子的趋势越大，氧化能力越强。

在一个氧化还原反应中，标准自由能变化与标准电极电位变化之间存在下列关系：

$$\Delta G^{\ominus '}=-nF\Delta E_0'$$

式中，n 为氧化还原反应的电子转移数；F 为法拉第常数；$\Delta E_0'$ 为标准电极电位变化，等于氧化剂电极电位与还原剂电极电位之差。

利用上式可由任何一种氧化还原反应的 $\Delta E_0'$ 计算出 $\Delta G^{\ominus '}$，并可估计该反应的方向和趋势。当某一反应 $\Delta G^{\ominus '}<0$ 或 $\Delta E_0'>0$ 时，该反应能自发进行。若 $\Delta G^{\ominus '}$ 负值愈大，$\Delta E_0'$ 正值愈大，那么此反应自发进行的倾向也愈大。

以 NADH 呼吸链为例，计算 NADH 最终被 O_2 氧化的 $\Delta E_0'$ 和 $\Delta G^{\ominus '}$。NADH 呼吸链的推动力是其电子转移趋势。

与 NADH 相关的部分反应如下：

① $\frac{1}{2}O_2+2H^++2e\Longleftrightarrow H_2O$ 　　　　　$\Delta E_0'=+0.82V$

② $NAD^++H^++2e\Longleftrightarrow NADH$ 　　　　　$\Delta E_0'=-0.32V$

由反应①减去②，得：

③ $\frac{1}{2}O_2+NADH+H^+\Longleftrightarrow H_2O+NAD^+$ 　$\Delta E_0'=+1.14V$

NADH 呼吸链的自由能变化是：

$$\Delta G^{\ominus '}=-nF\Delta E_0'=-2\times23.06\times1.14kcal/mol$$
$$=-52.6kcal/mol\ (-220kJ/mol)$$

NADH 呼吸链的 $\Delta E_0'>0$，$\Delta G^{\ominus '}<0$，所以该反应能自发进行，NADH 与 O_2 之间尽管存在较大的电位差，但它们并不直接发生反应，NADH 脱下的氢必须通过递氢体和递电子体的传递，使能量逐步释放，释放的能量才能被转移和储存。

二、高能磷酸键的生成机制

一般将水解或基团转移时，能释放出 20.92kJ/mol 以上自由能的化学键称为高能键（high-energy bond）。含有高能键的化合物称为高能化合物，高能键常用符号"～"表示。生物化学中所用的"高能键"的含义和化学中使用的"键能"（energy bond）含义是完全不同的。化学中"键能"的含义是指断裂一个化学键所需要提供的能量；而生物化学中所说的"高能键"是指该键水解时所释放出的大量自由能。

磷酸化（phosphorylation）是指在生物氧化中伴随着高能化合物 ATP 生成的作用。有代谢物连接的磷酸化和呼吸链连接的磷酸化两种类型。即 ATP 生成方式有两种。一种是代谢物脱氢后，分子内部能量重新分布，使无机磷酸酯化先形成一个高能中间代谢物，促使 ADP 变成 ATP。这称为底物水平磷酸化或非氧化磷酸化（non-oxidative phosphorylation）。如 3-磷酸甘油醛氧化生成 1，3-二磷酸甘油酸，再降解为 3-磷酸甘油酸。另一种是在呼吸链电子传递过程中偶联 ATP 的生成，这就是氧化磷酸化（oxidative phosphorylation）。生物体内 95％的 ATP 来自这种方式。

1. 氧化磷酸化——有氧化作用的 ATP 生成

氧化磷酸化作用是指有机物包括糖、脂、氨基酸等在分解过程中的氧化步骤所释放的能量，驱动 ATP 合成的过程。在真核细胞中，氧化磷酸化作用在线粒体中发生，参与氧化及磷酸化的体系以复合体的形式分布在线粒体的内膜上，构成呼吸链，也称电子传递链。其功能是进行电子传递、H^+ 传递及氧的利用，产生 H_2O 和 ATP。即脱氢酶催化代谢物脱下的氢进入呼吸链，经过递氢体和递电子体的传递，再与氧结合生成水，这一过程有大量的自由能产生。产生的能量用于 ADP 和无机磷酸合成 ATP。这一过程是氧化磷酸化的重要形式，称为呼吸链磷酸化（respiratory chain phosphorylation）。呼吸链磷酸化的场所是线粒体。其磷酸化的效率可测定线粒体的 P/O 值来判断。P/O 值是指用某一代谢物作呼吸底物，消耗 1mol 氧时，有多少摩尔无机磷转化为有机磷。以 NADH 为例，每 1 分子 NADH 经过呼吸作用，消耗 1 个氧原子（$\frac{1}{2}O_2$）、3 分子 ADP 和 3 个无机磷，产生 3 分子 ATP，P/O 值为 3。同样，$FADH_2$ 经过呼吸作用的 P/O 值为 2，就产生 2 分子 ATP。

根据电化学的计算结果，NADH 呼吸链中 3 个磷酸化的部位见图 8-6。

图 8-6　氧化与磷酸化的偶联部位

从图 8-6 可见，下面 3 个磷酸化部位自由能变化 $\Delta G^{\ominus\prime}$ 都超过 30.5kJ/mol（ATP $\xrightarrow{\text{水解}}$ ADP+Pi

---
❶1cal＝4.1840J。

时释放的能量为 30.5kJ/mol）：

NADH→FMN $\Delta G^{\ominus\prime}=-2\times23.06\times[(-0.03)-(-0.32)]\times4.184=56.0$ kJ/mol

Cytb→Cytc$_1$ $\Delta G^{\ominus\prime}=-2\times23.06[(+0.25)-(+0.07)]\times4.184=-34.7$ kJ/mol

Cyt aa$_3$→O$_2$ $\Delta G^{\ominus\prime}=-2\times23.06\times[(+0.82)-(+0.29)]\times4.184=-102.3$ kJ/mol

以上三步反应产生的 $\Delta G^{\ominus\prime}$ 完全足以合成一个高能磷酸键。NADH 呼吸链中其余部位释放的自由能都小于 30.5kJ/mol，不足以合成 ATP。

琥珀酸脱氢产生的 FADH$_2$ 从 CoQ 进入呼吸链，只产生 2 分子 ATP；抗坏血酸氧化从 Cyt c 进入呼吸链，仅产生 1 分子 ATP。

除了上述氧化磷酸化的主要形式——呼吸链磷酸化外，生物体内还存在另一种氧化磷酸化方式，即底物水平磷酸化。这是不需氧，也不通过呼吸链的一种氧化磷酸化。是在代谢底物脱氢（氧化）时，分子内部发生能量重新分配而形成高能键，并用于 ATP 生成。

例如，3-磷酸甘油醛转变成 3-磷酸甘油酸时的 ATP 生成即为底物水平磷酸化。反应为：

3-磷酸甘油醛 + H$_3$PO$_4$ （NAD$^+$ / NADH+H$^+$）⇌ 1,3-二磷酸甘油酸

1,3-二磷酸甘油酸 （ADP / ATP）→ 3-磷酸甘油酸

2. 非氧化性磷酸化——没有氧化过程的 ATP 生成

这种 ATP 生成方式，既不需氧，也没有代谢物脱氢，而是代谢物在脱水、基团转移等过程中分子内部能量重新分布和转移合成 ATP。例如：2-磷酸甘油酸脱水生成磷酸烯醇式丙酮酸时分子内部发生能量重新分布，再生成丙酮酸时，发生能量转移。

2-磷酸甘油酸 （-H$_2$O）→ 磷酸烯醇式丙酮酸 （ADP / ATP）→ 丙酮酸

非氧化性磷酸化是生物体在缺氧条件下，特别是厌氧微生物获取能量的一种方式。

3. 氧化磷酸化的机制——化学渗透假说

对氧化磷酸化的机制解释有 3 种假说：化学偶联假说、结构偶联假说和化学渗透假说（chemiosmotic hypothesis）。下面介绍化学渗透假说。

1961 年，Peter Mitchell 提出化学渗透假说的要点是：在电子传递和 ATP 形成之间起偶联作用的是 H$^+$ 浓度梯度；在偶联过程中，线粒体内膜必须是完整、封闭的；呼吸链的电子传递是一个主动转移 H$^+$ 的"泵"，将线粒体基质中的 H$^+$ 转运到线粒体内膜外侧，形成线粒体内膜外高内低的 [H$^+$] 梯度（见图 8-7）。

这种因 [H$^+$] 梯度造成的膜电势再用于推动 ATP 酶复合物合成 ATP（见图 8-8）。

化学渗透假说已得到以下证据支持：

① 在电子传递过程中产生了跨越线粒体内膜的 [H$^+$] 梯度，内膜外侧的 pH 比内侧低1.4 个单位，膜电势为 0.14V；

② 当把某一 pH 梯度强加于线粒体时，在没有电子传递的情况下也有 ATP 合成；

图 8-7　电子通过呼吸链的传递产生了跨越线粒体内膜的质子梯度和膜电势

图 8-8　化学渗透假说示意图

(1)(2)(3) 分别表示三次偶联磷酸化时三对氢的来源和去路

③ 呼吸链和 ATP 酶在生物化学上是分开的体系，它们可由质子梯度联系起来；

④ 氧化磷酸化需要一密闭的区域。在没有固定内外区域的膜碎片中，与电子传递偶联的 ATP 合成不能进行；

⑤ 携带 H^+ 穿过线粒体内膜的物质能使 H^+ 梯度消失，也能使氧化作用与磷酸化作用解除偶联。

三、线粒体外的氧化磷酸化

1. 膜屏障——线粒体膜的选择通透性

线粒体是糖类、脂类和蛋白质等燃料分子的最终氧化场所。但是，这些燃料分子的全部氧化过程不是都在线粒体内完成的。因为线粒体膜的屏障作用，许多物质不能"自由"通过线粒体膜。在线粒体内膜上存在一些转运物质的特异载体，分别转运不同的物质。

如 ATP 和 ADP 透过膜的流动是偶联的。只有当 ATP 出来时，ADP 才能进入。这一偶联转运是由 ATP-ADP 转运酶完成的；线粒体膜上的二羧酸载体是苹果酸、琥珀酸、延胡索酸和

Pi 的交换扩散媒介；三羧酸载体转运柠檬酸。丙酮酸通过丙酮酸载体与 OH⁻ 交换扩散进入线粒体基质。燃料分子在胞液中部分氧化所产生的 NADH 和 NADPH，因在线粒体上不存在转运此类物质的载体。不能直接透过线粒体膜，这类代谢物要经过一种"穿梭机制"才能进入线粒体和呼吸链。

2. 穿梭作用——膜外向膜内的能量转移

胞外代谢物氧化产生的 NADH 和 NADPH 具有氧化产能趋势，但这种产能趋势只有通过线粒体中的呼吸链才能磷酸化生成 ATP。因此，穿梭作用是膜外向膜内输送能量的转移过程。穿梭作用有以下几种类型。

（1）异柠檬酸穿梭作用　线粒体外代谢物氧化产生的 NADPH 多数情况下作为还原力用于物质的合成代谢。但也可通过异柠檬酸穿梭作用进入呼吸链产生 3 分子 ATP（见图 8-9）。

图 8-9　异柠檬酸穿梭作用

（2）磷酸甘油穿梭作用　参与磷酸甘油穿梭作用的酶是 α-磷酸甘油脱氢酶，此酶有两种：一种存在于线粒体外，以 NAD^+ 为辅酶；另一种存在于线粒体内，以 FAD 为辅基。胞液中代谢物氧化产生的 NADH 通过磷酸甘油穿梭作用进入线粒体，则转变为 $FADH_2$，$FADH_2$ 进入呼吸链只产生 2 分子 ATP（见图 8-10）。

图 8-10　磷酸甘油穿梭作用

（3）苹果酸穿梭作用　胞液中代谢物氧化产生的 NADH 还可通过苹果酸穿梭作用进入线粒体和呼吸链，产生 3 分子 ATP（见图 8-11）。

图 8-11　苹果酸穿梭作用

四、氧化磷酸化的解偶联作用和抑制作用

1. 呼吸毒物——阻断电子传递

代谢物 → NAD → $\begin{bmatrix} FMN \\ Fe\text{-}S \end{bmatrix}$ → CoQ → b → c_1 → c → aa_3 → O_2

　　　　　阿的平　阿米妥　　抗霉素A　　　CO
　　　　　　　　（戊巴比妥）　　　　　　　CN^-
　　　　　　　　鱼藤酮　　　　　　　　　　N_3

图 8-12　生物氧化中电子传递的抑制剂

某些物质能抑制呼吸链传递氢和传递电子，使氧化作用受阻，自由能释放减少，ATP 不能生成。如阿米妥、鱼藤酮、抗霉素、一氧化碳、氰化物等。抑制部位见图 8-12。这些物质称为呼吸毒物。

2. 解偶联剂——破坏呼吸链释放的能量用于 ATP 合成

氧化作用与磷酸化作用相偶联，是一切需氧生物体内两种不同的生物化学反应相互依赖、相互联系的运动方式。磷酸化作用所需的能量由氧化作用提供，氧化作用所产生的能量通过磷酸化作用储存。

凡是能破坏氧化与磷酸化相偶联的作用称为解偶联作用（uncoupling），能引起解偶联作用的物质称为解偶联剂。如 2，4-二硝基苯酚、对三氟甲氧基苯腙二氰化物、双香豆素都是常见的解偶联剂（见图 8-13）。解偶联剂并不抑制电子传递过程，能携带质子穿过线粒体内膜，破坏内膜两侧的 $[H^+]$ 梯度，抑制呼吸链过程的磷酸化作用，ATP 不能生成，但对底物水平磷酸化及非氧化性磷酸化没有影响。

2,4-二硝基苯酚（DNP）　　　对三氟甲氧基苯腙二氰化物

图 8-13　两种氧化磷酸化的解偶联剂

第四节　生物能的利用

生物能是以生物为载体将太阳能以化学能形式储存的一种能量，它直接或间接地来源于植物的光合作用，其蕴藏量极大，仅地球上的植物，每年生产量就相当于目前人类消耗矿物能的 20 倍。在各种可再生能源中，生物质是储存的太阳能，更是一种唯一可再生的碳源，可转化成常规的固态、液态和气态燃料。据估计地球上每年植物光合作用固定的碳达 2×10^{11} t，含能量达 3×10^{21} kJ。

化能营养生物从食物的氧化作用获得能量，光能营养生物捕获光能获得能量。来自于食物氧化和光的能量需先转变成 ATP，才能用于运动、主动转运和生物合成。

一、ATP 是生物体系中自由能的通用货币

不论是低等生物，还是高等生物，都是以 ATP 作为能量传递的中间载体。所以，ATP 是

一切生物体中自由能的通用货币。

1. 能量储存——体内以磷酸肌酸和磷酸精氨酸储存能量

ATP 是自由能的载体，但不是能量的储存物质。在脊椎动物肌肉和神经组织中，能量的储存物质是磷酸肌酸。无脊椎动物体内磷酸精氨酸是其能量的储存物质。

当机体中 ATP 过剩时，ATP 的高能磷酸键可转移给肌酸，生成磷酸肌酸（creatine phosphate，CP）。当机体中 ATP 不足时，磷酸肌酸又可将能量转移给 ADP 生成 ATP，以供生命活动之需。催化这一可逆反应的酶是肌酸磷酸激酶，催化反应如下：

$$
\text{肌酸} + ATP \underset{\text{肌酸磷酸激酶}}{\rightleftharpoons} \text{磷酸肌酸} + ADP
$$

催化磷酸精氨酸合成的酶是精氨酸磷酸激酶，反应如下：

$$
\text{精氨酸} + ATP \underset{\text{精氨酸磷酸激酶}}{\rightleftharpoons} \text{磷酸精氨酸} + ADP
$$

2. 能量转换——ATP 是产能与需能反应中能量的转换物质

ATP 在生物体系的能量交换中起核心作用。ATP 以多种形式进行能量的转移和释放。

① ATP 末端磷酸基转移给葡萄糖，使葡萄糖转化为 6-磷酸葡萄糖，反应式如下：

$$
\text{葡萄糖} \xrightarrow[\text{ATP}\quad\text{ADP}]{\text{葡萄糖磷酸激酶}} \text{6-磷酸葡萄糖}
$$

② ATP 将焦磷酸基转移给 5-磷酸核糖，使其转变为 5-磷酸核糖-1-焦磷酸，反应式如下：

$$
\text{5-磷酸核糖} \xrightarrow[\text{ATP}\quad\text{AMP}]{} \text{5-磷酸核糖-1-焦磷酸}
$$

③ ATP 将 AMP 转移给氨基酸，生成氨基酰腺苷一磷酸，反应式如下：

$$
\text{氨基酸} \xrightarrow[\text{ATP}\quad\text{PPi}]{} \text{氨基酰腺苷一磷酸}
$$

④ ATP 将腺苷转移给甲硫氨酸，生成 S-腺苷甲硫氨酸，反应式如下：

甲硫氨酸 + ATP → S-腺苷甲硫氨酸 + PPi+Pi

⑤ ATP 将高能键转移给其他高能化合物。

有些生物合成是由 GTP、UTP、CTP 所推动的。ATP 也可将其磷酸基转移给核苷二磷酸或核苷一磷酸。反应式如下：

$$ATP+GDP \rightleftharpoons ADP+GTP \qquad ATP+GMP \rightleftharpoons ADP+GDP$$
$$ATP+UDP \rightleftharpoons ADP+UTP \qquad ATP+UMP \rightleftharpoons ADP+UDP$$
$$ATP+CDP \rightleftharpoons ADP+CTP \qquad ATP+CMP \rightleftharpoons ADP+CDP$$

二、体内能量代谢的调节

1. 能荷——腺苷酸库中可供利用能量的量度

生物体的能量储备状况可用 ATP、ADP、AMP 等物质的消长来衡量。能荷（energy charge）就是指细胞内 ATP-ADP-AMP 系统中可供利用的高能磷酸键的量度。能荷可用下式表示：

$$能荷 = \frac{[ATP] + \frac{1}{2}[ADP]}{[AMP] + [ADP] + [ATP]}$$

2. 能量平衡——ATP/ADP 值的调节作用

ATP 的转换率非常高。例如，一个静卧的成人，24h 之内可消耗约 40kgATP。人在激烈活动时，ATP 的利用速率可高达每分钟 0.5kg。[ATP]、[ADP] 等影响能荷的物质，对各种燃料分子的分解产能过程具有调节作用。ATP 对产能过程起反馈抑制作用，ADP、AMP 则起活化作用。当体内 [ATP] 降低，[ADP] 和 [AMP] 升高，即能荷降低时，ADP 和 AMP 就会激活催化燃料分子分解的酶类，并抑制催化合成的酶，产生大量的 ATP。当体内 [ATP] 高，[ADP] 和 [AMP] 低，能荷高时，就会抑制燃料分子的分解，促进燃料分子的合成。ATP 和 ADP 的比值或浓度直接调节生物体内能量代谢平衡。

三、ATP 和磷酸肌酸的应用

1. ATP

自 1929 年 Lohman 从糖分解代谢旺盛的肌肉中首次发现并提取 ATP 以来，ATP 已被证实在生命细胞的新陈代谢以及各种生化反应的能量供应中扮演着极其重要的角色，是生命活动及生化反应所必需的高能化合物。腺苷三磷酸（ATP）是一种重要的生化能量试剂和临床核苷酸类药物，在医疗领域被广泛用作细胞激活剂，适用于因细胞损伤后细胞酶减退引起的疾病。对进行性肌肉萎缩、脑出血后遗症、急慢性肝炎、癌症、心力衰竭、心肌炎、心肌梗死、脑动脉硬化、冠状动脉硬化、急性脊髓灰白质炎均有良好的治疗或辅助治疗效果。

2. 磷酸肌酸（CP）

CP 是脊椎动物体内的一种生物活性物质。存在于哺乳动物的心肌、骨骼肌、脑等器官或组织中。其作用是对能量物质 ATP 起到缓冲作用，上述器官或组织的生命活动过程中所消耗的大量 ATP 由 CP 补充，以避免 ATP 供应的波动；CP 是能量物质 ATP 分子中高能磷酸基团传递的载体，线粒体所生成的 ATP 分子的高能磷酸基团在胞浆中向耗能部位传递就是以胞浆中的磷酸肌酸为载体，并通过胞浆中磷酸肌酸-肌酸激酶系统来实现。

　　近年来，发现磷酸肌酸具有重要的药理作用，它是一种重要的心肌保护剂。临床用于心麻痹症的心脏保护及心肌代谢窘迫的其他状况，如心肌缺血、肥厚、心肌梗死及心衰的治疗，以及在心脏外科手术中减轻手术给病人心肌功能带来的损伤。因此，磷酸肌酸对改善病人心肌的能量代谢有重要意义。对先天性心脏病患儿治疗中发现，外源性磷酸肌酸有利于未成熟心肌的保护。磷酸肌酸可增加肌肉的最大收缩力和腺苷三磷酸的利用率，可作为营养剂提高运动员的耐力和速度，抵抗疲劳，在短时间内提高无氧代谢的运动成绩。还可用于神经保护，皮肤保护，延缓衰老。

第五节　高能化合物的制备技术

　　机体内高能化合物的种类是很多的，其中高能磷酸化合物占了绝大多数。生物体内重要的高能磷酸化合物主要包括 ATP、磷酸肌酸（脊椎动物肌肉和神经组织中）、磷酸精氨酸（无脊椎动物体内）。

一、ATP 的制备技术

1. ATP 的提取法

　　20 世纪 40 年代末至 50 年代，ATP 主要从兔肌中提取获得。以前兔肌提取法大多采用汞盐沉淀工艺，提取液先生成 ATP 钡盐，再转化为 ATP 汞盐，除汞后转化成 ATP 二钠盐沉淀，干燥后得成品。近年来，改进了 ATP 的分离提纯方法，建立了适合我国工业生产的新工艺，如树脂分离工艺等。采用氯型 201×7 或 717 阴离子交换树脂色谱柱，纯化操作在 $0 \sim 10$℃进行，以防止 ATP 分解。通过改进 ATP 结晶工艺，变浆状结晶为针状结晶；ATP 产品色泽洁白，含量 85% 以上，提取收率 50%～60%。

2. ATP 的合成法

　　继提取法之后，以 AMP 为原料的化学合成法开始出现。20 世纪 60 年代，厉仓等人用磨碎的或经丙酮干燥的面包酵母以 AMP 或腺苷为前体生物合成 ATP，20 世纪 70 年代后这一方法又有所改进，如利用酵母自溶后的酶液或将酵母用表面活性剂处理再用于合成 ATP，从而大幅度提高反应效率。这种利用酵母细胞为酶源进行酶合成 ATP 的方法，一直沿用至今。

　　ATP 的生物合成方法主要有以下几种：利用酵母以葡萄糖作为能量供体的磷酸化前体（如腺苷和 AMP）法；利用克隆有 6-磷酸果糖激酶和磷酸丙糖异构酶基因的大肠杆菌磷酸化的 AMP 法；利用产氨短杆菌分段合成及磷酸化将腺嘌呤直接核苷酸化法。实际应用于 ATP 工业化生产的主要是发酵法和酶法。

　　（1）发酵法　国外关于发酵法合成 ATP 的最早报道是利用渗透性酵母磷酸化腺苷来合成 ATP。Hatanaka 等则利用能同化甲醇的酵母细胞来生产 ATP，培养 16h 后 ATP 和 ADP 的浓度分别为 10.5mg/mL 和 1.8mg/mL。Kadowcki 和 Setsu 等构建了一个由微生物和面包酵母组成的耦合反应系统，这一系统可转化 150mmol/L 腺苷为 98mmol/L ATP（约 50g/L）。目前，国内发酵法生产 ATP 一般通过单独培养产氨短杆菌或混合培养产氨短杆菌和酵母菌。

　　单独培养产氨短杆菌：将培养 20～24h 的种子以 7%～9% 接种量接入发酵罐，然后投加腺嘌呤。腺嘌呤加入前无需控制 pH 值，加入腺嘌呤后，必须通过流加尿素、NaOH 或氨水将 pH 控制在 6.8～7.2 的范围之内以保证高产。发酵温度通常控制在 28～30℃。研究发现十余种表面活性剂对 ATP 的生成有促进作用，同时还发现添加表面活性剂对防止 ATP 降解十分有效。温度对合成 ATP 酶系的活性影响较大。若在发酵后期，将温度提高到 37℃保持 24h，可使 ATP 浓度达到峰值。ATP 最高产率可达 3.0g/L。

　　产氨短杆菌和酵母混合培养：以腺嘌呤为前体单独培养产氨短杆菌，ATP 转化率较低

（仅 45%），大部分腺嘌呤转化成 AMP 和 ADP。一方面是因为培养系统中磷酸化酶的缺乏，使得腺嘌呤不能全部转化成 ATP；另一方面是由于 ATP 降解酶的存在，使已经生成的 ATP 不断降解，从而很难大幅度提高反应系统中的 ATP 浓度。为此，程金芬等人筛选出一些具有较高 ATP 合成活性的酵母菌，大量培养酵母后离心收集菌体，再接入产氨短杆菌继续发酵，保温培养 17h 后 ATP 含量趋于稳定。结果发现，采用混合培养工艺可使腺嘌呤转化为 ATP 的转化率提高到 75% 以上。

（2）酶法　国内外关于用酶法合成 ATP 的报道较多，包括从微生物细胞中提取酶合成 ATP；用游离微生物细胞外的酶合成 ATP；由固定化微生物细胞生产 ATP。酵母厌氧发酵可产生一系列的胞外酶，其中某些酶能使腺嘌呤和腺苷酸转化成 ATP，由于酵母产生的胞外酶稳定性好，可长期用于工业化生产，菌种主要包括啤酒酵母，日晒或风干酵母（含水量低于 5%）以及经厌氧发酵转型的面包酵母。

国外常用于酶法合成 ATP 的菌种主要有产氨短杆菌、酵母菌和芽孢杆菌等。Ado 等人将冻干啤酒酵母固定在乙基纤维素微胶囊中，在反应器内连续反应，生成 ATP 的转化率最初为 70%，以后维持在 50% 以上。Asada 等人设计了一种含有半透膜的 8 个反应槽串联的装置，其中含有从干酵母抽提获得的粗酶溶液，能连续将 80% 的腺苷转化成 ATP。Sode、Koji 等人则利用微胶囊包封的载体连续化生产 ATP，ATP 生成速率为 14mmol/（L·h），从 ADP 生产 ATP 的产率是 35%。

与游离细胞相比，利用固定化酵母细胞生产 ATP 具有反应器效能高、降低主要原材料成本、提高收率及简化工艺等显著优点。

3. ATP 的检测方法

一般采用琼脂糖平板电泳法、纸色谱法、DEAE-纤维素薄板色谱法等。琼脂糖平板电泳法，在 pH3.6，0.05mol/L 柠檬酸缓冲液中 40V/cm 电压梯度下电泳 5min，割下区带溶于 pH2.0 水溶液测定 A_{260} 值，从而计算出 ATP 的转化率。

纸色谱法测定 A（腺嘌呤）、AMP、ADP、ATP 及其他核苷酸的量，可以通过测定含有 0.01mol/L HCl 的色谱柱上各点处提取的溶液在 260nm 和 280nm 处的吸收值决定。在这种方法中，为使 ATP 从 ADP 中完全分离，需要使用两种不同溶剂系统来完成测定。

二、磷酸肌酸的制备技术

1. 磷酸肌酸的制备方法

1927 年，磷酸肌酸由 Eggleton 从哺乳动物肌肉中分离得到。目前磷酸肌酸的生产制离方法主要有生物提取法，化学合成法，酶催化法。化学合成法是将一水肌酸由三氯氧磷对其进行磷酰化，生成的磷酸肌酸以钡盐形式与氯化钠分离，然后把钡盐转化成钠盐，并在乙醇-水体系中结晶析出，从而得到纯净的磷酸肌酸钠。磷酸肌酸钠的合成反应温度控制在 $-3 \sim 3$℃，反应时间 2h，磷酸肌酸钠的析晶温度为 20℃，析晶时间为 2d，磷酸肌酸钠的收率可达 75% 以上。化学合成法的优点是路线短，能一次成盐，且产品质量稳定。缺点是条件苛刻，成本高，产率低，而且由于大量使用酸碱等化学试剂会对环境造成不利影响。合成路线如下：

生物酶催化法具有反应条件温和、反应速率快和专一性强等优点。最初用粗酶制剂作为酶源，采用糖酵解过程中的某一物质，例如 3-磷酸甘油酸，作为反应起始底物来生产磷酸肌酸，因此用的是包括肌酸激酶在内的复合酶体系，即动物肌肉细胞浆的粗抽提液。由于参与反应的酶较多，各种酶所要求的最适条件不同，不能保证同时满足所有酶的最适条件，最终结果是影响磷酸肌酸的产率。针对粗酶体系的缺点，改用从动物肌肉提取的较为纯净的肌酸激酶制剂作为酶源，以它的直接底物腺苷三磷酸作为初始底物，在腺苷三磷酸和肌酸的最适酶反应条件下生产磷酸肌酸，用离子交换树脂进行分离纯化。反应体系只含一种生成磷酸肌酸的酶，酶反应条件容易控制，保证了磷酸肌酸的产率，也减少了杂蛋白混入产品的可能性，提高了产品纯度。用酶法生产磷酸肌酸，生产过程可以监控，成本低，产率高，产物分离纯化容易，不对环境造成污染。

2. 磷酸肌酸的检测方法

目前国内外测定磷酸肌酸含量多采用 UV 法-特异性联合酶测定法，反应原理如下：

$$CP + ADP \xrightleftharpoons{CK} 肌酸 + ATP$$

$$ATP + 3\text{-}PG \xrightleftharpoons{PGK} 1,3\text{-}PG + ADP$$

$$1,3\text{-}PG + NADH + H \xrightleftharpoons{GADPH} GAD + NAD + H_3PO_4$$

由反应式可以看出，磷酸肌酸（CP）在 CK、PGK、GADPH 等多种酶及腺苷参与下反应，NADH 转化为 NAD 时导致 340nm 吸收值下降。此方法为 CP 的特异性方法，在 CK 存在时，CP 可将磷酸基转移给 5′-腺苷二磷酸（5′-ADP），使其转变为 5′-腺苷三磷酸（5′-ATP），5′-ATP 可通过酶解法来鉴定，因此本法可作为 CP 定量分析。

近年来还有用 HPLC（高效液相色谱）法测定磷酸肌酸二钠盐含量，与目前常用的 UV 法相比，方法简单、精密度高、分离度好。后者所测得的结果偏高，主要是由于 UV 法不能排除样品中所含游离肌酸的干扰，HPLC 法测得的结果更准确。HPLC 法测定磷酸肌酸二钠盐含量的方法由于色谱条件的不同，效果也各异。采用甲醇为流动相，肌酸与磷酸肌酸二钠盐的分离度较低，效果不佳，而以四丁基季铵磷酸盐为流动相，磷酸肌酸二钠盐与肌酸的分离度符合《中华人民共和国药典》规定标准。磷酸肌酸二钠盐结构稳定，测定时无需避光。

习　题

1. 用对或不对回答下列问题。如果不对，请说明原因。

（1）生物氧化是既包括细胞内的氧化作用又包括还原作用。

（2）不需氧黄酶是指不需要氧的黄素核苷酸脱氢酶。

（3）氧化酶只能以氧为受电子体，不能以呼吸传递体为受电子体。

（4）$NADPH + H^+$ 通过呼吸链氧化时比 $FADH_2$ 产生 ATP 多。

（5）如果线粒体内的 ADP 浓度很低，加入解偶联剂将会降低电子传递速度。

2. 在由磷酸葡萄糖变位酶催化的反应 G-1-P $\longrightarrow$ G-6-P 中，在 pH7.0、25℃下，起始时 [G-1-P] 为 0.020mol/L，平衡时 [G-1-P] 为 0.001mol/L，求 $\Delta G^{\ominus\prime}$ 值。

3. 当反应 ATP + H_2O $\longrightarrow$ ADP+Pi 在 25℃ 时，测得 ATP 水解的平衡常数为 250000，而在 37℃ 时，测得 ATP、ADP 和 Pi 的浓度分别为 0.002mol/L、0.005mol/L 和 0.005mol/L。求在此条件下 ATP 水解的自由能变化。

4. 在有相应酶存在时，在标准情况下，下列反应中哪些反应可按箭头指示的方向进行？

① 丙酮酸＋NADPH＋H^+ $\longrightarrow$乳酸＋NAD^+

② 苹果酸＋丙酮酸 $\longrightarrow$ 草酰乙酸＋乳酸

③ 乙醛 ＋ 延胡索酸 $\longrightarrow$ 乙酸 ＋ 琥珀酸

④ 琥珀酸 ＋ CO_2 ＋ NADH ＋ H^+ $\longrightarrow$ α-酮戊二酸 ＋ NAD^+

⑤ 丙酮酸 ＋β-羟丁酸 ──→乳酸 ＋ 乙酰乙酸

5. 在充分供给底物、受体、无机磷及 ADP 的条件下，在下列情况中，肝线粒体的 P/O 值各为多少？

底　　物	受　　体	抑　制　剂	P/O
苹果酸	O_2	—	
苹果酸	O_2	抗霉素 A	
琥珀酸	O_2	—	
琥珀酸	O_2	巴比妥	
琥珀酸	O_2	抗霉素 A	
琥珀酸	O_2	KCN	

6. 一般物质的分解代谢是产能的，合成代谢是耗能的。当测定一个细胞内的能荷值降低时，此时细胞内是合成代谢加强，还是分解代谢加强？

第九章　糖　代　谢

第一节　概　述

葡萄糖及其他单糖经分解代谢可为机体提供大量的能量，成人每天所需能量的 60%～70% 来自糖类。植物和光合细菌能将 CO_2 和 H_2O 合成糖类，人类和动物则利用植物所制造的糖类以获取能量。食物中的糖是机体中糖的主要来源，被人体摄入经消化成单糖吸收后，经血液运输到各组织细胞进行合成代谢和分解代谢。机体内糖的代谢途径主要有葡萄糖的无氧酵解、有氧氧化、磷酸戊糖途径、糖原合成与糖原分解、糖异生以及其他己糖代谢等。

一、多糖及寡糖的降解

多糖及寡糖均需在酶的催化下，降解成单糖，才能进入分解代谢途径。多糖和寡糖的降解分为胞外水解和胞内磷酸解。

1. 胞外降解——糖苷酶的水解方式

多糖在细胞外的降解是一种加水分解的过程，催化多糖胞外水解的酶称为糖苷酶（glycosidase），包括 α-淀粉酶、β-淀粉酶、γ-淀粉酶及 R 酶、纤维素酶等。

α-淀粉酶（α-amylase）广泛分布于动物（唾液、胰脏等）、植物（麦芽、山萮菜）及微生物中。水解淀粉的 α(1→4) 糖苷键，产物为麦芽糖、麦芽三糖和 α-糊精，所以又称为 α-糊精酶或液化酶。α-淀粉酶的活性位点包括三个酸性基团：第 233 位的谷氨酸、第 197 位和第 300 位的天冬氨酸共同作用，将淀粉链中两个相连的单糖分开。这个结构还包括一个五糖短链与活性位点结合。活性位点如图 9-1 所示。钙离子作用是使酶分子的结构保持稳定，氯离子起协助酶促反应的作用，许多淀粉酶中氯离子位于活性位点下方。

图 9-1　α-淀粉酶的活性位点

β-淀粉酶（β-amylase）主要见于高等植物中（大麦、小麦、甘薯、大豆等），但也有报道在细菌、牛乳、霉菌中存在。水解淀粉的 β(1→4) 糖苷键，其作用方式是水解淀粉的非还原

图 9-2   α-淀粉酶和 β-淀粉酶对支链淀粉的作用
ⓐ为 α-淀粉酶；ⓑ为 β-淀粉酶；R 为还原性末端

性末端残基，并依次切下两个葡萄糖单位，产物为麦芽糖。作用于支链淀粉，除产生麦芽糖外，还产生核心糊精。以上两种酶的作用位点如图 9-2 所示。

γ-淀粉酶（γ-amylase）水解淀粉的 α(1→4) 糖苷键和 α(1→6) 糖苷键，从非还原端开始逐个切下葡萄糖残基。无论作用于直链淀粉还是支链淀粉，终产物均是葡萄糖。

R 酶能特异作用于淀粉的 α(1→6) 糖苷键，将支链淀粉的分支切下。

纤维素酶（cellulase）水解纤维素的 β(1→4) 糖苷键，产物为纤维二糖和葡萄糖。

2. 胞内降解——糖原的磷酸解

在人和动物的肝脏中，糖原是葡萄糖非常有效的储藏形式。糖原在细胞内的降解称为磷酸解，即加磷酸分解。胞内糖原的降解需要脱支酶（debranching enzyme）和糖原磷酸化酶（glycogen phosphorylase）的催化。脱支酶水解糖原的 α(1→6) 糖苷键，切下糖原分支。

糖原磷酸化酶催化的反应不需水而需要磷酸参与的磷酸解作用，从糖链的非还原末端依次切下葡萄糖残基，产物为 1-磷酸葡萄糖和少一个葡萄糖残基的糖原，反应总是从糖原的非还原端开始。虽然这一反应的标准自由能变化为正值，但由于细胞内无机磷酸的浓度远远超过 1-磷酸葡萄糖的浓度，所以此分解反应可以顺利进行。

糖原磷酸化酶的催化过程起始于处于磷酸吡哆醛与糖原之间的无机磷酸，它贡献一个质子给将要断裂的非还原端葡萄糖残基，使之形成半椅形的氧正离子中间体，然后该中间体被磷酸根离子进攻，从而产生-1-磷酸葡萄糖。

糖原磷酸化酶只能切断某些 α(1→4) 糖苷键，并不能作用糖原分子分支部分的 α(1→6) 糖苷键。而且，对于与分支点相距三个葡萄糖残基的 α(1→4) 糖苷键，糖原磷酸化酶同样是无能为力，这些糖苷键只有借助脱支酶才能水解。

在肌肉细胞中，1-磷酸葡萄糖不能扩散至细胞外，可直接进入糖酵解途径，而葡萄糖则需消耗一个 ATP 经磷酸化后才能进入糖酵解途径，且葡萄糖易扩散至细胞外。

糖原磷酸化酶在哺乳动物中主要存在三种同工酶：肌型、肝型和脑型。

二、糖的吸收与转运

多糖需先消化被分解成单糖时才能被吸收与转运。对人或动物而言，口腔中的唾液（含有 α-淀粉酶）能将淀粉部分水解为麦芽糖。再由口腔、胃转运至小肠，经胰液淀粉酶、麦芽糖酶、蔗糖酶和乳糖酶的水解，产生葡萄糖、果糖和半乳糖等单糖。小肠是多糖消化的重要器官，又是吸收葡萄糖等单糖的重要器官。

1. 糖吸收——单糖同 Na$^+$ 的同向协同运输

单糖的吸收是消耗能量的主动过程，它可逆着浓度差进行，能量来自钠泵，属于继发性主动转运。机体对葡萄糖和半乳糖的吸收属典型的主动转运，吸收很快且能逆浓度梯度进行。有些糖，如山梨糖、木糖、阿拉伯糖的吸收是简单扩散过程，果糖则介于两者之间。

葡萄糖跨膜运输所需要的能量来自细胞膜两侧 Na$^+$ 浓度梯度，葡萄糖和 Na$^+$ 都是由细胞外向细胞内转运。此同向协同运输过程如图 9-3 所示。

2. 糖转运——血糖的来源与去路

葡萄糖等单糖吸收后会进入血液，血液中的糖称为血糖（blood sugar）。血糖含量高低是表示体内糖代谢的一项重要指标。正常人血糖浓度为 $4.4 \sim 6.7 \text{mmol/L}$，高于 8.8mmol/L 称为高血糖，低于 3.8mmol/L 称为低血糖。正常机体可通过肝糖原或肌糖原的合成或分解作用

图 9-3　葡萄糖跨膜同向协同运输过程

来维持血糖恒定。消化吸收的葡萄糖或体内其他物质转变而来的葡萄糖进入肝脏和肌肉后，合成肝糖原和肌糖原的过程称为糖原的合成作用，肝糖原在肝脏分解为葡萄糖的过程则称为糖原的分解作用。糖原的合成和分解作用在维持血糖相对恒定方面具有重要作用，例如当机体处于暂时饥饿时，血糖趋于低下，这时肝糖原分解加速，及时使血糖升高恢复正常；反之，当机体饱餐后，消化吸收的葡萄糖大量进入血循环，血糖趋于升高，这时可通过糖原合成酶的活化及磷酸化酶的活性降低，使血糖水平下降而恢复正常。

三、糖的中间代谢——糖在细胞内的分解与合成

糖被机体吸收后会发生一系列代谢反应，糖的中间代谢即是指糖类物质在细胞内合成和分解的化学变化过程。合成糖类的代谢是耗能的化学反应。分解糖类的代谢是产能的化学过程。从小肠吸收的甘露糖、果糖、半乳糖、葡萄糖可在各种酶的催化下，转化成 6-磷酸葡萄糖，如图 9-4 所示。

图 9-4　分解糖类代谢

① UDP-半乳糖焦磷酸化酶；② 半乳糖-1-磷酸尿苷酰转移酶；③ UDP-葡萄糖焦磷酸化酶

第二节　糖的分解代谢

一、糖的分解代谢类型

糖的主要分解代谢类型有如下几种。

（1）无氧分解　糖的无氧分解又称为无氧呼吸（anaerobic respiration）。自然界中有少数生物或生物的某些组织可在缺氧的极端环境中生活。在此条件下，糖也可以分解并释放出能量，但分解不完全，释放出的能量也大大少于糖的有氧氧化。人和高等动物的肌肉及酵母菌均能进行无氧呼吸。糖类物质在细胞内进行无氧呼吸生成乳酸的过程称为酵解（glycolysis）。糖经酵母菌无氧呼吸作用产生乙醇的过程称为发酵（fermentation）。

（2）需氧分解　将糖在有氧存在下彻底分解成 CO_2 和 H_2O，同时释放出能量的过程称为有氧氧化或有氧呼吸。此过程可分为三个阶段。第一阶段是糖被氧化成丙酮酸，此阶段所包括的反应与酵解相同。第二阶段是丙酮酸经氧化脱羧酶体系，生成乙酰辅酶 A。第三阶段是己酰辅酶 A 经过一个称为三羧酸循环的代谢过程，最终被氧化成二氧化碳和水。每一个阶段都伴有能量的产生，但尤以第三阶段为主。

糖的有氧氧化与无氧氧化的主要区别在于，糖的有氧氧化是以氧作为最终受氢体；糖的无氧分解，在酵解过程中是以中间产物丙酮酸为受氢体，在发酵过程中是以乙醛为受氢体。糖的无氧分解是一种用以合成少量 ATP 的效率极差的途径；而糖的有氧分解是各种需氧生物获取大量能量的最有效的途径。在糖的分解代谢中占主导地位，它产能最多。

此外，糖分解代谢的重要途径包括：糖酵解途径（EMP）、三羧酸（TCA）循环和己糖磷酸途径（HMP）。

二、糖酵解途径

发酵和酵解是糖无氧分解的两种主要形式，都在胞浆中进行，起始物质都是葡萄糖。从葡萄糖到丙酮酸的生成，二者都是相同的。通常将葡萄糖至丙酮酸生成的 10 步分解代谢途径称为糖酵解途径（Embden-Meyerhof pathway，EMP）。

1. 糖的裂解——糖酵解的第一阶段是耗能过程

糖酵解的第一阶段包括①～⑤步化学反应。

① 葡萄糖磷酸化生成 6-磷酸葡萄糖。

葡萄糖由己糖激酶（hexokinase）催化，消耗一分子 ATP，形成 6-磷酸葡萄糖。此酶催化的反应不可逆。这是糖酵解途径中的第一个限速（关键）步骤。糖原在糖原磷酸化酶的催化下，生成 1-磷酸葡萄糖，再经磷酸葡萄糖变位酶的催化，也能产生 6-磷酸葡萄糖。

葡萄糖　　　　　　　　　　6-磷酸葡萄糖

$$\Delta G^{\ominus\prime} = -16.8 \text{kJ/mol}$$

己糖磷酸激酶除催化葡萄糖（G）生成 G-6-P 以外，也能催化甘露糖（M）、果糖（F）和半乳糖（Gal）分别生成 M-6-P、F-6-P 和 Gal-1-P。

在人和动物的肝脏中还存在一种葡萄糖激酶（glucokinase），只能催化葡萄糖生成 G-6-P，不能催化其他己糖的磷酸化，此酶存在于细胞内质网的脂质中。

逆反应可由 G-6-P 磷酸酶催化，使 G-6-P 水解产生葡萄糖并释放到血液中：

$$G\text{-}6\text{-}P + H_2O \xrightarrow{\text{磷酸酶}} G + H_3PO_4$$

② 6-磷酸葡萄糖异构化生成 6-磷酸果糖。

6-磷酸葡萄糖（G-6-P）经磷酸己糖异构酶（phosphohexoisomerase）催化转变为 6-磷酸果糖（F-6-P）。该酶催化可逆反应。果糖在 ATP 参与下，由己糖激酶催化也能生成 F-6-P。

6-磷酸葡萄糖 ⇌ 磷酸己糖异构酶 ⇌ 6-磷酸果糖

己糖激酶 ATP / ADP

果糖

③ 6-磷酸果糖磷酸化生成 1，6-二磷酸果糖。

F-6-P 在 ATP 参与下，经磷酸果糖激酶（phosphofructokinase）催化，进一步磷酸化生成 1，6-二磷酸果糖（F-1，6-2P）。该酶催化的反应不可逆，是糖酵解过程中的第二个限速反应。反应如下：

6-磷酸果糖 ⇌ 磷酸果糖激酶 ATP / ADP ⇌ 1,6-二磷酸果糖

$$\Delta G^{\ominus\prime} = -14.2\text{kJ/mol}$$

④ 1，6-二磷酸果糖裂解为两分子磷酸丙糖。

F-1，6-2P 在醛缩酶（aldolase）催化下，从 C3 和 C4 之间裂解，生成一分子磷酸二羟丙酮和一分子 3-磷酸甘油醛。其反应过程如下：

1,6-二磷酸果糖 或 醛缩酶 磷酸二羟丙酮 磷酸丙糖异构酶 3-磷酸甘油醛

$$\Delta G^{\ominus\prime} = +24\text{kJ/mol}$$

醛缩酶也可催化一分子磷酸二羟丙酮和一分子 3-磷酸甘油醛经醛醇缩合反应生成一分子 F-1，6-2P。

⑤ 磷酸二羟丙酮和 3-磷酸甘油醛互变。

磷酸二羟丙酮和 3-磷酸甘油醛在异构酶催化下可以互变：

3-磷酸甘油醛
（醛糖）
磷酸丙糖异构酶
磷酸二羟丙酮
（酮糖）

磷酸丙糖异构酶（phosphotriose isomerase）催化可逆反应，达平衡时磷酸二羟丙酮占 96%，3-磷酸甘油醛仅占 4%。但 3-磷酸甘油醛随分解代谢不断被消耗，仍有利于向 3-磷酸甘

油醛的方向进行。

在 EMP 的第一阶段，经以上 5 步反应，将一分子葡萄糖转变为两分子丙糖，并消耗两分子 ATP。所以，糖酵解的第一阶段是耗能的。

2. 醛氧化成酸——糖酵解的第二阶段是产能过程

糖酵解的第二阶段是指从 3-磷酸甘油醛至丙酮酸生成这一代谢过程，包括⑥～⑩步化学反应。

⑥ 3-磷酸甘油醛被氧化为 1，3-二磷酸甘油酸。

3-磷酸甘油醛在磷酸甘油醛脱氢酶（phosphoglyceraldehyde dehydrogenase）催化下脱氢并磷酸化生成 1，3-二磷酸甘油酸（1，3-DPG）。其反应式如下：

$$\Delta G^{\ominus\prime} = +6.3\,\text{kJ/mol}$$

⑦ 1，3-二磷酸甘油酸转变为 3-磷酸甘油酸。

在磷酸甘油酸激酶（phosphoglycerate kinase）催化下，1，3-DPG 分子中的酰基磷酸转移到 ADP 上，产生一分子 ATP 和 3-磷酸甘油酸。反应式如下：

$$\Delta G^{\ominus\prime} = -18.9\,\text{kJ/mol}$$

这是 EMP 中第一个产生 ATP 的反应，是利用磷酸甘油醛脱氢酶与底物 3-磷酸甘油醛形成的共价中间产物，并使其氧化产生的能量供 ADP 形成 ATP，所以这个 ATP 的生成属于底物水平磷酸化。

⑧ 3-磷酸甘油酸生成 2-磷酸甘油酸。

由磷酸甘油酸变位酶（phosphoglycerate mutase）催化，3-磷酸甘油酸生成 2-磷酸甘油酸。反应式如下：

$$\Delta G^{\ominus\prime} = +4.4\,\text{kJ/mol}$$

⑨ 2-磷酸甘油酸脱水生成磷酸烯醇式丙酮酸。

在烯醇化酶（enolase）催化下，2-磷酸甘油酸脱水生成磷酸烯醇式丙酮酸。反应式如下：

$$\Delta G^{\ominus\prime} = +1.84\,\text{kJ/mol}$$

催化 2-磷酸甘油酸脱水的同时，使其分子内部能量发生重排，由 2-磷酸甘油酸分子中的普通磷酯键转变为磷酸烯醇式丙酮酸分子中的高能磷酸酯键。

⑩ 磷酸烯醇式丙酮酸生成丙酮酸。

磷酸烯醇式丙酮酸　　　　烯醇式丙酮酸

$$\Delta G^{\ominus\prime}=-31.4\text{kJ/mol}$$

在丙酮酸激酶（pyruvate kinase）催化下，磷酸烯醇式丙酮酸分子中的磷酸基转移至 ADP 上，产生一分子 ATP，这一磷酸化作用是非氧化磷酸化。也是 EMP 的第三个限速反应。

3. 丙酮酸的去向——有氧和无氧条件下转变成不同产物

从葡萄糖到丙酮酸的生成，在所有生物体中和所有各种细胞内都是非常相似的。但是，在有氧和无氧条件下，丙酮酸的去向或代谢途径是各式各样的。下面介绍丙酮酸的三种不同去向。

① 丙酮酸转变为乙醇。

在酵母和其他部分微生物体内，在无氧条件下，丙酮酸经发酵生成乙醇。反应过程包括两步酶促反应：第一步，丙酮酸在丙酮酸脱羧酶（pyruvate decarboxylase）催化下，脱去羧基并产生乙醛。丙酮酸脱羧酶的辅酶是焦磷酸硫胺素。第二步，在乙醇脱氢酶（alcohol dehydrogenase）催化下，由 NADH＋H⁺ 提供氢（NADH 来源于 EMP 中磷酸甘油醛脱氢），使乙醛还原为乙醇。反应式如下：

丙酮酸　　　　乙醛　　　　乙醇

当葡萄糖转变为乙醇时，没有净氧化还原反应，该途径称为酒精发酵。这一无氧过程的净反应可用下式表示：

葡萄糖＋2Pi＋2ADP —→ 2 乙醇＋2CO₂＋2ATP＋2H₂O

② 丙酮酸转变为乳酸。

丙酮酸在无氧条件下转变为乳酸，是丙酮酸分解代谢的第二条途径。反应式如下：

丙酮酸　　　　　　　　L-乳酸

葡萄糖转变为乳酸的总反应是：

葡萄糖＋2Pi＋2ADP —→ 2 乳酸＋2ATP＋2H₂O

与酒精发酵一样，酵解过程也没有净氧化还原反应。

③ 丙酮酸转变为乙酰 CoA。

在有氧存在下，丙酮酸转变为乙酰 CoA，再进入三羧酸循环，被彻底氧化成 CO₂、H₂O 并释放出能量。

三、三羧酸循环

糖酵解是三羧酸循环的序幕。EMP 使葡萄糖变成丙酮酸。在有氧条件下，丙酮酸被氧化脱羧，生成乙酰 CoA。

1. 丙酮酸的氧化脱羧——需 3 种酶、6 种辅因子

丙酮酸经氧化脱羧作用生成乙酰 CoA，是由丙酮酸氧化脱羧酶系催化的，这个多酶系统包

括 3 种酶，即丙酮酸脱羧酶（A 或 E_1）、硫辛酰转乙酰基酶（B 或 E_2）和二氢硫辛酸脱氢酶（C 或 E_3）；6 种辅因子，即焦磷酸硫胺素（TPP）、辅酶 $A(CoA_{SH})$、FAD、NAD^+、硫辛酸和 Mg^{2+}。氧化脱羧过程包括 4 步化学反应.（如图 9-5 所示）。

图 9-5　丙酮酸氧化脱羧反应简图（L 为硫辛酰基）

整个过程是在细胞内线粒体的基质中进行的。总反应可用下式表示：

$$丙酮酸 + CoA_{SH} + NAD^+ \xrightarrow[\text{TPP，FAD，硫辛酸，} Mg^{2+}]{\text{丙酮酸氧化脱羧酶系}} 乙酰CoA + CO_2 + NADH + H^+$$

2. 乙酰 CoA 的氧化——三羧酸循环途径

在有氧条件下，丙酮酸氧化脱羧产生的乙酰辅酶 A 被彻底氧化成 CO_2 和 H_2O，还需经历一个环式代谢途径。这一环式代谢途径的中间产物中有 4 个三羧酸，故称为三羧酸循环（tricarboxylic acid cycle，TCA 循环）。又因该循环的第一个产物是柠檬酸，又称为柠檬酸循环（citrate cycle）。TCA 循环在细胞的线粒体基质中进行，包括以下 8 步反应。

① 乙酰 CoA 与草酰乙酸结合成柠檬酸　在柠檬酸合成酶（citrate synthetase）催化下，乙酰 CoA 与草酰乙酸结合生成柠檬酸。反应过程如下：

$$CH_3CO{\sim}SCoA + HO-\overset{\overset{\displaystyle CH_2-COOH}{|}}{\underset{\underset{\displaystyle CH_2-COOH}{|}}{C}}-COOH + H_2O \xrightarrow{\text{柠檬酸合成酶}} HO-\overset{\overset{\displaystyle CH_2-COOH}{|}}{\underset{\underset{\displaystyle CH_2-COOH}{|}}{C}}-COOH + CoA_{SH}$$

乙酰CoA　　　　草酰乙酸　　　　　　　　　　　　柠檬酸

$$\Delta G^{\ominus\prime} = -32.2 \text{kJ/mol}$$

这是 TCA 循环中第一个限速调节酶，一般为不可逆反应。逆反应由另一种酶——柠檬酸裂解酶催化，反应式如下：

$$HO-\overset{\overset{\displaystyle CH_2-COOH}{|}}{\underset{\underset{\displaystyle CH_2-COOH}{|}}{C}}-COOH + CoA_{SH} \xrightarrow[\text{ADP+Pi}]{\text{ATP}} CH_3CO{\sim}SCoA + HO-\overset{\overset{\displaystyle CH-COOH}{\|}}{C}-COOH$$

　　　　柠檬酸　　　　　　　　　　　　　　　　乙酰CoA　　　草酰乙酸

② 柠檬酸异构化生成异柠檬酸　柠檬酸的异构化包括脱水和加水两个步骤，均由顺乌头酸酶（aconitase）催化，反应的中间产物是顺乌头酸。反应式如下：

$$
\begin{array}{ccccc}
\text{柠檬酸} & \xleftrightarrow{\ H_2O\ } & \text{顺乌头酸} & \xleftrightarrow{\ H_2O\ } & \text{异柠檬酸}
\end{array}
$$

柠檬酸　　　　　　顺乌头酸　　　　　异柠檬酸

$$\Delta G^{\ominus\prime} = +8.4 \text{kJ/mol} \quad \Delta G^{\ominus\prime} = -2.1 \text{kJ/mol}$$

③ 异柠檬酸被氧化脱羧生成 α-酮戊二酸 异柠檬酸脱氢酶（isocitrate dehydrogenase）催化异柠檬酸氧化脱羧生成 α-酮戊二酸。这是 TCA 循环中的第一个氧化还原反应。反应式如下：

$$\Delta G^{\ominus\prime} = -8.4 \, \text{kJ/mol}$$

在生物细胞内，存在两种异柠檬酸脱氢酶，一种以 NAD^+ 为辅酶，存在于线粒体基质中，是 TCA 循环中第二个重要的调节酶。另一种是以 $NADP^+$ 为辅酶，既存在于线粒体中，又存在于细胞浆中，这两种酶具有不同的代谢功能。

④ α-酮戊二酸氧化脱羧形成琥珀酰辅酶 A α-酮戊二酸转变为琥珀酰 CoA，由 α-酮戊二酸脱羧酶系（α-ketoglutarate decarboxylase system）催化，这是与丙酮酸氧化脱羧酶系相类似的一个多酶体系。含有 3 种酶、6 种辅因子。反应式如下：

$$\Delta G^{\ominus\prime} = -30.1 \, \text{kJ/mol}$$

这是 TCA 循环的第三个限速步骤，同时也是 TCA 的第二个氧化反应。

⑤ 琥珀酰 CoA 转变为琥珀酸 在琥珀酰 CoA 硫激酶（succinate thiokinase）催化下，琥珀酰 CoA 转变为琥珀酸。

$$\Delta G^{\ominus\prime} = -33.5 \, \text{kJ/mol}$$

这是 TCA 循环中唯一的底物水平磷酸化反应。生成的 GTP 在二磷酸核苷激酶催化下，可形成 ATP。

⑥ 琥珀酸被氧化生成延胡索酸 琥珀酸被琥珀酸脱氢酶（succinate dehydrogenase）催化生成延胡索酸。反应式如下：

$$\Delta G^{\ominus\prime} \approx 0 \, \text{kJ/mol}$$

这是 TCA 循环中第三步氧化还原反应，受氢体是 FAD 而不是 NAD^+。

⑦ 延胡索酸经水化作用生成苹果酸 延胡索酸在延胡索酸酶（fumarase）催化下，加水生成苹果酸。反应式如下：

$$\Delta G^{\ominus\prime} = -3.76 \, \text{kJ/mol}$$

⑧ 苹果酸氧化成草酰乙酸 苹果酸被苹果酸脱氢酶（malate dehydrogenase）催化脱氢生成草酰乙酰。反应式如下：

CH₂—COOH　　　　　苹果酸脱氢酶　　　　CH₂—COOH

CHOH—COOH　　⇌　　　　　　　　　　O＝C—COOH

　　　　　　　　NAD⁺　NADH＋H⁺

苹果酸　　　　　　　　　　　　　　　草酰乙酸

$$\Delta G^{\ominus\prime}=+29.7\text{kJ/mol}$$

这是 TCA 循环的第四步氧化还原反应。生成产物草酰乙酸又可与另一分子乙酰 CoA 缩合生成柠檬酸，开始新一轮的 TCA 循环。每循环 1 次，经历 2 次脱羧反应，使 1 分子乙酰辅酶 A 氧化成 CO_2 和 H_2O。TCA 循环如图 9-6 所示。

图 9-6　TCA 循环总图

① 柠檬酸合成酶；②③ 顺乌头酸酶；④⑤ 异柠檬酸脱氢酶；⑥ α-酮戊二酸脱氢酶系；⑦ 琥珀酸硫激酶；⑧ 琥珀酸脱氢酶；⑨ 延胡索酸酶；⑩ 苹果酸脱氢酶

3. 生理意义——糖的无氧分解和需氧分解的能量转换效率

糖的无氧分解和有氧分解均可为机体生命活动提供能量，但在无氧和有氧条件下的产能多少不同（见表 9-1 和表 9-2）。

表 9-1　葡萄糖无氧分解的 ATP 生成量

产 能 反 应	产生或消耗 ATP 物质的量/mol
葡萄糖——6-磷酸葡萄糖	−1
6-磷酸果糖——1，6-二磷酸果糖	−1

续表

产 能 反 应	产生或消耗 ATP 物质的量/mol
1, 3-二磷酸甘油酸——3-磷酸甘油酸	+2
磷酸烯醇式丙酮酸——丙酮酸	+2
	净生成 2

表 9-2 每摩尔葡萄糖在有氧代谢中产生 ATP 的物质的量

代 谢 阶 段	反应步骤	反　　应	生成 ATP/mol
无氧分解阶段（糖酵解途径）	①	葡萄糖——6-磷酸葡萄糖	−1
	③	6-磷酸果糖——1, 6-二磷酸果糖	−1
	⑥	3-磷酸甘油醛——1, 3-二磷酸甘油酸	+4 或 6[①]
	⑦	1, 3-二磷酸甘油酸——3-磷酸甘油酸	+2
	⑩	磷酸烯醇式丙酮酸——丙酮酸	+2
		丙酮酸——乙酰 CoA	+6
三羧酸循环	③	异柠檬酸——草酰琥珀酸	+6
	④	α-酮戊二酸——琥珀酰 CoA	+6
	⑤	琥珀酰 CoA——琥珀酸	+2
	⑥	琥珀酸——延胡索酸	+4
	⑧	苹果酸——草酸乙酸	+6
		净生成	36 或 38

① 根据 $NADH+H^+$ 穿梭进入线粒体的方式不同，可产生 3mol ATP，也可产生 2mol ATP。

从表 9-1 和表 9-2 可见，每摩尔葡萄糖在无氧条件下经 EMP 只生成 2mol ATP。如果在有氧条件下彻底氧化，则可生成 38mol ATP。糖的需氧分解产能量是无氧分解的 18 倍。

糖的无氧分解和需氧分解的能量转换效率也不同。

（1）发酵和酵解是糖无氧分解的两种主要形式　总反应式如下：

$$C_6H_{12}O_6 +2ADP +2H_3PO_4 \xrightarrow{酵解} 2CH_3CHOHCOOH +2ATP + 2H_2O$$

葡萄糖　　　　　　　　　　　　　　　乳酸

$$\Delta G^{\ominus\prime} = -196.6 \text{ kJ/mol}$$

$$C_6H_{12}O_6 +2ADP + 2H_3PO_4 \xrightarrow{发酵} 2CH_3CH_2OH + 2CO_2 + 2ATP + 2H_2O$$

葡萄糖　　　　　　　　　　　　　　　乙醇

$$\Delta G^{\ominus\prime} = -217.6 \text{ kJ/mol}$$

糖无氧分解的储能效率（按每生成 1mol ATP 储能 30.54kJ 计算）：

酵解：$\dfrac{2 \times 30.54}{196.6} \times 100\% = 31\%$

发酵：$\dfrac{2 \times 30.54}{217.6} \times 100\% = 28\%$

糖需氧分解的总反应式如下：

$$C_6H_{12}O_6 + 38ADP + 38H_3PO_4 \longrightarrow 6CO_2 + 6H_2O + 38ATP$$

1mol 葡萄糖在体外燃烧成 CO_2 和 H_2O 时，共放出 2870kJ 的能量，若每 1mol 葡萄糖在体内被氧化成 CO_2 和 H_2O 时，以产生 38mol ATP 计，则葡萄糖有氧氧化的储能效率为：

$$\frac{38 \times 30.54}{2870} \times 100\% = 40\%$$

由此可见，糖的需氧分解储能效率比发酵高 12%，比醇解高 9%。所以，糖的有氧氧化是生物机体获取能量的主要途径。

（2）糖的需氧代谢是物质代谢的总枢纽　凡是能转变成糖需氧分解代谢中间产物的物质都可进入 TCA 循环，被完全氧化成 CO_2、H_2O 并释放出能量。TCA 循环的部分中间产物也可作为脂肪、蛋白质合成的原料。TCA 循环在糖、脂肪、蛋白质代谢中的作用如图 9-7 所示。

图 9-7　TCA 循环在糖、脂肪、蛋白质代谢中的作用

（3）草酰乙酸在 TCA 循环中的作用　草酰乙酸的浓度影响 TCA 循环的速度。为了保证三羧酸循环的正常进行，必须使草酰乙酸保持一定的浓度。草酰乙酸可由以下 3 种途径生成。

第一，由苹果酸脱氢酶催化产生。反应如下：

$$\text{丙酮酸} \quad \text{苹果酸} \quad \text{草酰乙酸}$$

第二，由丙酮酸羧化酶催化产生。反应如下：

$$\text{丙酮酸} \quad \text{草酰乙酸}$$

第三，由磷酸丙酮酸羧化酶催化产生。反应如下：

$$\text{磷酸烯醇式丙酮酸} \quad \text{草酰乙酸}$$

四、己糖磷酸途径

EMP 和 TCA 循环是糖分解代谢的主要途径，但不是唯一的途径。糖的分解除 EMP 和 TCA 循环以外，还存在其他的分解代谢途径，被称为分解代谢支路或旁路。己糖磷酸途径（或称己糖—磷酸支路，hexose monophosphate shunt，HMS）就是糖需氧分解的重要代谢旁路之一，从磷酸己糖开始该途径与 EMP 分支。在整个过程中，葡萄糖经过几步氧化反应产生 5-磷酸核酮糖和 CO_2，5-磷酸核酮糖发生同分异构化或表异构化而分别产生 5-磷酸核糖和 5-磷酸木酮糖。上述各种戊糖磷酸在无氧参与的情况下发生碳架重排，产生己糖磷酸和丙糖磷酸。

1. HMS 途径的特点——一开始即有糖的代谢氧化

① 6-磷酸葡萄糖氧化生成 6-磷酸葡萄糖酸，产生 NADP，反应如下：

6-磷酸葡萄糖   6-磷酸葡萄糖酸内酯   6-磷酸葡萄糖酸

② 6-磷酸葡萄糖酸脱羧生成 5-磷酸核酮糖，又产生 NADPH，反应如下：

6-磷酸葡萄糖酸   5-磷酸核酮糖

③ 5-磷酸核酮糖异构化生成 5-磷酸核糖，醛糖与酮糖互变，烯二醇是中间产物，反应如下：

5-磷酸核酮糖   烯二醇(中间产物)   5-磷酸核糖

④ 5-磷酸核酮糖经差向异构生成 5-磷酸木酮糖，反应如下：

5-磷酸核酮糖   5-磷酸木酮糖

⑤ 转酮醇酶的催化作用是联系 HMS 途径和 EMP 的纽带，反应如下：

5-磷酸木酮糖   5-磷酸核糖   3-磷酸甘油醛   7-磷酸景天庚酮糖

此酶催化 HMS 途径的中间产物 5-P-木酮糖的两碳单位转移到 5-P-核糖 C1 上，生成 7-P-庚酮糖，5-P-木酮糖剩余部分为 3-P-甘油醛，3-P-甘油醛可进入 EMP 代谢途径。反之，EMP 的中间产物 3-P-甘油醛也可进入 HMS 代谢途径。

⑥ 转醛酶也能将 HMS-EMP 串联在一起，反应如下：

7-磷酸景天庚酮糖　　3-磷酸甘油醛　　　　　　4-磷酸赤藓糖　　　6-磷酸果糖

转醛酶催化 7-磷酸庚酮糖的三碳单位转移到 3-磷酸甘油醛上生成 4-磷酸赤藓糖和 6-磷酸果糖，6-磷酸果糖可进入 EMP 代谢途径。

⑦ 转酮醇酶也能转移二碳单位给 4-P-赤藓糖，反应如下：

5-磷酸木酮糖　　　4-磷酸赤藓糖　　　　　3-磷酸甘油醛　　　6-磷酸果糖

⑧ 6-磷酸果糖异构化再作为 HMS 途径的原料，反应式如下：

6-磷酸果糖　　　　　　　　　　　6-磷酸葡萄糖

HMS 途径反应历程如图 9-8 所示

2. 生理意义——产生重要的还原力（NADPH）

HMS 途径和 EMP 途径一样存在于细胞浆中。葡萄糖通过 EMP、TCA 代谢途径和氧化磷酸化主要产生 ATP，供耗能的生命活动所需；而 HMS 代谢途径则主要是产生 NADPH，NADPH 在还原性生物合成中作氢和电子的供体。HMS 途径一方面可为合成脂肪酸、固醇等物质提供还原力，另一方面通过呼吸链产生大量能量。HMS 代谢在脂肪组织中比在肌肉中更活跃，因为脂肪组织中需要大量 NADPH 用于从乙酰 CoA 到脂肪酸的还原性生物合成。

由图 9-12 可见，每 1 分子 6-磷酸葡萄糖进入 HMS 途径循环 1 次，可产生 3 分子 CO_2，6 分子 NADPH 和 1 分子 3-P-甘油醛。2 分子 3-P-甘油醛经过 EMP 途径逆行，又可合成 1 分子 6-磷酸葡萄糖。因此，1 分子 6-磷酸葡萄糖经 HMS 途径完全氧化，需循环 2 次，可产生 12 分子 NADPH，这是细胞内还原力的主要来源。此外，NADPH 也可通过穿梭作用进入呼吸链进行氧化磷酸化产生 ATP，若以每分子 NADPH 产生 3 分子 ATP 计算，每分子 6-磷酸葡萄糖经 HMS 代谢途径可产生 36 分子 ATP。

HMS 代谢途径是串联己糖代谢与戊糖代谢的途径。HMS 途径的中间产物 5-磷酸核糖及其衍生物是 ATP、CoA_{SH}、NAD^+、FAD、RNA 和 DNA 等重要生物分子的组分。中间产物中的几种磷酸戊糖与光合作用密切相关。

图 9-8　HMS 途径反应历程总图

第三节　糖的合成代谢

和前面介绍的分解代谢不同，合成代谢（又称为同化作用）是指生物体利用能量将小分子合成为大分子的一系列代谢途径。多糖的合成代谢主要包括人和动物体内糖原的合成以及植物体内淀粉的合成。

一、光合作用

1. 概念——光合作用是合成糖的最大途径

绿色植物和光合细菌利用太阳光能，以 CO_2 和 H_2O 等无机物为原料合成糖类等有机物并释放出氧气的过程称为光合作用（photosynthesis）。植物体中的糖类是光合作用的直接产物，光合作用把无机物转变成有机物。糖类是众多有机物中的主要产物之一，而其他有机物的合成常常又以糖类作为原料。植物通过光合作用制造有机物的规模非常巨大。据估计，地球上的自养植物每年约同化 2×10^{11} t 碳素，如以葡萄糖计算，地球上每年同化的碳素相当于 $4 \times 10^{11} \sim 5 \times 10^{11}$ t 葡萄糖。光合作用是生物界最庞大、最基本的生物化学过程，它是生物界物质转化和能量转换的基础。

2. 能量转换——光合作用分两个阶段进行

光合作用是绿色植物积蓄能量和形成有机物的过程。能量的积蓄是把光能转变为电能，电能再转换成活跃的化学能，活跃的化学能最后转变为稳定的化学能。

光合作用过程根据其是否需要光可分为光反应和暗反应两个阶段。光反应是必须在光照下才能引发的反应；暗反应是在暗处（可在光下）进行并由若干种酶催化的化学反应。

绿色植物的光合作用是在植物体内特有细胞器——叶绿体（chloroplastid）中进行的。叶绿体内含有光合色素，包括叶绿素、叶黄素、类胡萝卜素等。这些色素能吸收光能。不同色素吸收不同波长的光，它们所吸收的光能最后都要传递给叶绿素（主要是叶绿素 a），它能激发叶绿素的电子跃迁，产生光电子，具有高能量的电子再按一定途径传递，在传递过程中能量逐渐释放，用于 ADP 磷酸化生成 ATP（称为光合磷酸化），并使 $NADP^+$ 还原。这就是光反应，因此，光反应就是利用光能合成 ATP，还原 $NADP^+$，并释放氧气的过程。

$$H_2O + 2NADP^+ + 2ADP + 2Pi \xrightarrow{\text{光}} 2NADPH + 2H^+ + 2ATP + O_2$$

所谓暗反应就是绿色植物和光合细菌利用上述光反应产生的 NADPH（还原能）和 ATP（水解能）这些活化的化学能，促进 CO_2 还原成糖，这是"纯"生物化学过程，是需要许多酶参与的酶促反应。

$$6CO_2 + 18ATP + 12NADPH + 12H^+ + 12H_2O \xrightarrow{\text{叶绿体}} C_6H_{12}O_6 + 18ADP + 18Pi + 12NADP^+$$

暗反应是固定 CO_2 并转变为糖的过程。这个过程基本上是按由 M. Calvin 发现的一个循环代谢途径进行的。固定 CO_2 的物质是 1，5-二磷酸核酮糖，在酶的催化下，1，5-二磷酸核酮糖与 CO_2 结合，生成 3-磷酸甘油酸，然后在多种酶的催化下，由 ATP 和 NADPH 提供能量，经过复杂的环式代谢，生成 3-磷酸甘油醛，最后再由 3-磷酸甘油醛转变成葡萄糖。整个途径见图9-9。

图 9-9　卡尔文循环代谢途径

由此可见，光反应和暗反应的联系在于都是能量的转化过程，其区别如下。

① 条件：光反应必须有光才能进行，暗反应没有光的要求。

② 场所：光反应在叶绿体的类囊体的薄膜上，暗反应在叶绿体基质中进行。

③ 物质变化：光反应需水生成还原态的氢，放出氧气，ADP 生成 ATP，暗反应由还原态的氢和 ATP 提供能量，转化为 ADP，C_5 被 CO_2 固定成 C_3，C_3 用能量转化成糖类，有多种酶的参与。

④ 能量变化：光反应光能转变为 ATP 中活跃的化学能，暗反应活跃的化学能转变为有机物中的稳定的化学能。

二、糖原合成

由葡萄糖（包括少量果糖和半乳糖）合成糖原的过程称为糖原合成，反应在细胞质中进行，需消耗 ATP 和 UTP。人和动物体内合成糖原的过程包括糖原生成作用和糖异生作用。

1. 糖原生成作用——由葡萄糖合成糖原

由葡萄糖合成糖原的过程，称为糖原生成作用，包括下列几步反应。

（1）6-P-葡萄糖的生成　反应式如下：

葡萄糖　　　　　　　　　　　6-磷酸葡萄糖

（2）1-P-葡萄糖的生成　反应式如下：

6-磷酸葡萄糖　　　1,6-二磷酸葡萄糖　　　1,6-二磷酸葡萄糖　　　1-磷酸葡萄糖

（3）二磷酸尿苷葡萄糖（UDPG）的生成　反应如下：

1-磷酸葡萄糖　　　　　　　UTP　　　　　　　　　　　UDPG

（4）葡萄糖直链的延长　在原有糖原的非还原性末端延长葡萄糖残基，残基之间的连接为 $\alpha(1\rightarrow4)$ 糖苷键。以下反应每循环一次延长一个葡萄糖残基：

UDP-葡萄糖　　　　　　　　　　糖原
　　　　　　　　　　　　　　　（n个残基）

糖原　　　　　　　　　　　　　　　　UDP
（n+1个残基）

（5）糖原生成　在分支酶（branching enzyme）催化下，糖的直链形成分支，在分支处糖残基之间的连接方式为 $\alpha(1\rightarrow6)$ 糖苷键。

分支增加则糖原的溶解度增加，非还原性末端增加，糖原合成和降解的速率也会增加。

（6）UDP 的再生　反应如下：

$$UDP + ATP \xrightarrow[Mg^{2+}]{\text{二磷酸核苷激酶}} UTP + ADP$$

UTP 加上葡萄糖生成的 UDPG 是糖原合成中葡萄糖的活化形式。因此 UTP 浓度高低影响糖原合成速率。

2. 糖异生作用——由非糖物质合成糖原

由非糖物质合成糖原的过程称为糖异生作用。糖异生作用并非完全是糖酵解的逆转，在

图 9-10　丙酮酸羧化支路

EMP 中，由激酶催化的反应是不可逆的，其逆反应需由另外的酶催化，如以下反应：

丙酮酸羧化支路：在 EMP 中，丙酮酸激酶催化磷酸烯醇式丙酮酸转变为丙酮酸的反应是不可逆的，在糖异生中，丙酮酸要先羧化成草酰乙酸，再转变成磷酸烯醇式丙酮酸，这个途径称为丙酮酸羧化支路（见图 9-10）。

糖异生作用的 3 种主要原料是乳酸、甘油和某些氨基酸。乳酸在乳酸脱氢酶催化下生成丙酮酸，经羧化支路再沿 EMP 逆行生成糖；甘油被磷酸化生成磷酸甘油，再被氧化成磷酸二羟丙酮，经 EMP 逆行合成糖；氨基酸可通过多种方式转变成 EMP 的中间产物再生成糖。糖氧化与糖异生作用的关系如图 9-11 所示。

图 9-11　糖氧化与糖异生作用的关系
(1)、(2)、(3)、(4) 为糖异生作用的关键反应

第四节 糖代谢在工业上的应用

利用微生物的糖代谢途径，控制一定的条件可以在工业化的规模上生产多种产品。在发酵工业上，常根据某些微生物的代谢途径设法阻断某步中间反应，积累某些中间产物；或者使其改变途径，将中间产物引入其他途径生成另外的产物。在这些代谢中，丙酮酸是具有枢纽性地位的中间产物，由它可产生乙醇（酒精发酵）、乳酸（乳酸发酵）、丙酮、丁醇（丙酮-丁醇发酵）及多种有机酸（如图 9-12 所示），应用于医药、食品、化工等行业。

图 9-12 糖代谢的不同产物

一、酒精发酵

酒精发酵涉及生产工业酒精以及食用白酒、曲酒、啤酒等的发酵。主要是利用酵母、霉菌、细菌等微生物在中性或微酸性以及无氧条件下将糖分解产生乙醇。原料及产品不同，所使用的主要微生物也不同。例如，在生产工业酒精中，以糖蜜为原料，使用糖蜜酵母（*Saccharomyces formosesis*）；以纤维素为原料，可采用热纤梭菌（*Clostridium thermocellum*）、热氢硫酸梭菌（*C. thermohydrosul furicum*）等。一种典型的以纤维素为原料生产酒精的水解、发酵工艺如图 9-13 所示。

在曲酒发酵中，常以薯干、玉米、高粱等淀粉质为原料，使用酒精酵母（*Saccharomyces cerevisiae*）、裂殖酵母（*Schizosaccharomyces pombe*）等；啤酒发酵则使用啤酒酵母（*Saccharomyces cerevisiae*）。以淀粉质为原料的酒精发酵，其工艺及转化过程如下：

$$原料 \xrightarrow{蒸煮，液化} 淀粉、糊精 \xrightarrow{糖化} 葡萄糖 \xrightarrow[蒸馏]{发酵} 乙醇$$

二、甘油发酵

甘油是国防、化工及医药工业上的重要原料，在医学方面，用于制取各种制剂、溶剂、吸湿剂、防冻剂和甜味剂，配制外用软膏或栓剂等，用于制取硝化甘油；在涂料工业中用于制取各种醇酸树脂、聚酯树脂、缩水甘油醚和环氧树脂等；在纺织和印染工业中用于制取润滑剂、吸湿剂、织物防皱缩处理剂、扩散剂和渗透剂；在食品工业中用作甜味剂、烟草的吸湿剂和溶剂；在造纸、化妆品、制革、照相、印刷、金属加工、电工材料和橡胶等工业中都有着广泛

图 9-13 纤维素生产酒精的水解、发酵工艺

的用途；并可用作汽车和飞机燃料以及油田的防冻剂。

利用酵母细胞对糖的无氧代谢来生产甘油（即所谓酵母的二型及三型发酵），是人为地改变其正常代谢途径，使乙醛不转变成乙醇，而是积累甘油。主要有两种方法：亚硫酸氢钠法和碱性法。

1. 亚硫酸氢钠法

在发酵液中加入亚硫酸氢钠，使发酵生成的乙醛与亚硫酸氢钠发生加成反应，这样乙醛就不能作为受氢体，不生成乙醇。此时 3-磷酸甘油醛氧化产生的 NADH，就以磷酸二羟丙酮为受氢体，还原为 α-磷酸甘油，再由磷酸酶催化切去磷酸后生成甘油。

2. 碱性法

使发酵液呈碱性，在碱性条件下，醇脱氢酶的活性被抑制，乙醛不能还原为乙醇。此时乙醛可发生歧化反应，即两分子乙醛间发生氧化还原反应，一分子被氧化成乙酸，另一分子被还原成乙醇。在这种情况下，NADH 也不能以乙醛为受氢体，只能以磷酸二羟丙酮为受氢体，最后生成甘油。

用于甘油发酵的酵母有假丝酵母（*Candida albicans*）、汉逊酵母（*Hansenula anomala*）、啤酒酵母（*Saccharomyces cereuisiae*）等。由于目前利用发酵法生产甘油的成本高于从肥皂工业废水中回收甘油，故目前应用不多，有待进一步降低成本，方能大规模用于工业生产。

三、丙酮-丁醇发酵

丙酮、丁醇都是常用的工业溶剂，需求量很大。在 20 世纪 40～50 年代曾大量利用厌氧菌发酵生产，发酵进行激烈并附带有大量的气体析出。正常发酵的主要产品有丙酮、丁醇及乙醇，二氧化碳和氢气，酪酸和醋酸，此外尚生成微量的其他酸类和少量的乙酰甲基甲醇和己醇。20 世纪 60 年代后由于使用石油的合成法成本低廉，发酵法曾一度停止使用。目前由于使用了固定化细胞技术，又呈现出迅速发展的势头。

丙酮-丁醇发酵都是利用丙酮丁醇梭菌（*Clostridium acetobutylicum*）等微生物在严密无氧的酸性（pH 3.5）条件下，糖无氧代谢产生丙酮酸，丙酮酸再转变成乙酰 CoA，2 分子乙酰 CoA 合成乙酰乙酰 CoA，进一步转变为丙酮和丁醇，发酵过程为放热反应。通常以玉米为原料，利用生产菌分泌的淀粉酶进行边糖化边发酵。溶剂比例因菌种、原料、发酵条件不同而异。正常情况下丙酮、丁醇和乙醇的比例为 30：60：10。近年来选出的菌种，可使丁醇产量提高至 70%。按发酵方法可分为间隙发酵和连续发酵。生成的溶剂利用分馏法进行分离、提取。具体代谢途径如图 9-14 所示。

图 9-14 丙酮-丁醇发酵代谢途径

① 丙酮酸：铁氧还蛋白氧化还原酶；② 硫解酶；③ β-羟丁酰 CoA 脱氢酶；
④ 丁烯酰 CoA 水解酶；⑤ 丁酰 CoA 脱氢酶；⑥ CoA 转移酶；⑦ 乙酸激酶

四、有机酸发酵

利用微生物糖的无氧及有氧代谢，可以生产多种有机酸，在食品、医药、化工、塑料、香料等部门应用广泛。现举几个工业上常用的例子。

1. 乳酸发酵

乳酸常用于化工、医药、烟草、食品等工业，许多发酵食品如腌菜、酸菜、泡菜、酱菜、发酵醪、啤酒中均含有乳酸。酒精厂所用酒母醪，多先经过乳酸发酵，使达到一定酸度后，再接种纯酵母，使其繁殖，这样才能避免杂菌污染，获得纯粹而不含杂菌的酒母醪。

乳酸发酵分为同型发酵与异型发酵。如果产物只有乳酸称为同型乳酸发酵，如果产物除乳酸外，还有乙醇、乙酸等其他物质，则称为异型乳酸发酵。同型乳酸发酵是利用德氏乳杆菌（*Lactobacillus delbruckii*）对糖的无氧代谢，丙酮酸作为受氢体，直接还原为乳酸。异型乳酸发酵是肠膜明串珠菌（*Leuconostoc mesenteroides*）和葡聚糖明串珠菌（*Leuconosto dextranicum*）等通过磷酸酮解途径进行的。所谓磷酸酮解途径是类似于 HMS 的一个糖的有氧分解途径。葡萄糖经 6-磷酸葡萄糖转变为 5-磷酸木酮糖后，经磷酸酮解酶催化，分解为乙酰磷酸和 3-磷酸甘油醛。乙酰磷酸经磷酸转乙酰酶作用变为乙酰 CoA，再经乙醛脱氢酶和醇脱氢酶作用生成乙醇。3-磷酸甘油醛经多种酶作用，通过丙酮酸转变为乳酸。

2. 丁酸发酵

丁酸也是常用工业溶剂。进行丁酸发酵的主要是一些专性厌氧菌，常见的有丁酸梭菌（*Clostridium butyrium*）、克氏梭菌（*C. kluyueri*）、巴氏芽孢杆菌（*Bacillus pasteurianum*）等。这些细菌在无氧条件下经 EMP 将己糖分解为丙酮酸，在丙酮酸：铁氧还蛋白氧化还原酶催化下，将丙酮酸转变为乙酰 CoA，再经乙酰乙酰 CoA、丁酰 CoA 转变为丁酸，丁酰 CoA 转变为丁酸时，不是简单地将 CoA_{SH} 切下，这样势必造成能量浪费，而是在硫转移酶催化下，将丁酰 CoA 的 CoA_{SH} 转移给乙酸，生成乙酰 CoA，将能量储存，同时生成丁酸。

3. 柠檬酸发酵

柠檬酸是重要的工业原料，市场需求量较大，主要用于食品、医药、化工。柠檬酸发酵的菌种主要是黑曲霉（*Aspergillus niger*），通过糖的有氧代谢的调节，使柠檬酸积累。在黑曲霉的糖代谢途径中，柠檬酸对异柠檬酸脱氢酶和磷酸果糖激酶（PFK）有抑制作用，为了解除柠檬酸对 PFK 的抑制作用，必须限制 Mn^{2+} 的浓度及氧的供应。在缺锰的条件下，可提高黑曲霉细胞内的 NH_4^+ 浓度，这种细胞内高浓度 NH_4^+ 可使 PFK 不受柠檬酸的抑制，而且可降低三羧酸循环中一些酶的活性，这样就可使柠檬酸大量积累。图 9-15 为柠檬酸的发酵生产过程及关键环节中对 pH 的监测控制。

图 9-15　柠檬酸的发酵生产过程及关键 pH 监控

根据微生物的糖代谢原理，发酵生产的产品还有多种，有的由于化学合成或半合成的成功，其成本大大低于发酵法生产，因而发酵生产被淘汰；有的或因产率不高，或效益不佳，也难用于生产；有的则随市场需求的波动，其发展时快时慢。但由于发酵条件的不断改进，特别是现代生物技术的渗入，用发酵法生产有些产品是有广阔前景的。

习　题

1. 用对或不对回答下列问题。如果不对，请说明原因。

（1）糖代谢中所有激酶催化的反应都是不可逆的。

（2）糖的发酵和酵解产生净 ATP 数相同，但其磷酸化效率不同。

（3）1mol 丙酮酸完全氧化可产生 15mol 或 14mol ATP。

（4）5mol 葡萄糖经 HMS 途径完全氧化分解，可产生 180mol ATP。

（5）糖原合成和糖异生都是耗能的。

（6）单糖进入细胞后都生成磷酸单糖，这实际上是细胞的一种保糖机制，以免单糖再转移到细胞外。

（7）丙酮酸氧化脱羧产生的 CO_2，是来自于葡萄糖 C3 和 C4。

2. 1710g 蔗糖在动物体内经有氧分解为水和 CO_2，总共可产生多少摩尔 ATP？多少摩尔 CO_2？

3. 某厂用发酵法生产酒精，对淀粉质原料液化酶和糖化酶的总转化率为 40%，酒精酵母对葡萄糖的利用率为 90%。问投料 5000kg 可生产多少升酒精（酒精密度 0.789）？酵母菌获得多少能量（多少摩尔 ATP）？

4. 1mol 乳酸完全氧化分解可生成多少摩尔 ATP？每生成 1mol ATP 若以储能 30.54kJ 计算，其储能效率为多少？如果 2mol 乳酸转化成 1mol 葡萄糖，需要消耗多少摩尔 ATP？

5. 1mol 下列各物质在酵母细胞内完全氧化时产生多少摩尔 ATP 及 CO_2？假定酵解、三羧酸循环和氧化磷酸化系统完全具有活性。

①麦芽糖；②乳糖；③1-磷酸葡萄糖；④3-磷酸甘油醛；⑤琥珀酸；⑥α-酮戊二酸；⑦核糖；⑧木糖。

6. 虽然氧分子并不直接参与 TCA 循环，但该循环的运行必须在有氧的情况下才能发生，为什么？

第十章 脂代谢

第一节 概　　述

脂肪和类脂总称为脂类，是一类一般不溶于水而溶于脂溶性溶剂的化合物。脂肪作为高等动植物的重要能源大量储存于某些组织细胞内，称为储存脂质。类脂是构成机体组织的结构成分，称为结构脂质。氧化 1g 脂肪释放 38.91kJ 能量，而 1g 糖被氧化仅释放 17.15kJ 能量，氧化 1g 蛋白质释放 23.43kJ 能量。1g 几乎无水的脂肪储存的能量是 1g 水化糖原的 2 倍左右。所以，脂肪是生物体内高度密集的能量储存库。人体所需能量的 40% 左右来自脂肪。

一、脂肪的降解

食物中的脂类主要是三酰甘油（又称甘油三酯），少量磷脂和胆固醇（酯）等。由于脂类不溶于水，脂类在肠道内的消化不仅需要相应的消化水解酶，还需要胆汁中胆汁酸盐的乳化作用。胆汁酸盐能降低油水两相间的表面张力，使食物中的脂类乳化并分散为细微脂滴，增加消化酶与脂质的接触面积，促进脂类消化吸收。脂肪的降解是指脂肪在脂肪酶催化下的水解。

1. 胰脂肪酶——在人和动物体消化道中对脂肪的降解

胰脂肪酶的作用需辅脂酶和胆汁酸盐的协助，辅脂酶能与胰脂肪酶和胆汁酸盐结合，使胰脂肪酶能吸附在微团的水油界面上，有利于胰脂肪酶对三酰甘油的水解。根据胰脂肪酶作用的底物不同可分为酯酶（esterase）和脂酶（lipase）两类。酯酶主要水解脂肪酸和一元醇构成的酯：

脂酶又包括脂肪酶和磷脂酶。脂肪酶水解三酰甘油，产生甘油和脂肪酸。

磷脂酶（phospholipase）包括卵磷脂酶、甘油磷脂酶、胆碱磷酸酶、胆胺磷酸酶等。作用于磷脂，可产生甘油、脂肪酸、磷酸、胆碱、胆胺等。

2. 微生物脂肪酶——具有双向催化特性

细菌的脂肪酶降解活性一般不高，但真菌的脂肪酶活性较高。真菌脂肪酶降解脂肪的方式类似于人和哺乳动物的胰脂肪酶，水解产物为脂肪酸和甘油。细菌脂肪酶虽也能将脂肪分解为甘油和脂肪酸，但其降解能力不强。微生物脂肪酶的另一个显著特点，是在一定条件下可以催化醇与酸缩合成酯。尤其是霉菌，包括毛霉（*Mucor*）、曲霉（*Aspergillus*）、根霉（*Rhizopus*）和青霉（*Penicillium*），不仅能催化甘油酯的合成，而且能催化乙酸乙酯等简单酯类和芳香酯合成。离体实验发现，这种合成作用在非水相系统中更强。这已引起曲酒生产及香料工业的重视。

二、脂肪的吸收与转运

1. 脂肪的吸收——吸收形态的多样性

脂肪被吸收的形态有 3 种。

一是完全水解，脂肪被水解为甘油和脂肪酸，脂肪酸再与胆汁盐按比例结合成可溶于水的复合物，与甘油一起被小肠上皮细胞吸收并进入血液。

二是不完全水解，脂肪经部分水解为脂肪酸、单酰甘油（又称甘油单酯、甘油一酯）、二酰甘油（又称甘油二酯）也可被吸收。

三是完全不水解，少量脂肪完全不水解，经胆汁高度乳化成脂肪微粒，直径小于 $0.5\ \mu m$，同样能被小肠黏膜细胞吸收，经淋巴系统再进入血液循环。脂肪酸和单酰甘油的吸收如图 10-1 所示。

图 10-1　小肠中长链脂肪酸和甘油一酯的吸收
（R 代表不同的饱和或不饱和的烃基）

2. 血脂——油脂的转运

血浆中的脂质统称为血脂。包括三酰甘油、二酰甘油、单酰甘油、卵磷脂、溶血卵磷脂、脑磷脂、神经磷脂、胆固醇和胆固醇酯、游离脂肪酸等。

血脂与蛋白质结合形成脂蛋白。根据密度不同可将脂蛋白分为高密度脂蛋白（high density lipoprotein，HDL）、低密度脂蛋白（low density lipoprotein，LDL）、极低密度脂蛋白（very low density lipoprotein，VLDL）、乳糜微粒（chylomicron，CM）等几类。脂蛋白具有较强的亲水性，以便随血液循环被转运至各器官组织。

三、油脂中间代谢概况

油脂的中间代谢如图 10-2 所示。

图 10-2　油脂的中间代谢简图

第二节　脂肪的代谢

脂肪水解产生甘油和脂肪酸，脂肪的代谢包括甘油和脂肪酸的代谢。

一、甘油代谢

1. 甘油的分解——从磷酸丙糖插入 EMP

在脂肪细胞中，因为没有甘油激酶，所以不能利用脂肪分解产生的甘油，甘油只有通过血液循环运输至肝、肾、肠等组织利用才能被利用。甘油在 ATP 参与下，在甘油激酶（glycerokinase）作用下，转变为 3-磷酸甘油，然后脱氢生成磷酸二羟丙酮，再循糖代谢 EMP 进行氧化分解释放能量，也可在肝沿糖异生途径经 EMP 逆行合成糖原，顺行生成乙酰 CoA，再进入 TCA 循环被彻底氧化（如图 10-3 所示）。

图 10-3　甘油的分解与合成途径

2. 甘油的合成——分解代谢的逆行

甘油的合成可以糖原、氨基酸、丙酮酸等为原料，再经分解代谢的可逆过程而合成：

甘油的分解与合成代谢和糖原与葡萄糖以及蛋白质、氨基酸代谢之间均有密切关系。

二、脂肪酸的分解代谢

脂肪酸的分解有 β-氧化、ω-氧化、α-氧化等不同方式。

1. β-氧化——分解代谢的主要途径

脂肪酸通过酶催化 α-碳原子与 β-碳原子间的断裂、β-碳原子上的氧化，相继切下二碳单位而降解的方式称为 β-氧化（β-oxidation）。脂肪酸的 β-氧化在细胞线粒体基质中进行，是分解代谢的主要途径。

脂肪酸在氧化分解前，必须先转变为活泼的脂酰 CoA。内质网和线粒体外膜上的脂酰 CoA 合成酶（acyl-CoA synthetase）在 ATP、CoA_{SH}、Mg^{2+} 参与下，催化脂肪酸活化形成脂酰 CoA。反应分两步，在胞浆中进行。反应式如下：

$$RCH_2CH_2CH_2COOH + ATP \Longrightarrow RCH_2CH_2CH_2\overset{\overset{O}{\|}}{C}{\sim}AMP + PPi$$

脂肪酸   脂酰腺苷一磷酸

$$RCH_2CH_2CH_2\overset{\overset{O}{\|}}{C}{\sim}AMP + CoA_{SH} \Longrightarrow RCH_2CH_2CH_2\overset{\overset{O}{\|}}{C}{\sim}SCoA + AMP$$

脂酰腺苷一磷酸   脂酰CoA

活化的脂肪酸在胞浆，而 β-氧化过程在线粒体内，脂酰 CoA 又不能自由通过线粒体膜，必须由一种酰基载体——肉毒碱（carnitine）的转运而进入线粒体基质。

$$R-C-S-CoA + H_3C-\overset{\overset{CH_3}{+}}{\underset{\underset{CH_3}{|}}{N}}-CH_2-\overset{H}{\underset{\underset{(OH)}{|}}{C}}-CH_2-C\overset{O}{\underset{O^-}{\diagdown}} \Longrightarrow CoA_{SH} + H_3C-\overset{\overset{CH_3}{+}}{\underset{\underset{CH_3}{|}}{N}}-CH_2-\overset{H}{\underset{\underset{O}{|}}{C}}-CH_2-C\overset{O}{\underset{O^-}{\diagdown}}$$

脂酰CoA   肉毒碱   脂酰肉毒碱

脂酰肉毒碱透过线粒体膜进入线粒体的转移过程如图 10-4 所示。

图 10-4 脂酰 CoA 转运入线粒体示意图

在线粒体基质中进行的脂肪酸 β-氧化包括氧化、水化、再氧化、硫解 4 步化学反应。

(1) 氧化　进入线粒体的脂酰 CoA 被脂酰 CoA 脱氢酶催化，脱去 α-碳原子，β-碳原子上的氢，生成 $FADH_2$ 和烯脂酰 CoA。反应式如下：

$$R-CH_2 \overset{\beta}{C}H_2 \overset{\alpha}{C}H_2 \overset{O}{C} \sim SCoA \quad \xrightarrow[\underset{FAD \quad FADH_2}{}]{\text{脂酰CoA脱氢酶}} \quad R-CH_2-\overset{H}{C}=\overset{H}{C}-\overset{O}{C}\sim SCoA$$

脂酰CoA　　　　　　　　　　　　　　　　　烯脂酰CoA(反式)

$$\Delta G^{\ominus\prime} = -20 \text{kJ/mol}$$

(2) 水化　α，β-烯脂酰 CoA 在烯脂酰 CoA 水合酶催化下，水分子的 H 加到 α-碳上，OH 加到 β-碳上，生成 β-羟脂酰 CoA。反应式如下：

$$R-CH_2-\overset{H}{\underset{H}{C}}=\overset{O}{C}-\overset{O}{C}\sim SCoA \quad \xleftrightarrow[\pm H_2O]{\text{烯脂酰CoA水合酶}} \quad R-CH_2-\overset{OH}{\underset{H}{C}}-\overset{H}{\underset{H}{C}}-\overset{O}{C}\sim SCoA$$

烯脂酰CoA(反式)　　　　　　　　　　　　　　L-(+)-β-羟脂酰CoA

$$\Delta G^{\ominus\prime} = -3.1 \text{kJ/mol}$$

(3) 再氧化　β-羟脂酰 CoA 经 β-羟脂酰 CoA 脱氢酶催化，脱下 β-碳上的 2 个 H，生成 β-酮脂酰 CoA，并产生 1 分子 $NADH+H^+$。反应式如下：

$$R-CH_2-\overset{OH}{\underset{H}{C}}-CH_2-\overset{O}{C}\sim SCoA \quad \xleftarrow[\underset{NAD^+ \quad NADH+H^+}{}]{\text{β-羟脂酰CoA脱氢酶}} \quad R-CH_2-\overset{O}{C}-CH_2-\overset{O}{C}\sim SCoA$$

L-β-羟脂酰CoA　　　　　　　　　　　　　　　　β-酮脂酰CoA

$$\Delta G^{\ominus\prime} = +15.7 \text{kJ/mol}$$

(4) 硫解　在 β-酮脂酰 CoA 硫解酶催化下，β-酮脂酰 CoA 被 CoA 硫解，生成 1 分子乙酰 CoA 和 1 分子比第一步氧化底物少 2 个碳原子的脂酰 CoA。反应式如下：

$$R-CH_2-\overset{O}{C}-CH_2-\overset{O}{C}\sim SCoA \quad \xrightarrow[CoA_{SH}]{\text{硫解酶}} \quad R-CH_2-\overset{O}{C}\sim SCoA + CH_2-\overset{O}{C}\sim SCoA$$

β-酮脂酰CoA　　　　　　　　　　　脂酰CoA　　　　　乙酰CoA
　　　　　　　　　　　　　　　　　　(比原来少两个碳原子)

$$\Delta G^{\ominus\prime} = -28 \text{kJ/mol}$$

脂肪酸的 β-氧化过程如图 10-5 所示。

脂肪酸 β-氧化的特点如下：①β-氧化过程在线粒体基质内进行；②β-氧化为一循环反应过程，由脂肪酸氧化酶系催化，反应不可逆；③需要 FAD、NAD、CoA 为辅因子；④每进行一轮 β-氧化，生成 1 分子 $FADH_2$、1 分子 NADH、1 分子乙酰 CoA 和 1 分子减少两个碳原子的脂酰 CoA；⑤脂肪酸氧化分解是体内重要的能量来源。

脂肪酸经过 β-氧化生成的比原来少 2 个碳原子的脂酰 CoA，可再进行 β-氧化，如此反复进行，直至生成 4 碳的丁酰 CoA，后者进行最后一次 β-氧化，即将 1 分子脂酰 CoA 全部分解为乙酰 CoA，完成 β-氧化的全过程。

2. 生理意义——脂肪酸分解的能量转换

脂肪酸氧化成乙酰辅酶 A，是动植物、很多原生生物及某些细菌体内一个重要的产能途径。在脂肪氧化过程中，通过线粒体呼吸链，移去电子，促进 ATP 的合成，从脂肪酸产生的乙酰辅酶 A，可能完全氧化成二氧化碳（通过三羧酸循环）得到进一步的能量储存。

图 10-5 脂肪酸的 β-氧化途径

以软脂酸为例，活化后生成软脂酰辅酶 A。软脂酰 CoA 是 C_{16} 酸，需经 7 轮 β-氧化，才能完全硫解为乙酰 CoA。因此，软脂酰 CoA 的 β-氧化可用以下反应表示：

软脂酰 CoA ＋ 7FAD⁺ ＋ 7NAD⁺ ＋ 7CoASH ＋ 7H₂O ⟶ 8 乙酸 CoA ＋ 7FADH₂ ＋ 7NADH ＋ H⁺

1 分子 $FADH_2$ 进入呼吸链磷酸化产生 2 分子 ATP，NADH＋H⁺进入呼吸链产生 3 分子 ATP，乙酰 CoA 进入 TCA 循环氧化产生 12 分子 ATP。软脂酸活化消耗 2 个高能磷酸键，按消耗 2 个 ATP 计，因此，软脂酸完全氧化的净产生能量 ATP 为：

$$2 \times 7 + 3 \times 7 + 12 \times 8 - 2 = 129（ATP）$$

1 分子软脂酸氧化比 1 分子葡萄糖氧化所产能量高得多。

脂肪酸氧化的能量转换率，可根据所产生的 ATP 数目（129）和用量热法所测的软脂酸氧化为 CO_2 和 H_2O 的自由能变化 $\Delta G^{\ominus} = -9790 \text{kJ/mol}$ 进行计算：

$$\frac{30.5 \times 129}{9790} \times 100\% = 40.2\%$$

软脂酸完全氧化与葡萄糖氧化的能量转换率相似。

不饱和脂肪酸的氧化需要异构酶和差向异构酶参与。异构酶可改变双键的位置和构型。

例如棕榈油酸（C_{16}）的氧化，该脂肪酸在 C9 和 C10 之间有一个双键，经 3 轮 β-氧化后剩下顺-Δ^3-烯脂酰 CoA，此物不是脂酰 CoA 脱氢酶的底物。C3 和 C4 双键的存在妨碍 C2 和 C3 双键的形成。异构酶的催化解决了这一难题。反应如下：

$$H_3C-(CH_2)_5-\underset{4}{\overset{H}{C}}=\underset{3}{\overset{H}{C}}-\underset{2}{CH_2}-\underset{1}{\overset{O}{C}}-S-CoA$$

顺-Δ^3-烯脂酰CoA

↓ 异构酶

$$H_3C-(CH_2)_5-CH_2-\underset{4}{\overset{H}{C}}=\underset{3}{\overset{}{C}}-\underset{2}{\overset{H}{C}}-\underset{1}{\overset{O}{C}}-S-CoA$$

反-Δ^2-烯脂酰CoA

差向异构酶可使 C3 上羟基的构型发生改变。如具有顺-Δ^6 和顺-Δ^9 两个双键的 C_{18} 不饱和脂肪酸，经 2 轮 β-氧化后产生顺-Δ^2，Δ^5-烯脂酰 CoA，再水化后产生 3-羟基 CoA 的 D-异构体，它不是 L-3-羟脂酰 CoA 脱氢酶的底物，这一障碍由差向异构酶克服。反应如下：

$$H_3C-(CH_2)_7-\overset{H}{C}=\overset{H}{C}-CH_2-\overset{}{C}-CH_2-\overset{O}{C}-S-CoA$$
$$\underset{OH}{}$$

D-3-羟基-顺-Δ^5-烯脂酰CoA

↕ 差向异构酶

$$H_3C-(CH_2)_7-\overset{H}{C}=\overset{H}{C}-CH_2-\overset{OH}{\underset{H}{C}}-\overset{O}{C}-S-CoA$$

L-3-羟基-顺-Δ^5-烯脂酰CoA

具有奇数碳原子的脂肪酸，仍先按 β-氧化降解，最后剩下丙酰 CoA。丙酰 CoA 羧化生成琥珀酰 CoA，再进入 TCA 循环。反应过程如下：

$$CH_3CH_2\overset{O}{C}{\sim}SCoA + ATP + CO_2 \xrightarrow[\text{生物素}]{\text{丙酰CoA羧化酶}} \overset{COOH}{CH_3CH}-\overset{O}{C}{\sim}SCoA + ADP + Pi$$

丙酰CoA　　　　　　　　　　　　　　　甲基丙二酰CoA

↓ 甲基丙二酰CoA变位酶
（辅酶B_{12}）

$$TCA \leftarrow HOOC-CH_2-CH_2-\overset{O}{C}{\sim}SCoA$$

琥珀酰CoA

ω-氧化是指长链脂肪酸的末端碳原子被氧化，产生 α，ω-二羧酸，活化后再进行 β-氧化，最后余下琥珀酰 CoA 可直接进入 TCA 循环。

α-氧化可用以下反应表示：

$$RCH_2COOH \xrightarrow{\text{加单氧酶}} \overset{OH}{RCHCOOH} \xrightarrow{\text{脱氢酶}} \overset{O}{RCCOOH} \xrightarrow[CO_2]{\text{脱羧酶}} RCOOH$$

脂肪酸　　　　　　α-羟脂酸　　　　　α-酮脂酸　　　　脂肪酸
（少一个碳原子）

三、脂肪酸的合成代谢

合成各种脂的能力对所有的有机体而言是基本的功能。脂肪酸的合成分为全合成途径和加工改造途径。

1. 胞浆合成——全程合成途径

全程合成途径是指从二碳单位开始的脂肪酸合成过程。反应历程如下。

（1）乙酰 CoA 羧化生成丙二酰 CoA　在乙酰 CoA 羧化酶催化下，乙酰 CoA 被羧化生成丙二酰 CoA，此酶以生物素为辅因子，并需 Mn^{2+} 参与。包括以下两步化学反应：

$$HCO_3^- + 酶\text{-}生物素 + ATP \longrightarrow 酶\text{-}生物素\text{-}COO^- + ADP + Pi$$

$$酶\text{-}生物素\text{-}COO^- + CH_3\overset{\overset{O}{\|}}{C}\text{~}SCoA \longrightarrow HOOC\text{—}CH_2\overset{\overset{O}{\|}}{C}\text{~}SCoA + 酶\text{-}生物素$$

乙酰CoA　　　　　　丙二酰CoA

此反应不可逆，是脂肪酸合成的关键步骤。

（2）酰基移换反应　脂肪酸的 β-氧化是以 CoA_{SH} 为酰基载体。但脂肪酸的合成却以另一种酰基载体蛋白（acyl carrier protein，ACP）携带酰基。因此必顺进行酰基转移。先是乙酰CoA 在 ACP 转酰基酶催化下，生成乙酰 ACP。反应如下：

$$CH_3\text{—}\overset{\overset{O}{\|}}{C}\text{~}SCoA + _{HS}ACP \rightleftharpoons CH_3\text{—}\overset{\overset{O}{\|}}{C}\text{~}SACP + _{HS}CoA$$

乙酰CoA　　　　　　　　乙酰ACP

然后乙酰基再转移到 β-酮脂酰 ACP 合成酶的半胱氨酸残基上。反应如下：

$$CH_3\overset{\overset{O}{\|}}{C}\text{~}SACP + HS\text{—}合成酶 \rightleftharpoons CH_3\overset{\overset{O}{\|}}{C}\text{~}S\text{—}合成酶 + _{HS}ACP$$

$$HOOC\text{—}CH_2\overset{\overset{O}{\|}}{C}\text{~}SCoA + _{HS}ACP \rightleftharpoons HOOC\text{—}CH_2\overset{\overset{O}{\|}}{C}\text{~}SACP + _{HS}CoA$$

丙二酰CoA　　　　　　　　丙二酰ACP

（3）乙酰乙酰 ACP 的生成　乙酰化的 β-酮脂酰 ACP 合成酶与丙二酰 ACP 反应，生成乙酰乙酰 ACP。反应如下：

$$CH_3\overset{\overset{O}{\|}}{C}\text{—}S\text{—}合成酶 + \overset{\overset{COOH}{|}}{\underset{}{CH_2}}\overset{\overset{O}{\|}}{C}\text{~}SACP \longrightarrow$$

丙二酰ACP

$$CH_3\overset{\overset{O}{\|}}{C}\text{—}CH_2\overset{\overset{O}{\|}}{C}\text{~}SACP + HS\text{—}合成酶 + CO_2$$

乙酰乙酰ACP

（4）β-羟丁酰 ACP 的生成　在 β-酮脂酰 ACP 还原酶催化下，生成 β-羟丁酰 ACP，此酶的辅酶为 NADPH。反应如下：

$$CH_3\overset{\overset{O}{\|}}{C}\text{—}CH_2\overset{\overset{O}{\|}}{C}\text{—}SACP \underset{还原酶}{\overset{NADPH+H^+ \quad NADP^+}{\rightleftharpoons}} CH_3\overset{\overset{OH}{|}}{CH}\text{—}CH_2\overset{\overset{O}{\|}}{C}\text{—}SACP$$

乙酰乙酰ACP　　　　　　　　　　　　β-羟丁酰ACP

（5）β-羟丁酰 ACP 脱水　在 β-羟脂酰 ACP 脱水酶催化下，β-羟丁酰 ACP 脱水，生成 α，β-丁烯酰 ACP。反应如下：

$$CH_3\overset{\overset{OH}{|}}{CH}\text{—}\overset{\overset{H}{|}}{CH}\text{—}\overset{\overset{O}{\|}}{C}\text{~}SACP \underset{脱水酶}{\rightleftharpoons} CH_3\text{—}CH\text{=}CH\text{—}\overset{\overset{O}{\|}}{C}\text{~}SACP + H_2O$$

β-羟丁酰ACP　　　　　　　　　　　α，β-丁烯酰ACP

（6）丁烯酰 ACP 还原　在烯脂酰 ACP 还原酶催化下，α，β-丁烯酰 ACP 还原为丁酰 ACP，由 NAPDH 提供氢。

$$CH_3\text{—}CH\text{=}CH\text{—}\overset{\overset{O}{\|}}{C}\text{~}SACP \underset{还原酶}{\overset{NADPH+H^+ \quad NADP^+}{\rightleftharpoons}} CH_3\text{—}CH_2\text{—}CH_2\overset{\overset{O}{\|}}{C}\text{~}SACP$$

α，β-丁烯酰ACP　　　　　　　　　　　　　丁酰ACP

丁酰 ACP 再与丙二酰 ACP 缩合，重复以上（3）～（6）步反应，每重复一次延长两碳单位，再重复 6 次生成软脂酰 ACP（C_{16}），软脂酰 ACP 与辅酶 A 在转酰基酶催化下生成软脂酰 CoA，后者可作为合成脂肪的原料。脂肪酸全合成过程如图 10-6 所示。

脂肪酸的全合成是在细胞溶质中进行的。合成过程的中间产物都连接在一个酰基载体蛋白（ACP）分子上，并与—SH 以共价键相连。催化脂肪酸合成的许多酶组成多酶复合体。脂肪酸合成的还原剂是 NADPH。全合成过程只合成软脂酸。其他脂肪酸碳链的延长和双键的形成是由另外的酶体系催化完成的。

图 10-6　胞浆中脂肪酸的全程合成途径
① 乙酰 CoA 羧化酶；② 丙二酰 CoA-ACP 转酰基酶；③ β-酮脂酰 ACP 合成酶；
④ β-酮脂酰 ACP 还原酶；⑤ β-羟脂酰 ACP 脱水酶；⑥ 烯脂酰 ACP 还原酶

2. 微粒体合成——脂肪酸加工改造

细胞溶质中脂肪酸合成酶催化的主要产物是软脂酸。在真核生物中，更长的脂肪酸是在软脂酸的基础上加工改造，延长碳单位形成的。催化这些反应的酶体系结合在内质网膜（亦称微粒体体系）上。以丙二酰 CoA 作为二碳单位的供体，加到饱和或不饱和脂肪酸的羧基末端上。微粒体中脂肪酸的合成以 NADPH 作供氢体，以 CoA_{SH} 作为酰基载体。中间过程与细胞溶质中脂肪酸合成酶体系相同。

亚油酸（顺-$\Delta^{9,12}$-$C_{18:2}$）和亚麻酸（顺-$\Delta^{9,12,15}$-$C_{18:3}$）是哺乳动物体内不能合成的脂肪酸，因为哺乳动物体内没有催化 C_9 以后的碳原子上引入双键的酶，必须从食物中获得。所以，这两种脂肪酸称为必需脂肪酸（essential fatty acid）。

四、三酰甘油的合成

三酰甘油合成的原料是 α-磷酸甘油和脂肪酰 CoA。合成过程如下：

Top reaction scheme labels:

酰基CoA CoA / 甘油磷酸酰基转移酶 ... 酰基转移酶 ; compounds: α-磷酸甘油, 溶血磷脂酸, 磷脂酸. Second row: 磷脂酸, H2O Pi 磷酸酶, 二酰甘油, 酰基CoA CoA 酰基转移酶, 三酰甘油.

α-磷酸甘油 → (酰基CoA, CoA; 甘油磷酸酰基转移酶) → 溶血磷脂酸 → (酰基CoA, CoA; 酰基转移酶) → 磷脂酸

磷脂酸 → (H₂O, Pi; 磷酸酶) → 二酰甘油 → (酰基CoA, CoA; 酰基转移酶) → 三酰甘油

第三节　磷脂代谢、胆固醇代谢和血浆脂蛋白代谢

磷脂是指含有磷酸的脂类（phospholipids），属于结构脂质。磷脂的主要生理功能有：作为基本组成成分，构造各种细胞膜结构；作为血浆脂蛋白的组成成分，稳定血浆脂蛋白的结构；参与三酰甘油从消化道至血液的吸收过程。

一、磷脂代谢

1. 磷脂的分解代谢——4 种磷脂酶的协同作用

甘油磷脂的分解靠存在于体内的各种磷脂酶将其分解为脂肪酸、甘油、磷酸等，然后再进一步降解。磷脂酶 A₁、A₂、C、D 分别催化磷脂分子中的 1、2、3、4 酯键水解（如图 10-7 所示）。磷脂酶 A 作用于甘油磷脂 1 位或 2 位的酯键，得到溶血磷脂和脂肪酸；磷脂酶 B 作用于溶血磷脂 1 位或 2 位的酯键，得到甘油磷酸胆碱等；磷脂酶 C 作用于甘油磷脂 3 位的磷酸酯键，得到二酰甘油和磷酸胆碱等；磷脂酶 D 作用于磷酸与取代基间的酯键，得到磷脂酸和胆碱等。

卵磷脂（磷脂酰胆碱）的水解产物有甘油、脂肪酸、磷酸和胆碱。甘油转变为磷酸二羟丙酮进入 EMP 和 TCA 循环分解；脂肪酸经 β-氧化分解；胆碱可沿下述途径转变为氨基酸：

图 10-7　磷脂酶催化卵磷脂水解部位

胆碱 → (FAD, NAD⁺; 氧化) → 甜菜碱 → (+ 同型半胱氨酸) → 二甲基甘氨酸 + 甲硫氨酸 → 丙氨酸

2. 磷脂的合成代谢——CTP 是必需的辅因子

磷脂合成部位在内质网。合成的原料及辅因子为：脂肪酸、甘油（糖代谢）、不饱和脂肪酸（食物）、磷酸盐、X、ATP 和 CTP。卵磷脂的合成起始于磷酸甘油，反应式如下：

α-磷酸甘油 → (酰基CoA, CoA; 甘油磷酸酰基转移酶) → 溶血磷脂酸 → (酰基CoA, CoA; 酰基转移酶) → 磷脂酸

CDP-二酰甘油（胞苷二磷酸二酰甘油）是卵磷脂合成的活化中间体，反应式如下：

磷脂酸　　　　　　　　　　　　　　　　　CDP-二酰甘油

丝氨酸是合成卵磷脂的原料之一，首先合成磷脂酰丝氨酸。反应过程如下：

CDP-二酰甘油　　　　　　　　　　丝氨酸

磷脂酰丝氨酸　　　　　　　　　　CMP

磷脂酰丝氨酸脱羧再甲基化（S-腺苷甲硫氨酸为甲基供体）生成磷脂酰胆碱（即卵磷脂），中间物经历磷脂酰乙醇胺（脑磷脂）阶段，反应过程如下：

磷脂酰丝氨酸　　　　　　　　磷脂酰乙醇胺　　　　　　　　磷脂酰胆碱

二、胆固醇代谢

1. 胆固醇的合成

除脑组织和成熟红细胞以外的组织都可以合成胆固醇，每天合成 1g 左右。其中：70%～80% 由肝脏合成，10% 由小肠合成。胆固醇合成的关键酶：HMG-CoA 还原酶（羟甲基戊二酰 CoA 还原酶）。合成原料：乙酰 CoA（合成胆固醇的唯一碳源）、ATP 以及 NADPH + H$^+$。胆固醇合成部位：主要是在肝脏和小肠的胞液及微粒体，其合成量几乎占总合成量的四分之三以上。在微生物中，以酵母菌合成胆固醇等固醇物质的能力最强。

胆固醇的合成从乙酰 CoA（或乙酸）开始，在胞浆中经一系列酶的催化，合成 30 碳开链的鲨烯，再由固醇载体蛋白将其转运到内质网（微粒体），在一套氧化环化酶系作用下，最后生成胆固醇，合成的关键酶是催化 β-羟基-β-甲基戊二酰 CoA 生成 3-甲基-3，5-二羟戊酸的羟甲基戊二酰 CoA 还原酶。整个合成途径如图 10-8 所示。

各种因素可对胆固醇的合成进行调节，主要是对合成过程的关键酶（HMG-CoA 还原酶）活性的调节。第一，饥饿会导致肝脏合成的胆固醇的量下降。第二，饱食会激发胆固醇的合成量增加。胆固醇及其氧化产物，如 7β-羟胆固醇、25-羟胆固醇等可反馈抑制 HMG-CoA 还原酶的活性。第三，激素像胰岛素和甲状腺素会诱导 HMG-CoA 还原酶的合成；胰高血糖素和皮质醇会抑制 HMG-CoA 还原酶的活性，减少胆固醇的合成；甲状腺素虽然能促进 HMG-CoA

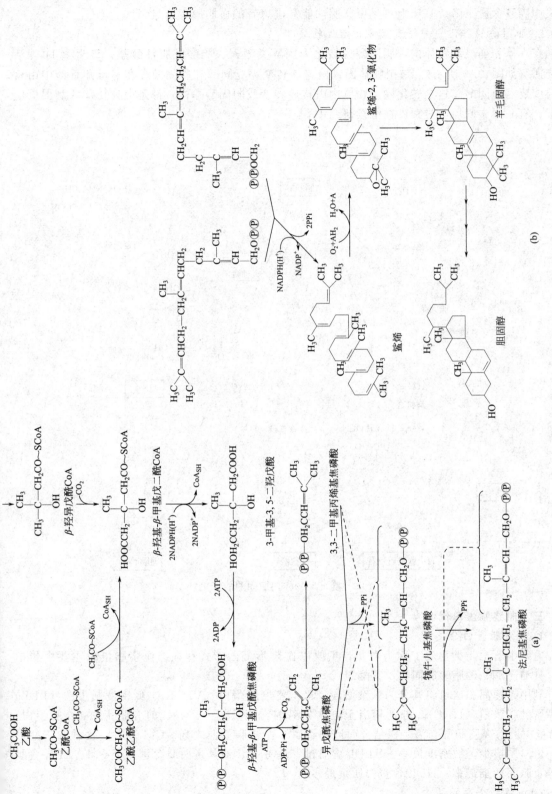

图 10-8 胆固醇生物合成途径

还原酶的合成，增加胆固醇合成，但又能高效促进胆固醇转化为胆汁酸，故总的调节效应是使血浆胆固醇含量下降。临床上可见甲状腺功能亢进患者的血胆固醇含量降低。

2. 胆固醇的转化——转变成多种活性物质

在人体和哺乳动物体内，胆固醇可转化为固醇类激素、胆酸及胆汁酸盐、维生素 D_3 等活性物质（如图 10-9 所示）。在植物体内，由鲨烯转变为豆固醇和谷固醇，在酵母和霉菌中由鲨烯转变成麦角固醇。这个转化同动物体内由鲨烯转变成胆固醇一样，都是十分复杂的酶促反应过程，有一些中间反应过程尚在继续研究中。

图 10-9　哺乳动物体内胆固醇的转化

三、血浆脂蛋白代谢

1. 血浆脂蛋白分类

血浆中所含脂类物质统称为血脂，主要以血浆脂蛋白形式存在。血浆脂蛋白主要由蛋白质、甘油三酯、磷脂、胆固醇及其酯组成。

利用超速离心法可将其分为乳糜微粒、极低密度脂蛋白（VLDL）、低密度脂蛋白（LDL）和高密度脂蛋白（HDL）。分别相当于电泳分离的乳糜微粒（CM）、前 β-脂蛋白、β-脂蛋白、α-脂蛋白。游离脂肪酸与清蛋白结合而运输不属于血浆脂蛋白之列。CM 最大，含甘油三酯最多，蛋白质最少，故密度最小。VLDL 含甘油三酯亦多，但其蛋白质含量高于 CM。LDL 含胆固醇及胆固醇酯最多。HDL 含蛋白质量最多。

2. 血浆脂蛋白的结构

血浆各种脂蛋白具有大致相似的基本结构，如图 10-10 所示，疏水性较强的甘油三酯及胆固醇酯位于脂蛋白的内核，而载脂蛋白、磷脂及游离胆固醇等双性分子则以单分子层覆盖于脂蛋白表面，其非极性基团朝内，与内部疏水性内核相连，其极性基团朝外。脂蛋白分子呈球状。CM 及 VLDL 主要以甘油三酯为内核，LDL 及 HDL 则主要以胆固醇酯为内核。因脂蛋白分子朝向表面的极性基团亲水，故增加了脂蛋白颗粒的亲水性，使其能均匀分散在血液中。从 CM 到 HDL，直径越来越小，故外层所占比例增加，所以 HDL 含载脂蛋白、磷脂最高。

图 10-10　血浆脂蛋白结构模式图
Pr 蛋白质；PL 磷脂；Ch 胆固醇；ChE 胆固醇酯；TG 甘油三酯

　　脂蛋白中的蛋白质部分称载脂蛋白，主要有 apoA、apoB、apoC、apoD、apoE 五类。不同脂蛋白含不同的载脂蛋白。载脂蛋白是双性分子，疏水性氨基酸组成非极性面，亲水性氨基酸为极性面，以其非极性面与疏水性的脂类核心相连，使脂蛋白的结构更稳定。

　　3. 血浆脂蛋白代谢

　　(1) 乳糜微粒　主要功能是转运外源性甘油三酯及胆固醇。外源性甘油三酯消化吸收后，在小肠黏膜细胞内再合成甘油三酯、胆固醇，与载脂蛋白形成 CM（空腹血中不含 CM），经淋巴入血运送到肝外组织中，在脂蛋白脂肪酶作用下，甘油三酯被水解，产物被肝外组织利用，CM 残粒被肝摄取利用。乳糜微粒的消化过程如图 10-11 所示。

　　(2) 极低密度脂蛋白　VLDL 是运输内源性甘油三酯的主要形式。肝细胞及小肠黏膜细胞自身合成的甘油三酯与载脂蛋白、胆固醇等形成 VLDL，分泌入血，在肝外组织脂肪酶作用下水解利用，水解过程中 VLDL 与 HDL 相互交换，VLDL 变成中间密度脂蛋白（IDL）被肝摄取代谢，未被摄取的 IDL 继续变为 LDL，如图 10-12 所示。

　　(3) 低密度脂蛋白　人血浆中的 LDL 是由 VLDL 转变而来的，它是转运肝合成的内源性胆固醇的主要形式。肝是降解 LDL 的主要器官，肝及其他组织细胞膜表面存在 LDL 受体，可摄取 LDL，其中的胆固醇酯水解为游离胆固醇及脂肪酸，水解的游离胆固醇可抑制细胞本身胆固醇合成，减少细胞对 LDL 的进一步摄取，且促使游离胆固醇酯化，在胞液中储存，此反应是在内质网脂酰 CoA 胆固醇脂酰转移酶（ACAT）催化下进行的。除 LDL 受体途径外，血浆中的 LDL 还可被单核吞噬细胞系统清除。

　　(4) 高密度脂蛋白　主要作用是逆向转运胆固醇，将胆固醇从肝外组织转运到肝代谢。新生 HDL 释放入血后经系列转化，将体内胆固醇及其酯不断从 CM、VLDL 转入 HDL，这其中起主要作用的是血浆卵磷脂胆固醇脂酰转移酶（LCAT），最后新生 HDL 变为成熟 HDL，成熟 HDL 与肝细胞膜 HDL 受体结合被摄取，其中的胆固醇合成胆汁酸或通过胆汁排出体外，如此可将外周组织中衰老细胞膜中的胆固醇转运至肝代谢并排出体外。

　　血脂高于正常人上限即为高脂血症，表现为甘油三酯、胆固醇含量升高，表现在脂蛋白上，CM、VLDL、LDL 皆可升高，但 HDL 一般不增加。

图 10-11　乳糜微粒的消化过程

TG 甘油三酯；C 胆固醇和胆固醇酯；P 磷酸

图 10-12　极低密度脂蛋白的消化过程

HDL 高密度脂蛋白；C 胆固醇和胆固醇酯；P 磷酸

第四节　脂质代谢在工业上的应用

一、在食品工业中的应用

在食品工业中常常利用脂肪酶的催化特性进行实际应用，主要表现在以下两个方面。

1. 脂酶水解食品中的脂肪——影响食品的风味

脂酶作用于食品材料中的油脂，产生游离脂肪酸，后者很容易进一步氧化而产生一系列短碳链的脂肪酸、脂肪醛等，从而影响食品的风味。例如，脂酶作用于大豆产品，是产品不良风味产生的重要原因之一。在香料生产中，如果香料中含有脂酶，那么在香料和食品油同时使用时，也可能产生不良风味。

2. 脂酶催化的酯交换——生产新产品的一种手段

在某些情况下，采用脂酶水解的方法比化学水解方法得到的产品具有更好的气味和颜色，特别是含有不饱和脂肪酸的甘油酯。例如，采用微生物脂酶从鱼油生产多不饱和脂肪酸，可用于食品，也可用于医药。

利用微生物脂酶催化脂肪水解反应具有可逆性特点，用脂酶可将醇和脂肪酸合成酯。改变不同的脂肪酸，即可与甘油反应生成不同的甘油酯。已经采用脂酶催化酯化的方法合成饱和中等链长脂肪酸的萜烯醇酯，作为乳化剂或食品添加剂。

当脂酶作用于油和脂肪时，同时发生甘油酯的水解和再合成反应，于是酰基在甘油酯分子间移动和发生酯交换反应。在反应体系中限制水的量，即可降低脂肪水解的程度。从而使脂酶催化的酯交换反应成为主要的反应。根据需要在反应体系中加入不同的脂肪，就有可能生产出具有独特性质并有价值的新产品。例如，通过酯交换反应从廉价的原料生产有价值的可可奶油。

二、脂肪酸发酵

脂肪酸是肥皂、医药、食品、化工等工业的原料，利用假丝酵母（Candida albicans）107可以转变 $C_{11} \sim C_{15}$ 正烷烃为脂肪酸。也可利用固定化脂肪酶装于生物反应器中，将脂肪分解为脂肪酸和甘油。如果使用分批生产或连续生产法，可使成本大大下降。

长链饱和二羧酸是制造合成纤维、工程塑料、涂料、香料和医药的重要原料。有机合成比较困难。中国科学院等单位以石油为原料，利用热带假丝酵母（Candida tropicalis）及其诱变种，生产十三碳二羧酸和十四碳二羧酸，已获成功。

三、共轭亚油酸的制备与应用

1. 共轭亚油酸的概念

共轭亚油酸（conjugated linoleic acids，CLA）是亚油酸（linoleic acids，LA）的一系列位置和几何异构体，是存在于食物中的天然成分。

CLA 是十八碳共轭二烯酸的多个位置和几何异构体的混合物。主要有 8,10-、9,11-、10,12-、11,13-四种位置异构体，而每种位置异构体又有四种几何异构体，如 8c,10c-18:2、8c,10t-18:2、8t,10c-18:2、8t,10t-18:2 异构体。研究表明具有生理活性的是 9c,11t-18:2 和 10t,12c-18:2 异构体。

2. 共轭亚油酸的生理功能

研究表明：CLA 具有抗动脉硬化、抗血栓、降血压、降血脂、减肥、提高免疫力等一系列生理活性。此外，CLA 经以下几种作用机制而表现出抗肿瘤功能：①在人体癌细胞系中，CLA 转化成有细胞毒性的脂质过氧化物；②抑制核苷和蛋白质的生物合成；③通过阻碍 G_0/G_1 期的细胞分裂，干涉乳腺癌细胞中雌激素促有丝分裂传导通路，抑制原癌基因的表达；④抑制花生四烯酸合成，改变脂氧合酶和环氧合酶途径，减少类花生酸的形成；⑤增进淋巴细胞和巨噬细胞的活性，调节细胞防御系统；⑥调整肝脂质成分和代谢机制。

CLA 除了以游离共轭亚油酸（FCLA）的形式存在之外，还有多种有价值的衍生物，如共轭亚油酸甲基酯（CLAMe）、共轭亚油酸甘油酯（CLATG）、共轭亚油酸红花油脂（CLA-SO）、共轭亚油酸蛋黄脂（CLA-EYL）和共轭亚油酸卵磷脂（CLA-PL）等。

3. 共轭亚油酸的化学合成

天然 CLA 主要存在于瘤胃动物牛羊等的乳脂和肉制品种，每克乳脂中的含量为 $2 \sim 25 \text{mg}$。如此低的含量难以满足人类对大量 CLA 的需求，化学合成是人类获取大量 CLA 的重要途经之一。常见化学合成 CLA 的方法有：异构化法、脱水法、溴化/脱溴化氢法等。

(1) 异构化法　异构化法是以亚油酸或亚油酸甲酯为原料，在催化剂作用下使双键共轭，得到 CLA 异构体的混合物。根据所用催化剂的不同分为碱异构化法和光异构化法。碱异构化法所用催化剂为 KOH 和 NaOH 等；光异构化法是采用 100W 高压汞灯来照射催化。

(2) 脱水法　脱水法是以含羟基的不饱和脂肪酸为原料，催化脱水生成 CLA。常用的原料有蓖麻油酸、反蓖麻油酸、油酸烯丙醇、蓖麻醇酸甲酯等。工业上多用蓖麻醇酸甲酯。

(3) 溴化/脱溴化氢法　不饱和脂肪酸溴化后再脱去溴化氢，可获得 CLA 混合物。溴化/脱溴化氢法以油酸、反油酸、油酸乙酯为原料。

CLA 异构体纯品的合成：为了研究 CLA 的作用机理及异构体间的相互作用，需要 CLA 异构体的纯品。用 KOH 催化蓖麻油脱水合成 CLA，在 80℃ 条件下生成的 9c, 11 t -18：2 异构体占总 CLA 的 72%。

可由以下反应合成 CLA 纯品：

4. 共轭亚油酸的生物合成

生物合成法是采用特定的酶或微生物催化相应的底物生成 CLA。用亚油酸异构酶催化亚油酸生成 9c,11 t -18：2 异构体。厌氧的瘤胃细菌和兼性厌氧的乳酸菌均具有将亚油酸转化为 CLA 的能力。用乳酸菌 SP 培养液催化亚油酸，生成 CLA 的浓度可达 7mg/g，而且产物中 9c,11t -18：2 异构体占总 CLA 的含量达 96% 以上。在亚油酸浓度为 0.1%（1mg/mL）的发酵液中加入嗜酸乳酸菌（*Lactobacillus acidophilus*）发酵，37℃ 发酵 24h，生成的 CLA 含量达到 $8.247 \mu\text{g/mL}$。

CLA 的生物合成法与化学合成法相比，具有选择性合成的优势，可得到生理活性较高的 9c,11t -18：2 高纯度异构体，避免了化学合成法生成复杂的 CLA 异构体混合物而带来的分离和纯化上的困难。

5. 共轭亚油酸的检测技术

用于共轭亚油酸的检测技术有：紫外分光光度法、银离子高效液相色谱法、气相色谱法、气质联用法、核磁光谱法。

（1）紫外分光光度法 利用共轭亚油酸含有共轭双键，在234nm处有特征吸收峰，而亚油酸在此波长范围没有特征吸收峰这一特性，可检测CLA的存在及含量。

（2）银离子高效液相色谱法 是分离饱和度不相同的同系物的有效方法。在高效液相色谱柱流动相中添加银离子后，可降低不饱和双键化合物的保留时间，提高分析灵敏度和分离的选择性，可把大部分共轭亚油酸异构体分开。

（3）气相色谱法 是分析检测脂肪酸的传统方法，具有快速、高效、灵敏等优点。该法需将脂肪酸转化成非极性的挥发性衍生物，如脂肪酸甲酯。甲酯化方法有BF_3/甲醇、H_2SO_4/甲醇、HCl/甲醇等。

（4）气质联用法 色谱法对分析检测混合物具有独特的分离功能，但对未知物的定性分析需用标准品作对照；质谱法则具有定性分析的特殊作用。将气质联用法（GC/MS）用于CLA的分析检测，可综合两法的分析技术优势，检测结果准确可靠。

（5）核磁共振光谱法 核磁共振光谱法是基于元素的原子核在很强的外磁场作用下，发生能级分裂，对相应能量的电磁辐射产生共振吸收现象而建立起来的分析方法。^{13}C核磁光谱法用于鉴定和定量CLA混合物中的同分异构体，结果与GC/MS法一致。核磁共振的优点是可给CLA混合物中不同构象的同分异构体定量。

6. 共轭亚油酸的应用前景

随着CLA对人体健康影响的作用机制被逐渐揭示，CLA作为一种新发现的营养素，无论是作为药品、保健食品、功能食品、食品防腐剂，还是在肉类工业、饲料工业中均具有重要作用。高纯度的CLA活性异构体用于临床，对癌症、高血压、动脉硬化、血栓等一系列困扰人类健康与生存的疾病将产生显著疗效。动物实验表明CLA在食品中的有效浓度为0.1%～1.0%，而目前人类通过牛乳和牛肉摄取少量的CLA还达不到CLA的疗效剂量，生产高纯度的CLA作为营养成分添加到食品中是非常必要的。

CLA作为动物体内次生代谢天然产物，没有抗原性，理论上不存在使用上限。CLA具有广阔的应用前景。

四、γ-亚麻酸的制备与应用

γ-亚麻酸（GLA）为全顺式6，9，12-十八碳三烯酸，是人体内不能合成又必需的一种脂肪酸，作为体内合成前列腺素的前体具有重要生理功能，通常将GLA称为维生素F。

1. γ-亚麻酸的生物来源

月见草、紫草科植物玻璃苣及黑醋栗等是GLA的植物来源，采用微生物发酵法是获取GLA的又一重要途径。在已报道的微生物发酵制备GLA的技术中，发酵用微生物菌种主要有被孢霉、雅致枝霉、雅致小克银汉霉、微小毛霉、高大毛霉等。

2. γ-亚麻酸的分子蒸馏提纯技术

分子蒸馏（molecular distillation）又称短程蒸馏（short path distillation），是在高真空度条件下进行的非平衡连续蒸馏技术。分子蒸馏解决了常压常规蒸馏技术不能解决的问题，特别适用于分离低挥发度、高相对分子质量、高沸点、高黏度、热敏性和需保留生物活性的物料。其中刮膜式分子蒸馏器是一种在工业上应用较广泛的分子蒸馏设备，物料在刮膜器作用下均匀分布在加热筒内壁表面，使单位体积流体具有足够大的蒸发面积。

在蒸馏温度90～105℃，操作压力0.3～1.8Pa，进料温度60℃，进料速率90～100 mL/h，刮膜器转速150r/min，经过四级分子蒸馏，可使GLA的纯度达到80%以上。

3. γ-亚麻酸的检测方法

采用紫外分光光度法、气相色谱法、高效液相色谱法、气质联谱等均可做GLA的定性定量分析。

    4. γ-亚麻酸的应用

    在临床上将 GLA 用于防止冠心病和心绞痛，抑制血小板凝聚，抗高血压、雷诺氏综合征所引起的血管痉挛、糖尿病，降低胆固醇及抑制溃疡、胃出血、妇女经前综合征及乳腺病、肥胖症等。GLA 降低胆固醇的作用是亚油酸的 163 倍。GLA 在体内被转化成前列腺素而使血管和皮下沉积的脂肪活化，达到减肥效果。GLA 具有抗黑色素生成作用，加到护肤品中用于抗色素沉着。GLA 作食品营养补充剂具有广泛的应用前景。

五、石油开采和处理石油污染

    利用一些生物可将烷烃及石油组分氧化成醛，并进一步氧化成脂肪酸，供微生物生长发育需要或转化成其他产物。此法用于石油开采或海洋石油污染的处理以保护环境。

    目前石油开采工业中，采出率只有 30%～40%，必须进行第二次采油和第三次采油，以提高出油率，常用物理方法或化学方法。由于现代生物技术的发展，利用微生物进行二次、三次采油。微生物采油包括两个方面：一是利用微生物产物如糖（黄原胶）、表面活性剂等；二是将微生物活细胞注入油井，如嗜热细菌。美国已经用厌氧、嗜热耐盐细菌经遗传工程手段加以改造使之具有分解烷烃、石蜡的性能。用这些细菌可以使石油增产 50%。

    海洋石油污染是全世界，特别是沿海国家备受重视的问题。一些可分解烃类的微生物，可将烃类末端甲基氧化为伯醇，再被与 NADH 偶联的脱氢酶氧化为醛，并进一步氧化为相应的脂肪酸。除了末端氧化外，有的微生物（如假单胞菌，$Pseudomonas$）能够在亚末端氧化烃类，即首先将第二碳氧化成仲醇，再氧化为酮，还有能将烃类的两个末端甲基同时氧化，氧化成二羧酸，细菌将此二羧酸经 β-氧化分解利用。现在更有利用基因工程技术，构建"超级菌"，以处理大面积的海洋石油污染。例如，美国已将能降解石油的几种质粒经接合转移到一株假单胞菌中，从而构建成能降解多种原油组分的"超级菌"，用于处理海洋石油污染。

习   题

    1. 用对或不对回答下列问题。如果不对，请说明原因。

    (1) 脂肪酸的氧化分解是在有机分子的羧基端开始的。

    (2) 只有偶数碳原子的脂肪酸才能在氧化降解时产生乙酰 CoA。

    (3) 因为甘油和 3-磷酸甘油醛都是三碳化合物，所以它的完全降解所产生的 ATP 数是一样的。

    (4) 从乙酰 CoA 合成 1 分子软脂酸，需消耗 8 分子 ATP。

    (5) 合成糖原需要 UTP，合成磷脂需要 CTP。

    2. 1mol 三软脂酰甘油酯完全氧化分解，产生多少摩尔 ATP？多少摩尔 CO_2？如由 3 分子软脂酸和 1 分子甘油合成 1 分子三软脂酰甘油需要几分子 ATP？

    3. 1mol 下列含羟基不饱和脂肪酸完全氧化成 CO_2 和水，可净生成多少摩尔 ATP？

$$CH_3-CH_2-CH_2-\overset{\overset{\displaystyle H}{|}}{\underset{\underset{\displaystyle OH}{|}}{C}}-CH_2-CH_2-CH_2-COOH$$

    4. 据你所知，乙酰 CoA 在动物体内可转变成哪些物质？

第十一章　核酸代谢

第一节　核酸的降解和核苷酸代谢

核酸是一类极其重要的生物大分子，它是遗传和变异的物质基础，是遗传信息的载体，与许多重要的生命现象密切相关。核酸和核苷酸分解产生的戊糖在生物体内可以作为能源物质被彻底分解，糖、氨基酸等也可再转变合成核苷酸和核酸。

一、核酸的酶促降解

核酸是由许多核苷酸以 $3',5'$-磷酸二酯键连接而成的大分子化合物，其酶促降解依据条件不同，会得到大小不同的核苷酸片段及单核苷酸。

1. 核酸酶

降解核酸中磷酸二酯键的酶称为核酸酶（nuclease）。核酸酶根据底物不同，分为 DNA 酶（deoxyribonuclease，DNase）和 RNA 酶（ribonuclease，RNase）；根据对底物作用方式，又分为核酸内切酶（endonuclease）和核酸外切酶（exonuclease）。

（1）DNase　DNase 是一类特异水解 DNA 磷酸二酯键的酶类。主要有：DNase I 、DNase II 、限制性内切酶。它们的作用部位是：DNase I 切断磷酸二酯键的 $3'$ 端酯键，产物为 $5'$ 端带磷酸的寡聚脱氧核苷酸片段，该酶特异性不强；DNase II 切断磷酸二酯键的 $5'$ 端酯键，产物为 $3'$ 末端带磷酸的寡聚脱氧核苷酸片段；DNA 限制性内切酶（restriction endonuclease）只作用于双链 DNA，且只在特定核苷酸顺序处切开核苷酸之间的连接键。限制性内切酶是基因工程中常用的一类酶，已发现有几百种（见本书第十四章）。

（2）RNase　RNase 是一类切断 RNA 中磷酸二酯键的内切酶，其特异性较高。RNase 主要有 RNase A、RNase T_1、RNase U_2 等。

（3）核酸外切酶　核酸外切酶从多核苷酸链的一端逐个切下单核苷酸。在核酸外切酶中，比较常见的如牛脾磷酸二酯酶（spleen phosphodiesterase，SPDase）和蛇毒磷酸二酯酶（venom phosphodiesterase，VPDase）。SPDase 从 RNA 的 $5'$-OH 端逐个切下核苷酸，产生 $3'$-单核苷酸；VPDase 与之相反，从 $3'$-OH 端逐个切下核苷酸，产生 $5'$-单核苷酸。SPDase 和 VPDase 既作用于 RNA，又可作用于 DNA。

2. 酶解产物

核酸酶解产物有低聚核苷酸和核苷酸。这些产物既可是核酸结构分析的直接成分，又可是基因工程的基因来源。在机体内还可进一步分解和转化。

二、核苷酸的分解代谢

1. 核苷酸的分解

核苷酸经核苷酸酶（nucleotidase）作用，水解为核苷及无机磷酸，即：

$$核苷酸 \xrightarrow[\text{H}_2\text{O}]{\text{核苷酸酶}} 核苷 + Pi$$

核苷酸酶在生物机体内分布广泛，特异性不强，可作用于一切核苷酸的磷酸单酯键。但也存在特异性的核苷酸酶，如存在于植物中的 $3'$-核苷酸酶，只能水解 $3'$-核苷酸；存在于脑、网膜、土豆、蛇毒中的 $5'$-核苷酸酶只能水解 $5'$-核苷酸。

2. 核苷的分解

核苷经核苷酶（nucleosidase）作用分解为碱基（嘌呤或嘧啶）和核糖（或脱氧核糖）。核苷酶有两类：一是核苷磷酸化酶，广泛存在于生物机体中，能催化可逆反应；二是核苷水解酶，主要存在于植物、微生物体内，只作用于核糖核苷，催化反应不可逆，即：

$$(脱氧)核苷 + Pi \xrightarrow{\text{核苷磷酸化酶}} 嘌呤或嘧啶 + (脱氧)核糖-1-磷酸$$

$$核糖核苷 + H_2O \xrightarrow{\text{核苷水解酶}} 嘌呤或嘧啶 + 核糖$$

以上各分解产物都可进一步氧化分解，其中戊糖的氧化分解可参见本书第九章相关部分。

3. 嘌呤和嘧啶的分解

嘌呤和嘧啶的进一步分解是沿不同的途径进行的。

（1）嘌呤的分解代谢　嘌呤的分解代谢见图 11-1。

腺嘌呤在腺嘌呤脱氨酶（adenine deaminase）作用下脱氨产生次黄嘌呤（hypoxanthine），次黄嘌呤在次黄嘌呤氧化酶（hypoxanthine oxidase）作用下氧化成黄嘌呤（xanthine）。动物组织中腺嘌呤脱氨酶含量极少，腺嘌呤脱氨基作用可在核苷和核苷酸水平进行。鸟嘌呤在鸟嘌呤脱氨酶（guanine deaminase）作用下脱氨生成黄嘌呤。

黄嘌呤在黄嘌呤氧化酶（xanthine oxidase）作用下生成尿酸（uric acid）。尿酸是人、灵长类、鸟类、爬行类及大多数昆虫的嘌呤代谢终产物。正常人血浆尿酸含量为男性 $3\sim6mg/100mL$，女性 $2.5\sim5mg/100mL$。尿中尿酸排泄量为 $200\sim400mg/d$。尿酸在体内过量积累引起痛风，次黄嘌呤的结构类似物别嘌呤醇作为黄嘌呤氧化酶的自杀性底物，能抑制尿酸的生成，嘌呤以黄嘌呤和次黄嘌呤形式排泄，可用于治疗痛风。

除灵长类以外的哺乳动物、双翅目昆虫以及腹足类动物等不排泄尿酸，而是排泄尿囊素（allantoin）。尿囊素是尿酸在尿酸酶（uricase）作用下氧化而成的。人及灵长类不具有尿酸酶。

某些硬骨鱼类的体内含尿囊素酶（allantoinase），能水解尿囊素生成尿囊酸（allantoic acid）。大多数鱼类、两栖类不仅具有尿酸酶、尿囊素酶，而且还具有尿囊酸酶（allantoicase），后者能将尿囊酸水解为尿素（urea），即这些动物体内的嘌呤最终代谢产物是尿素。

植物和微生物体内嘌呤代谢途径，大致与动物相似。

（2）嘧啶的分解代谢　嘧啶的分解代谢见图 11-2。

嘧啶碱基的分解主要在肝中进行，经脱氨氧化、还原及脱羧等反应，胞嘧啶、尿嘧啶的主要分解产物为 β-丙氨酸（β-alanine），胸腺嘧啶的主要分解产物为 β-氨基异丁酸（β-aminoisobutyric acid）。在人体内，β-丙氨酸、β-氨基异丁酸可继续进行分解，但部分 β-氨基异丁酸可随尿排出体外。

图 11-1　嘌呤的分解代谢
① 腺苷脱氨酶；② 核苷磷酸化酶；
③ 鸟嘌呤脱氨酶；④ 黄嘌呤氧化酶；
⑤ 尿酸酶；⑥ 尿囊素酶；
⑦ 尿囊酸酶；⑧ 脲酶；

图 11-2　嘧啶的分解代谢

三、核苷酸的合成代谢

无论嘧啶核苷酸还是嘌呤核苷酸，其合成代谢都有两条不同的途径：一条是以氨基酸等为原料逐渐掺入原子合成碱基，是"从无到有"的全程合成途径；另一条是以现存碱基为原料合成核苷酸的"补偿途径"，是次要途径。

1. 嘌呤核苷酸的合成

（1）从头合成

① 原料及来源

a. 5-磷酸核糖　来自磷酸戊糖途径的中间产物。

b. 嘌呤碱　由同位素标记实验证明，嘌呤环中各原子来源于不同的物质（图 11-3）。

② 合成过程及特点　嘌呤核苷酸的合成不是先合成嘌呤环，再与核糖、磷酸结合成核苷酸，而是核糖与磷酸先合成磷酸核糖，然后逐步由谷氨酰胺、甘氨酸、一碳基团、CO_2 及天冬氨酸掺入碳原子或氮原子形成嘌呤环，最后合成嘌呤核苷酸。

图 11-3　嘌呤环各原子的来源

合成的起始物质是 5-磷酸核糖-1-焦磷酸（5-phosphoribosyl-1-pyrophosphate，PRPP），其生成的反应为：

a. 特点 5-磷酸核糖先与谷氨酰胺的 NH_2 的 N（嘌呤环上的 N9）结合，然后再以此基础合成环。

b. 合成过程 从 PRPP 到嘌呤核苷酸的生成要经历两个主要阶段：一是由 PRPP 到次黄嘌呤核苷酸（IMP）的合成（如图 11-4 所示）；二是由 IMP 分别合成 AMP 和 GMP（如图 11-5 所示）。

图 11-4 IMP 生成合成途径

① 磷酸核糖焦磷酸酰胺转移酶；② 甘氨酰胺核苷酸合成酶；③ 甘氨酰胺核苷酸转甲酰酶；
④ 甲酰甘氨酰胺核苷酸合成酶；⑤ 氨基咪唑核苷酸合成酶；⑥ 氨基咪唑核苷酸羧化酶；
⑦ 氨基琥珀酸甲酰胺咪唑核苷酸合成酶；⑧ 氨甲酰咪唑核苷酸琥珀酸裂解酶；
⑨ 甲酰转移酶；⑩ 次黄嘌呤核苷酸环化脱水酶

AMP 和 GMP 可由核苷激酶催化转变为相应的核苷二磷酸和核苷三磷酸，高能磷酸基团由 ATP 提供。

嘌呤核苷酸的从头合成受终产物 AMP 和 GMP 的反馈控制。调节合成速率的关键酶有 3 个，即 PRPP 酰胺转移酶、腺苷酸代琥珀酸合成酶和次黄嘌呤核苷酸脱氢酶。IMP、AMP 和 GMP 抑制 PRPP 酰胺转移酶。分支后，AMP 抑制腺苷酸代琥珀酸合成酶，AMP 过量抑制自身合成；GMP 抑制次黄嘌呤核苷酸脱氢酶，GMP 过量抑制自身合成。由 IMP 转变为 AMP 时

图 11-5　AMP 和 GMP 的合成
① 次黄嘌呤核苷酸脱氢酶；② 腺苷酸代琥珀酸合成酶；
③ 鸟苷酸合成酶；④ 腺苷酸代琥珀酸裂解酶

需要 GTP，由 IMP 转变为 GMP 时需要 ATP，即 GTP 促进 AMP 生成，ATP 促进 GMP 生成。这种交叉调节对维持 ATP 和 GTP 的浓度平衡具有重要意义。

（2）补救途径　在动物的某些组织（如脑、骨髓和脾脏）以及微生物内还存在利用内源性的核苷酸分解代谢产物嘌呤碱为原料再合成核苷酸的补救途径。嘌呤核苷酸合成的补救途径有两种。

① 核苷酸焦磷酸化酶（nucleotide pyrophosphorylase）催化：

$$腺嘌呤+PRPP \xrightleftharpoons{腺苷酸焦磷酸化酶} 腺苷酸+PPi$$

$$鸟嘌呤+PRPP \xrightleftharpoons{鸟苷酸焦磷酸化酶} 鸟苷酸+PPi$$

② 核苷磷酸化酶（nucleoside phosphorylase）催化：

$$嘌呤+1-磷酸核糖 \xrightleftharpoons{核苷磷酸化酶} 嘌呤核苷+Pi$$

$$嘌呤核苷 \xrightarrow[ATP \quad ADP]{核苷酸激酶} 嘌呤核苷酸$$

2. 嘧啶核苷酸的合成
（1）从头合成
① 合成嘧啶碱的原料　同位素标记实验证明，嘧啶是由天冬氨酸、谷氨酰胺和 CO_2 合成的，如图 11-6 所示。
② 合成过程及特点
a. 特点　嘧啶核苷酸的合成与嘌呤核苷酸的合成不同，是先利用小分子化合物合成嘧啶环，再与磷酸核糖结合成乳清酸核苷酸（orotidine monophosphate，OMP），然后生成尿嘧啶核苷酸。
b. 过程　先合成尿嘧啶和尿苷酸（UMP），再转化成其他嘧

图 11-6　嘧啶环各原子的来源

啶类核苷酸，它们的合成、转化途径如图 11-7 和图 11-8 所示，其中合成 UMP 的过程又分为三个阶段：第一，以 CO_2 和 Gln 为原料合成氨甲酰磷酸（carbamoyl phosphate）；第二，氨甲酰磷酸和天冬氨酸缩合生成氨甲酰天冬氨酸，进而脱水、脱氢而成乳清酸（orotic acid）；第三，乳清酸接受 PRPP 的 5-磷酸核糖生成乳清酸核苷酸，进而脱羧生成尿嘧啶核苷酸。

在尿嘧啶合成中的前 3 个酶，即氨甲酰磷酸合成酶Ⅱ、天冬氨酸氨甲酰基转移酶以及二氢乳清酸酶，在真核细胞中位于同一条肽链上，是一个多功能酶。而乳清酸磷酸核糖转移酶、羧基尿苷酸脱羧酶也是位于同一条肽链上的多功能酶。

图 11-7　UMP 的生成途径

① 氨甲酰磷酸合成酶Ⅱ；② 天冬氨酸氨甲酰基转移酶；③ 二氢乳清酸酶；
④ 乳清酸还原酶；⑤ 乳清酸磷酸核糖转移酶；⑥ 羧基尿苷酸脱羧酶

图 11-8　由 UMP 生成 CTP 及 dTTP 途径

(2) 补救合成　UMP 还可由尿嘧啶磷酸化转变而来，即：

尿嘧啶　　1-磷酸核糖　　　尿核苷磷酸化酶　　尿苷　　　尿苷激酶　　UMP

尿嘧啶也可以与 PRPP 作用生成 UMP，反应式为：

$$尿嘧啶+PRPP \xrightarrow{焦磷酸化酶} UMP+PPi$$

3. 脱氧核糖核苷酸的合成

脱氧核糖核苷酸是由核糖核苷酸转变来的，将核糖第二位碳原子的氧脱去，这种转变对大多数生物来说都是在核糖核苷二磷酸水平上进行的，这个还原过程为：

按此方式生成的 dNDP 仅包括 dADP、dGDP 和 dCDP，不包括 dTDP。

胸腺嘧啶脱氧核苷酸的合成则由另外的途径生成，有以胸腺嘧啶为原料的途径和由 UMP 经甲基化转变的途径（如图 11-9 所示）。甲基的供体为 N^5，N^{10}-亚甲基四氢叶酸，是一碳单位载体，在核苷酸合成中起重要作用。叶酸的结构类似物，如氨基蝶呤、氨甲蝶呤等，是二氢叶酸还原酶的竞争性抑制剂，阻止四氢叶酸的合成，能抑制肿瘤细胞核酸的合成，是一类重要的抗肿瘤药物。

图 11-9 脱氧胸苷酸的生成途径

第二节 DNA 复制与修复

核酸是细胞的基本组成成分，DNA 是主要的遗传物质，是遗传信息的载体。基因是 DNA 分子中各种核苷酸排列组成的一定片段。DNA 具有储存、传递（包括复制、转录、翻译）、接受

（指逆转录）遗传信息的功能，并与 RNA、蛋白质间存在下列关系（遗传信息的传递路线）：

$$复制\bigcap DNA \underset{反转录}{\overset{转录}{\longleftrightarrow}} 复制\bigcap RNA \xrightarrow{翻译} 蛋白质$$

这个遗传信息的传递途径，是由 Crick 提出来的，被称为分子生物学的中心法则（central dogma）。DNA 复制（replication）是指遗传信息从细胞的亲代向子代的传递过程，因此，它与细胞的增殖相关。另外，在体内 DNA 受到损伤时，也涉及 DNA 复制，这是对 DNA 损伤部位的修复作用。DNA 的复制是一个十分复杂而精确的过程，涉及许多蛋白质因子和酶。

一、DNA 复制有关的酶

DNA 是由脱氧核苷酸聚合而成的，与 DNA 复制有关的酶包括 DNA 聚合酶和一些与解除 DNA 的高级结构的酶和蛋白因子。

1. DNA 聚合酶——DNA 复制的基本酶

DNA 聚合酶（DNA polymerase）是催化体内以脱氧核苷三磷酸（dNTP）为底物合成 DNA 的一类酶。它所催化的 DNA 合成反应是以 DNA 作为模板（template），故又被称为依赖 DNA 的 DNA 聚合酶（DNA dependent DNA polymerase，DDDP）。DNA 聚合酶不能从头起始全新合成一条 DNA 链，只能在已有核酸链的游离 3'-OH 上依次添加脱氧核苷酸使链延伸，因此需要一段寡聚核苷酸作为引物（primer）以提供 3'-OH 末端，新链合成的方向为 5'→3'。不同生物体内 DNA 聚合酶的种类不同。

（1）原核细胞 DNA 聚合酶

① pol I　1956 年，Kornberg 等在大肠杆菌中发现了第一个 DNA 聚合酶（pol I）。该酶是一个相对分子质量为 109000 的单链蛋白质。用枯草杆菌蛋白酶处理 pol I 可得到两个片段，大片段具有聚合活性和 3'→5' 外切活性，其空间结构相当于右手形状，称为 Klenow 片段，是分子生物学研究中常用的工具酶。

pol I 催化 DNA 合成所需的条件有：单链 DNA 作为模板，4 种脱氧核苷三磷酸作为底物，与模板 DNA 链互补的一段具有 3'-OH 末端的低聚脱氧核苷酸为引物，另外需要 Mg^{2+} 或 Mn^{2+}。聚合反应按 5'→3' 的方向进行，产物是与模板 DNA 互补的 DNA 链。催化方式可表示为：

```
3'  ATCTGACT  5'(模板)
    ┊┊┊┊┊
5'  TAGAC  3'——合成方向 (新合成链)
```

pol I 是一种多功能酶，除了具有 5'→3' 聚合酶催化功能外，还具有外切核酸酶的活性，即 3'→5' 外切酶活性和 5'→3' 外切酶活性。pol I 的 3'→5' 外切酶活性与 5'→3' 外切酶活性作用正好相反，当存在与模板错配的核苷酸时，这种活性就起作用，切除错配的核苷酸，然后再继续进行聚合反应，从而起到校正功能（正确配对的底物能抑制 3'→5' 的外切酶活性）。pol I 的 5'→3' 外切酶活性主要用于切除引物、切除变异核苷酸，故又起到 DNA 损伤的修复功能。pol I 的各种酶活性都是以聚合酶活性为中心。

② pol II、pol III　pol II 和 pol III 都具有 5'→3' DNA 聚合酶活性，催化反应所需的条件也与 pol I 基本相同，只是所需引物为 RNA，在外切酶活性方面，pol II 只有 3'→5' 外切酶活性而无 5'→3' 外切酶活性，pol III 具有两个方向的外切酶活性。

pol III 是由 10 种共 22 个亚基组成的大分子寡聚酶，每个亚基都有两个，具有两个催化 DNA 合成的活性中心，整个分子形成不对称的二聚体。α 亚基具有 DNA 聚合酶活性；ε 亚基具有 3'→5' 外切活性；θ 亚基起组装作用，构成核心酶；β 亚基防止核心酶从模板 DNA 上掉下来。

③ 三种原核细胞 DNA 聚合酶的活性比较　在限制温度下，DNA pol III 活性缺陷的温敏突变株完全不能合成 DNA 链，这表明该酶是大肠杆菌的主要复制酶。缺乏 pol I 活性的突变株，

在限制温度下可以正常地完成 DNA 链聚合，仅在新装配的链上留下缺口，这表明 polⅠ是填补引物去除后空缺的主要酶。缺乏 polⅡ活性的突变株，在限制温度下仍能正常地复制其 DNA，但 polⅠ的修复功能表现出一定不足，表明 polⅡ可能在 polⅠ的修复功能中起辅助作用。

polⅢ催化 DNA 合成的速率大约为每分钟 50000 个脱氧核苷酸，相当于 polⅠ的 50 倍，polⅡ的 300 倍。所以，DNA polⅢ才是真正的 DNA 复制酶，在模板 DNA 上从引物开始的新 DNA 链聚合是由它催化的；DNA polⅠ的功能是切除引物并填补引物去除后的空缺，以及在 DNA 损伤中起修复作用；DNA polⅡ与 polⅠ一起行使作用或辅助 polⅠ的功能。

(2) 真核细胞的 DNA 聚合酶　真核生物体中至少拥有五种 DNA 聚合酶，分别命名为 α、β、γ、δ 和 ε。它们能在 $5' \rightarrow 3'$ 方向上聚合 DNA 链，但各酶的具体功能不尽相同。

真核细胞中与 DNA 复制相关的主要聚合酶是 DNA polα 和 DNA polδ，polα 能以每秒 50～60 个核苷酸的速率延长新链，它们在 DNA 复制中可能是互相协作的，polδ 催化前导链的合成，polα 催化后续链的合成。polδ 还具有 $3' \rightarrow 5'$ 外切酶的校正功能，并具解旋酶的作用。

DNA polγ 是首先在真核细胞的线粒体中发现的，它催化线粒体 DNA 的复制。polε 在真核细胞内主要与填补缺口、校正和修复有关。polβ 可能与 polα 和 polε 在 DNA 修复中共同起作用。

2. DNA 连接酶——连接 DNA 片段的酶

1967 年，Khorana 发现了 DNA 连接酶（DNA ligase），它封闭新合成链上引物去除后留下的单链缺刻，催化形成不间断的 $3',5'$-磷酸二酯键。连接酶所催化的反应是 DNA 复制中最后的主要步骤。

DNA 连接酶有两种，一种存在于细菌中，是以 NAD 作为辅酶；另一种是以 ATP 作为辅酶，存在于噬菌体和哺乳动物体内。

DNA 连接酶催化反应时要求缺口处有一条链是连续的，并且 $3'$-OH 与 $5'$-P 必须在相邻位置。具体的作用方式见图 11-10。

图 11-10　DNA 连接酶的作用机制

3. 旋转酶与解旋酶——解除高级结构的酶

DNA 复制时，首先要由解旋酶（helicase）作用解开 DNA 双螺旋，使其成为单链，单链 DNA 才能作为 DNA 聚合酶的模板。解旋酶借 ATP 水解提供的能量来解开 DNA 双链，每解开一对碱基，需要水解 2 分子 ATP。原核细胞中，解旋酶对单链 DNA 的亲和力强，并能沿模板 DNA 5′→3′方向由单链向双链部分移动。各种解旋酶与引发酶等常构成复合体，在 DNA 复制时有协同作用，从而解开双螺旋。

DNA 拓扑异构酶（topoisomerase），其作用是消除 DNA 的超螺旋。拓扑异构酶根据作用于 DNA 的方式不同而分为两类。

（1）拓扑异构酶 I　可在 DNA 双螺旋的一条链上断裂磷酸二酯键，引入缺口（"切口反应"），又可使断裂链再连接起来（"封口反应"），这些反应都不需要另外提供能量。通过"切口-封口"反应，就可使维持 DNA 超螺旋的作用力释放出来，从而解除超螺旋。拓扑异构酶 I 主要与转录有关。

（2）拓扑异构酶 II　又称旋转酶（gyrase），具有"切口-封口"反应，但同时又可形成超螺旋，需要 ATP 或 GTP 提供能量。拓扑异构酶 II 主要与复制有关。

4. 其他——引发酶与单链结合蛋白

（1）引发酶　各种 DNA 复制开始时都需要有引物，在引物基础上才能进行 DNA 聚合反应。通常，引物是在复制前先行合成的一小段 RNA，它的合成是 RNA 聚合酶与复制起点结合后，以 DNA 为模板而催化合成的。因此，催化 RNA 引物合成的 RNA 聚合酶就是引发酶（primase）。引发酶还与 DNA 复制起始点双链的解开有关，它常与解旋酶等紧密连接，形成"引发体"（primosome，至少含有 6 种不同的蛋白质），协调催化解旋和引发反应。

引发酶都需要 ATP 或 GTP 作为能源起始引发反应。引物第一个核苷酸的三磷酸形式常常作为引物起始的能源，而不是作为模板链上对应位置的配对碱基。

（2）单链结合蛋白（single-strand binding protein，SSB）　又称为螺旋去稳定蛋白（helix destabilizing protein），是一种能与单链 DNA 结合的特异蛋白。当它与解开形成单链的 DNA 链结合后，两条 DNA 链就不能再形成双螺旋，保证了单链区的稳定，让单链能作为 DNA 合成的模板。

单链结合蛋白与单链 DNA 结合的专一性不高，但具有协同效应，在 DNA 复制中单链与双链交替处（称为复制叉）后面有几个甚至更多的单链结合蛋白聚集到已解链的单链 DNA 上，致使单链结合蛋白聚集体具有侵蚀双链部分的能力，有利于双链的进一步解开。

二、DNA 的复制方式

Watson 和 Crick 认为，如果他们提出的双螺旋结构模型是正确的，则 DNA 分子合成的子代 DNA 分子就应该是"一条亲链加上一条子链"，这种复制分子的机制称为半保留复制（semiconservative replication）。

1. 半保留复制——DNA 两条链都作为模板合成两条新链

Watson 和 Crick 所推测的 DNA 复制方式，是 3 种可能存在的复制机制中唯一合理的复制方式。具体机制为：DNA 复制时两条互补链分开，然后在每条链上按碱基配对原则形成互补的新链以组成新 DNA 分子。每个 DNA 分子的两条链都可以作为形成其互补链的模板。复制的结果是形成了与亲代 DNA 分子完全相同的两个子代 DNA 分子，且每个子代 DNA 分子中的一条链来自亲代 DNA，另一条链则是新合成的。这种复制方式称为半保留复制（图 11-11）。

2. 半不连续复制——新链一条连续、一条不连续合成

由于 DNA 的两条单链都能作为模板，几乎同时齐头并进地合成出两条新的互补链；两条模板链又是反向平行的，一条链是 5′→3′，另一条链是 3′→5′。但是 DNA 聚合酶只能按 5′→3′ 方

图 11-11　DNA 半保留复制模型

向催化合成 DNA，而不能催化 $3'→5'$ 方向合成。所以，DNA 复制时两条模板链上齐头并进合成新链又是不可能的。

为了弄清这个问题，1968 年冈崎用 ^{3}H-脱氧胸苷作原料，研究噬菌体 T_4 感染的大肠杆菌的 DNA 合成，通过碱性密度梯度离心分离发现，短时间内首先合成的是较短的 DNA 片段，后来才出现较大的片段。这些短的 DNA 片段后来就被称为冈崎片段（Okazaki fragment）。冈崎片段再由连接酶连成大分子 DNA。进一步研究证明，冈崎片段在细菌和真核细胞的 DNA 复制中普遍存在，原核细胞中冈崎片段长度一般为 1000～2000 个核苷酸残基，真核细胞中冈崎片段长度为 100～200 个核苷酸，相当于一个核小体 DNA 的大小。

通过在 $5'→3'$ 模板链上先形成冈崎片段的办法，从而解决了两条反向模板链上新链合成的协调性，使 DNA 的复制体现出自身特点，即半不连续复制（semidiscontinuous replication）。

在 DNA 聚合酶沿复制叉向前移动时，两条亲代单链 DNA 都作为模板。在 $3'→5'$ 模板链上，其新链的合成方向是 $5'→3'$，这与复制叉移动方向一致，能够连续合成，这条新链叫做先导链或前导链（leading strand）；另一条 $5'→3'$ 的模板上新链的合成方向也是 $5'→3'$，但与复制叉移动方向相反，且是在模板上先依次合成若干短的冈崎片段，然后在连接酶作用下才连成一条完整新链，这条新链称后续链或滞后链（lagging strand）。这种前导链的连续合成和滞后链的不连续合成，称为 DNA 的半不连续复制（图 11-12）。

图 11-12 DNA 半不连续复制模型

三、DNA 复制过程

各种生物细胞中 DNA 的复制过程大同小异，大致包括以下几个阶段（图 11-13）。

1. 起始——有固定的起点

起始（initiation）阶段包括对起始位点的识别、DNA 双螺旋的解开、引物的合成几个步骤。

（1）识别起始位点 DNA 的合成并不在模板的任意部位开始，而是从特定的位点开始。引发酶等识别并结合模板的起始位点，开始引物的合成。

（2）DNA 解链 旋转酶、解旋酶与 DNA 的复制起点结合，解开双螺旋形成两条局部的单链，单链结合蛋白也随即结合到 DNA 单链上。

（3）RNA 引物的生成 引发酶（RNA 聚合酶）以 DNA 链为模板按 $5'→3'$ 方向合成低聚 RNA 引物。原核细胞中引物一般长为 50～100 个核苷酸；真核细胞的引物较短，哺乳动物的引物约 10 个核苷酸。前导链的模板上只合成一段引物，而滞后链的模板上可以合成许多个冈崎片段的引物。

2. 延伸——酶催化以高速度进行

在 DNA pol Ⅲ（真核为 polδ 和 polα）的催化下，根据模板链 $3'→5'$ 的核苷酸顺序，在 RNA 引物的 3'-OH 末端逐个添加脱氧核苷三磷酸，每形成 1 个磷酸二酯键，即释放 1 个焦磷酸，直至合成整个前导链或冈崎片段，这二者的新链合成延伸方向都是 $5'→3'$。当合成的冈崎片段抵达前一个片段的 RNA 引物 5'端时，合成停止，又开始后一个冈崎片段的合成。随着复

图 11-13　DNA 的复制过程

(a) 起始；(b) 模板 DNA 局部解曲与解链；(c) RNA 引物的生成；(d) 冈崎片段合成；
(e) DNA 链延伸；(f) 切除引物；(g) 一个复制子合成终止

制叉向前移动，前导链连续合成，滞后链逐个合成冈崎片段。在延伸（elongation）阶段，还有延伸因子、ATP 及其他一些蛋白质参与。新链（段）的延伸速率高，在大肠杆菌中可达每分钟 50000bp，延伸的方向在许多情况下是定点、双向、对称并等速的，少数情况下单向或双向非对称进行。

3. 终止——相对于起点的灵活性

终止（termination）阶段主要发生两种生化事件，即：①RNA 引物的切除和缺口的填补，每个冈崎片段 5′端的引物由特定核酸酶 RNase H 或 pol Ⅰ 的 5′→3′外切酶活性切除引物，然后由 pol Ⅰ 的 5′→3′聚合活性填补缺口；②DNA 片段的连接，对滞后链而言，由 pol Ⅰ 填补缺口，最后需要由 DNA 连接酶催化形成磷酸二酯键，完成新链的合成。

新 DNA 分子还需在旋转酶的作用下形成具有空间结构的新 DNA，实际上是边复制边螺旋化。

DNA 复制的起始点是固定的、严格的，但终止位点却不是很严格。对于环状 DNA 而言，其终止位点通常是在对应起始点 180°左右，两个复制叉在此处相遇，合成终止。线性 DNA 当复制叉到达分子末端时，复制终止。

第三节 RNA 的生物合成

RNA 的生物合成包括以 DNA 作为模板合成 RNA（即转录，transcription）和以 RNA 为模板合成 RNA（即复制）两个方面。绝大多数 RNA 是以转录方式进行生物合成的，其中起主要作用的是 RNA 聚合酶。

一、RNA 聚合酶

在原核和真核生物中，均有 RNA 聚合酶（RNA polymerase）。它以 DNA 为模板，以 4 种核苷三磷酸（NTP）为底物，并在二价阳离子（Mn^{2+} 或 Mg^{2+}）参与下按 $5' \rightarrow 3'$ 的方向合成一条与模板互补的 RNA 链。又称为依赖于 DNA 的 RNA 聚合酶（DNA dependent RNA polymerase，DDRP）。RNA 聚合酶催化 RNA 合成不需要引物，也无校对功能。它所催化的反应为：

$$(NMP)_n + NTP \xrightarrow[\text{DNA, } Mg^{2+}(\text{或}Mn^{2+})]{\text{RNA聚合酶}} (NMP)_{n+1} + PPi$$

1. 原核细胞 RNA 合成——由一种酶催化几种 RNA 的合成

原核生物的 RNA 聚合酶只有一种类型，各种 RNA 的合成均由其催化。在原核细胞的 RNA 聚合酶中，了解最清楚的是大肠杆菌的 RNA 聚合酶。大肠杆菌的 RNA 聚合酶全酶由 5 个亚基组成（$\alpha_2\beta\beta'\sigma$），四种亚基的相对分子质量分别为：36500、150000、160000 和 82000。全酶直径约 10nm，是已知的最大酶分子之一，不含 σ 亚基的酶称为核心酶（$\alpha_2\beta\beta'$），具有催化活性。在某些酶制剂中还发现有一相对分子质量大小为 10000 的小亚基，称为 ω 亚基；以及一个 NusA 亚基。

大肠杆菌 RNA 聚合酶各个亚基的功能如下。

① α 亚基参与全酶与起始位点的结合及特定基因的转录；参与基因转录过程中在转录泡前面 DNA 双螺旋结构的解开和后面双螺旋的恢复。

② β 亚基参与转录起始、酶和底物结合及催化磷酸二酯键的形成。

③ β′亚基是碱性最强的亚基，参与酶与模板 DNA 的结合和酶的催化功能。

④ σ 亚基的主要功能是识别起始位点并与 DNA 形成稳定的复合物，又称为起始亚基。无 σ 亚基的核心酶，虽然也能催化 RNA 链的延伸，但其产物是不均一的。说明只有以 σ 因子参加的全酶形式催化时，才能从固定的起始点开始合成。链的延伸不需要 σ 因子，一旦合成开始后 σ 因子即释放出来。

⑤ ω 亚基功能尚不清楚，可能与 σ 因子和核心酶结合有关。NusA 亚基可能是在 σ 亚基从全酶中解离后加入到核心酶上的，形成 $\alpha_2\beta\beta'$ NusA 复合体，NusA 识别终止子序列。

2. 真核细胞 RNA 合成——三种 RNA 由不同 RNA 聚合酶催化

真核生物 RNA 聚合酶有多种，其中存在于细胞核的就有三种：A（Ⅰ）、B（Ⅱ）、C（Ⅲ）。这三种 RNA 聚合酶的相对分子质量大小在 500000～600000 之间，与原核生物相比，结构更加复杂，每种酶分子都含有两个大亚基和 4～8 个小亚基。这些酶在细胞核内分布不同，分别负责不同种类的 RNA 的合成（表 11-1）。

表 11-1 真核细胞内 RNA 聚合酶的种类和功能

种　类	相对分子质量/$\times 10^3$	分　布	催化转录产物	α-鹅膏蕈碱的敏感性
A（Ⅰ）	501	核仁	18S、28S、5.8S rRNA	不敏感
B（Ⅱ）	538	核质	mRNA，病毒 mRNA	低浓度敏感
C（Ⅲ）	504	核质	tRNA、5S rRNA	高浓度敏感

真核生物几种类型的 RNA 聚合都含有 Zn^{2+}，它们的作用方式和条件都与原核 RNA 聚合

酶一样。真核生物 RNA 聚合酶中没有细菌 σ 因子的对应物，自身无法识别转录起始位点，且不与 DNA 直接结合，因此必须借助各种转录因子才能选择性结合到启动子上。

　　真核细胞中线粒体和叶绿体有独立的 RNA 聚合酶，其结构比核 RNA 聚合酶简单，类似于细菌的 RNA 聚合酶，能催化所有类型 RNA 的合成。

二、基因转录的过程

　　基因转录的过程是以 DNA 为模板合成 RNA 的过程（图 11-14）。

图 11-14　原核生物的基因转录过程

　　所谓转录(transcription)，就是以 DNA 为模板，将 DNA 分子储存的遗传信息通过合成 RNA 而传给 RNA 的过程，遗传信息在两种核酸之间传递。细胞的各类 RNA，包括 mRNA、rRNA、tRNA 以及具有各自特殊功能的小 RNA，都是由 DNA 转录合成的。转录可分为起始、延伸和终止 3 个阶段，但不同于 DNA 的复制过程。

　　1. 起始——启动子是基因转录的起点

　　RNA 合成的起始阶段是要形成稳定的酶-启动子-RNA 三元复合物。在形成稳定的三元复合物前，RNA 聚合酶首先要识别 DNA 模板上的特异起始部位（称为启动子，promoter）并形成牢固的结合。

　　(1) 启动子的结构　1975 年 Pribnow 测定分析表明，原核基因启动子位于转录起始点的上游区（编码链上 mRNA 开始转录的第一个碱基记为 +1，依次向右侧编序为下游，即转录区；从起始点开始依次向左侧编序为上游，用"−"表示），长 40～60bp，至少包括三个功能部位（图 11-15）。

　　① 开始识别部位　在 −35 序列附近，具有 TGTTGACA 顺序或类似顺序，是 RNA 聚合酶全酶识别并首先结合的部位。其中 TTG 序列高度保守。RNA 聚合酶依靠 σ 亚基识别该部位。

图 11-15　原核基因启动子

② 牢固结合部位　位于－10 序列左右，是最保守的序列，碱基顺序为 TATAAT ，故称为 TATA 框（或 Pribnow box），它是 RNA 聚合酶牢固结合位点，有助于 DNA 局部双链解开。

③ 转录起始点　是合成 RNA 链中第一个核苷酸的位点，RNA 的第一个核苷酸一般为 ATP 或 GTP。

（2）RNA 聚合酶与模板 DNA 结合　RNA 聚合酶先与－35 区域结合，与启动子形成"闭合式"复合物；然后酶迅速滑向－10 区域并牢固结合；经过解链，再形成酶-开链"开放式"复合物。RNA 聚合酶全酶与启动子的 Pribnow box 和－35 区域结合，且是结合在双螺旋启动子的一侧，使启动子中－9～＋2 区域发生解链，形成一个长 11bp 的开链复合物。

核心酶（$\alpha_2\beta\beta'$）与 DNA 分子的结合是一种与 DNA 序列无关的非特异结合，较松弛。σ 亚基在与启动子结合过程中，主要起提高酶辨认启动子的能力，降低酶与 DNA 的非特异性结合，促进 DNA 解链，增加 RNA 链起始速率。

（3）基因转录的起始　基因转录的起始是核苷酸被引入"开放式"复合物，产生新生 RNA 的 5′端，至新生 RNA 达一定长度（6～9 个核苷酸），形成稳定的酶-启动子-RNA 三元复合物，然后 σ 亚基从复合物中释放出来的全过程。该过程一完成就进入延伸阶段。

2. 延伸——依赖于 DNA 的合成

基因转录进入 RNA 链的延伸阶段后，核心酶在模板上滑行，按照模板 DNA 提供的信息不断加入四种底物核苷三磷酸，使 RNA 链由 5′→3′方向延长，即核苷三磷酸底物以其 α-磷酸基与新生 RNA 链 3′端核苷酸中 3′-羟基通过缩合形成 3′，5′-磷酸二酯键，并释放焦磷酸。

随着核心酶在模板 DNA 上滑行，使模板 DNA 不断解旋，而原来部位又重新形成完整的双螺旋。新生的 RNA 与 DNA 模板链在解链区形成 RNA-DNA 杂交体。

基因转录既快速又精确，大肠杆菌的 RNA 聚合酶在 37℃下的转录速率为每秒 20～50 个核苷酸，真核细胞 30～50 个核苷酸。新链延伸方向为 5′→3′。当转录起始后，RNA 聚合酶离开启动子继续向前移动，同时又有另一个 RNA 聚合酶全酶结合到启动子位置，开始新的转录。

3. 终止——有特异蛋白质因子参与

当 RNA 聚合酶移动到模板 DNA 特定的核苷酸序列（称为终止子，terminator）时合成即告终止。基因转录的终止包括 RNA 链延伸停止、新生 RNA 链从三元复合物中释放出来，以及 RNA 聚合酶与模板的解离。离体实验表明，RNA 合成中至少有两种不同的终止机制。

（1）不依赖于蛋白质因子的转录终止　在一些噬菌体（T_4、T_7、$\varphi 80$ 等）的 DNA 作为模板进行 RNA 合成中过程与蛋白质因子无关。这些转录的模板终止点前端有两个特征序列，一个是在模板链终止点前面有一段 4～10 个腺嘌呤脱氧核苷酸（poly A）组成的保守序列，另一个是此保守序列上游有一段 G-C 富集区，并形成一个回文序列，因此 RNA 产物 3′端含有 poly U 的尾巴并形成茎环结构，阻碍 RNA 聚合酶的前进，见图 11-16。

（2）依赖于蛋白质因子的转录终止　这种转录终止需要一种蛋白质因子 ρ 因子（Rho 因子）才能实现。已知大肠杆菌的 ρ 因子为 9S，相对分子质量为 55000，含有 419 个氨基酸残

图 11-16　原核生物转录终止信号及转录后的产物

基，其活性形态为四聚体。ρ 因子具有两种活性：①终止转录；②依赖 RNA 的 NTPase 活性，并促进 RNA-DNA、RNA-RNA 双螺旋解链。ρ 因子沿新生 RNA 链 5′→3′ 移动，达到依赖 ρ 的终止子（该终止子没有 poly A，其回文序列不含富有 G-C 的区域）时，ρ 因子就与 RNA 聚合酶（该酶暂停于终止子）结合，并与之反应，使三元复合物解体，释放新 RNA 链，导致转录终止。其中，ρ 因子的移动靠 NTP 水解供能。

三、基因转录的方式

根据 DNA 两条链是否都作为 RNA 生成的模板，基因转录可分为不同的方式。

1. 对称转录——DNA 两条链都作为模板

同时由许多不同的 RNA 聚合酶与互补的 DNA 两条单链识别并在每条单链 DNA 模板上按 3′→5′ 移动，合成新生 RNA 链。RNA 链的延长方向都是 5′→3′。这种转录方式称为对称转录（symmetric transcription）。这种转录方式并不是主要的。

2. 不对称转录——DNA 两条链中仅一条链作模板

在体内，基因转录时 DNA 两条链中只有一条作为模板，转录生成 RNA，这种转录方式称为不对称转录（asymmetric transcription）。在此种转录中，作为模板指导 RNA 合成的那条 DNA 链称为模板链（或负链、反义链），另一条链称为非转录链，又称编码链（或正链、有义链）。编码链与转录出来的 RNA 链碱基序列一致（RNA 中以尿嘧啶取代了 DNA 中的胸腺嘧啶）。各个基因的模板链未必都在同一条链上，双链 DNA 分子中的一条链可能是某些基因的模板链，又是另一些基因的编码链。

3. 逆转录——以 RNA 作为模板合成 DNA

遗传信息不仅可以从 DNA 传递到 RNA，即转录；而且还可以将 RNA 所携带的遗传信息传递给 DNA，这种信息传递方式就称为逆转录（reverse transcription）。其过程是由依赖于 RNA 的 DNA 聚合酶（RDDP，或称为逆转录酶，reverse transcriptase）催化 DNA 的生物合成，该酶所依赖的模板为 RNA 单链，底物是四种脱氧核苷三磷酸，所需引物是一种 tRNA，DNA 新链延长的方向也是 5′→3′。逆转录结果是形成 RNA-DNA 杂合分子，DNA 与模板 RNA 互补，称为 cDNA。最后由依赖于 DNA 的 DNA 聚合酶催化，使杂合分子中的单链 DNA 合成为双链分子。这个全过程也是病毒（如 RNA 病毒）基因（为 RNA 单链片段）转变为宿主细胞 DNA 的基因的感染转化过程，也是致癌病毒基因在宿主细胞中形成的机理。

四、转录产物的加工修饰

1. 转录产物特点——先合成前体

由 RNA 聚合酶最初合成的 RNA 链都是不成熟的，一般不具有生物学功能，这种 RNA 链称为 RNA 前体 (precursor)，如真核 mRNA 的前体为 hnRNA (heterogeneous nuclear RNA，核不均一 RNA)。这些前体经过一系列酶促加工或修饰过程才能成为有功能的成熟 RNA (mRNA、tRNA、rRNA)，这就是转录产物的加工修饰。

2. 加工修饰的共性——切除部分核苷酸链

hnRNA 比 mRNA 的分子大得多，经过酶的作用切去 80%～90% 的非信息部分，剩余 10%～20% 的信息部分才转变成 mRNA。rRNA 的前体在有关酶作用下发生 5′ 端或 3′ 端的部分切除，然后修饰转化为成熟 rRNA。tRNA 前体中的多余核苷酸 (包括分子两端及分子内部的插入顺序) 被专一切除后才可转变为成熟 tRNA。由此可知，转录产物加工修饰的共性是切除部分核苷酸链。

3. 不同 RNA 加工特点——由不同酶催化

(1) mRNA 的加工形成　mRNA 前体的剪接是由核酸内切酶、ATP 酶、解链酶等催化完成。真核生物的许多基因为断裂基因，外显子 (exon，决定氨基酸顺序的编码区) 被内含子 (intron，不决定氨基酸顺序的非编码区) 间隔。在基因转录生成 hnRNA 时，内含子也一并转录，通过剪接反应 (splicing)，将内含子切除，再将外显子连接起来，形成成熟的 mRNA (图 11-17)。剪接需要核内的一些小分子 RNA (snRNA) 与蛋白质形成拼接体，再由酶剪接。有些内含子也可以催化自身拼接。

真核细胞 mRNA 的 5′ 端有一个甲基化的"帽"状结构 (m^7GpppX)，它的形成是由 RNA 三磷酸酶、RNA 鸟苷酰转移酶 (戴帽酶)、RNA 鸟嘌呤-7-甲基转移酶、RNA 核苷 2′-O-甲基转移酶催化完成的。5′ 端帽状结构在翻译中起识别作用，对 mRNA 起稳定作用。大多数真核 mRNA 的 3′ 端有一个多聚腺苷酸的"尾"结构 (poly A)，它是在特异性酶切除一段 10～30 个核苷酸片段后，在一个相对分子质量为 300000 的 RNA 末端腺苷酸转移酶催化下，将 ATP 逐个加聚到 mRNA 的 3′ 端上形成的。

图 11-17　真核细胞 mRNA 的加工

(2) rRNA 的转录后加工

① 原核生物　rRNA 前体，由 RNase Ⅲ、RNase P、RNase E 和 RNase F 在特定位点将各 rRNA 及 tRNA 分开。分开的各 rRNA 前体 (中间前体) 再经过 RNase M_{16}、RNase M_{23}、RNase M_5 在 3′ 端和 5′ 端进行修剪，就成为成熟的 16S rRNA、23S rRNA、5S rRNA，如图 11-18。

② 真核生物　在加工酶作用下发生切割分开和切除间隔。加工酶类似于原核生物的 RNaseⅢ和 RNaseP，加工酶主要识别甲基化位点。个别 rRNA 可进行自我剪接，即 rRNA 作为核酶催化自身剪接。

(3) tRNA 的转录后加工　原核 tRNA 前体先被 RNase D 外切修剪，然后在 RNase P 作用下生成有活性的 tRNA。个别 tRNA 3′ 端和 5′ 端多余的核苷酸可分别被 RNase F 和 RNase P 切除。

每个活性 tRNA 的氨基酸接受端 (3′-CCA-OH) 是通过 tRNA 核苷酰转移酶催化生成的。另外，tRNA 是三种细胞质 RNA 中含有稀有组分最多的，因此还有若干修饰特定部位碱基的修饰酶类，包括 tRNA 甲基化酶 (使特定碱基甲基化)、tRNA 硫转移酶 (含硫核苷)、tRNAΨ 合成酶 (形成假尿嘧啶核苷) 等。

图 11-18　大肠杆菌 rRNA 前体的成熟过程

五、RNA 的复制合成

在某些生物中，核糖核酸还可以是遗传信息的基本携带者，并能通过复制而合成出与自身相同的分子。例如，大多数植物病毒以及许多动物病毒和噬菌体就是以 RNA 为遗传物质，称为 RNA 病毒。被这些病毒感染的寄主细胞中含有特殊的 RNA 复制酶（RNA replicase，RNA 指导的 RNA 聚合酶，RDRP），能在病毒 RNA 指导下合成新的 RNA，称为 RNA 复制。RNA 复制酶具有很高的模板专一性，只识别病毒自身的 RNA，对寄主细胞或其他病毒的 RNA 均无反应。

RNA 病毒的复制方式可归纳为以下几类（如图 11-19）。

图 11-19　RNA 病毒合成 mRNA 的不同途径

① 含正链 RNA 的病毒进入寄主细胞后，首先合成复制酶和相关蛋白，然后由复制酶以正链 RNA 为模板合成负链 RNA，再以负链 RNA 为模板合成新的病毒 RNA，后者与相应蛋白质组装成病毒颗粒。这类病毒包括脊髓灰质炎病毒和大肠杆菌 Qβ 噬菌体等。当 Qβ 的 RNA 侵入大肠杆菌后，其 RNA 本身作为有功能的 mRNA 正链，可直接进行与病毒繁殖有关的蛋白质的合成。在噬菌体特异的复制酶装配好后不久，就吸附到正链的 3' 末端，以正链为模板合成互补的负链，再以负链为模板合成正链，两条链都是由 5' → 3' 方向延长的。

② 含有负链 RNA 的病毒如狂犬病病毒和水泡性口炎病毒侵入寄主细胞后，借助病毒带入的复制酶合成正链 RNA，再以正链 RNA 为模板合成新的负链 RNA，同时由正链 RNA 合成病毒复制酶及相关蛋白，最后组装成新的病毒颗粒。

③ 含有双链 RNA 的病毒如呼肠孤病毒侵入寄主细胞后在病毒复制酶作用下，以双链 RNA 为模板进行不对称复制，合成正链 RNA，由正链 RNA 翻译出复制酶及相关蛋白，再以正链 RNA 为模板合成负链，形成病毒 RNA 分子，组装成新的病毒颗粒。

④ 逆转录病毒含正链 RNA，在病毒特有的逆转录酶的催化下合成负链 DNA，进一步生成双链 DNA 并整合到宿主染色体内成为前病毒，然后由寄主细胞酶系统以负链 DNA 为模板合成病毒的正链 RNA，同时翻译出病毒蛋白、逆转录酶和整合酶，组成新的病毒颗粒。

第四节　核酸生物合成的抑制剂

某些核酸代谢的拮抗物和抗生素能抑制核酸或核苷酸的生物合成，因而被广泛用于治疗疾病，特别是用作抗病毒和抗肿瘤的药物。在实验室中研究核酸的代谢也常用到这些抑制剂。按照作用性质的不同，核酸生物合成的抑制剂可分为三类：第一类是核苷酸合成抑制剂，它们可作为核苷酸代谢的拮抗物而抑制核苷酸前体的合成；第二类是通过与 DNA 结合而改变模板的功能；第三类则是与 DNA 或 RNA 聚合酶结合而影响其活力。

一、核苷酸合成抑制剂

此类抑制剂是结构上类似于核苷酸合成代谢底物或中间产物的化合物，即所谓"抗代谢物"，主要有以下三类。

1. 氨基酸类似物

例如谷氨酰胺参与嘌呤核苷酸和 CTP 的合成，其类似物重氮乙酰丝氨酸、6-重氮-5-氧代-L-正亮氨酸可干扰核苷酸合成对 Gln 的利用，因而被用作抗生素和抗肿瘤药物。

6-重氮-5-氧代-L-正亮氨酸　　　　　氨甲蝶呤　　　　　阿糖胞苷

2. 叶酸类似物

四氢叶酸作为一碳基团载体参与嘌呤核苷酸的合成，dTMP 的合成也需要亚甲基四氢叶酸提供甲基。因此，叶酸的结构类似物如氨基蝶呤、氨甲蝶呤等，可竞争性地与二氢叶酸还原酶结合，抑制二氢叶酸的再生，从而抑制核苷酸的合成，它们也被用作抗生素和抗肿瘤药物。

3. 碱基和核苷类似物

如 6-巯基嘌呤、6-氮嘌呤、8-氮杂鸟嘌呤、6-硫鸟嘌呤、5-氟尿嘧啶、5-碘尿嘧啶、阿糖胞苷和环胞苷等，常用作抗肿瘤和抗病毒药物。碱基类似物在体内转变为相应的核苷酸，直接抑制核苷酸合成过程中有关的酶类，或掺入核酸分子形成异常的 DNA 或 RNA，从而影响核酸功能，导致突变。

二、与 DNA 模板结合的抑制剂

此类抑制剂能与 DNA 结合，使 DNA 失去模板功能，从而抑制其复制和转录。按其作用方式又可分为以下两类。

1. 嵌合剂

以放线菌素 D 为例，它包含两个五肽环和一个吩嗪酮稠环，能嵌入 DNA 上相邻的 dG-dC 之间，形成非共价复合物，在低浓度下即可选择性地阻止 RNA 延伸，在高浓度下抑制转录起始和 DNA 复制。此外，还有阿霉素、光神霉素、色霉素等，都被用作抗肿瘤药物。某些具有扁平芳香族发色团的染料如溴化乙锭也属于嵌合剂，是检测 DNA 的高灵敏度荧光试剂，也是极强的致癌物质。

放线菌素D　　　　　　　　　　　　丝裂霉素C

2. 烷化剂

如氮芥、硫芥、氮丙啶等，它们都带有一个或多个活性烷基，能使鸟嘌呤 N7、腺嘌呤 N1 及 N7、胞嘧啶 N1 烷基化，导致复制时的错配，甚至造成 DNA 链断裂。上述烷化剂毒性很大，有致癌作用。近年来，利用生物工程技术开发出一些烷化剂作为抗肿瘤药物，如环磷酰胺、丝裂霉素 C 等，它们对正常细胞毒性很低。

三、作用于聚合酶的抑制剂

此类抑制剂直接作用于 DNA 聚合酶或 RNA 聚合酶。例如利福霉素及其衍生物利福平能与细菌的 RNA 聚合酶 β 亚基非共价结合，从而阻断转录的启动；真核 RNA 聚合酶对利福平不敏感。利链菌素则影响 RNA 链的延伸。膦羧基乙酸在低浓度下可选择性地抑制病毒的 DNA 聚合酶，在较高浓度时才对宿主细胞的 DNA 合成有一定的影响。α-鹅膏蕈碱是八肽化合物，能抑制真核生物的 RNA 聚合酶，阻止 RNA 链的延伸，但对细菌 RNA 聚合酶的抑制作用极微弱。

利福霉素   α-鹅膏蕈碱

习　　题

1. 用对或不对回答下列问题。如果不对，请说明原因。

(1) DNA 复制和转录都需要 DNA 变性。

(2) 在 DNA 合成中，用 UTP 代替 dTTP，DNA 合成可照常进行。

(3) 在 DNA 复制中，新链的合成只能是一条连续，另一条不连续。

(4) DNA 合成和 RNA 合成，新链延伸方向都是 $5' \rightarrow 3'$。

(5) 负链病毒的繁殖，是以本身病毒 DNA 为模板合成的互补链用于组装新的病毒颗粒。

2. 生物体内嘌呤环及嘧啶环是如何合成的？有哪些氨基酸直接参与核苷酸的合成？

3. 若 ΦX174 噬菌体 DNA（单链）的碱基组成为 A 21%、G 29%、C 26%、T 24%。问由 RNA 聚合酶催化其转录产物 RNA 的碱基组成如何？

4. 有下列一段 DNA，写出其复制产物及转录产物。

$$5' \text{ ATGTCACCGT } 3' （非转录链）$$
$$3' \text{ TACAGTGGCA } 5' （转录链）$$

5. 在分子生物学中，经常使用一些转录的抑制剂。利福霉素能特异抑制细菌的 RNA 聚合酶，α-鹅膏蕈碱能特异抑制真核细胞的 RNA 聚合酶，而放线菌素 D 能作用于 DNA，使 DNA 不起模板作用。判断在下列各情况下，是感染真核的病毒，还是感染原核的病毒？是 RNA 病毒，还是 DNA 病毒？

① 被利福霉素和放线菌素 D 抑制，而不被 α-鹅膏蕈碱抑制。

② 不被利福霉素抑制，但被放线菌素 D 和 α-鹅膏蕈碱抑制。

③ 以上 3 种抑制剂都不能抑制。

第十二章　蛋白质代谢

第一节　概　述

蛋白质代谢是指蛋白质在细胞内的分解、转化与合成。蛋白质是生命的物质基础，它的代谢在生命活动过程中起重要作用。体内的大多数蛋白质都不断地进行分解与合成。如人血浆白蛋白的"生物半衰期"为 $20\sim25d$，在此期间，白蛋白有一半进行更新。不同蛋白质的半衰期不同，可以相差几小时到很多天。由于蛋白质需不断更新，因此生物体需要经常供给蛋白质，以维持组织细胞生长、更新和修复。

一、蛋白质的消化与吸收

1. 消化——蛋白酶的水解作用

生物体从外界摄取的蛋白质经过降解为氨基酸的过程称为消化。

蛋白质的消化主要在胃和小肠中进行。当食物进入胃后，胃黏膜主细胞分泌胃蛋白酶原，经胃底壁分泌的胃酸（HCl，pH $1.5\sim2.5$）作用和自我催化，经氨基末端切除 42 肽后，它被转化为胃蛋白酶（pepsin）。胃蛋白酶可将大分子的蛋白质水解为相对分子质量较小的朊（proteose）、胨（peptone）及多肽（polypeptide）。在胃中未经彻底消化的蛋白质进入肠中，在肠中有胰脏分泌的胰液和由肠壁细胞分泌的肠液，它们均含有多种蛋白酶和肽酶（peptidase）。胰液中含有胰蛋白酶（trypsin）、凝乳蛋白酶（chymotrypsin）、弹性蛋白酶（elastase）及羧肽酶（carboxypeptidase）。前 3 种蛋白酶催化断裂肽链内部肽键，称为内肽酶；而羧肽酶以及氨肽酶分别催化断裂羧基末端和氨基末端肽键，称为外肽酶。

动物和人体内水解蛋白质的各种酶具有不同的专一性，它们分别作用于多肽链不同部位的肽键。胰蛋白酶主要作用于肽链中碱性氨基酸的羧基侧肽键；胃蛋白酶的专一性较低，可作用于多种氨基酸，特别作用于酸性氨基酸及芳香族氨基酸的羧基端肽键；凝乳蛋白酶作用于芳香族氨基酸及一些具有大的非极性侧链氨基酸的羧基端肽键；弹性蛋白酶作用于脂肪族氨基酸的羧基端肽键（图 12-1）。

图 12-1　动物蛋白酶作用的专一性

肠黏膜细胞对蛋白质的消化中，包括氨肽酶、羧肽酶和二肽酶的作用。前两种可将小肠腔内蛋白水解产生氨基酸，至剩下二肽时，经二肽酶催化水解为氨基酸。在微生物和植物细胞内也存在多种蛋白水解酶，如枯草杆菌蛋白酶、菠萝蛋白酶和木瓜蛋白酶等。这些酶对蛋白质水解作用的专一性较低。

2. 吸收——需要特定的膜蛋白转运

蛋白质水解产生的氨基酸由小肠黏膜细胞吸收，这种吸收是一个需能耗氧的主动运输过程，即由肠黏膜细胞上的需钠氨基酸载体协助完成，该载体是一种活性受 Na^+ 调节的膜蛋白。细胞对不同氨基酸的吸收通过不同的载体协助完成。

（1）中性氨基酸载体　这类载体可转运芳香族氨基酸、脂肪族氨基酸、含硫氨基酸、组氨酸、谷氨酰胺以及天冬酰胺等，并且转运速度很快。这类载体所转运的氨基酸主要是人或动物必需的氨基酸。

（2）碱性氨基酸载体　这类载体转运赖氨酸，但转运速度较慢。

（3）酸性氨基酸载体　这类载体转运两种酸性氨基酸。

（4）亚氨基酸及甘氨酸载体　这类载体转运脯氨酸、羟脯氨酸及甘氨酸，转运速度很慢。

由肠壁细胞吸收的氨基酸，通过毛细血管经门静脉入肝脏，有小部分从乳糜管经淋巴系统进入血液循环，在肝脏中消耗一部分，发生分解并释放能量；其余绝大部分随血液循环运往外周组织参与组织蛋白的更新。

二、蛋白质的营养价值

人和动物必须由食物蛋白质提供所需要的氨基酸，并用于合成自身组织的蛋白质，以补偿在代谢过程中被消耗的组织成分，多余的氨基酸则分解为含氮废物并释放能量。为了适应多种蛋白质合成的需要，人或动物体必须从食物中获取各种氨基酸。

1. 必需氨基酸——机体本身不能自行合成的氨基酸

人和动物体的蛋白质主要由 20 种常见氨基酸组成，它们也都是合成体内蛋白质不可缺少的。这些氨基酸可分为两大类：一类是人或动物机体自身不能合成，必需由食物提供的氨基酸，称为必需氨基酸（essential amino acid）；另一类是人或动物机体能够自身合成的氨基酸，称为非必需氨基酸（non-essential amino acid）。

动物种类不同，所需的必需氨基酸也不同。对人而言，必需氨基酸有 8 种，即：赖氨酸、色氨酸、缬氨酸、亮氨酸、异亮氨酸、苏氨酸、甲硫氨酸和苯丙氨酸。对婴幼儿，精氨酸和组氨酸由于人体内合成速率较慢，常常不能满足机体组织构建的需要，因此也是必需氨基酸或称半必需氨基酸。

蛋白质营养价值的高低，主要决定于所含必需氨基酸的种类、含量及其比例是否与人体所需要的相近。

2. 营养效价——人和动物的主要氮源

蛋白质的营养价值主要是为机体提供必需的氨基酸和构成其他含氮物质所需要的氮源。蛋白质的营养价值优劣取决于其分子中必需氨基酸的含量和比例，因为它与氮素转化有关。因此，根据氮素转化进行蛋白质营养效价评价有以下几个方面。

（1）蛋白质消化率　食物蛋白质在人体内消化率的高低，是评价食物蛋白质营养价值的一个重要方面。

$$蛋白质消化率 = \frac{食物氮 - (粪氮 - 粪代谢氮)}{食物氮} \times 100\% \tag{12-1}$$

（2）蛋白质利用率　利用率是指食物蛋白质（氨基酸）被消化吸收后在体内被利用的程度。利用率的测定又分为生物法和化学法。

蛋白质的生物学价值（生物价）：是被生物体利用保留的氮与吸收的氮量之比，用 BV 表示。

$$BV = \frac{氮储留量}{氮吸收量} \times 100\% \tag{12-2}$$

蛋白质净利用率（NPU）：是蛋白质实际被利用的程度。

$$NPU = \frac{氮储留量}{氮食入量} \times 100\% \tag{12-3}$$

蛋白质效率比值（PER）：动物体重增重与摄食的蛋白质重量之比，它是测定食用蛋白质营养质量最常用的指标。

$$PER = \frac{体重增加（g）}{食用蛋白质（g）} \qquad (12\text{-}4)$$

氨基酸分数（AAS）：是待测蛋白质与标准蛋白质中的各种必需氨基酸含量的比值。

$$AAS = \frac{每克待测蛋白质中某种必需氨基酸的质量（mg）}{每克标准蛋白质中某种必需氨基酸的质量（mg）} \times 100 \qquad (12\text{-}5)$$

第二节　氨基酸的代谢

氨基酸是蛋白质的结构单位和水解产物，它既可以进一步分解代谢，也可作为合成蛋白质的原料，因此氨基酸的代谢是蛋白质代谢的枢纽。氨基酸代谢包括合成代谢和分解代谢两方面，本节重点讨论分解代谢。氨基酸在高等动物体内的代谢变化如图 12-2 所示。

图 12-2　氨基酸在体内的代谢变化

一、氨基酸的脱氨作用

氨基酸脱去氨基生成 α-酮酸的过程称为脱氨基作用（deamination）。机体内氨基酸脱氨基作用主要有氧化脱氨基、转氨基、联合脱氨基及非氧化脱氨基等几种方式。

1. 氧化脱氨基——L-谷氨酸的脱氨方式

α-氨基酸在有关酶的催化下氧化生成 α-酮酸并产生氨的过程，称为氧化脱氨基作用（oxidative deamination）。反应通式为：

$$R-\underset{\underset{NH_2}{|}}{CH}-COOH + \frac{1}{2}O_2 \longrightarrow R-\underset{\underset{O}{\|}}{C}-COOH + NH_3$$

这个反应实际上包括脱氢和水解两步化学反应的酶促过程，即：

$$R-\underset{\underset{NH_2}{|}}{CH}-COOH \xrightarrow[\underset{(FAD)}{FMN} \quad \underset{(FADH_2)}{FMNH_2}]{氨基酸氧化酶} R-\underset{\underset{NH}{\|}}{C}-COOH \xrightarrow[H_2O \quad NH_3]{自发} R-\underset{\underset{O}{\|}}{C}-COOH$$

（亚氨基酸）
（不稳定）

氨基酸氧化酶（amino acid oxidase）并不是体内氨基酸代谢的主要酶类，它们不能导致多数氨基酸氨基的脱去。在体内存在比较广泛、活性最强且在氨基酸代谢中具有重要作用的酶是 L-谷氨酸脱氢酶（L-glutamate dehydrogenase）。L-谷氨酸脱氢酶是不需氧的脱氢酶，其辅酶是 NAD^+ 或 $NADP^+$；该酶主要存在于真核细胞的线粒体中，专一性很高，尤其在动物的肝细胞中。该酶的具体作用是：

α-酮戊二酸可以进入三羧酸循环彻底氧化产能。α-酮戊二酸也可来自三羧酸循环，按照上述反应的逆过程还可生成 L-谷氨酸，进而变成谷氨酸钠（味精）。所以 L-谷氨酸脱氢脱氨的逆反应也是味精生产的主要反应。

由于 L-谷氨酸与 α-酮戊二酸间的相互转化关系，*L-谷氨酸脱氢酶在糖代谢和氨基酸代谢（合成）中具有重要作用*。

2. 转氨基——普遍存在的脱氨方式

氨基酸分子的 α-氨基在氨基转移酶（简称转氨酶，transaminase）的催化作用下转移到 α-酮酸的羰基上，使酮酸变成相应的 α-氨基酸，原来的氨基酸失去氨基变成相应的 α-酮酸，此反应称为转氨基作用（aminotransferation）。反应通式为：

此反应在氨基酸和 α-酮酸间普遍存在。转氨基作用结果产生的仍然是氨基酸和酮酸，本质上并没有导致氨基的净脱去。

转氨酶种类很多、分布广，它们都以磷酸吡哆醛作为辅酶。转氨酶大多数都优先利用 α-酮戊二酸作为氨基的受体。转氨酶中最常见且作用最强的是谷丙转氨酶（glutamic pyruvic transaminase，GPT）和谷草转氨酶（glutamic oxialoacetic transaminase，GOT）。谷丙转氨酶所催化的转氨基反应如图 12-3 所示。

图 12-3　谷丙转氨酶催化的转氨基反应

在正常情况下，转氨酶主要分布在细胞内，在肝脏和心脏中活性最高；血清中的活性很低。当肝脏或心脏出现炎症时，细胞膜通透性增加，转氨酶即大量进入血液，于是血清转氨酶活性增加。临床上测定血清转氨酶（GOT、GPT 等）的活力即可诊断肝脏、心脏的疾病。

3. 联合脱氨基——大多数氨基酸的实际脱氨方式

虽然转氨基作用在生物体内普遍存在，但它仅解决了氨基的转移，并未导致氨基的净脱去。氧化脱氨基作用也不能满足机体脱氨的需要，因为只有 L-谷氨酸脱氢酶活性最高，其他氨基酸不能直接由它催化脱氨。许多事实证明，体内的氨基酸主要是靠转氨基与氧化脱氨基联合作用进行脱氨，即联合脱氨基（如图 12-4 所示）。

图 12-4 联合脱氨基作用

由于骨骼肌、心肌中的谷氨酸脱氢酶含量较少、活性低，因此联合脱氨基作用不是肌肉等组织中脱氨的主要方式。这些组织中是以另一种联合脱氨基作用进行脱氨，即腺嘌呤核苷酸循环（如图 12-5 所示）。

图 12-5 腺嘌呤核苷酸循环

二、氨基酸的脱羧基作用

1. 脱羧方式——氨基酸脱羧酶的作用

氨基酸在脱羧酶作用下，脱羧产生 CO_2 和胺（amine）的过程称为脱羧基作用（decarboxylation）。例如，组氨酸脱羧基生成组胺，赖氨酸脱羧基生成尸胺，色氨酸脱羧基生成色胺，酪氨酸脱羧基生成酪胺等。反应通式为：

$$R-\underset{\underset{NH_2}{|}}{CH}-COOH \xrightarrow{\text{脱羧酶}} \underset{\text{伯胺}}{R-CH_2-NH_2} + CO_2$$

氨基酸脱羧酶（amino acid decarboxylase）在生物体内存在广泛，大多专一性很高，有的甚至要求 L 型，如 L-谷氨酸脱羧酶只能催化 L-谷氨酸脱羧。工业上常用从大肠杆菌中制备的谷氨酸脱羧酶来测定发酵过程中谷氨酸的产量。

除组氨酸脱羧酶无需辅酶外，其他氨基酸脱羧酶均以磷酸吡哆醛为辅酶。

2. 生理意义——胺的代谢

常见氨基酸脱羧产生的胺大多有毒有害，但有些具有生物活性，体现强烈的药理作用。

组氨酸脱羧产生的组胺（histamine）有降低血压、扩张血管、引起支气管痉挛和促进胃液分泌的作用；谷氨酸脱羧产生的 γ-氨基丁酸（γ-aminobutyric acid）对中枢神经系统具有抑制作用，同时又是神经组织的能量来源；色氨酸经氧化和脱羧作用产生的 5-羟色胺（5-hydroxytryptamine）可促进微血管收缩、血压升高和促进胃肠运动，并且和神经兴奋传导有关。此外，由酪氨酸脱羧产生酪胺，酪氨酸在酪氨酸羟化酶作用下产生多巴（dopa），多巴脱羧后产生多巴胺，其中多巴胺、去甲肾上腺素及肾上腺素统称为儿茶酚胺（catecholamine）。多巴胺是中枢和周围神经系统的一种神经递质，帕金森病就是多巴胺生成减少。在植物体中某些氨基酸的脱羧产物可作为合成生物碱及生长刺激素的前体。例如天冬氨酸脱羧后产生的 β-氨基丙酸（β-aminopropionic acid）对酵母、苹果、马铃薯和豆科植物有生长刺激的作用；色氨酸脱羧产生的色胺（tryptamine）可转变为植物生长素吲哚乙酸（β-indoleacetic acid）。

脱羧作用产生的胺可在体内胺氧化酶作用下氧化成为醛和氨，进而参与代谢转化。正常情况下，氨基酸脱羧作用不是氨基酸分解的主要方式。

三、氨与 α-酮酸的转化

氨基酸经脱氨基作用和脱羧基作用后，产生 NH_3、α-酮酸、CO_2 和胺，其中 NH_3、α-酮酸的代谢较为重要。

1. 氨的代谢——不同生物转变成不同终产物

经氨基酸脱氨基作用生成的氨（NH_3 或 NH_4^+），即使浓度较低时，也对细胞有毒害作用（尤其在人和动物体内），因此人和动物体内虽不断产生 NH_3，但血氨浓度并不太高（正常人血浆中氨的浓度一般不超过 $0.60\mu mol/L$ 或 $0.1mg/100mL$），家兔血氨浓度高达 $5mg/100mL$ 时即会死亡。故必须将 NH_3 转变为其他化合物。不同生物由 NH_3 转变成的化合物不同。

（1）植物和某些微生物体内　氨的储存利用比较显著，在大多数植物和微生物中，可以天冬酰胺的形式将氮储存：

$$NH_3 \xrightarrow[\text{草酰乙酸}]{} 天冬氨酸 \xrightarrow[NH_3]{} 天冬酰胺$$

（2）在动物体中　NH_3 的利用和转变形式多样。

① 丙氨酸-葡萄糖循环　在肌肉中，通过转氨基作用使氨基酸的氨基转给丙酮酸，而生成丙氨酸，丙氨酸经血液运至肝中，通过联合脱氨基作用，释放出氨。转氨后生成的丙酮酸经糖异生途径生成葡萄糖。葡萄糖再经血液运至肌肉经 EMP 生成丙酮酸，再发生转氨，于是形成一个环式途径，称为丙氨酸-葡萄糖循环（alanine-glucose cycle）。

② NH_3 可重新利用　主要是谷氨酰胺转运氨。

$$谷氨酸 \xrightarrow[NH_3]{\text{Gln合成酶} \atop ATP} 谷氨酰胺$$

在脑、肌肉等组织中谷氨酰胺合成酶（glutamine synthetase）的活性较高，它催化氨与谷氨酸反应生成谷氨酰胺，再由血液运送至肝或肾，经谷氨酰胺酶催化，发生上述反应的逆反应，将氨释放出来。由此可见，谷氨酰胺既是氨的解毒产物，又是氨的储存及运输形式。

因为谷氨酰胺还可以提供酰胺基，使天冬氨酸转变为天冬酰胺，这由天冬酰胺合成酶（asparagine sythetase）催化。

③ 转变成废物排泄到体外　这也是动物体内 NH_3 转变的主要方式。不同动物体内 NH_3 转变成的最终排泄废物不同：人和哺乳动物为尿素，鸟类和爬行类为尿酸，水生动物则可直接排 NH_3。

（3）尿素的生成　尿素是大多数陆生脊椎动物体内排出氨的方式。在鸟类和爬行动物中，因体内水分有限，它们的排氨方式是形成膏状尿酸排泄出去；许多水生动物则直接排氨。有人依据生物排除氨的方式不同，将动物大致分为排尿素、排尿酸和排氨 3 类。但实际上，生物排泄氨毒的方式很丰富，不仅与物种有关，还与环境有关。如肺鱼在雨季排氨，旱季藏于泥土中则排尿素。

尿素在动物肝脏中形成，是 2 分子氨（1 分子游离氨，1 分子来自天冬氨酸）和 1 分子 CO_2 经过一个环式代谢途径生成（1 分子尿素）的。该途径是第一个被发现的环式代谢途径，

被称为尿素循环（urea cycle），由 H. A. Krebs 和 K. Henseleit 于 1932 年提出。认为尿素合成的原料是 NH_3 和 CO_2，但二者不能直接化合，需经过一个环式代谢途径，后来由同位素标记实验证明。这一环式代谢途径又称为鸟氨酸循环（ornithine cycle），可分为以下几个阶段。

① 氨甲酰磷酸的形成　在线粒体基质中，氨甲酰磷酸合成酶Ⅰ催化来自联合脱氨基作用产生的 NH_3 与 CO_2、ATP 生成氨甲酰磷酸，反应在线粒体基质中进行，消耗 2 分子 ATP。反应式如下：

$$2 ATP + CO_2 + NH_3 + H_2O \xrightarrow[Mg^{2+}]{\text{氨甲酰磷酸合成酶Ⅰ}} H_2N-\underset{\underset{O}{\parallel}}{C}-O\sim\underset{\underset{O^-}{\parallel}}{\overset{\overset{O^-}{|}}{P}}=O + 2 ADP + Pi$$

氨甲酰磷酸

生成的氨甲酰磷酸是氨的活化形式，类似高能化合物。

② 瓜氨酸的形成　氨甲酰磷酸在鸟氨酸氨甲酰基转移酶催化下与来自胞液的鸟氨酸在线粒体内反应，形成瓜氨酸，瓜氨酸离开线粒体基质进入胞液。反应如下：

③ 精氨酸代琥珀酸的生成　在胞液中，瓜氨酸与天冬氨酸由精氨酸代琥珀酸合成酶催化合成精氨酸代琥珀酸，反应需要消耗 1 分子 ATP 的两个高能磷酸键的能量。其反应为：

精氨酸代琥珀酸在其裂解酶作用下分解成精氨酸，释放出延胡索酸。延胡索酸可变成苹果酸、草酰乙酸后又可变成天冬氨酸，反应在细胞质内进行。

④ 尿素的生成　精氨酸在精氨酸酶催化下，水解成尿素和鸟氨酸；鸟氨酸可通过线粒体膜进入线粒体，可再次与氨甲酰磷酸合成瓜氨酸，重复上述循环过程。

$$\begin{array}{c}NH_2\\|\\C=NH\\|\\NH\\|\\(CH_2)_3\\|\\CHNH_2\\|\\COOH\end{array} + H_2O \xrightarrow{\text{精氨酸酶}} \begin{array}{c}NH_2\\|\\(CH_2)_3\\|\\CHNH_2\\|\\COOH\end{array} + \begin{array}{c}NH_2\\|\\C=O\\|\\NH_2\end{array}$$

精氨酸　　　　　　　　　　　　　　　　鸟氨酸　　　尿素

尿素生成的总反应为：

$$CO_2 + NH_3 + Asp + 3ATP + 2H_2O \longrightarrow H_2N\overset{\overset{\displaystyle O}{\|}}{-}C-NH_2 + 延胡索酸 + 2ADP + 2Pi + AMP + PPi$$

鸟氨酸循环各反应通式见图 12-6。尿素循环不仅将氨和 CO_2 合成为尿素，而且生成一分子延胡索酸，使尿素循环与三羧酸（TCA）循环联系起来了。

图 12-6　鸟氨酸循环（尿素的生成机制）

（4）尿素生成的调节　精氨酸代琥珀酸合成酶是鸟氨酸循环的限速酶，调节着尿素合成的速率。另外，氨甲酰磷酸合成酶Ⅰ受精氨酸浓度的影响。此酶的变构激活剂是 *N*-乙酰谷氨酸，而 *N*-乙酰谷氨酸由乙酰 CoA 和谷氨酸反应生成，由 *N*-乙酰谷氨酸合成酶（*N*-acetyl glutamic acid synthetase）催化，精氨酸是此酶的激活剂。所以，当精氨酸浓度增加时，可加速尿素的合成。

肝脏中尿素的合成是除去氨毒害作用的主要途径，尿素循环的任何一个步骤出问题都有可能产生疾病。如果完全缺乏尿素循环中的某一个酶，婴儿在出生不久就昏迷或死亡；如果是部分缺乏，引起智力发育迟滞、嗜睡和经常呕吐。在医学治疗中，常通过减少蛋白质摄入量使轻微的高氨血遗传性疾病患者症状缓解，因为减少了游离氨的来源。

植物体内也存在尿素循环，但转运活性低，其意义在于合成精氨酸。个别植物也可产生尿素，在脲酶作用下分解产生氨，用以合成其他含氮化合物，包括核酸、激素、叶绿体、血红素、胺、生物碱等。

（5）酰胺的生成　羧酸中的羟基被氨基（或胺）取代而生成的化合物，也可看成是氨（或胺）的氢被酰基取代的衍生物。生物体内可以通过形成酰胺的形式进行解毒，同时对 NH_3 有储存作用。在人和动物体内（脑、肝、肌肉等中）主要是生成谷氨酰胺（Gln），植物体内主要是生成天冬酰胺（Asn），分别由谷氨酰胺合成酶、天冬酰胺合成酶催化生成。Gln、Asn 又可运输到特定部位（如肾）后分解。Gln、Asn 的生成反应如下：

$$谷氨酸+NH_3 \xrightarrow[\substack{ATP \qquad ADP+Pi \\ Gln合成酶，Mg^{2+} \\ 谷氨酰胺酶 \\ H_2O}]{} 谷氨酰胺$$

$$天冬氨酸+NH_3 \xrightarrow[\substack{ATP \qquad ADP+Pi \\ Asn合成酶，Mg^{2+} \\ 天冬酰胺酶 \\ H_2O}]{} 天冬酰胺$$

2. α-酮酸代谢——可分解产能，也可再转化

氨基酸脱去氨基后生成的 α-酮酸在体内的代谢途径有 3 种。

（1）再合成氨基酸　沿着脱氨基作用的逆反应进行，主要发生转氨基作用和还原氨基化。

例如：谷氨酸＋α-酮酸 $\Longleftrightarrow$ α-酮戊二酸＋α-氨基酸

$$\alpha\text{-酮戊二酸}+NH_3 \xrightarrow[\substack{L\text{-谷氨酸脱氢酶} \\ NAD(P)H+H^+ \qquad NAD(P)^+}]{} 谷氨酸+H_2O$$

（2）转变为糖及脂肪　α-酮酸基本上都能转变为糖代谢的中间产物，继而异生成糖，这类氨基酸称为生糖氨基酸（glucogenic amino acid）。包括：丙氨酸、精氨酸、天冬氨酸、胱氨酸、半胱氨酸、谷氨酸、甘氨酸、组氨酸、脯氨酸、羟脯氨酸、甲硫氨酸、丝氨酸、苏氨酸、缬氨酸，共 14 种氨基酸。

生糖氨基酸的 α-酮酸直接或间接地与糖酵解、三羧酸循环中的丙酮酸、α-酮戊二酸、草酰乙酸等相联系，继而逆行生成糖或转变成脂肪。

亮氨酸的 α-酮酸可转变成酮体（丙酮、乙酰乙酸和 β-羟丁酸统称为酮体），能使动物尿中酮体增加。因此，亮氨酸被称为生酮氨基酸（ketogenic amino acid），也是唯一的一种生酮氨基酸。生酮氨基酸也能转变成脂肪。亮氨酸的生酮为：

亮氨酸$\longrightarrow$乙酰乙酸＋乙酰 CoA

有些氨基酸产生的 α-酮酸既能转变成糖又能转变成酮体，这类氨基酸称为生糖兼生酮氨基酸。共 5 种：酪氨酸、色氨酸、苯丙氨酸、赖氨酸、异亮氨酸。例如：

酪氨酸$\longrightarrow$乙酰乙酸＋延胡索酸

乙酰乙酸是酮体，而延胡索酸是糖代谢中三羧酸循环的中间产物。

（3）氧化成 CO_2 和 H_2O 并释放能量　α-酮酸经过三羧酸循环途径被彻底氧化成 CO_2 和 H_2O，并满足机体的能量需要。

由此可见，糖、脂肪和氨基酸（蛋白质）三大物质代谢是紧密相关的，通过一定中间物将它们互相联系起来（如图 12-7 所示）。

四、个别氨基酸的分解代谢

1. 一碳基团代谢

生物机体在合成嘌呤、嘧啶、肌酸、胆碱等化合物时，需要某些氨基酸参与，这些氨基酸提供一个碳原子的化学基团，这些基团称为一碳基团（one carbon group）或一碳单位。凡是这种有关一个碳原子的转移和代谢，都统称为一碳基团代谢。

体内参与氨基酸代谢和核苷酸代谢的一碳基团有多种，它们分别来自组氨酸、甘氨酸、丝氨酸和甲硫氨酸等氨基酸。例如：

图 12-7　氨基酸与糖、脂代谢的关系

甲基：—CH₃（来自甲硫氨酸）　　亚氨甲基：—CH=NH（来自组氨酸）

甲酰基：—CHO（来自甘氨酸）　　亚甲基（又称甲烯基）：—CH₂—

羟甲基：—CH₂OH（来自丝氨酸）　　次甲基（又称甲炔基）：—CH=

在氨基酸代谢和核苷酸代谢中，携带一碳基团的物质（一碳基团载体）为四氢叶酸（tetrahydrofolic acid），用 FH₄ 表示。它是由叶酸（folic acid）经还原而成的。

现将一碳基团的来源、转变及参与体内重要物质的合成总结于图 12-8 中。

图 12-8　一碳基团的来源和转变

2. 甘氨酸及丝氨酸的分解代谢

甘氨酸经甘氨酸氧化酶（glycine oxidase）催化而生成乙醛酸，乙醛酸可将甲酰基转移给四氢叶酸，生成 N^5，N^{10}-次甲基 FH₄（N^5，N^{10}=CH—FH₄）和甲酸。乙醛酸也可氧化成草酸。

$$\underset{\text{甘氨酸}}{\overset{\text{CH}_2\text{NH}_2}{\underset{\text{COOH}}{}}} \xrightarrow[\quad\text{NH}_3\quad]{\text{甘氨酸氧化酶}} \underset{\text{乙醛酸}}{\overset{\text{CHO}}{\underset{\text{COOH}}{}}} \xrightarrow[\text{FH}_4\quad N^5,N^{10}\text{-次甲基FH}_4]{} \underset{\text{甲酸}}{\text{HCOOH}}$$

甘氨酸除上述氧化途径外，还可作为合成多种化合物的原料（如图 12-9 所示）。

图 12-9　甘氨酸代谢途径

3. 含硫氨基酸的分解代谢

体内含硫氨基酸有 3 种，即半胱氨酸、胱氨酸和甲硫氨酸，这 3 种氨基酸的代谢互有联系。半胱氨酸和胱氨酸通过氧化还原互变；在体内甲硫氨酸可变为半胱氨酸和胱氨酸，但后两者不能变为甲硫氨酸。因此，甲硫氨酸是必需氨基酸，而半胱氨酸和胱氨酸是非必需氨基酸。

（1）甲硫氨酸的分解　在生物机体中，甲硫氨酸（蛋氨酸）主要是作为一碳代谢的甲基供体，许多物质（如肌酸、胆碱、肾上腺素等）在合成中所需的甲基均来自于甲硫氨酸。在这些物质的合成中，甲硫氨酸上的甲基转移到受体物质上的作用称为转甲基作用（transmethylation）。在转甲基作用中，甲硫氨酸并不能直接提供甲基，必须转变成 S-腺苷甲硫氨酸（活性甲硫氨酸）后才能提供甲基。

因甲硫氨酸的 S 原子带上腺苷，故称为 S-腺苷甲硫氨酸（S-adenosylmethionine，或称 S-腺苷蛋氨酸）。S-腺苷甲硫氨酸在甲基转移酶（transmethylase）的作用下，可将甲基转移至另一种物质分子上（称为甲基受体），S-腺苷甲硫氨酸变成 S-腺苷同型半胱氨酸（或称 S-腺苷高半胱氨酸，S-adenosylhomocysteine）。后者脱去腺苷即成为同型半胱氨酸（或称高半胱氨酸，homocysteine）。

同型半胱氨酸又可以在甲基四氢叶酸的参与下，经过甲基转移作用而生成甲硫氨酸。从甲硫氨酸形成的 S-腺苷甲硫氨酸进一步变成同型半胱氨酸，然后又从同型半胱氨酸再合成甲硫氨酸（如图 12-10 所示），这一循环称为 S-腺苷甲硫氨酸循环。据目前所知，由同型半胱氨酸转变为蛋氨酸，由 N^5-CH_3 FH_4 提供甲基，这是体内唯一利用甲基四氢叶酸的反应。由蛋氨酸合成酶催化，此酶的辅酶为维生素 B_{12}。

图 12-10　S-腺苷甲硫氨酸循环

甲硫氨酸除参与甲基转移反应外，也可完全氧化分解。上述反应产生的高半胱氨酸与丝氨酸缩合，生成丙氨酸丁氨酸硫醚（简称丙丁硫醚，cystathionine），再由裂解酶分解产生 α-酮丁酸（α-ketobutyrate），继而氧化成丙酰 CoA（propionyl CoA），按奇数碳脂肪酸分解途径，转变为琥珀酰 CoA，进入三羧酸循环。

（2）半胱氨酸和胱氨酸的分解　细胞内游离的胱氨酸极少。蛋白质分子中的胱氨酸是由半胱氨酸掺入后，经氧化而成。蛋白质经酶水解后生成的胱氨酸可通过还原作用生成半胱氨酸，即在细胞内半胱氨酸与胱氨酸可以互相转化。因此，胱氨酸的代谢途径与半胱氨酸基本是一致的。

半胱氨酸在体内的分解代谢有几条途径：①半胱氨酸直接脱去巯基和氨基而生成丙酮酸、NH_3 和 H_2S；H_2S 经氧化生成 H_2SO_4；②半胱氨酸分子中的巯基先氧化成亚磺基，然后脱去氨基和亚磺基，最后生成丙酮酸和亚硫酸，后者经氧化后变为硫酸；③半胱氨酸经氧化和脱羧作用可生成牛磺酸（taurine），它是胆汁盐组成成分。半胱氨酸虽有不同的代谢途径，但其主要代谢产物是丙酮酸和硫酸。

4. 芳香族氨基酸的分解代谢

芳香族氨基酸包括苯丙氨酸、酪氨酸和色氨酸。苯丙氨酸与酪氨酸的结构相似，代谢途径相同。

(1) 苯丙氨酸和酪氨酸的分解代谢　苯丙氨酸经羟化作用（加单氧）即可转变为酪氨酸，催化这个反应的酶为苯丙氨酸羟化酶（phenylalanine hydroxylase），其辅酶为四氢生物蝶呤（tetrahydrobiopterin）。

酪氨酸分解的第一步由酪氨酸转氨酶作用，生成对羟苯丙酮酸（p-hydroxyphenylpyruvate），而后经过氧化、脱羧生成尿黑酸（homogendsic acid），最后转变为延胡索酸和乙酰乙酸。

人体内由于氨基酸代谢中某个酶的缺乏（由相应基因突变引起），而导致一些疾病，称为先天性氨基酸代谢缺陷症，病人常常排出某些代谢中间物。这类疾病在芳香族氨基酸代谢中尤为多见。如缺乏苯丙氨酸羟化酶，苯丙氨酸不能转变为酪氨酸，而生成苯丙酮酸，进入血液，最后随尿排出，称为苯丙酮尿症（phenylketonuria）；尿黑酸氧化酶缺乏，尿黑酸可氧化聚合成尿黑酸色素，随尿排出，使尿变黑，称为黑酸尿症（alcaptonuria）。

(2) 色氨酸的分解代谢　色氨酸的分解途径较为复杂，它可转变为丙酮酸和乙酰CoA，所以色氨酸是生糖兼生酮氨基酸。另外，色氨酸还可转变为尼克酸，这是人体内合成维生素的特例。但其转化量很少，不能满足机体的需要。

在动物体内，色氨酸经氧化和脱羧作用可产生 5-羟色胺（serotonin），5-羟色胺具有使组织和血管收缩的作用，并与脑细胞活动、体温调节等生理作用有关。5-羟色胺还可进一步被氧化成 5-羟吲哚乙醛，后者再经脱氢酶作用氧化成 5-羟吲哚乙酸（5-hydoxyindoleacetic acid），并以这种形式排出体外。

现将芳香族氨基酸的分解及转化产物小结于图 12-11。

图 12-11　芳香族氨基酸的分解及转化

5. 其他氨基酸的分解代谢

(1) 分支氨基酸的分解　分支氨基酸包括亮氨酸、异亮氨酸和缬氨酸，它们的分解代谢途径非常相似，先后经过转氨、脱羧、脱氢、水化等反应，亮氨酸产生乙酰 CoA 和乙酸乙酸（进一步生成乙酰乙酰 CoA），异亮氨酸生成乙酰 CoA 和丙酰 CoA，缬氨酸生成丙酰 CoA。丙酰 CoA 通过奇数碳脂肪酸代谢途径生成琥珀酰 CoA，进入三羧酸循环。

(2) 苏氨酸的分解　苏氨酸的分解代谢有 3 个途径。①在动物的肝、肾及一些微生物中，由苏氨酸醛缩酶（threonine aldolase）催化，苏氨酸分解为甘氨酸和乙醛。乙醛可氧化为乙酸，进而转变为乙酰 CoA。②由苏氨酸脱水酶（threonine dehydratase）催化脱水脱氨，苏氨酸转变为 α-酮丁酸（α-ketobutyrate），再由脱羧酶催化，生成丙酰 CoA，从而进入奇数碳脂酸代谢途径。③苏氨酸在某些细菌中水解为丁酸和丙酸，从而进入脂肪酸分解途径。

（3）组氨酸的分解　组氨酸经脱氨、水解、转移甲氨基等 4 步反应转变为谷氨酸，而后进入谷氨酸的分解途径。由组氨酸转变为谷氨酸，经历 3 种中间物：尿刊酸（urocanate，或称咪唑丙烯酸）、4-酮咪唑-5-丙酸（4-imidazolone-5-propionate）和亚氨甲基谷氨酸（formiminoglutamic acid）。分别由 4 个酶催化：组氨酸氨裂合酶（histidine ammonialyase，又称组氨酸分解酶，histidase）、尿刊酸水合酶（urocanate hydratase）、酮咪唑丙酸酶（imidazolone propionatase）和亚氨甲基转移酶（transformiminase）。

（4）赖氨酸的分解　在赖氨酸的分解代谢中，有 α-酮戊二酸参与，并经历脱氢、脱氨、脱羧和加水等多步反应产生谷氨酸和乙酰乙酰 CoA。在分解过程中，有酵母氨酸（saccharopine）、戊二酸单酰 CoA（glutaryl CoA）和 β-羟丁酰 CoA（β-hydroxybutyryl CoA）等中间产物生成。

（5）精氨酸的分解　在精氨酸酶（arginase）作用下，精氨酸水解形成尿素和鸟氨酸，后者再由鸟氨酸转氨酶催化，将 α-氨基转移给 α-酮戊二酸，本身变为谷氨酸半醛（glutamatesemialdehyde），再由脱氢酶作用，使醛基氧化为羧基，从而形成谷氨酸。

（6）丙氨酸、谷氨酸和天冬氨酸的分解　这 3 种氨基酸通过转氨基及氧化脱氨基作用，分别形成丙酮酸、α-酮戊二酸和草酰乙酸。这 3 种 α-酮酸通过三羧酸循环被氧化。

此外，谷氨酸通过脱羧产生 γ-氨基丁酸。在人及哺乳动物大脑中，γ-氨基丁酸既是抑制性神经递质，又是大脑细胞的能源物质，它通过一个称为 γ-氨基丁酸代谢支路（GABA 支路）与三羧酸循环联系，从而使谷氨酸（及谷氨酰胺）分解提供能量。

五、个别氨基酸合成代谢的概述

氨基酸是用于构成蛋白质的元件，在不同生物体内，利用 20 种氨基酸可以组装成各种各样的蛋白质。但是，氨基酸本身的合成在不同生物中，有较大的差异。不仅不同生物合成氨基酸的能力不同，而且合成氨基酸的种类、原料等也有所不同。然而许多氨基酸的合成途径，在不同生物中也有共同之处。

在不同氨基酸的生物合成中，其起始物分别来自于糖代谢的几个中间物。按照起始物可将氨基酸的合成分成几个家族组，用以合成非必需氨基酸，而动物营养必需氨基酸的合成，主要是指存在于微生物或植物中的合成途径。

1. 谷氨酸族（或 α-酮戊二酸族）

该族包括谷氨酸、谷氨酰胺、脯氨酸、精氨酸和赖氨酸。

2. 天冬氨酸族（或草酰乙酸族）

该族包括天冬氨酸、天冬酰胺、苏氨酸、甲硫氨酸和异亮氨酸。

3. 丙酮酸族

该族包括丙氨酸、缬氨酸和亮氨酸。

4. 磷酸甘油酸族

该族包括甘氨酸、丝氨酸和半胱氨酸。

5. 芳香族

该族包括苯丙氨酸、酪氨酸和色氨酸。

除上述氨基酸外，组氨酸的合成为一独立系统。

第三节　蛋白质的生物合成

蛋白质的生物合成是生命科学重大而基本的研究课题之一，在细胞代谢、生物活性物质的产生和基因工程产物的表达方面具有重要地位；是生物按照从脱氧核糖核酸（DNA）转录得到的信使核糖核酸（mRNA）上的遗传信息合成蛋白质的过程，其所涉及的本质是基因的表达，包括肽键的形成和氨基酸排列顺序的确定。根据对核酸的结构与功能的研究以及蛋白质作为性状体现等方面的研究，基因表达即遗传信息的传递路线见图 12-12。

由此可知，蛋白质中氨基酸的顺序是由 DNA 的碱基顺序所含的遗传信息决定的。

原核生物与真核生物的蛋白质合成过程中有很多区别，真核生物此过程更复杂，下面着重介绍原核生物蛋白质合成的过程，并指出真核生物与其不同之处。

图 12-12　中心法则流程图

一、遗传密码

mRNA 中核苷酸的排列顺序与蛋白质中氨基酸的排列顺序的关系称为遗传密码（genetic code）。那么，核酸中 4 种核苷酸如何决定 20 种氨基酸构成的蛋白质一级结构呢？

1. 密码子——氨基酸的代码

1961 年 M. Nirenberg 等人以大肠杆菌无细胞体系为材料，利用适宜的人工合成的多聚核苷酸与核糖体、放射性同位素标记的氨基酸、ATP 和氨酰 tRNA 合成酶（aminoacyl-tRNA systhetase），它们共同保温时，可催化氨基酸的掺入。3 个连续的核苷酸代表一个氨基酸，即 3 个核苷酸组成一个密码子（codon），称为三联体密码（tripletcode），4 种核苷酸每 3 个组合共形成密码子 64 个，显然满足了 20 种氨基酸的要求，且还有多余，也说明有些氨基酸有两个或多个密码子。据此方法，1965 年确定了 20 种氨基酸的全部密码子，并制成了遗传密码表，见表 12-1。

表 12-1　遗传密码表

5′端碱基	中间的碱基				3′端碱基	5′端碱基	中间的碱基				3′端碱基
	U	C	A	G			U	C	A	G	
U	苯丙	丝	酪	半胱	U	A	异亮	苏	天冬酰胺	丝	U
	苯丙	丝	酪	半胱	C		异亮	苏	天冬酰胺	丝	C
	亮	丝	终止	终止	A		异亮	苏	赖	精	A
	亮	丝	终止	色	G		甲硫	苏	赖	精	G
C	亮	脯	组	精	U	G	缬	丙	天冬	甘	U
	亮	脯	组	精	C		缬	丙	天冬	甘	C
	亮	脯	谷酰胺	精	A		缬	丙	谷	甘	A
	亮	脯	谷酰胺	精	G		缬	丙	谷	甘	G

由密码表可知，64 个密码子中，只有 61 个密码子编码 20 种氨基酸，称为编码子；有 3 个是终止密码子（UAA、UAG、UGA），它们不编码任何氨基酸，是肽链合成的终止信号；密码子中编码甲硫氨酸的 AUG 同时又是肽链合成的起始信号，称为起始密码。

2. 密码的性质——各种生物共用一套密码

（1）通用性　上述遗传密码表对各种生物都是通用的，从细菌到人都适用，但是，不同生物中，不同密码子的使用频率却不同。

（2）简并性　即一种氨基酸由几种密码子编码的性质。除甲硫氨酸、色氨酸只有一个密码子外，其余 18 种氨基酸都有两个以上的密码子。密码子的简并性主要在于密码子的第三位核苷酸变化，如组氨酸的密码子为 CAU、CAC，丙氨酸的密码子为 GCU、GCC、GCA 和 GCG 等。此特性能大大减少蛋白质生物合成时的突变机会，可提高蛋白质种类的稳定性。

（3）不重叠性　每个三联体密码独立地代表一种氨基酸，不会出现 4 个或 5 个核苷酸代表两个氨基酸的情形。如果是重叠的，则一个氨基酸的密码子的一个或两个核苷酸又是相邻氨基酸的密码子，就会出现一个核苷酸的突变而导致相邻两个氨基酸的改变，至今未发现这种现象。

（4）无间隔性 密码子之间是连续的，无其他的核苷酸隔开。密码在被识别阅读时是从起始密码子开始一直到终止密码子为止。

（5）方向性 在翻译时，密码子的阅读方向也是从 mRNA 的 5′端→3′端。

（6）起始密码的兼职性 AUG 既是起始密码子，又是甲硫氨酸的密码子。

二、核糖体

核糖体（ribosome）存在于细胞质内，呈颗粒状。运用分离法将细胞器分离，然后分别与带放射性同位素标记的氨基酸一起保温，发现核糖体的放射性强度很高，说明它是合成蛋白质的部位。

1. 核糖体的组成——RNA 和蛋白质

核糖体主要由 rRNA 和蛋白质组成，组成比例分别为 60% 和 40%。核糖体颗粒分为大、小两个亚基，两个亚基都含有蛋白质和 rRNA，但其种类和数量却不相同。

原核生物和真核生物的核糖体也不同，主要区别见表 12-2。

表 12-2 核糖体的组成比较

项　　目	真　核　生　物		原　核　生　物	
	小　亚　基	大　亚　基	小　亚　基	大　亚　基
RNA（沉降系数）	18S	28S、5S、5.8S	16S	23S、5S
蛋白质种类	30	40～54	21	34
颗粒大小（沉降系数）	40S	60S	30S	50S
核糖体大小	80S		70S	

核糖体可理解为巨大的多酶复合体，它的蛋白质不少已证实在蛋白质多肽链合成过程中起酶的作用；还有一些起辅助蛋白或调节蛋白的特性；可以说构成核糖体的所有成分都参与了蛋白质的合成。

2. 核糖体的功能——蛋白质合成的场所

不仅核糖体大、小亚基中所含 rRNA 不同，而且它们结合 mRNA 和 tRNA 的特性也不同。如大肠杆菌的核糖体小亚基能单独与 mRNA 结合形成复合体，进而与 tRNA 专一地结合；核糖体大亚基则不能单独地与 mRNA 结合，但可非专一地与 tRNA 相结合。

在核糖体大亚基上有两个与蛋白质合成有关的功能部位：A 位和 P 位。A 位即氨酰基位点（aminoacyl site），结合新掺入的氨酰-tRNA（除起始氨酰-tRNA 外）；P 位即肽酰基位点（peptidyl site），结合延伸的多肽酰-tRNA。A、P 位点位于核糖体大、小亚基接触面上。核糖体上还有许多结合起始因子（initiation factor）、延伸因子（elogation factor）、释放因子（releasing factor）、转移酶（transferase）等的位点。

mRNA 与核糖体的结合是在其小亚基靠大亚基的接触面上。在生物体细胞内，一个 mRNA 分子常与一定数目的单个核糖体结合形成念珠状，称为多聚核糖体（plydbosome）。每两个核糖体之间有一段裸露的 mRNA。每个核糖体可独立进行蛋白质肽链的合成全过程，即在多聚核糖体上可以同时进行多条肽链的合成，以提高遗传信息表达的效率。这些蛋白质主要是胞质中存在的各种酶。

每一条 mRNA 链上所"串联"的核糖体数目与生物种类有关，核糖体之间的距离也随生物种类而异。以多聚核糖体形式存在，也是生物为避免由于合成过多量的同种 mRNA 造成错误而致突变的一种适应。

三、蛋白质合成的分子机制

蛋白质的合成过程，就是在不断生长着的肽链上由氨基端到羧基端逐个加上氨基酸。该过程反应速率快，涉及机理复杂。其中作为蛋白质合成原料的氨基酸必须先经活化生成氨酰-tRNA，然后进入核糖体进行肽链的合成。

1. 氨基酸的激活——氨酰-tRNA 的合成

在氨酰-tRNA 合成酶、ATP 的催化和参与下，氨基酸的羧基与 tRNA 的 3′端核糖羟基形成酯键，生成氨酰-tRNA。反应过程如下。

第一，氨基酸的活化，反应为：

$$AA+ATP+酶 \xrightarrow{Mg^{2+}} AA\text{-}AMP\text{-}酶+PPi$$

（三元复合物）

该反应的酶专一性不十分严格，即一种酶可催化几种氨基酸形成三元复合物。

第二，氨酰-tRNA 的生成，反应为：

$$AA\text{-}AMP\text{-}酶+tRNA \longrightarrow AA\text{-}tRNA+AMP+酶$$

此反应的专一性高，一种氨基酸与 AMP、酶生成的复合物，只能与特定的 tRNA 生成氨酰-tRNA。

从以上两步反应的总结果来看，PPi 水解成为无机磷，从而推动氨酰-tRNA 的合成。

氨酰-tRNA 合成酶的特性如下。

① 该酶催化反应具有专一性。它能在 20 种氨基酸中区别所活化的氨基酸，该酶既能识别氨基酸，又能识别转运氨基酸的 tRNA，因为它有两个识别位点。该酶对氨基酸的专一性不很强，如 E. coli 缬氨酰-tRNA 合成酶也可催化苏氨酰-AMP 的生成。但对 tRNA 仍具有极高的专一性。

不同氨酰-tRNA 合成酶与相应的 tRNA 结合的部位可能不同，但 tRNA 的 D 环的连接臂却是 tRNA 与氨酰-tRNA 合成酶结合所必需的，这可用特异试剂处理 tRNA 后得到证实。

② 该酶还具有校正功能。如 tRNA^{Phe}-苯丙氨酸不被 Phe-tRNA 合成酶水解，但是 tRNA^{Phe}-异亮氨酸可被 Phe-tRNA 合成酶水解为 tRNA^{Phe} 和异亮氨酸。说明氨酰-tRNA 合成酶非常机警。这样可避免 tRNA 携带错误的氨基酸掺入到合成中的蛋白质中，从而保证了蛋白质合成的正确性。

2. 在核糖体上合成肽链——蛋白质合成过程

蛋白质的生物合成过程主要包括起始、肽链延伸和合成终止三个阶段。

(1) 蛋白质合成的起始　对 E. coli 等原核细胞来说，已经甲酰化的 N-甲酰蛋氨酰-tRNA 作为多肽链合成的起始氨基酸，然后按一定步骤，启动蛋白质合成。

①甲酰甲硫氨酰-tRNA 的合成　反应如下：

$$Met+tRNA^{fMet} \xrightarrow[\text{ATP} \quad \text{AMP}+2Pi]{} Met\text{-}tRNA^{fMet} \xrightarrow[N^{10}\text{-甲酰}FH_4 \quad FH_4]{转甲酰基酶} fMet\text{-}tRNA^{fMet}$$
（氨基甲酰化）

所生成的 fMet-tRNA^{fMet} 可识别 mRNA 上的起始密码子 AUG，其他任何氨酰-tRNA 不能识别起始密码子。

在细胞内存在两种与 Met 有关的 tRNA：一种转运起始 fMet 的，另一种转运链内 Met 的，以前者为主。两种 tRNA 的反密码子都相同，不同的是碱基顺序不相同。

起始氨基酸甲酰化，使氨基端被封闭，从而保证肽链的合成只能从 N 端到 C 端进行。

②起始复合物（initiation complex）的形成　首先，在起始因子 IF$_1$、IF$_2$、IF$_3$ 和 GTP 参与下，fMet-tRNA^{fMet} 识别 mRNA 与 30S 亚基结合形成 30S 起始复合物。IF$_3$ 具有双重功能，既能使闲着的核糖体亚基解离，又能同 30S 亚基结合，促进同 mRNA 的结合。30S 起始复合物生成的反应为：

然后，50S 亚基与 30S 起始复合物结合生成 70S-mRNA-fMet-tRNA^{fMet} 的起始复合物，并释放出各种起始因子（见图 12-13）。

图 12-13　大肠杆菌 70S 起始复合物的形成

可见一旦 70S 起始复合物形成后，fMet-tRNA^{fMet} 就进入 50S 亚基的 P 位，同时 tRNA^{fMet} 的反密码子就与 mRNA 的 AUG（起始密码）配对。

（2）肽链的延伸　肽链的延伸包括进位、转肽和移位三个步骤。

① AA-tRNA 进入到核糖体的 A 位——进位　在起始阶段，由于 fMet-tRNA^{fMet} 进入了核糖体大亚基的 P 位，A 位即空，此时对应于 mRNA 上第二个密码子的 AA-tRNA 就进入 A 位，如图 12-14 所示。在此过程中，需要延长因子 EF-Tu、EF-Ts 和 GTP 的参与，即：

从图 12-14 中的进位步骤还可看出 EF-Tu-GTP 的再生情形。可见，EF-Tu、EF-Ts 是帮助 AA-tRNA 进入 A 位并与 mRNA 结合的蛋白因子。

②形成肽键——转肽　在肽基转移酶的催化下，P 位的 fMet-tRNA 的 fMet 转移到 A 位的 AA-tRNA 的 AA 残基的 α-NH$_2$ 基上，并形成一个二肽酰-tRNA（fMet-AA-tRNA）。同时，P 位上的 fMet-tRNA 就成为空载。

③移位　携带有二肽的二肽酰-tRNA 从核糖体的 A 位移到 P 位。此过程由移位酶（translocase，EF-G 因子）催化，并由 GTP 供能，见图 12-14。

图 12-14　肽链的延伸过程

实际上是原来 P 位上空载的 fMet-tRNA 释放出来。核糖体沿 5′ 端→3′ 端在 mRNA 上滑动了一个密码子距离，这样原来处在核糖体 A 位的肽酰基-tRNA 就进入了新 P 位；新 A 位又空出来，从而有利于第 3 个、第 4 个、……、第 n 个氨基酸的 AA-tRNA 继续参与到肽链的合成。

如此反复地进行进位、转肽和移位的“循环”，就出现了延长的肽链，直至 mRNA 的终止密码子出现在核糖体的 A 位时为止。

（3）肽链合成的终止和释放　如图 12-15 所示。当肽链合成进行到 mRNA 的终止密码子 UAA、UAG、UGA 出现在核糖体的 A 位时，由于 tRNA 不含有识别终止密码子的反密码子，肽链合成就不再继续下去；此时，终止因子可识别终止密码子。终止因子有三种：RF_1、RF_2、RF_3。RF_1 能识别 UAA、UAG；RF_2 可识别 UAA、UGA；RF_3 促进 RF_1、RF_2 识别终止密码子，并促进无负载的 tRNA 从核糖体释放。

当 RF 因子结合到 A 位后，它改变了肽基转移酶的活性，使之成为水解酶，该酶水解 P 位上的肽链而释放出；该酶也促使 tRNA 的释放。

一旦 tRNA 脱离核糖体，核糖体立即解聚成大、小亚基，并从 mRNA 上释放出来。接着 IF_3 就与 30S 亚基结合，防止了大、小亚基的马上结合。而 IF_3-30S 亚基又可用于多肽链合成的起始，从而构成一个环式代谢，称为“核糖体循环”（ribosomal cycle）。

总之，肽链的合成是从 N 端→C 端；核糖体是从 5′ 端→3′ 端依次“阅读”mRNA 上的密码子。在真核细胞中蛋白质合成过程与原核细胞非常相似，但某些步骤更复杂，涉及的蛋白因子也更多。

以上介绍的蛋白质合成过程是“单核糖体循环”。实际上，活细胞中进行蛋白质合成时，每条 mRNA 上并非只结合一个核糖体，而是同时结合有多个核糖体，呈念珠状，这种结构形式称为多聚核糖体，在电镜下清晰可见，如图 12-16。

每个核糖体都是结合于 mRNA 的 5′ 端，向 3′ 端移动，独立地进行蛋白质的合成；离 3′ 端越近，肽链越长。以多聚核糖体形式存在，既提高了蛋白质的合成效率，又充分利用了

图 12-15 肽链合成的终止和释放

图 12-16 多聚核糖体

mRNA，从而达到经济、无误。这也是体内蛋白质种类和数量很多，而 mRNA 的量并不很大（占总 RNA 的 5%）的原因。

3. 蛋白质合成的后修饰——功能蛋白的生成

肽链合成后要经过加工修饰才能变成有活性的蛋白质，这种加工处理过程称为后修饰作用（post-modification），它相当于蛋白质生物合成的第四大阶段，此阶段主要在细胞质内的高尔基体、内质网等处进行。不同结构、功能的蛋白质，其加工修饰方式不完全一样。较为重要的加工修饰方式有以下几种。

（1）N 末端甲硫氨酸的切除 原核生物中 50% 的蛋白质不含甲酰基，原有的甲酰基由脱甲酰基酶催化水解去除；另外 50% 的蛋白质不含有甲硫氨酸，原有的甲硫氨酸由氨肽酶作用去除。

真核生物中蛋白质 N 端不含甲硫氨酸,其甲硫氨酸的切除可能是在 N 末端切除多个氨基酸残基时随同切掉。

(2) 二硫键的形成　肽链内或肽链间的二硫键是在肽链形成后由专门的酶催化,氧化巯基而生成的。它在维持蛋白质分子的空间构象中起有重要作用。

(3) 氨基酸残基的修饰　许多蛋白质需要羧基化、磷酸化、甲基化、乙酰化、糖化等才能由无活性的前体变成活性形式。活性形式是具有特定空间构象的,因此"修饰"过程在构象形成前完成,即在多肽链形成的同时,就进行着氨基酸残基的修饰。如胶原蛋白合成中有些氨基酸残基的羟化,是在专一的羟化酶催化下修饰的。

(4) 肽链的部分切除　某些肽链合成后要经过特殊的酶水解切除一段肽链后才能显示出生物活性。如胰岛素刚合成出来时是一条有 100 多个氨基酸残基的肽链,称为前胰岛素原,切除信号肽和 C 肽后,才形成了有活性的含 A、B 两链的胰岛素。

(5) 与辅助物的结合、亚单位的聚合　对需要辅助物的蛋白质,它们的辅因子必须结合在蛋白质上,蛋白质才具有生物活性,如血红蛋白中血红素与多肽链的共价连接。

对具有四级结构的蛋白质还必须进行肽链合成修饰后的亚基间的聚合,如血红蛋白四聚体的形成。

四、抗生素与核酸合成及蛋白质合成

许多抗生素都能抑制遗传信息表达,最终表现出抑制蛋白质的合成。

1. 作用于 DNA 合成的抗生素——复制或转录的抑制剂

(1) 丝裂霉素 C　选择性地与细菌或恶性细胞的 DNA 相结合,与鸟嘌呤碱基的第 6 位氧原子形成交联而妨碍 DNA 双链的拆开,因而抑制 DNA 的复制。所以丝裂霉素 C 可用于抗菌、抗癌,治疗白血病、肉瘤等。

(2) 博来霉素 A$_2$　作用于 DNA 的 GC 碱基对,能切断 DNA,使 DNA 分子变小,从而使 DNA 合成受抑制,因而具有抗菌、抗癌作用。

(3) 抗癌霉素　能与 DNA 聚合酶的巯基作用,从而抑制 DNA 聚合酶的活性;也能干扰 DNA 的合成。

(4) 新制癌素　作用于生物膜,引起 DNA 破坏,因而抑制 DNA 合成。

2. 作用于蛋白质合成的抗生素——翻译抑制剂

(1) 氯霉素和红霉素　能与细菌 50S 核糖体亚基结合,抑制肽基转移酶活性,抑制 70S 核糖体生成,从而抑制细菌、线粒体内蛋白质的合成;但不抑制真核生物 80S 核糖体上蛋白质的合成。

(2) 土霉素、链霉素、金霉素、四环素、卡那霉素　作用于 30S 亚基,情形与氯霉素等类似。链霉素还干扰 fMet-tRNA^{fMet} 同核糖体的结合,引起密码子错读,还引起 70S 核糖体解离。四环素还阻止氨酰-tRNA 结合到大亚基的 A 位上,从而阻止肽链延伸。

(3) 嘌呤霉素　它能结合到 50S 亚基的 A 位上,阻止正常的氨酰-tRNA 的进位,从而抑制肽链的延伸;同时当肽链的羧基端出现嘌呤霉素时,肽链不稳定,易断裂解离。所以嘌呤霉素抑制蛋白质的合成。

习　　题

1. 判断对错,如果不对,请说明原因。

(1) 氨基酸的 α-氨基氮转变成 NH$_3$ 是一个氧化过程,每生成 1 分子 NH$_3$ 需要 1 分子氧化剂 NAD$^+$。

（2）植物可直接利用 NH_3 作为氮源，而动物却不能。

（3）在动物体内亮氨酸分解产生乙酰 CoA，因此它也是一种生糖氨基酸。

（4）分解代谢总体说来是产能的，但在氨基酸脱氨基后，生成尿素过程却是耗能的。

（5）动物和细菌都能以 AUG 和 GUG 作为起译密码子合成肽链。

（6）利福霉素既能抑制原核细胞的转录，也抑制真核细胞的转录。

2. 写出人体内丙氨酸完全分解的代谢途径。1mol 丙氨酸完全分解可产生多少摩尔 ATP？

3. 葡萄糖、丁酸、丙氨酸在人体内完全氧化时，每个碳原子平均产生多少 ATP？当由丙酮酸分别合成 1mol 上述三种物质时，各消耗多少摩尔 ATP 及还原型辅酶（NADH 或 NADPH）？

4. 假设反应从游离氨基酸、tRNA、氨酰-tRNA 合成酶、mRNA、80S 核糖体以及翻译因子开始，翻译 1 分子胰岛素及 1 分子牛胰核糖核酸酶（124 个残基）各需消耗多少高能磷酸键？

5. 有下列一段细菌 DNA，写出其复制、转录及翻译的产物，并注明产物的末端及合成方向（不管合成过程中的起点和终点）。

5′GTAGGACAATGGGTGAAGTGACTTATA 3′（非转录链）

3′CATCCTGTTACCCACTTCACTGAATAT 5′（转录链）

6. 称取 25mg 蛋白酶粉配制成 25mL 酶溶液，从中取出 0.1mL 酶液，以酪蛋白为底物用 Folin-酶比色法测定酶活力，结果表明每小时产出 1500mg 酪氨酸。另取 2mL 酶液，用凯氏定氮法测得蛋白氮为 0.02mg，若以每分钟产生 1mg 酪氨酸的酸量为一个活力单位计算，试根据上述数据求出：

（1）1mL 酶液中所含的蛋白质量及酶的活力单位；

（2）酶的比活力；

（3）1g 酶制剂的总蛋白含量及酶的总活力。

第十三章 代谢的调节控制

第一节 生物体内的代谢调控模式

生物体内的物质代谢虽然错综复杂、高效多变，但总是彼此配合、有条不紊的，在一定条件下保持相对稳定。在代谢过程中不会引起某些产物的不足或过剩，也不会造成某些原料的缺乏或积累。之所以能够保持这样高度的协调统一，这是由于生物体内存在十分完善的自我调控机制。这种调控机制是生物在进化过程中逐渐形成的，并随进化而发展和完善。它在三种不同水平上进行：细胞内的调控、体液的调控和神经系统的调控。

一、细胞内的调控

细胞内的调控是一种最原始的调节机制，单细胞生物仅仅靠这种机制来调节各种物质代谢的平衡。多细胞生物如复杂的高等生物，虽有更高层次的调控机制，但仍存在细胞内的调控，而且其他调控机制最终还是要通过细胞水平的调控来实现，所以它是最基础的调控机制。

细胞内的调控，主要是通过酶来实现的，所以又称酶水平的调控，或分子水平的调控。酶的调节按下面几种模式进行。

1. 区域定位的调节——不同酶分布于细胞的不同部位

细胞内的不同部位分布着不同的酶，称为酶的区域定位或酶分布的分隔性，这个特性决定了细胞内的不同部位（细胞器）进行着不同的代谢。在真核细胞不同的细胞器分布着不同的酶，原核细胞虽然没有细胞器，但各种酶在细胞内的分布仍存在区域的差异，使得各种代谢途径不致相互干扰，而又彼此协调。例如，脂肪酸的氧化酶系存在于线粒体内，而脂肪酸的合成酶系主要存在于线粒体外，它们的代谢是互相制约的。合成脂肪酸的原料乙酰 CoA 要由线粒体内转移到线粒体外，脂肪酸氧化的原料脂酰 CoA 要由线粒体外转运到线粒体内。所以酶的分布局限决定了代谢途径的区域化。这样的区域化分布为代谢调节创造了有利条件，某些调节因素可以较专一地影响某一细胞组分中的酶活性，并不影响其它组分中的酶活性，即当一些因素改变某种代谢速度时，并不影响其他代谢的进行。这样，当一些离子（如 Ca^{2+}）或代谢物在各细胞组分之间穿梭移动时就可以改变不同细胞组分的某些代谢速率。

一些重要的酶在细胞内的分布列于表 13-1。

表 13-1　一些重要的酶在细胞内的分布

细胞部位	酶	相关代谢
细胞膜	ATP 酶，腺苷酸环化酶等	能量及信息转换
细胞核	DNA 聚合酶、RNA 聚合酶、连接酶	DNA 复制、转录
溶酶体	各种水解酶类	糖、脂、蛋白质的水解
粗面内质网	蛋白质合成酶类	蛋白质合成
滑面内质网	加氧酶系、合成糖、脂酶系	加氧反应、糖蛋白、脂蛋白加工
过氧化体	过氧化氢酶、过氧化物酶	处理 H_2O_2
叶绿体	ATP 酶、卡尔文循环酶系、光合电子传递酶系	光合作用

续表

细 胞 部 位		酶	相 关 代 谢
线粒体	外膜	单胺氧化酶、脂酰转移酶、NDP 激酶	胺氧化、脂肪酸活化、NTP 合成
	膜间隙	腺苷酸激酶、NDP 激酶、NMP 激酶	核苷酸代谢
	内膜	呼吸链酶类、肉毒碱脂酰转移酶	呼吸电子传递、脂肪酸转运
	基质	TCA 酶类、β-氧化酶类、氨基酸氧化脱氨及转氨酶类	糖、脂酸及氨基酸的有氧氧化
细胞浆		EMP 酶类、HMP 酶类、脂酸合成酶类、卟啉合成酶、谷胱甘肽合成酶系、氨酰-tRNA 合成酶	糖分解、脂肪酸合成、谷胱甘肽代谢、氨基酸活化

2. 酶活性的调节——酶结构的变化改变酶活性

酶可以通过多种方式改变其结构，从而改变活性，来控制代谢的速率。这些方式包括：酶原激活、酶的修饰、聚合与解聚、变构调节等。细胞一般是对代谢途径中关键酶进行控制，关键酶所催化的反应通常最慢且为不可逆反应，因此关键酶又称为限速酶，多为代谢途径的第一个酶或分支后的第一个酶。

（1）酶原激活　许多水解酶类是以无活性的酶原形式从细胞分泌出来，经过切断部分肽段后即变成有活性的酶。如胃蛋白酶原（pepsinogen，相对分子质量 42500）在胃酸和胃蛋白酶自身催化下，切除 42 肽（相对分子质量 8100）后，即形成有活性的胃蛋白酶（pepsin，相对分子质量 34500）。又如胰蛋白酶原（protripsin）经肠激酶（enterokinase）或胰蛋白酶的自身催化，切下 N 末端一个六肽后即变成活性的胰蛋白酶（trypsin）。酶原的这种激活，除了切除一定片段外，通常要引起其构象变化。

（2）酶的化学修饰　有些酶在它的某些氨基酸残基上可逆地连接一定化学基团或者去掉一定化学基团，从而实现酶的活性态与非活性态的互相转变，称为酶的化学修饰（或共价修饰）。例如催化糖原代谢的糖原磷酸化酶（glycogen phosphorylase）和糖原合成酶（glycogen synthase），可以通过连接一个磷酸基（磷酸化）或去除一个磷酸基（去磷酸化或脱磷酸化）来实现活性态与非活性态的转变。

糖原磷酸化酶磷酸化后是有活性的，而糖原合成酶去磷酸化才是有活性的；二者刚好相反。通过这两个酶的磷酸化/去磷酸化来调节二者的活性，从而调节糖原的分解与合成。所以通常是糖原分解加强时，糖原合成减弱，反之亦然。

通过磷酸化/去磷酸化方式调节活性，是化学修饰最重要的一种，磷酸化作用由蛋白激酶催化磷酸基与蛋白质 Ser、Thr 以及 Tyr 残基的羟基共价结合，脱磷酸化作用则由磷蛋白磷酸酶水解掉磷酸基。绝大多数磷酸化时的磷酸供体是 ATP，少数是 GTP。这种调节酶已发现几十种，表 13-2 列出常见的磷酸修饰调节酶，有的磷酸化后成为活性态（或活性增高），有的磷酸化后成为非活性态（或活性降低）。

表 13-2　常见的磷酸修饰调节酶

磷酸化后成为活性态（或活性升高）	磷酸化后成为非活性态（或活性降低）
糖原磷酸化酶	糖原合成酶
糖原磷酸化酶 b 激酶	丙酮酸激酶
果糖磷酸化酶	丙酮酸脱氢酶
果糖-1，6-二磷酸酶	乙酰 CoA 羧化酶
三酰甘油酯酶	甘油磷酸基转移酶
卵磷脂酶	谷氨酸脱氢酶（酵母）
酪氨酸羟化酶	谷氨酰胺合成酶（大肠杆菌）
HMG-CoA 还原酶激酶	HMG-CoA 还原酶
eIF$_2$激酶	肌球蛋白 P-轻链激酶
RNA 聚合酶	支链 α-酮酸脱氢酶
依赖 cAMP 蛋白激酶	
黄嘌呤氧化酶	

除了磷酸化/去磷酸化外，酶的化学修饰还有乙酰化/去乙酰化、腺苷酰化/去腺苷酰化、尿苷酰化/去尿苷酰化、甲基化/去甲基化、S—S/SH 等几种方式。其中磷酸化/去磷酸化最普遍、最重要，它反应灵敏、节约能源、机制多样、生理效应显著，是哺乳动物酶化学修饰的主要形式。细菌主要采取核苷酰化形式。

（3）酶分子的聚合与解聚　有一些寡聚酶通过与一些小分子调节因子结合，引起酶的聚合或解聚，从而使酶发生活性态与非活性态的互变，也是代谢调节的一种重要方式。调节因子通常与酶的调节中心区以非共价结合。有的酶聚合态时是活性态，有的酶解聚为单体后才是有活性的。

谷氨酸脱氢酶（glutamate dehydrogenase）由 6 个相同亚基组成，每 3 个亚基形成一个三面体，6 个亚基聚合时形成三个双层三面体。这个酶有两种活性形式：X 型和 Y 型。聚合态时为 X 型，催化丙氨酸脱氢；X 型解聚为 Y 型时，催化谷氨酸脱氢。但若 X 型进一步聚合，三面体层数增加呈长纤维状，此种聚集体为非活性型。

$$Y型 \underset{GTP(或GDP)或NADPH}{\overset{ADP和Leu}{\rightleftharpoons}} X型 \rightleftharpoons 多聚体型$$
$$\text{（催化Ala脱氢）} \qquad \text{（催化Glu脱氢）} \qquad \text{（无活性）}$$

乙酰 CoA 羧化酶（acetyl coenzyme A carboxylase）是脂肪酸合成中的关键酶，由 4 个不同亚基组成，亚基的聚合与解聚，使酶存在 3 种形态。当有柠檬酸或异柠檬酸结合后，促使其聚合成多聚体，才具有催化活性。

$$4个不同亚基 \longleftrightarrow 原体 \overset{柠檬酸或异柠檬酸}{\longrightarrow} 多聚体$$
$$\begin{matrix} \text{（无活性，相对分子} & \text{（无活性，相对分子} & \text{[有活性，相对分子} \\ \text{质量100000）} & \text{质量409000）} & \text{质量(4~8)×10}^6\text{]} \end{matrix}$$

一些常见通过聚合/解聚调节活性的酶见表 13-3。

表 13-3　酶的聚合与解聚

酶	聚合或解聚	促进聚合或解聚的因素	酶活性变化
磷酸果糖激酶 （兔骨胳肌）	聚合 解聚	F-6-P、FDP ATP	↑（激活） ↓（抑制）
异柠檬酸脱氢酶 （NAD$^+$ 特异的）（牛心）	聚合 解聚	ADP NADH	↑ ↓
苹果酸脱氢酶 （猪心）	单体→二聚体	NAD$^+$	↑

续表

酶	聚合或解聚	促进聚合或解聚的因素	酶活性变化
丙酮酸羧化酶 （羊肾）	聚合	乙酰 CoA	↑
G-6-P 脱氢酸 （人红细胞）	单体→二聚体→四聚体	NADP$^+$	↑
糖原磷酸化酶 b	四聚体→二聚体	糖原	↑
糖原合成酶 （鼠肌）	寡聚 解聚	UDPG＋G-6-P ATP 或 K$^+$	↑ ↓
乙酰 CoA 羧化酶 （脂肪组织）	聚合	柠檬酸、异柠檬酸	↑
谷氨酸脱氢酶 （牛肝）	聚合 解聚	ADP、Leu GTP（或 GPP）、NADPH	↑ ↓
谷氨酰胺酶 （猪肾）	聚合	α-酮戊二酸、苹果酸、Pi	↑

（4）酶的构象变化——变构（allostery）　某些酶与细胞内一定代谢物结合后可引起空间结构的改变，从而改变其酶活性，调节代谢速率，这种调节称为变构调节（见本章第二节）。

3. 酶量的调节——基因的诱导与阻遏

细胞内有些酶的数量不是固定不变的，而是随相关代谢物的浓度而改变。这种调节机制涉及酶的基因表达，代谢物控制酶蛋白的合成（见本章第三节），调节所需时间较长，为迟缓调节，但作用时间持久。

二、体液激素的调控

1. 激素的概念——调节代谢的活性物质，量少而作用大

激素（hormone），旧称由其英文名直译为"荷尔蒙"。它是由动植物分泌、其量甚少、在体内协调组织与组织之间或器官与器官之间代谢平衡的一类活性物质。微生物中没有激素的概念，但在有的微生物中发现激素类似物质。

激素一般具有下列几个特点：①它们是动植物体内某一种特殊组织或细胞产生的，其量甚微。在动物大多由特异腺体细胞分泌，称为内分泌激素；少部分由非腺体细胞分泌称为组织激素；②激素由细胞分泌出来后，由体液（血液）运往敏感器官（称靶器官）或细胞（称靶细胞）而发挥调节作用；③激素在体内虽然含量少，但作用大、效率高，它作为"化学信使"可引起靶细胞中一系列新陈代谢变化。

2. 激素的分类——动物激素分为三类

按照来源，激素分为高等动物激素、植物激素和昆虫激素。按照化学本质，高等动物激素分为 3 类。

① 含氨激素。包括氨基酸衍生物激素（如甲状腺素、肾上腺素等）、肽类激素（如加压素、催产素等）和蛋白质激素（如生长素、胰岛素等）。

② 类固醇激素（如肾上腺皮质激素、性激素等）。

③ 脂肪酸衍生物激素（如前列腺素等）。

高等动物激素列于表 13-4。

表 13-4　高等动物激素

分泌腺体		激　素	化 学 本 质	主要生理功能
脑下垂体	前叶	生长激素（GH）	蛋白质（人 191AA）	促进生长，促进代谢
		促甲状腺激素（TSH）	糖蛋白（约 220AA）	促进甲状腺发育与分泌
		促肾上腺皮质激素（ACTH）	39 肽	促进肾上腺皮质的生长与分泌
		催乳素（LTH 或 PRL）	蛋白质（198AA）	维持黄体水平，促进乳腺分泌乳汁
		卵泡刺激素（FSH）	糖蛋白	促进卵泡发育；促进精子产生与发育
		促黄体生成素（LH）	糖蛋白	促进卵泡分泌雌性激素
	中叶	α-促黑色细胞素（α-MSH）	13 肽	促进黑色素生成和沉着
		β-促黑色细胞素（β-MSH）	人 22 肽，牛羊 18 肽	
	后叶	催产素	8 肽	促进子宫收缩；利于催乳
		加压素（抗利尿激素，ADH）	8 肽	促进水的重吸收；升高血压
下丘脑		促甲状腺素释放激素（TRH）	3 肽	促进促甲状腺激素释放
		促肾上腺素释放激素（CRH）	肽类（9～11 肽）	促进 ACTH 释放
		促性腺激素释放素（GnRH）	10 肽	促进 FSH 和 LH 释放
		生长激素释放激素（GRH）	10 肽	促进生长激素释放
		生长素释放抑制素（GRIH）	14 肽	抑制生长激素释放
		促黑激素释放激素（MRH）	5 肽	促进促黑激素释放
		促黑素释放抑制素（MRIH）	3 肽，5 肽	抑制促黑激素释放
		催乳素释放激素（PRH）	肽类	促进催乳素释放
		催乳素释放抑制激素（PRIH）	肽类	抑制催乳素释放
胰岛	α 细胞	胰高血糖素	29 肽	促进糖原分解，使血糖升高
	β 细胞	胰岛素	蛋白质	促进糖原合成和葡萄糖利用
肾上腺	皮质	皮质酮、脱氢皮质酮、羟脱氢皮质酮、羟皮质酮	类固醇	抑制糖氧化，促进蛋白质转化为糖
		脱氧皮质酮、醛固酮、羟脱氧皮质酮	类固醇	调节水盐代谢，促钠排钾
	髓质	肾上腺素、去甲肾上腺素	酪氨酸衍生物（苯乙胺衍生物）	促进糖原分解，血糖升高，心跳加快、微血管收缩等交感神经兴奋效应
甲状腺		甲状腺素，三碘甲腺原氨素	酪氨酸衍生物	促进能量代谢和基础代谢，促进智力发育
甲状旁腺		甲状旁腺素（PTH）	84 肽	升高血钙，调节钙磷代谢
		降钙素（CT）	32 肽	降低血钙，调节钙磷代谢
睾丸		睾酮、雄素酮、雄素二酮、脱氢异雄酮	类固醇	促进雄性器官及第二性征发育促进精子生成；促进蛋白质合成
卵巢	卵泡	雌素酮、雌素二醇、雌素三醇	类固醇	促进雌性器官及第二性征发育，促进卵子成熟；促进蛋白质合成
	黄体	黄体酮	类固醇	促进子宫及乳腺发育；促进组织蛋白质分解
小肠黏膜		促胰泌素	27 肽	促进胰脏分泌 HCO_3^- 液
		促肠液素	蛋白质	促进肠液增多
		肠抑胃素（GIP）	43 肽	抑制胃的收缩及分泌
		胆囊收缩素（CCK）	33 肽	促进胆囊收缩，促进胰液酶活性增高

续表

分泌腺体	激　素	化学本质	主要生理功能
胃黏膜	胃泌素	17 肽	促进胃液分泌
松果腺	松果腺素等	蛋白质	降低血糖；调节睡眠
	管催产素（AVT）	8 肽	抗性腺成熟
胎盘	绒毛促性腺激素（HCG）	蛋白质	功能类似孕酮
	耻骨松弛素	蛋白质	促进耻骨松弛
精囊、肺、脑、心、肾、胃、脾、肠	前列腺素（PG）	脂肪酸衍生物	降低血压；刺激平滑肌收缩；抑制胃酸及胃蛋白酶分泌；抑制脂肪分解；降低神经系统兴奋性等

3. 蛋白质激素的作用机制——第二信使学说

根据现有对激素作用机理的研究表明，肽和蛋白质激素与类固醇激素对代谢的调节作用具有不同的机理。

氨基酸、肽和蛋白质类激素从内分泌腺分泌出来后，经血液运送到靶细胞，它首先与细胞膜上的特异受体（通常为特异膜蛋白）非共价的结合，这种激素-受体复合物刺激同样处于膜上的腺苷酸环化酶（adenylate cyclase）活化，活化的腺苷酸环化酶催化 ATP 转变成 cAMP，cAMP 再影响某些酶的活性和膜的通透性等，以发挥这一激素的生理、生化效应。在这里，激素作为细胞外的一种信号对细胞的代谢进行调节时并未进入细胞，而 cAMP 作为细胞内的一种信息影响代谢，所以，将激素胞外信号称为"第一信使"，而将 cAMP 等胞内信号称为"第二信使"。这就是 20 世纪 50 年代 Sutherland 提出的第二信使学说（second messenger hypothesis）。起第二信使作用的，除 cAMP 外，还有 cGMP、Ca^{2+}、IP_3（三磷酸肌醇）和 DG（二酰甘油）等。

cAMP 如何调节细胞的代谢呢？现以肾上腺素（adrenaline）促进糖原分解，使血糖升高为例加以说明（见图 13-1）。

图 13-1　糖原分解的激素调节

由图 13-1 可见，肾上腺素（第一信使）一旦与靶细胞膜上的 G 蛋白偶联受体结合，通过 G 蛋白激活腺苷酸环化酶，即可促进细胞内 cAMP（第二信使）的产生。cAMP 与蛋白激酶 A（具 cAMP 依赖性，PKA）的调节亚基结合，使得 PKA 四聚体解聚，游离出催化亚基，解除调节亚基对催化亚基的抑制作用，PKA 成为活性态。PKA 通过磷酸化引起细胞内一系列酶的激活，使糖原磷酸化酶激酶磷酸化而活化，进而使糖原磷酸化酶磷酸化而活化，最后导致糖原分解成葡萄糖，进入血液引起血糖升高。另一方面，PKA 又促进糖原合成酶磷酸化转变为无活性状态，从而抑制糖原合成；同时，PKA 活化磷蛋白磷酸酶抑制剂，从而使磷蛋白磷酸酶失活，保证了糖原分解的加强，糖原合成的减弱。当血糖达到一定浓度后，细胞内还有一种 cAMP 特异的环核苷酸磷酸二酯酶，促使 cAMP 分解成 AMP，从而不再起第二信使的作用。所以，细胞内 cAMP 的浓度受到腺苷酸环化酶和磷酸二酯酶两种酶活性的制约。

cAMP 作为一种胞内信号，在细胞内的含量虽然很少（约 10^{-6} mol /L），但它在细胞内具有很重要且广泛的生理效应。它促进糖原分解，抑制糖原合成，促进糖异生；促进三酰甘油及胆固醇酯水解，抑制脂类合成；促进类固醇激素合成及分泌；增强细胞膜的通透性；促进基因转录及蛋白质合成，促进细胞分化等。cGMP 的作用常常与 cAMP 相拮抗。

4. 类固醇激素的作用机制——调节基因表达

类固醇激素（又称甾类激素）一般相对分子质量较小，约 300，又是疏水性分子，它可以靠简单扩散进入细胞内，然后与胞内相应受体结合后作用于基因表达系统。因此，肽和蛋白质激素受体通常存在于细胞膜表面，称为表面受体（apparent receptor），而类固醇激素受体存在于细胞内，称为胞内受体（intracellular receptor）。甲状腺素也是一种疏水性小分子，其作用机理与类固醇激素相同。甲状腺素和类固醇激素这些疏水性信号分子比肽和蛋白质这些水溶性信号分子在体内存留时间长，且通过调节基因表达起作用，所以它们常常是引起长期生理效应，调节生长发育等生理过程。

激素-受体复合物可以识别并专一结合于 DNA 特异序列，也就是说，DNA 中存在着类固醇激素-受体复合物的特异识别位点，一旦激素-受体复合物同这些位点结合，即诱导基因转录。所以，类固醇激素实际上是一种转录调节因子，促进基因表达，合成特异蛋白质。

不少类固醇激素调节基因活性存在两级效应：①初级效应，激素对基因活性的直接诱导作用，产生蛋白质，这种效应的基因较少；②次级效应，初级效应的基因产物再激活其他基因，这种调节方式可以对激素的初级效应起放大作用，因而是重要的。

无论氨基酸、肽和蛋白质类激素还是类固醇激素，它们对代谢的调节作用有三个显著的特点：①组织细胞特异性，一定的激素只作用于一定的靶细胞，激素与靶细胞的受体结合是特异的；②效应特异性，一定的激素只调节一定的生化反应，产生一定的生理效应；③激素调节细胞的代谢后能被迅速灭活。

三、神经系统的调控

人和高等动物的代谢活动极为复杂，但又是高度协调统一的，这是由于人和高等动物除具备细胞水平和激素水平调节外，还具有神经系统的调节控制，人和高等动物的新陈代谢都处于中枢神经系统的控制之下。神经调节与激素调节比较，神经系统的作用迅速而短暂，激素的作用缓慢而持久；激素的调节往往是局部性的，协调组织与组织间、器官与器官间的代谢，神经系统的调节则具有整体性，协调全部代谢。由于绝大多数激素的合成和分泌是直接或间接地受到神经系统支配的，因此激素调节也离不开神经系统的调节。

神经系统的调节既能直接影响代谢活动，又能影响内分泌腺分泌激素而间接控制新陈代谢的进行。

1. 直接调节——神经兴奋的快速作用

在某些特殊情况（如应急、情绪紧张等）下，人或动物的交感神经兴奋，由神经细胞（或称神经元）的电兴奋引起的动作电位或神经脉冲，可使血糖浓度升高，并可引起糖尿；刺激动物的丘脑下部和延脑的交感中枢，也能引起血糖升高。这是因为外界刺激通过神经系统促进肝细胞中糖原分解。这个过程可在 1ms 内完成。

此外，丘脑下部的损伤可引起肥胖症，摘除了大脑两半球的实验动物，其肝中的脂肪含量增加，这些是中枢神经系统调节脂代谢的例子。

2. 间接调节——神经体液的调节作用

神经系统对代谢的控制在更多的情况下是通过交感神经和副交感神经影响各内脏系统及各内分泌腺，从面改变它们的物质代谢。神经系统对内分泌腺活动的控制有两种方式：直接控制和间接控制。

（1）神经系统直接调节下的内分泌系统　这是神经系统直接作用于内分泌腺，引起激素分泌。例如，肾上腺髓质受中枢-交感神经的支配而分泌肾上腺素，胰岛的 β 细胞受中枢-迷走神经的刺激而分泌胰岛素（insulin）。在实验动物中，当大脑皮层兴奋时，甲状腺的活动增加，而当皮层处于抑制状态时，甲状腺的活动即降低。此外，前列腺素（prostaglandin）的分泌也受神经系统的直接控制。

（2）神经系统通过脑下垂体控制下的内分泌调节系统　这是神经系统的间接调节。一般按照这样一个模式进行：中枢神经系统→丘脑下部→脑下垂体→内分泌腺→靶细胞。中枢神经系统的指令首先传到丘脑下部，产生促激素释放激素（或抑制激素）；促激素释放激素再作用于脑下垂体，使其产生促激素；促激素通过血液运输到相应的内分泌腺使其产生激素；最后激素再作用于靶细胞，引起代谢变化。这是一种多元控制多级调节的机制。如甲状腺素（thyroxine）、性激素（sex hormone）、肾上腺皮质激素（adrenal cortical hormone）、胰高血糖素（glucagon）等的分泌都是这种调节方式。

第二节　反馈调节

一、前馈与反馈

前馈（feedforward）和反馈（feedback）这两个术语都是电子学的概念，前者指"输入对输出的影响"，后者指"输出对输入的影响"。用于代谢调控中，则指代谢底物和代谢产物对代谢速率的影响。

1. 前馈——代谢底物浓度的调节作用

参与代谢的底物浓度的变化，影响代谢途径中某步酶的活性，从而对整个代谢速率产生影响，这种调节方式称为前馈。如果底物浓度增高，使酶激活，或酶活提高，从而使代谢速率加快，称为正前馈（positive feedforward）。若底物浓度增高，酶活下降，使代谢速率减慢，称为负前馈（negative feedforward）。

正前馈即前体激活，常见于分解代谢途径。如在糖酵解中 6-磷酸葡萄糖对丙酮酸激酶的激活作用。粪链球菌（*Streptococcus faecalis*）的乳酸脱氢酶活性被 1, 6-二磷酸果糖所促进，粗糙脉孢菌（*Neurospora crassa*）的异柠檬酸脱氢酶的活性受柠檬酸的促进。这些都是正前馈的例子。负前馈的例子不多见，在脂肪酸合成中，高浓度的乙酰 CoA 对乙酰 CoA 羧化酶有抑制作用就是一例，这种情况通常在底物过量时才产生。

2. 反馈——终产物的调节作用

反馈是代谢途径的终产物对代谢速率的影响，这种影响是通过对某种酶活性的改变来实现的，在大多数情况下终产物（或某些中间产物）影响代谢途径中的第一个酶，这样就不会造成中间产物的积累，以便合理利用原料并节约能量。因此，受终产物调节的这个酶的活性决定了整个代谢途径的速率，这个酶称为限速酶（rate-limiting enzyme）或关键酶（key enzyme）。

在一个代谢过程中如果随终产物浓度的升高，关键酶活性增高，这种现象称为正反馈（positive feedback）；相反，终产物的积累，使关键酶的活性降低，代谢速率减慢，称为负反馈（negative feedback）。

在细胞内的反馈调节中，广泛地存在负反馈，正反馈的例子不多。例如，在糖的有氧氧化三羧酸循环中，乙酰 CoA 必须先与草酰乙酸结合才能被氧化，而草酰乙酸又是乙酰 CoA 被氧化的最终产物。草酰乙酸的量若增多，则乙酰 CoA 被氧化的量亦增多；草酰乙酸的量减少（如部分 α-酮戊二酸氨基化生成谷氨酸；导致草酰乙酸量减少），则乙酰 CoA 的氧化量亦减少。这是草酰乙酸对乙酰 CoA 氧化正反馈控制的例子。

二、反馈抑制的方式

负反馈又称反馈抑制（feedback inhibition），其方式分为线性代谢反馈与分支代谢反馈。

1. 线性反馈——反馈抑制的基本方式

在许多代谢过程中，由一定的代谢底物开始，一个反应接着一个反应，前一个反应的产物是后一个反应的底物，形成连续的、线性代谢途径，直到整个代谢终产物的形成。随着终产物的积累，对整个途径产生反馈抑制作用。在线性反馈调节中又有直接反馈抑制和连续反馈抑制之分。

在脂肪的合成中，终产物脂肪酸（或脂酰 CoA）对关键酶乙酰 CoA 羧化酶的反馈抑制就是直接反馈抑制的例子：

$$乙酰CoA \xrightarrow{\text{乙酰CoA羧化酶}} 丙二酸CoA \longrightarrow 脂肪酸$$

又如，由乙酰 CoA 合成胆固醇，终产物胆固醇对关键酶羟甲基戊二酰CoA 还原酶的反馈抑制，也是直接反馈抑制：

$$乙酰CoA \longrightarrow 乙酰乙酰CoA \longrightarrow \beta\text{-羟甲基戊二酰CoA} \xrightarrow{\text{还原酶}} 甲羟戊酸 \longrightarrow 胆固醇$$

在糖的酵解途径中，作为终产物之一的 ATP 不是直接抑制第一个关键酶己糖激酶，而是首先抑制磷酸果糖激酶，这样必然造成 6-磷酸葡萄糖的积累，6-磷酸葡萄糖再反馈抑制己糖激酶，最后使整个代谢停止。这种方式称为连续反馈抑制或逐步反馈抑制，即：

$$G \xrightarrow{\text{己糖激酶}} G\text{-}6\text{-}P \rightarrow F\text{-}6\text{-}P \xrightarrow{\text{磷酸果糖激酶}} F\text{-}1,6\text{-}2P \rightarrow 丙酮酸$$
$$\text{ATP}$$

2. 分支代谢反馈——原核生物中的重要调控方式

有两种或两种以上终末产物的分支代谢的调节方式比上述线性代谢更复杂。其特点是每一个分支途径的终产物常常控制分支后的第一个酶，同时每一个终产物又对整个途径的第一个酶有部分抑制作用。这是细菌等原核生物中普遍存在的调节方式。不同的原核生物中分支代谢途径的调节方式又有区别，常见的有下列几种调节方式（图 13-2）。

（1）多价反馈抑制（multivalent feedback inhibition）　分支代谢途径中的几个终产物每一个单独过量时对共同途径中较早的一个酶（关键酶）不产生抑制作用，因而并不影响整个代谢速率，只有几个终产物同时过量时才能对关键酶产生抑制作用，见图 13-2（a）。例如，在荚膜红细菌（*Rhodobacter capsulatus*）中，由天冬氨酸合成赖氨酸、苏氨酸、甲硫氨酸的途径中即存在多价反馈调节的关系。赖氨酸、苏氨酸或甲硫氨酸单独过量时，对整个途径的第一个酶天冬氨酸激酶不产生抑制作用，3 种氨基酸都过量时才抑制。

（2）协同反馈抑制（concerted feedback inhibition）　协同（或称协调）反馈抑制与多价反馈抑制的相同之处，是几个终产物同时过量时才抑制关键酶的活性。两者的不同点是每一个终产物单独过量时，在多价反馈中不产生抑制作用；但在协同反馈中，一个终产物单独过量虽不抑制共同途径的第一个酶（关键酶），但它可抑制相应分支上的第一个酶（分支关键酶）的活性，因而并不影响其他分支上的代谢。只在所有终产物过量时，才抑制整个途径中的第一个酶，见图 13-2（b）。例如，多黏芽孢杆菌（*Bacillus polymyxa*）的天冬氨酸族氨基酸的合成，终产物赖氨酸、苏氨酸、甲硫氨酸对代谢途径的第一个酶天冬氨酸激酶的调节，就是协同反馈抑制。

（3）累积反馈抑制（cumulative feedback inhibition）　几个终产物中任何一个过量都能单

(a) 多价反馈抑制　　　　　(b) 协同反馈抑制　　　　　(c) 积累反馈抑制

(d) 合作反馈抑制　　　　　(e) 顺序反馈抑制

----- 抑制作用弱；—— 抑制作用强

图 13-2　分支代谢途径的反馈抑制类型

独地部分抑制（按一定百分率）共同途径中前面某个酶（关键酶），各终产物之间既无协同效应，也无拮抗作用。但各终产物对共同关键酶的抑制作用有累积效应，当所有终产物都过量时，对这个酶的抑制达到最大，见图 13-2(c)。大肠杆菌谷氨酰胺合成酶是最早发现具有累积反馈抑制的例子，它催化谷氨酸合成谷氨酰胺，而谷氨酰胺是用于合成甘氨酸、丙氨酸、组氨酸、色氨酸、AMP、CTP、氨甲酰磷酸和 6-磷酸葡萄糖胺的前体，它受这 8 种终产物的累积反馈抑制。这 8 种终产物单独存在或同时存在时的抑制效果可根据表 13-5 进行计算。

表 13-5　*E. coli* 谷氨酰胺合成酶累积反馈抑制

终　产　物	单　独　存　在	同时存在时各个抑制酶活力
色氨酸	16%	16%
CTP	14%	(100%－16%)×14%＝11.8%
氨甲酰磷酸	13%	(100%－16%－11.8%)×13%＝9.4%
AMP	41%	(100%－16%－11.8%－9.4%)×41%＝25.7%

由表 13-5 可见，当色氨酸和 CTP 同时过量时，可抑制酶活 16%＋11.8%＝27.8%；当色氨酸、CTP 和氨甲酰磷酸三者都同时过量时，可抑制酶活 16%＋11.8%＋9.4%＝37.2%。依此类推。只有当 8 种终产物都同时过量时，酶活力才完全被抑制。

（4）合作反馈抑制（cooperative feedback inhibition）　任何一个终产物单独过量时，仅部分抑制共同反应步骤的第一个酶的活性，几个终产物同时过量时，其抑制程度可超过各产物单独存在时抑制作用的总和，即各终产物均过量具有增效的作用，所以这种调节方式又称为增效反馈抑制，见图 13-2(d)。例如，催化嘌呤核苷酸生物合成最初反应的谷氨酰胺磷酸核糖焦磷酸转移酶分别受 GMP、IMP、AMP 等终产物的反馈，但当两者混合（AMP＋GMP 或 IMP＋AMP 或 IMP＋GMP 等）时，抑制效果比各自单独存在时的和还大。

（5）顺序反馈抑制（sequential feedback inhibition）　如图 13-2(e) 所示，终产物 X 和 Y 首先分别反馈抑制各自支路上第一个酶 c 和 c′，从而使中间产物 C 积累。然后终产物 X 和 Y 及中间产物 C 再对共同途径第一个酶 a 产生反馈抑制。这种调节方式首先发现于枯草芽孢杆菌（*Bacillus subtilis*）的芳香族氨基酸合成。酪氨酸、苯丙氨酸、色氨酸单独过量时，各自首先抑制自身支路代谢速率，继而引起它们的共同前体分支酸和预苯酸的积累，这些中间产物最后才反馈抑制共同途径第一个酶的活性。

生物体内存在多种反馈抑制方式，是由生物适应所处环境并不断进化的结果，然而这些分支代谢的调节从整体来看具有一个显著的特点，即保证细胞内分支代谢的几种产物浓度不因某一个产物浓度过高而减低，不因一个产物的过量而影响其他产物的生成。

三、反馈调节的机制

在反馈调节中，代谢终产物或某些中间产物，是怎样改变代谢途径中某些特异酶的活性的？终产物同酶的结合改变了酶的活性，这不同于一些化学基团对酶的共价修饰，因为终产物同酶的结合是非共价的、可逆的。具有反馈调节作用的酶通过结构的变化改变酶活性，主要涉及变构酶、同工酶、多功能酶等特异性酶的作用。

1. 变构酶调节——反馈的普遍机制

通过构象的变化来改变酶的活性，这种酶称为变构酶（allosteric enzyme）。因为这种酶分子上具有底物结合部位和产物（调节物）结合部位，两个特异部位彼此是分开的，所以又称为别位酶或别构酶。底物结合部位称为活性部位（active site），产物结合部位称为调节部位（regulatory site）。许多变构酶与底物及产物的结合分别由两个不同亚基担任，则分别称为催化亚基（catalytic subunit）和调节亚基（regulatory subunit）。

当底物同酶的活性部位结合时，酶处于一种具有活性的构象，于是就催化底物发生反应；当代谢途径的终产物（或某些中间产物）同酶的调节部位结合时，酶分子变成另一种构象，此时底物不再能与酶结合，酶的活性被抑制，反应终止（图 13-3）。终产物（或某些中间产物）是调节代谢速率的因子，称为变构剂（allosteric agent）。在反馈抑制（负反馈）中称为抑制变构剂，在正反馈中称为激活变构剂。

图 13-3　代谢途径的变构调节

在反馈调节中，处于代谢途径的第一个酶或分支上的第一个酶常常是变构酶，终产物（或中间产物）浓度的变化能改变这个酶的构象，从而改变代谢速率及流量，这种调节称为变构调节或别构调节（allosteric regulation）。

因为变构酶的催化亚基和调节亚基具有不同的空间结构，可以选择性地利用一些变性条件使调节亚基的敏感性明显丧失或降低，但仍保留酶的催化活性（催化亚基不变性），这种现象称为脱敏作用（desensitization）。脱敏作用能很好地证明酶的变构现象。例如，大肠杆菌的天冬氨酸氨甲酰基转移酶（ATCase）是嘧啶核苷酸合成的第一个酶，它受产物 CTP 的反馈抑制。当用对氯汞苯甲酸处理 ATCase，再经蔗糖密度梯度离心，可将该酶分为 5.8S 和 2.8S 两种亚基，其中 5.8S 亚基有酶催化活性，但不受 CTP 抑制，2.8S 亚基没有酶活性。如果将 5.8S 亚基和 2.8S 亚基按 1∶1 比例在巯基乙醇存在下保温，则酶重组，得 11.2S 组分，它和天然的 ATCase 一样，并受 CTP 抑制。说明 5.8S 亚基是仅有活性中心的催化亚基，2.8S 亚基是仅有变构中心的调节亚基。

此外，在微生物的分支代谢中，还存在多价变构酶的调节机制。多价变构酶的酶蛋白分子上具有多个调节部位，可分别与分支代谢的每一个终产物结合。一种终产物与酶结合时是一种构象，抑制酶的部分活性；第二种终产物再结合时，酶又变成另一种构象，进一步抑制酶活性；所有终产物都同酶结合后，又形成一种新的构象，酶的活性被全部抑制。累积反馈抑制即是以这种机理调节代谢速率。

2. 同工酶调节——对环境及代谢变化的一种适应机制

同工酶（isozyme）是指能催化同一生化反应，但酶蛋白结构略有不同的几个酶。在一个分支代谢途径中，在分支点之前的一个较早反应是由几个同工酶催化时，分支代谢的几个终产物分别对这几个同工酶产生抑制作用，从而起到协同调节的功效。一个终产物控制一个同工酶，只有在所有终产物都过量时，几个同工酶才全部被抑制，反应才最后终止。

例如，在鼠沙门氏伤寒菌（*Salmonella typhimurium*）中，催化天冬氨酸族氨基酸合成第一步反应的是 3 种天冬氨酸激酶同工酶，即 AK Ⅰ、AK Ⅱ、AK Ⅲ，它们分别受苏氨酸、甲硫氨酸和赖氨酸反馈抑制。在这个代谢途径中还有第二个控制点，即高丝氨酸脱氢酶的同工酶 HSDH Ⅰ 和 HSDH Ⅱ，分别受苏氨酸和甲硫氨酸的反馈抑制。

同工酶调节可能是生物体对环境变化或代谢变化的一种适应性调节机制。当其中一种同工酶受到抑制或损坏时，另外的同工酶仍然起作用，从而保证了机体代谢的正常进行。

3. 多功能酶调节——更灵活的调节机制

多功能酶（multifunctional enzyme）是指一种酶分子具有两种或两种以上催化活力的酶。如一个多功能酶既具有催化分支代谢中共同途径第一步反应的活力，又具有分支途径第一步反应的活力，那么这种调节将是比同工酶调节更灵活、更精密的调节作用。因为一个终产物的过量，在使共同途径第一步反应受到抑制的同时，分支途径第一步反应也受到抑制，使代谢沿着另一分支途径进行。所以一个终产物过量不至于干扰其他产物的生成。

大肠杆菌的天冬氨酸激酶Ⅰ和高丝氨酸脱氢酶Ⅰ组成一个多功能酶分子（合成苏氨酸），由 4 个相同亚基以非共价键结合在一起。两种酶活性中心同在一个亚基上，其中 N 末端部分具有天冬氨酸激酶Ⅰ活性，C 末端部分具有高丝氨酸脱氢酶Ⅰ活性，当苏氨酸过量时，天冬氨酸激酶Ⅰ及高丝氨酸脱氢酶Ⅰ同时受到抑制。同样，天冬氨酸激酶Ⅱ和高丝氨酸脱氢酶Ⅱ也是一个多功能酶，受甲硫氨酸的控制。

第三节　诱导与阻遏

在细胞内的调节主要是通过酶的调节来实现。前一节介绍的是酶活性的调节，即对已存在的酶通过酶分子结构的变化，来调节代谢速率。此外，细胞内有些酶还可通过酶量的变化来调节代谢速率，这就是酶合成的调节以及酶降解的调节。酶合成的调节是主要的，有诱导和阻遏两种方式，前者导致酶的合成，后者阻止酶的合成。从对代谢速率调节的效果来看，酶活性调节显得直接而快速，酶量调节则间接而缓慢。但是，酶量调节可以防止酶的过量合成，因而节省了生物合成的原料和能量。

酶是蛋白质，酶的合成即为酶蛋白的生物合成。每一种蛋白质（包括酶）的结构都是由相应基因决定的，基因通过转录合成 mRNA，再由 mRNA 来合成蛋白质，这就是基因表达（gene expression）。一个基因什么时候表达，什么时候不表达，表达时生成多少相应蛋白质，这些都是在特定调节控制下进行的，称为基因表达的调节控制，通过这种调控，即可调节细胞内酶的量，从而调节代谢活动。

根据细胞内酶的合成对环境影响反应不同，可分为两大类。一类称为组成酶（constitutive enzyme），如糖酵解和三羧酸循环的酶系，其酶蛋白合成量十分稳定，不大受代谢状态的影响。一般，保持机体基本能源供给的酶常常是组成酶。编码组成酶的基因，称为组成型基因

(constitutive gene) 或管家基因（housekeeping gene），不受诱导与阻遏，能恒定地表达，使细胞内保持一定数量的酶。另一类酶，它的合成量受环境营养条件及细胞内有关因子的影响，分为诱导酶（inducible enzyme）和阻遏酶（repressible enzyme）。如 β-半乳糖苷酶，在以乳糖为唯一碳源时，大肠杆菌细胞受乳糖的诱导，可大量合成，其量可成千倍地增长，这类酶称为诱导酶；而与组氨酸合成相关的酶系，在有组氨酸存在下，其酶蛋白合成量受到抑制，这类酶称为阻遏酶。诱导酶通常与分解代谢有关，阻遏酶与合成代谢有关。

一、酶的诱导合成

1. 二度生长现象——酶的诱导合成

早在 20 世纪 40 年代，即有人观察到大肠杆菌在两种不同碳源的培养基中，其生长特点具有两个对数生长期，中间相隔一段停顿生长时间。例如，大肠杆菌在葡萄糖和山梨糖醇作为碳源的合成培养基中，其两次生长的量和两种碳源的浓度成比例。即第一次生长的量与葡萄糖浓度成比例，第二次生长的量与山梨糖醇的浓度成比例。这种现象称为二度生长（diauxie）。

在两种碳源中，大肠杆菌生长出现二度生长现象，是因为大肠杆菌细胞中分解葡萄糖的酶是组成酶，所以首先利用葡萄糖。当葡萄糖消耗完后再利用山梨糖醇。但是分解山梨糖醇的酶是诱导酶，经山梨糖醇的诱导才产生。诱导涉及基因表达程序，所以有一段停顿生长时间。诱导酶的存在对生物体是有利的，细胞不需要在任何时候合成所有的酶。对于不经常存在的底物，就不必在任何时候都准备着这种酶，这有利于节约原料和能量。

2. 诱导的方式——酶诱导合成的多样性

在酶的诱导合成中，能起诱导作用的物质称为诱导物（inducer）。一般情况下底物是最好的诱导物，有时与底物结构类似的物质也可以作为诱导物，但它不被诱导产生的酶所作用。相反，有些虽然是酶的底物，但并不能作为该酶的诱导物。此外，不同的诱导物具有不同的诱导能力。

酶的诱导合成，有多种不同的方式。有的诱导作用，当加入诱导物后，仅仅产生一种酶，称为单一诱导，这种情况是比较少见的。有的是加入诱导物后，能够同时或几乎同时诱导几种酶合成。例如，将乳糖加入培养基后，可同时诱导大肠杆菌合成 3 种酶：β-半乳糖苷酶、β-半乳糖苷透性酶和半乳糖转乙酰基酶。这种诱导方式称为协同诱导。协同诱导作用主要存在于短的代谢途径中。

另外，也存在顺序诱导酶的合成。在这种诱导方式中，诱导物先诱导合成分解底物的酶，再依次合成分解各中间代谢物的酶。在顺序诱导中，又具有一些不同的方式。有的是同一个物质既可诱导合成催化前一个反应的酶，又诱导合成催化后一个反应的酶；有的是底物诱导合成催化底物分解的酶，再由此酶催化底物分解的中间产物作为诱导物诱导催化后续反应的酶的合成。

这些诱导方式的多样性，是生物适应环境的能力不断加强而形成的。一般说来，顺序诱导是一种对更复杂的代谢途径进行分段调节的手段。因为一个代谢途径的所有酶所起作用的大小是不等的，有的酶特别重要，因为它催化产生的产物可能形成不止一种终产物。因此，存在不同的诱导方式，不需要时就不诱导合成，这是诱导酶合成的另一种经济形式。

二、酶合成的阻遏作用

在微生物细胞内的代谢中（常指合成代谢），当某终产物过量时，除可通过反馈抑制的方式抑制关键酶的活性而减少终产物的积累外，还可通过阻遏作用，阻遏代谢途径中关键酶的进一步合成，以降低终产物的合成量。有的代谢途径仅具有反馈抑制的调节方式，有的仅具有反馈阻遏的方式，有的则是两者均具备，对代谢起着更有效的调节作用。

阻遏作用主要有两种方式。

1. 终产物阻遏——反馈阻遏

酶合成的反馈阻遏（feedback repression），是指细胞内代谢途径的终产物或某些中间产物的过量积累，阻止代谢途径中某些酶合成的现象。这种阻遏作用是比较普遍而重要的。例如，在大肠杆菌的天冬氨酸族氨基酸合成中，终产物苏氨酸和甲硫氨酸对关键酶天冬氨酸激酶有较强的反馈抑制作用，而另一终产物赖氨酸对这个酶却具有较强的反馈阻遏作用。也就是说，当细胞内赖氨酸积累过量时，它阻遏天冬氨酸激酶的合成；当赖氨酸用于蛋白质合成，使细胞内赖氨酸浓度降低到一定水平后，对天冬氨酸激酶合成的阻遏作用解除。于是天冬氨酸激酶基因又表达，合成该酶，它再催化天冬氨酸转化为赖氨酸；当赖氨酸浓度升高到一定浓度，再次发生阻遏作用。因此，赖氨酸（终产物）是调节天冬氨酸激酶基因活性的调节物。

终末产物反馈阻遏的作用部位，主要是代谢途径中的第一个酶，或相关联的几个酶。在分支代谢途径中，反馈阻遏常常发生在分支后的第一个酶。有的分支途径的终产物对共同途径的第一个酶及分支后的第一个酶都具有反馈阻遏作用。

2. 分解代谢物阻遏

将大肠杆菌培养在含乳糖的培养基上，大肠杆菌不能立即利用乳糖，必须经过一段停顿时间后才加以利用。这是由于分解乳糖的酶 β-半乳糖苷酶必须经过乳糖诱导后才能生成。如果将大肠杆菌培养在既含葡萄糖又含乳糖的培养基上时，细菌要将葡萄糖用完后才能利用乳糖，就是说葡萄糖的存在对乳糖的诱导有抑制作用。经研究发现，这种抑制作用还不是葡萄糖本身引起的，而是葡萄糖分解代谢产生的某些中间物对 β-半乳糖苷酶的诱导生成有阻遏作用。这种现象称为葡萄糖效应（glucose effect）。

实际上，这种分解代谢物对某些酶的诱导合成产生阻遏作用，不仅限于葡萄糖，在微生物代谢中是比较普遍的。在含氮化合物的分解代谢中也有这种现象。例如，有铵离子存在时，精氨酸的利用受到阻遏。因此，将这一类阻遏统称为分解代谢物阻遏（catabolite repression）。

分解代谢物阻遏是指微生物在有优先可被利用的底物时，其它一些物质的分解途径受到抑制，这是因为某些分解代谢产物阻遏了利用这些物质的酶的生成。在培养基中如果含有多种可被利用的底物时，不是同时诱导分解各种底物的酶，而是在第一种可被利用的底物耗尽后才利用第二种底物，产生分解第二种底物的酶。细胞总是优先利用易于分解的底物，难于利用的底物最后利用。这种调节方式具有明显的生理意义：如果环境中存在易于利用的物质，微生物就不必将大量的代谢能量消耗于合成那些效果不佳的其他酶系。所以，分解代谢物阻遏对酶的诱导合成具有调节作用。

在工业生产上常采用一些必要的手段避免分解代谢物的阻遏作用。如在青霉素发酵中利用乳糖代替葡萄糖可以提高青霉素的产量，在用嗜热脂肪芽孢杆菌（*Bacillus stearothermophilus*）生产淀粉酶时，用甘油代替果糖可提高淀粉酶产量。

酶合成的阻遏作用除上述方式外，还有其他方式，如自身阻遏等。

三、诱导与阻遏的机制

1. 操纵子学说——原核基因表达的模型

一个染色质 DNA 上含有许多基因，从基因表达的角度而言可分为结构基因和调控基因。结构基因是指决定蛋白质结构的基因，即这部分 DNA 上的脱氧核苷酸顺序决定了相应蛋白质的氨基酸顺序。此外，决定各种 RNA（tRNA、rRNA 等）分子中核苷酸顺序的基因也称为结构基因。调控基因指的是 DNA 上对结构基因表达起调节控制的一些基因，这些基因有的并不产生蛋白质（如启动基因、操纵基因等），有的要产生具有特定结构的蛋白质（如调节基因），这种蛋白质对调节结构基因表达起重要作用。

酶合成的诱导与阻遏是怎样进行调节的？这就涉及基因表达的调控机理。1961 年 Monod 和 Jacob 提出了操纵子（operon）的概念。指出一个操纵子就是 DNA 分子中在结构上紧密连锁、在信息传递中以一个单位起作用而协调表达的遗传结构，也就是能够决定一个独立生化功能的相关基因表达的调节单位。它包括下列几种基因（图 13-4）。

结构基因（S，structure gene）：决定蛋白质结构的基因，是操纵子的信息区。一个操纵子

图 13-4　操纵子模型及相关基因

常含有多个结构基因，通常彼此连锁，共同转录在一条 mRNA 链上，构成多顺反子。但有的操纵子的结构基因并不连在一起，如大肠杆菌有关精氨酸合成的 8 个结构基因分处于 5 个不同部位，但都为同一个操纵基因所控制。

启动基因（P，promoter）：即启动子，是基因转录时 RNA 聚合酶首先结合的区域。

操纵基因（O，operator）：是调节基因产生的一种特异蛋白质（阻遏蛋白或激活蛋白）结合的区域。操纵基因位于启动子和结构基因之间，常与启动子有部分重叠。如果操纵基因与阻遏蛋白结合，结构基因就不能表达，基因处于关闭状态。

终止基因（T，termination gene）：即终止子，转录的终止信号。

调节基因（R，regulator gene）：是调节控制操纵子结构基因表达的基因，这种调节控制是通过它表达的产物来实现的。调节基因编码合成参与基因表达调控的 RNA 和蛋白质。调节基因有自己转录的启动子（R_P）和终止子（R_T）。

一个操纵子包括启动基因、操纵基因、结构基因和终止基因，通常不将调节基因包括在操纵子内。因为除了在多数情况下一个调节基因控制一个操纵子外，还存在更为复杂的调节系统。例如，在组氨酸合成系统中，有 1 个操纵子和 5 个调节基因；在精氨酸合成的调节系统中恰恰相反，有 5 个操纵子和 1 个调节基因，即调节基因同时控制 5 个操纵子的协同表达。在这种情况下，将这几个结构上分开的、协同表达的功能单位，称为调节子（regulon）。

调节基因表达产生一种与 DNA 特定位点相互作用特异蛋白，既能以正调控的方式（启动或增强基因表达活性）调节靶基因，称为激活蛋白；也能以负调控的方式（关闭或降低基因表达活性）调节靶基因，称为阻遏蛋白（或阻遏物，repressor）。阻遏蛋白是一种变构蛋白，其分子上有两个特异部位，一个部位能同操纵子中的操纵基因结合，另一个部位能同诱导物或辅阻遏物（共阻遏物，corepressor）结合。诱导物和辅阻遏物统称为效应物（effector）或调节物（modulator）。阻遏物同操纵基因及效应物的结合都是专一的、可逆的。

如果调节基因的产物阻遏蛋白同操纵基因结合，由于空间位阻效应使 RNA 聚合酶不能发挥作用，基因即关闭，结构基因不能表达，此时称为操纵子处于阻遏状态；相反，阻遏蛋白脱离了操纵基因，不与操纵基因结合，此时结合于启动子的 RNA 聚合酶即可沿模板滑动，结构基因得以表达，称为去阻遏作用（或消阻遏作用）（图 13-5）。

由此可见，操纵子的基因表达与否取决于阻遏蛋白是否同操基因结合。那么，什么因素来决定阻遏蛋白的状态呢？这由效应物来决定。当诱导物（常常是分解代谢反应的底物）同阻遏蛋白结合后，阻遏蛋白构象改变，于是就不能再与操纵基因结合，操纵子处于去阻遏状态，基因得以表达。与此相反，辅阻遏物（常常是合成代谢反应的终产物）同阻遏蛋白结合后，能促进阻遏蛋白同操纵基因结合，操纵子处于阻遏状态，于是关闭结构基因的表达。凡是促进基因表达的因素，称为正调控因子（如诱导物），凡是阻遏基因表达的因素，称为负调控因子（如阻遏物、辅阻遏物）。

从基因表达调节的角度而言，操纵子可分为可诱导操纵子和可阻遏操纵子两类。

2. 可诱导操纵子——分解代谢基因表达的调节

可诱导操纵子（inducible operon）通常情况下基因是关闭的，即阻遏物处于活性状态，它

图 13-5　操纵子的阻遏状态与去阻遏状态
(a) 阻遏状态；(b) 去阻遏状态

同操纵基因紧密地结合着。如有分解代谢反应的底物存在时，它作为诱导物与阻遏物结合，改变了阻遏物的构象，不再能与操纵基因结合而脱离，这时结合于启动子上的 RNA 聚合酶即可沿模板滑动，转录结构基因，合成 mRNA，进而翻译成酶，以分解代谢底物。

　　大肠杆菌乳糖操纵子（Lac operon）是最早发现的一个可诱导操纵子，它有 3 个结构基因，可产生 3 种酶，将乳糖分解。*lac Z* 基因决定 β- 半乳糖苷酶（β-galactosidase）的结构，它将乳糖分解成半乳糖和葡萄糖；*lac Y* 基因决定半乳糖苷透性酶（galactoside permease）的结构，它促进乳糖透过大肠杆菌的质膜，控制乳糖进入菌体的速度；*lac A* 基因决定半乳糖苷乙酰基转移酶（galactoside acetyltransferase）的结构，它的功能还不清楚，在体外可催化乙酰 CoA 的乙酰基转移到硫代半乳糖苷的 C6 羟基上。这 3 个结构基因紧密连锁，基因表达时转录为一个 mRNA（多顺反子转录），同时合成 3 个酶。乳糖操纵子的结构见图 13-6（图中数字为各个基因的核苷酸数）。控制乳糖操纵子的调节基因习惯上用 *lac I* 表示，编码阻遏蛋白，以四聚体为其活性形式。

图 13-6　乳糖操纵子
Pi—调节基因的启动子；I—调节基因；P—启动基因；O—操纵基因；
Z—β-半乳糖苷酶基因；Y—半乳糖苷透性酶基因；A—半乳糖苷乙酰基转移酶基因

　　在通常情况下，乳糖操纵子处于阻遏状态，操纵基因 *lac O* 同阻遏蛋白四聚体结合着。由于操纵基因与启动子 *lac P* 有部分重叠，当阻遏蛋白同操纵基因结合时，RNA 聚合酶就不能同启动子结合，因而 3 个结构基因不能表达。如果向培养基中加入乳糖，乳糖作为诱导物与阻遏蛋白结合，引起阻遏蛋白变构，结合有乳糖的阻遏蛋白，与操纵基因的亲和力大大降低，因而脱离 DNA，RNA 聚合酶即可结合到启动子上起始转录，沿模板滑动，使 3 个结构基因得以表达，同时合成 3 个酶，从而将乳糖分解。所以乳糖操纵子具有协同诱导作用。当乳糖被逐渐消耗，甚至结合在阻遏蛋白上的乳糖也被分解后，阻遏蛋白恢复活性形式，重新与操纵基因结合，操纵子又再次处于阻遏状态。

　　进一步研究发现，乳糖不是乳糖操纵子的真正诱导物，真正起诱导作用的是别乳糖 [D-葡萄糖 β（1→6）半乳糖苷]。作为 β-半乳糖苷酶的底物，乳糖在细胞内可转变为别乳糖。此外，与乳糖结构类似的一些化合物也具有诱导作用，特别是经常用于乳糖操纵子研究的 β-D-硫代异丙基半乳糖苷（isopropyl β-D-1-thiogalactoside，IPTG），其诱导效率比乳糖大 1000 倍。

別乳糖　　　　　　　　　　　IPTG

　　乳糖或类似物不是使乳糖操纵子活化的唯一因素，乳糖操纵子的活化还需要 cAMP 及一种特异蛋白质，这种蛋白质称为降解物基因活化蛋白（catabolite gene activator protein，CAP）或环腺苷酸受体蛋白（cAMP receptor protein，CRP），它是由位于调节基因之前的 CAP 基因编码的。在调节基因 lac I 与启动子 lac P 之间存在一个 cAMP-CAP 结合位点，当 cAMP 同 CAP 结合后，此复合物结合于该位点，可促进 RNA 聚合酶的结合，并对转录加速。因此，对乳糖操纵子而言，cAMP 和 CAP 都是正调控因子（图 13-7）。葡萄糖饥饿信号可转化为胞内 cAMP 浓度，通过 CAP 传递给操纵子，使细菌在缺乏葡萄糖的环境中能利用其他碳源。

图 13-7　葡萄糖利用对乳糖操纵子的影响

　　葡萄糖存在时抑制乳糖的诱导作用（葡萄糖效应），是由于葡萄糖的分解代谢物可抑制腺苷酸环化酶活性，并激活 cAMP-磷酸二酯酶及 cAMP 透性酶活性，这 3 个酶活性的变化最终导致细胞内的 cAMP 浓度降低，CAP 失去对乳糖操纵子的正调控作用，从而使乳糖操纵子的转录活性降低。这便是分解代谢物阻遏的机理。

大肠杆菌中一些可诱导操纵子见表 13-6。

表 13-6　E.coli 中可诱导操纵子

操　纵　子	代　　号	结构基因数	所产酶的功能
乳糖操纵子	Lac	3	β-半乳糖苷的水解和转运
半乳糖操纵子	Gal	3	将半乳糖转变成 UDPG
阿拉伯糖操纵子	Ara	5	将 L-阿拉伯糖转变成 D-木酮糖
组氨酸利用操纵子	Nut	4	将组氨酸转变为谷氨酸和甲酰胺
麦芽糖调节子	Mal	7	麦芽糖的转运和分解

3. 可阻遏操纵子——合成代谢基因表达的调节

可阻遏操纵子（repressible operon）通常情况下是开放的，即阻遏蛋白处于失活状态，不能同操纵基因结合。当合成代谢的终产物积累，它作为辅阻遏物与阻遏蛋白结合，并使其发生构象改变，变构后的阻遏蛋白与操纵基因的亲和力增大，于是同操纵基因结合，将操纵子关闭。这便是合成代谢的终产物反馈阻遏机制。辅阻遏物通常是操纵子结构基因编码的酶所催化的代谢产物。

色氨酸操纵子（Trp operon）是色氨酸合成的调节功能单位。芳香族氨基酸的合成是一个分支代谢途径，从原料 4-磷酸赤藓糖和磷酸烯醇式丙酮酸开始，到生成分支酸（chorismate），是共同途径。从分支酸分成 3 个途径分别合成苯丙氨酸、酪氨酸和色氨酸。从分支酸到色氨酸有 5 步反应，5 个酶催化。色氨酸操纵子含有 5 个结构基因，分别编码这 5 个酶。控制色氨酸操纵子的调节基因（trp R）与色氨酸操纵子并不连锁，相隔较远（图 13-8）。

图 13-8　色氨酸操纵子

由 trp R 基因所产生的阻遏蛋白并无阻遏作用，当其与色氨酸（实际为 Trp-tRNA^{Trp}）结合后才能结合于操纵基因 trp O 上，使转录降低 98.6%。除了阻遏作用外，色氨酸操纵子还有第二水平控制。操纵基因与第一个结构基因之间有一个 L 基因（leader gene），trp L 上有一个可以与 Trp-tRNA^{Trp}结合的位点，称为弱化子或衰减子（attenuator），此位点具有特殊二级结构，为不依赖 ρ 因子的终止子，可终止转录，若 Trp-tRNA^{Trp}与此部位结合，可使转录降低 90%，称为衰减作用。阻遏和衰减作用都在转录水平上进行调节，阻遏控制转录的起始，衰减作用是在翻译水平控制转录的延伸。这两级调节总共可使转录降低 99.5%。

大肠杆菌中一些可阻遏操纵子见表 13-7。

表 13-7　E.coli 中可阻遏操纵子

操　纵　子	代　　号	结构基因数（编码酶数）	所产酶的功能
色氨酸操纵子	Trp	5（3）	将分支酸转变成色氨酸
苯丙氨酸操纵子	Phe	2（2）	从分支酸合成苯丙氨酸
苏氨酸操纵子	Thr	4（4）	从天冬氨酸合成苏氨酸

操纵子	代　号	结构基因数（编码酶数）	所产酶的功能
亮氨酸操纵子	Leu	4（3）	从 α-酮异戊酸合成亮氨酸
异亮氨酸操纵子	Ilu	8（7）	从苏氨酸合成异亮氨酸和缬氨酸
组氨酸操纵子	His	9（10）	组氨酸的全程合成
精氨酸调节子	Arg	9（8）	从谷氨酸合成精氨酸
嘧啶调节子	Pyr	8（7）	UTP 全程合成
生物素操纵子	Bio	6（5）	将葡萄糖转变为生物素

第四节　代谢调控在工业上的实践意义

研究生物代谢调控的最终目的，是根据生物自身对代谢的调节控制规律来改造生物，设计产品，防治疾病，也可为一些现代工业生产的程序化、自动化提供借鉴。特别是在发酵工业中，对代谢调控的研究至少在两方面作出了贡献：①为人工诱变筛选高产优质菌株提供了理论依据，并已选育出一些优良菌株；②为人工控制代谢途径创造了条件，从而提高了一些发酵产品的产量和质量。

一、酶活性调节在工业上的应用

在正常细胞内，每种物质代谢由于都有其合理的调控机制，其中间产物和终产物不会积累。若要选育某种代谢物高度积累的菌株，必须破坏或解除原有的调控体系并建立新的调节机制。为此通常采取下列措施：①降低终产物浓度，以解除反馈抑制及反馈阻遏；②改变敏感的酶（关键酶）和酶生成的机制，使其发生脱敏作用；③改变细胞膜透性，以使所需产物不断转运到细胞外；④控制发酵条件（搅拌速率、pH、溶氧、温度和 CO_2），以利于所需产品的生成。

在实践中，常使用营养缺陷型（auxotroph），这是指微生物的一类突变型，失去合成某种营养成分（如氨基酸、核酸或维生素等）的能力，只有在基本培养基中加入所缺乏的生长因子才能生长，而野生型不加这种生长因子就能生长。微生物的营养缺陷型有天然的，但更常用人工诱变育种筛选。

1. 降低终产物浓度——解除反馈抑制

降低终产物浓度可以解除终产物对合成途径的反馈抑制或反馈阻遏作用，有利于某些中间产物或最终产物的积累，从而实现过剩生产。这种方法用于简单代谢途径和分支代谢途径。

（1）鸟氨酸发酵　鸟氨酸（ornithine）是精氨酸合成途径的中间产物。在正常的合成过程中，谷氨酸经 5 步反应生成鸟氨酸，鸟氨酸再由鸟氨酸转氨甲酰酶（ornithine transcarbamylase）催化生成瓜氨酸（citrulline），再经过一系列反应最后生成精氨酸。在这个途径中终产物精氨酸对关键酶 N- 乙酰谷氨酸激酶（N-acetylglutamate kinase；又称 N-乙酰谷氨酸-5-磷酸转移酶，N-acetylglutamate-5-phosphotransferase）有反馈抑制作用（图 13-9），因此鸟氨酸不可能大量积累。但利用人工诱变筛选出的谷氨酸棒杆菌（Corynebacterium glutamicum）瓜氨酸营养缺陷型菌株，由于该菌株鸟氨酸转氨甲酰酶缺陷，所以不能合成瓜氨酸，也就没有终产物精氨酸的积累，解除了它的反馈。只要供给少量的瓜氨酸或精氨酸

谷氨酸
↓
N-乙酰谷氨酸
↓　┄→ N-乙酰谷氨酸-5-P-转移酶
N-乙酰谷氨酰磷酸
↓
N-乙酰谷氨酸半醛
↓
N-乙酰鸟氨酸
↓
鸟氨酸
↓
瓜氨酸
↓
精氨酸代琥珀酸
↓
┄┄┄ 精氨酸

图 13-9　精氨酸合成的反馈抑制

以保证细菌生长，就能不断积累鸟氨酸。

（2）肌苷酸发酵　肌苷酸（inosine monophosphate，IMP）是嘌呤核苷酸合成的中间产物，在正常情况下，由于这个分支代谢的终产物 AMP 和 GMP 对此合成途径中的第一个酶 PRPP 酰胺转移酶（5-phosphoribosyl-1-pyrophosphate transamidase）和分支点后的第一个酶 AMPS 合成酶（adenylosuccinate synthetase）及 IMP 脱氢酶（inosine phosphate dehydrogenase）有反馈抑制和反馈阻遏作用（图 13-10），所以不会有肌苷酸的积累。

图 13-10　嘌呤核苷酸合成的调节

在肌苷酸生产中曾选用产谷氨酸棒杆菌的一个腺嘌呤缺陷型菌株，这种突变型菌株缺乏 AMPS 合成酶，因而 AMP 合成受阻，解除了 AMP 的反馈抑制和阻遏作用。这种菌株在每升发酵液中能积累肌苷酸 1g。再从这个菌株出发又筛选出腺嘌呤、甲硫氨酸、组氨酸等几种缺陷型菌株，使肌苷酸产量提高到 5g/L。

利用营养缺陷型菌株生产时，如果完全缺乏也是不行的。如完全缺乏 AMP，腺嘌呤缺陷菌株虽解除了反馈抑制，但由于 RNA 合成受阻，细菌将不能生长。因此，在肌苷酸发酵时，必须加入一定量的 AMP，这个外加的 AMP 的量不可过多（足量 AMP 产生反馈抑制），一般少于最适量的量，即"亚适量"为最好。

IMP 代谢的另一支路的终产物 GMP 对 IMP 脱氢酶及 PRPP 酰胺转移酶有反馈抑制作用。如果在培养基中加入某种特异抑制 IMP 脱氢酶的化学物质（如 8-氮杂鸟嘌呤），则 IMP→XMP 被切断，GMP 不能生成，又解除了 GMP 的反馈抑制，可使 IMP 进一步积累。现在用类似的方法已从产氨短杆菌（*Brevibacterium ammoniagenes*）中选育出 IMP 产量达 15g/L 的菌株。

（3）赖氨酸发酵　天冬氨酸合成苏氨酸、甲硫氨酸和赖氨酸的途径中，3 种终产物氨基酸对第一个酶天冬氨酸激酶（aspartic acid kinase，AK）具有反馈抑制及反馈阻遏作用（图 13-11）。赖氨酸生产中采用谷氨酸棒杆菌的高丝氨酸缺陷型。这个菌株的高丝氨酸脱氢酶失活，不能合成高丝氨酸，因而苏氨酸和甲硫氨酸的量很少，解除了它们对关键酶 AK 的反馈抑制和阻遏作用，从而有利于另一个终产物赖氨酸的积累。只要给予亚适量的苏氨酸、甲硫氨酸或高丝氨酸，使这种突变型菌株能正常生长就可以积累大量的赖氨酸。

图 13-11　赖氨酸、苏氨酸及甲硫氨酸合成的调节

2. 利用抗代谢产物类似物——关键酶的脱敏作用

所谓代谢产物类似物是指其结构与代谢产物结构类似的化合物。如嘌呤的类似物有 6-巯基嘌呤、2,6-二氨基嘌

吟、6-氯化嘌呤等。嘧啶的类似物如 5-溴尿嘧啶、5-氟尿嘧啶等。这些代谢产物类似物在合成过程中往往起反馈抑制作用。用人工诱变的方法可以获得对这些抑制物（代谢产物类似物）有抵抗力的菌株（即抗代谢产物类似物变异株）。这些突变株的酶降低了对产物抑制和阻遏的敏感性，但仍具有催化特性（即发生了脱敏作用），这就避免了终产物的反馈抑制（或阻遏）。实际上工业使用的生产菌具有营养缺陷型变异和代谢产物类似物抗性变异双重变异，是通过大量的育种得到的，这种营养缺陷与改变调节酶（关键酶）性质相结合的方法，比单纯使用营养缺陷型更有效。因为改变调节酶的性质使其脱敏，只需找到它的反馈物（代谢产物）的类似结构物即可专一地突变调节酶，从而解除欲积累的代谢物对此调节酶的反馈抑制（或阻遏）作用。

例如，将产氨短杆菌 KY13102 涂布在含有 6-巯基嘌呤的培养基上，进行平皿分离，即可分离出一种对 6-巯基嘌呤有抵抗力的变异株，此变异株就可以积累大量肌苷。

在氨基酸发酵中，用上述类似的方法，或用抗代谢产物类似物与降低终产物浓度相结合的方法，选育出多种抗氨基酸类似物突变株（见表 13-8），不同程度地提高了氨基酸的产量。黄色短杆菌（*Brevibacterium flavum*）经诱变处理后用赖氨酸结构类似物 S-（β-氨基乙基）-L-半胱氨酸（AEC）及琥珀酸为唯一碳源进行定向育种，获得调节突变型 L-赖氨酸高产菌，赖氨酸产量达 80g/L。α-氨基-β-羟基己二酸（AHV）是 L-苏氨酸的结构类似物，能抑制谷氨酸棒杆菌的生长；获得 AHV 存在下能够生长的变异株，天冬氨酰激酶和高丝氨酸脱氢酶因发生变异不再受苏氨酸的反馈抑制，可用作苏氨酸的生产菌。

表 13-8　诱变氨基酸产生菌的结构类似物

终 产 物	结 构 类 似 物	微 生 物
酪氨酸	对-氟苯丙氨酸	大肠杆菌（*Escherichia coli*）
酪氨酸	D-酪氨酸	枯草杆菌（*Bacillus subtilis*）
苯丙氨酸	对-氟苯丙氨酸	枯草杆菌（*B. subtilis*）
苯丙氨酸	β-2-噻嗯丙氨酸	大肠杆菌（*E. coli*）
色氨酸	5-甲基色氨酸	大肠杆菌（*E. coli*）
组氨酸	噻唑丙氨酸	谷氨酸棒杆菌（*Corynebacterium glutamicum*）
组氨酸	联氨咪唑丙酸	大肠杆菌（*E. coli*）
精氨酸	D-精氨酸、精胺羟肟酸	谷氨酸棒杆菌（*C. glutamicum*）
精氨酸	刀豆氨酸	大肠杆菌（*E. coli*）
苏氨酸	α-氨基-β-羟基己二酸、硫代赖氨酸、硫代异亮氨酸	谷氨酸棒杆菌（*C. glutamicum*）
缬氨酸	正亮氨酸	大肠杆菌（*E. coli*）
脯氨酸	3，4-脱氢脯氨酸	大肠杆菌（*E. coli*）
甲硫氨酸	正亮氨酸	大肠杆菌（*E. coli*）
甲硫氨酸	乙硫氨酸	酿酒酵母（*Saccharomyces cerevisiae*）
亮氨酸	三氟亮氨酸、甲代丙烯亮氨酸	粗糙脉孢霉（*Neurospora crassa*）
异亮氨酸	缬氨酸	大肠杆菌（*E. coli*）

3. 增大细胞膜通透性——使代谢产物易于转运到胞外

细胞膜对物质的通过具有选择性，细胞内的产物不能随意通过细胞膜而分泌到细胞外，如果一些代谢产物过多的积累，不能分泌到胞外，必然产生反馈抑制而影响进一步生成。所以，在生产实践中除了注意筛选细胞膜通透性强的野生菌株外，更要控制发酵条件，以增大细胞膜的通透性。

（1）谷氨酸发酵的控制　在谷氨酸生产中，目前主要是设法控制细胞膜组分磷脂的合成，从而影响细胞的通透性。在谷氨酸发酵中，生物素的量对谷氨酸的生产有较大影响。生物素过量时，胞外谷氨酸的量很少，只有将生物素控制在亚适量时，才能使细胞膜的通透性增大，谷氨酸不断分泌到胞外。

生物素影响细胞膜的通透性，是由于生物素影响磷脂的合成。生物素是乙酰CoA羧化酶 (acetyl-CoA carboxylase) 的辅酶，此酶是脂肪酸合成的关键酶。控制生物素的量，必然影响该酶的活性，从而影响脂肪酸的合成。细胞膜磷脂的合成需要脂肪酸，因此进一步影响磷脂的合成，细胞膜的通透性就发生了变化。

应用谷氨酸产生菌油酸缺陷型菌株在限量添加油酸的条件下，也能使谷氨酸分泌到细胞外，提高谷氨酸产量。这是由于油酸是细菌磷脂合成的重要脂肪酸。由于油酸缺陷型菌株不能合成油酸，结果就影响了细胞膜的完整性，增大了细胞膜的通透性，谷氨酸易于分泌到细胞外。

在谷氨酸生产中，如果发酵液中生物素含量高，添加适量青霉素也可以提高谷氨酸产量。这是因为青霉素抑制了细胞壁肽聚糖合成中的转肽酶活性，从而影响了细胞壁的正常合成。由于细胞没有完整的细胞壁保护细胞膜，经不起细胞压力的作用，使得胞内物质的分泌量增大，从而提高谷氨酸产量。

如果采用解烃棒杆菌 (Corynebacterium hydrocarboclas) 的甘油缺陷型菌株来生产谷氨酸，也可以提高谷氨酸的产量。这是由于该菌株的 α-磷酸甘油脱氢酶缺陷，不能合成甘油，这也限制了磷脂的正常合成。在限量添加甘油时，其细胞的磷脂含量仅为野生型的 50% 以下，其谷氨酸产量可达 72g/L。

此外，还可利用表面活性剂、高级脂肪酸、甘油等物质，其目的都是干扰细胞膜磷脂的正常合成，从而改变质膜的结构，增大其通透性。

(2) 核苷酸发酵中锰离子对细胞通透性的影响　利用产氨短杆菌生产肌苷酸的发酵中，Mn^{2+} 浓度对肌苷酸的产量有重要影响。Mn^{2+} 过高，细菌生长良好，但并不合成肌苷酸。因此，控制发酵液中 Mn^{2+} 浓度，成为肌苷酸生产中的关键。

Mn^{2+} 过量时，5-磷酸核糖与两种短路合成的酶——PRPP 激酶和核苷酸焦磷酸化酶留在菌体内；Mn^{2+} 限量时，短路合成的酶分泌到胞外，在胞外催化 5-磷酸核糖、PRPP 与碱基结合形成核苷酸。

Mn^{2+} 限量时菌体内脂肪酸显著减少。说明 Mn^{2+} 浓度变化改变细胞膜通透性，可能与生物素类似，是由影响磷脂合成而影响细胞膜的通透性。因此在肌苷酸生产中应尽量降低发酵液中的 Mn^{2+} 浓度。

在发酵工业上所用的原料和工业用水往往含有较多的 Mn^{2+}，而产氨短杆菌对 Mn^{2+} 十分敏感 ($10\mu g/L$)。因此，如何消除 Mn^{2+} 的影响，是肌苷酸生产中必须解决的问题。现有工艺上曾采取了一些措施，如在发酵液中添加链霉素、丝裂霉素等抗生素，或添加阳离子表面活性剂 (如聚氧化乙烯硬脂酰胺等)，可降低 Mn^{2+} 的影响。

4. 控制发酵条件——使产品定向生成

在微生物的发酵过程中，发酵条件既影响菌体的生长，又影响代谢产物的生成。不同发酵条件可得到不同产物。如在酵母菌的酒精发酵中，通过控制通气条件、培养基的成分 (添加亚硫酸氢钠) 及 pH 值等，可以使酒精发酵转变为甘油发酵，产物为甘油而酒精。

在谷氨酸发酵中，由于发酵条件不同，由细菌的代谢途径改变或代谢调节的变化，会产生不同的代谢产物。例如：

$$乳酸或琥珀酸 \underset{\text{通气不足}}{\overset{\text{适量通气}}{\rightleftharpoons}} 谷氨酸$$

$$\alpha\text{-酮戊二酸} \underset{NH_4^+\text{缺乏}}{\overset{NH_4^+\text{适量}}{\rightleftharpoons}} 谷氨酸 \underset{NH_4^+\text{适量}}{\overset{NH_4^+\text{过量}}{\rightleftharpoons}} 谷氨酰胺$$

$$谷氨酰胺，N\text{-乙酰谷氨酰胺} \underset{\text{酸性}}{\overset{\text{pH中性，微碱性}}{\rightleftharpoons}} 谷氨酸$$

$$缬氨酸 \underset{磷酸过量}{\overset{磷酸适量}{\rightleftharpoons}} 谷氨酸$$

$$乳酸或琥珀酸 \underset{生物素过量}{\overset{生物素亚过量}{\rightleftharpoons}} 谷氨酸$$

在发酵条件的控制中，应考虑几个原则：①培养基的营养成分是微生物生长的基础，必须考虑菌体生长的必需条件；②要求有利于代谢产物的积累，比如要尽量避免使用会发生分解代谢物阻遏的营养成分；③应考虑生产的经济成本，以利于工业生产应用。

在工业生产中，通常采取下列几种措施。

（1）使用混合碳源　混合碳源中有一部分是能够被快速利用的碳源，它有利于菌体的生长；另一部分是缓慢利用的碳源。它有利于产物的积累。在碳源的选择中，需要考虑碳源原料的成本。例如，在青霉素生产中，如果仅用乳糖作碳源，虽能提高青霉素发酵单位，但成本太高。如果采用葡萄糖与乳糖以适当比例组成的碳源，就可以既提高青霉素产量，又降低生产成本。又比如用甘油代替果糖培养嗜热脂肪芽孢杆菌（*Bacillus stearothermophilus*）可以提高淀粉酶产量，用甘露糖代替半乳糖培养荧光假单胞菌（*Pseudomonas fluorescens*）可以提高纤维素酶活力，同时降低生产成本。

（2）应用流加法　对碳源及其他营养成分用流加的方法，或用恒化器连续培养，能使发酵顺利进行。例如，用流加方法将葡萄糖加入发酵液，可提高纤维素酶的产量。

（3）加入前体法　在发酵液中添加代谢产物前体或代谢途径的某中间产物，绕过反馈抑制，可以提高产品产量。例如，用异常汉逊氏酵母（*Hansenula anomala*）进行色氨酸发酵时，关键酶 3-脱氧-2-酮-D-阿拉伯庚酮糖酸合成酶受色氨酸的反馈，但如果加入处于此酶催化反应之后的中间物邻氨基苯甲酸，即绕过了反馈抑制的步骤，使色氨酸不断地合成。在黏质沙雷氏菌（*Serratia marcescens*）的异亮氨酸发酵中添加 D-苏氨酸是同样原理，绕过 L-异亮氨酸对 L-苏氨酸脱氨酶的反馈抑制，用 D-苏氨酸由 D-苏氨酸脱氨酶催化，同样可转变成中间物 α-酮丁酸，进一步合成 L-异亮氨酸。

二、酶合成调节在工业上的应用

在正常细胞中之所以没有各种代谢物的过量积累，是因为正常细胞有完善的调控系统。在基因表达中，有完善的调控基因的调节作用。如果破坏了这种调控关系，就能导致某些酶及其催化产物的过量积累。例如，破坏基因表达的某些负控制因素，或激活某些正控制因素，就能达到此目的。办法是筛选某些调控基因有改变的突变株，或引进额外的新基因。

1. 筛选调控基因突变的突变株——解除阻遏作用

野生型菌通过诱变处理，可以使调节基因突变，这种突变株不需要诱导物就能合成大量的酶。也可以在反应中降低产物或分解代谢物的浓度，以解除其阻遏作用。

例如，野生型大肠杆菌的 β-半乳糖苷酶量很少，必须有乳糖的诱导才能大量合成，如果其乳糖操纵子的调节基因突变，不需乳糖（或其类似物）的诱导，也有大量 β-半乳糖苷酶的生成，称为组成型突变。筛选组成型突变株的方法是：将大肠杆菌涂布在含有低浓度诱导物 IPTG（异丙基硫代半乳糖苷）的培养皿中，从低浓度一直降到无 IPTG 的培养物，选出那些在无 IPTG 下能存活的菌株，经繁殖再测其 β-半乳糖苷酶活性，即可选出高产的突变株，其 β-半乳糖苷酶产量为细胞总蛋白的 1/4。

用类似的方法，也可以筛选出抗终产物反馈阻遏的突变型菌株。如用亮氨酸类似物三氟亮氨酸筛选出抗亮氨酸反馈阻遏的突变株，其合成亮氨酸酶的产量比野生型增加 10 倍。抗刀豆氨酸的突变株，其精氨酸合成酶的产量增加 30 倍。

2. 增加遗传单位的数量和种类——提高基因表达能力

利用基因工程技术（见第十四章）或基因转导技术，可以改变工程发酵菌的遗传结构，增加某些遗传单位的数量或种类，可以提高结构基因表达的活力，增加基因产物的产量。例如，在基因表达的调控区，引入新的启动子，或引入与 RNA 聚合酶具有高亲和力的强启动子，可以加快转录的速率。利用此法曾使大肠杆菌 6-磷酸葡萄糖脱氢酶的产量提高 6 倍。又如，将携带有某些细菌酶结构基因的噬菌体 λ 或 φ80 引入大肠杆菌染色体 DNA 上，这些新引入的结构基因能同大肠杆菌 DNA 一起复制，同样表达，因而使细菌内的遗传数量增加，可以提高酶的产量。如引入不同的结构基因，则可得到不同产物。利用基因工程技术构建新的氨基酸工程菌，已使比较难于发酵生产的色氨酸和苏氨酸产量大大提高。

习　题

1. 用对或不对回答下列问题。如果不对，请说明原因。

(1) 酶活性对代谢的调节比酶量的调节来得快，但没有酶量调节持久。

(2) 在反馈调节中，所有途径的终产物都是作用于第一个酶。

(3) 酶的化学修饰有共价键的变化，而酶的变构作用只有次级键的变化。

(4) 可诱导操纵子通常情况下结构基因都是开放的，有诱导物存在时，激活了阻遏物，从而使基因表达。

(5) 在糖酵解中，ATP 过量首先是反馈抑制磷酸果糖激酶，然后再作用于己糖激酶和丙酮酸激酶。

2. 生物体内物质代谢的调节有哪些方式？动物、植物、微生物在代谢调控方式上有何异同？

3. 何谓第二信使？第二信使有哪些？它们在代谢调节中如何起作用？

4. 举例说明代谢途径的关键酶在代谢调节中的多样性。

5. 在原核生物的基因表达中，哪些是正调控因子？哪些是负调控因子？

6. 发现有几种大肠杆菌突变型菌株，请指出在下列各种情况下，它们分别可能是调节乳糖操纵子表达中的何种基因发生了突变？①培养基中虽加入乳糖，也没有 β-半乳糖苷酶的生成；②培养基中不加乳糖，仍有 β-半乳糖苷酶的大量生成；③在②的情况下，培养基中额外加入一定浓度的阻遏蛋白，则 β-半乳糖苷酶不再合成；④在③的情况下，仍有 β-半乳糖苷酶的大量生成。

7. 虽然 β-半乳糖苷酶和半乳糖苷转乙酰基酶受到协同调节，能够协同表达，但最终表达产生的多肽链量是不等的。这是因为它们 mRNA 的半衰期和翻译速率不等。mRNA 的半衰期分别是 90s 和 55s，在一条 mRNA 上翻译起始时间的平均间隔分别为 3s 和 16s。试计算这两种多肽链合成的相对速率。

8. 名词解释：变构调节，反馈抑制，操纵子，第二信使，诱导与阻遏，葡萄糖效应。

第十四章 基因工程与蛋白质工程

第一节 基 因 工 程

1974年，波兰遗传学家斯吉巴尔斯基（Waclaw Szybalski）称基因重组技术为合成生物学概念；1978年，诺贝尔生理学或医学奖颁给发现DNA限制酶的内森斯（Danien Nathans）、亚伯（Wemer Arber）与史密斯（Hamilton O. Smith）时，斯吉巴尔斯基在《基因》期刊中写道：限制酶将带领我们进入合成生物学的新时代。2000年，国际上重新提出合成生物学概念，并定义为基于系统生物学原理的基因工程。

基因工程（genetic engineering）又称基因拼接技术和DNA重组技术，是以分子遗传学为理论基础，以分子生物学和微生物学的现代方法为手段，将不同来源的基因按预先设计的蓝图，在体外构建杂种DNA分子，然后导入活细胞，以改变生物原有的遗传特性、获得新品种、生产新产品。基因工程技术为基因的结构和功能的研究提供了有力的手段。

基因工程是生物工程的基础和核心，标志生命科学发展的一次飞跃。借助基因工程技术，使人们从认识生物、利用生物的时代，跨进了一个改造和创建新生物的时代。基因工程是在DNA分子水平上进行的一种分子操作技术，使不同种属或不同个体的基因发生重组或基因结构的定向变化，以形成新的生物机体或新的生物功能，并获得新的生物特性。

基因工程是生物工程的一个重要分支，它和细胞工程、酶工程、蛋白质工程和微生物工程共同组成了生物工程。基因工程是在分子水平上对基因进行操作的复杂技术。是将外源基因通过体外重组后导入受体细胞内，使这个基因能在受体细胞内复制、转录、翻译表达的操作。它是用人为的方法将所需要的某一供体生物的遗传物质——DNA大分子提取出来，在离体条件下用适当的工具酶进行切割后，把它与作为载体的DNA分子连接起来，然后与载体一起导入某一更易生长、繁殖的受体细胞中，以让外源物质在其中"安家落户"，进行正常的复制和表达，从而获得新物种的一种崭新技术。它克服了远缘杂交的不亲和障碍。基因工程具有以下几个重要特征：首先，外源核酸分子在不同的寄主生物中进行繁殖，能够跨越天然物种屏障，把来自任何一种生物的基因放置到新的生物中，而这种生物可以与原来生物毫无亲缘关系，这种能力是基因工程的第一个重要特征；第二个特征是，一种确定的DNA小片段在新的寄主细胞中进行扩增，这样实现很少量DNA样品"拷贝"出大量的DNA，而且是大量没有污染任何其他DNA序列的、绝对纯净的DNA分子群体。科学家将改变人类生殖细胞DNA的技术称为"基因系治疗"（germlinetherapy），通常所说的"基因工程"则是针对改变动植物生殖细胞的。无论称谓如何，改变个体生殖细胞的DNA都将可能使其后代发生同样的改变。

基因工程包括DNA重组技术和其他使基因结构得以定向改造的技术。

一、目的基因的获得

获取目的基因是实施基因工程的第一步（见图14-1）。如植物的抗病（抗病毒，抗细菌）基因，种子的储藏蛋白的基因，以及人的胰岛素基因、干扰素基因等，

图14-1 获取目的基因

都是目的基因。

获得特定的目的基因，主要有两条途径：一条是从供体细胞的 DNA 中直接分离基因；另一条是人工合成基因。

1. 限制酶——特异切割 DNA 的手术刀

限制酶（restriction enzyme）是限制性内切核酸酶的简称，是一类水解 DNA 的磷酸二酯酶。限制酶作用于双链 DNA，能够识别 DNA 分子上特异核苷酸序列，造成双链切口，产生独特的 DNA 片段。

限制酶的名称一般用 3 个英文字母来表示，第一个字母（大写）代表细菌的属名，后两个字母（小写）代表种名。若该菌株有品系，其株名字母放在第 3 个字母之后。如果同一菌株中存在几个限制酶，则用罗马数字来区分。例如，从大肠杆菌中分离出多种限制酶，其中一种从大肠杆菌 RY 13 SRI（RY 13 表示该菌株细胞中有质粒 RY 13）中分离出来，命名为 EcoR I（Escherichia coli RY13）；从流感嗜血杆菌 d 株（Haemophilus influenzae d，d 表示菌株的血清型）中分离得到 3 种限制酶，分别命名为 Hind Ⅰ、Hind Ⅱ、Hind Ⅲ。

根据酶的结构、功能特性及所需辅因子的不同，将限制酶分为 3 种类型。第一类限制酶的特点是相对分子质量较大（300000 以上），结构复杂，常含有 3 种不同亚基。对 DNA 有专一识别序列，但切割位点在专一识别序列以外至少 1000bp 的磷酸二酯键上，而且切点不恒定。作用时需要 ATP、Mg^{2+} 和 S-腺苷甲硫氨酸为辅因子。第二类限制酶是基因工程中最常用的一类酶。这类酶在迄今发现的限制酶中占绝大多数。相对分子质量较小（小于 100000），由相同亚基构成。对 DNA 不仅有专一识别序列，而且有恒定的切割位点。切割位点在识别序列内或邻近识别序列，仅需 Mg^{2+} 为辅因子。第三类限制酶也有专一识别序列和专一切割位点，但切割位点不在识别序列内（一般距识别序列 3' 端 24～26bp 处）。其作用需要 ATP 和 Mg^{2+} 为辅因子，S-腺苷甲硫氨酸可以提高酶活性。

第二类限制酶识别双链 DNA 上一段特异序列（通常含 4～6 个碱基），在这个序列内（或其邻近）有酶的切割位点。酶所识别的序列常常具 180°旋转对称的回文结构（palindromic structure）。例如 EcoR I，它识别的碱基顺序是 GAATTC，其作用点为：

```
          ↓
5'……G AATTC……3'        5'…G            AATTC…3'
          ——EcoR I——                    +
3'……CTTAA G……5'        3'…CTTAA            G…5'
```

Hind Ⅲ 识别序列 AAGCTT，其作用方式为：

```
          ↓
5'……A AGCTT……3'        5'……A            AGCTT…3'
          ——Hind Ⅲ——                    +
3'……TTCGA A……5'        3'……TTCGA            A…5'
          ↑
```

上述一类限制酶作用于 DNA 后所得到产物的 3' 端存在一个单链末端，同一种酶作用的产物其单链部分是互补的，可以重新"粘接"起来而形成双链，所以这种末端称为黏性末端（sticky end）。用这类酶中的同一种酶处理不同来源的 DNA，所得产物通过粘性末端的互补性而连接起来。此外，还有一些限制酶（如 Hind Ⅱ、Sma Ⅰ等）作用于双链 DNA 后由于它们不是交错切割，形成的末端为平端。例如：

```
          ↓
5'……GTPy PuAC……3'        5'……GTPy        PuAC…3'
          ——Hind Ⅱ——                    +
3'……CAPu PyTG……5'        3'……CAPu        PyTG…5'
          ↑
```

4

从已发现的限制酶中，有些酶虽然来源不同，但具有相同的识别序列，这种酶称为同裂酶或异源同工酶（isoschizomers）。同裂酶中，有的不仅识别序列相同，而且切点也相同，称为同切点酶。如 Sau A I 和 Mbo I 的识别序列和切点都是 $5'\cdots\downarrow$GATC。有的同裂酶，虽然识别序列相同，但切点不同。如 Xma I 切点为 $5'\cdots$C$\downarrow$CCGGG，而 Sma I 虽与 Xma I 识别序列相同，但切点不同：$5'\cdots$CCC$\downarrow$GGG。前者产生黏性末端，后者产生平端。此外，还有一些酶的识别序列不完全相同，但切出的黏性末端相同，称为同尾酶。如 Bam H I 切 G$\downarrow$GATCC，而 Bgl II 切 A$\downarrow$GATCT，二者可产生相同的黏性末端 CTAG（$3'\rightarrow5'$）。一些基因工程中常用的限制酶列于表 14-1。

表 14-1　一些常用的限制酶

名　称	识别序列及切点	来　源
Ava I	C$\downarrow$PyCGPuG	*Anabaena variabilis*（变链蓝藻球菌）
Bam H I	G$\downarrow$GATCC	*Bacillus amyloliquefaciens*（解淀粉芽孢杆菌）
Bca I	T$\downarrow$GAGCA	*B. caldolyticus*　（嗜乳芽孢杆菌）
Bgl II	A$\downarrow$GATCT	*C. globigii*　（球状芽孢杆菌）
Cla I	AT$\downarrow$CGAT	*Caryophanon latum* L.（阔显核菌）
$EcoR$ I	G$\downarrow$AATTC	*Escherichia coli* RY13（大肠杆菌）
Hae III	GG$\downarrow$CC	*Haemophilus aeqyplius*　（埃及嗜血菌）
Hha I	GCG$\downarrow$C	*H. haemolyticus*　（溶血嗜血菌）
$Hind$ III	A$\downarrow$AGCTT	*H. influenzae* Rd　（流感嗜血菌）
Hpa I	GTT$\downarrow$AAC	*H. parainfluenzae*（副流感嗜血菌）
Hpa II	C$\downarrow$CGG	*H. parainfluenzae*　（副流感嗜血菌）
Kpn I	GGTAC$\downarrow$C	*Klebsiella pneumoniae*（副流感嗜血菌）
Mbo I	$\downarrow$GATC	*Moraxella bovis*（牛莫拉氏菌）
Pst I	CTGCA$\downarrow$G	*Providencia stuaartii* 164　（普罗威登斯菌）
Pvu II	CAG$\downarrow$CTG	*Proteus vulgaris*（普通变形菌）
Sac II	CCGC$\downarrow$GG	*Streptomyces achromogenes*（不产色链霉菌）
Sal I	C$\downarrow$TCGAC	*S. albus*（白色霉菌）
Sau A I	$\downarrow$GATC	*Staphylococcus aureus* 3A（金黄色葡萄球菌）
Sma I	CCC$\downarrow$GGG	*Serratia marcescens*（黏质沙雷氏菌）
Sst I	GAGCT$\downarrow$C	*S. stamford*　（斯坦福链霉菌）
Xba I	T$\downarrow$CTAGA	*Xaxthomonas badrii*（巴氏黄单胞菌）
Xho I	C$\downarrow$TCGAG	*X. holcicola*　（绒毛草黄单胞菌）
Xma I	C$\downarrow$CCGGG	*X. malvacearum*　（锦葵黄单胞菌）

2. 取得目的基因的方法——分离与合成

用限制酶或其他方法将 DNA 切割后，尚须将带有目的基因的片段分离出来，常采用下列几种方法。

（1）DNA 片段的直接提取　直接分离基因最常用的方法是"鸟枪法"（shotgun approach），又叫"散弹射击法"。具体做法是：用限制酶将供体细胞中的 DNA 切成许多片段，将这些片段分别载入运载体，然后通过运载体分别转入不同的受体细胞，让供体细胞提供的 DNA（即外源 DNA）的所有片段分别在各个受体细胞中大量复制（在遗传学中叫做扩增），从中找出含有目的基因的细胞，再用一定的方法把带有目的基因的 DNA 片段分离出来。如许多抗虫抗病毒的基因都可以用上述方法获得。

该方法的优点是操作简便，缺点是工作量大，具有一定的盲目性。又由于真核细胞的基因含有不表达的 DNA 片段，一般使用人工合成的方法。

（2）用噬菌体（phage）或质粒（plasmid）直接从宿主细胞中将目的基因携出　有些噬菌

体能在宿主染色体的特定位置插入，在它离开染色体时，可将与之连锁的基因一起带出。有些噬菌体在比较广泛的位置插入，则可带出更多的基因。例如，大肠杆菌乳糖操纵子的制备，曾采用两种特定的噬菌体，它们所携带的乳糖操纵子方向相反（一个噬菌体接于调节基因一边，另一个接于结构基因一边），当将来自二噬菌体带有正反基因的两条单链（将其变性后得到）进行退火时，操纵子部分可以重新形成双链，而其它部分仍然是松散的单链，再用单链核酸酶将单链部分切除后，留下的即是乳糖操纵子部分。

许多质粒也有整合到宿主染色体上的特性，在重新游离于染色体外时，有时也会带上一些基因，将所需基因带出。如固氮基因 *nif* 就曾先后用噬菌体 P_1 与一种 R 因子（R144drd3）从肺炎克氏杆菌（*Klebsiella pneumoniae*）转移到大肠杆菌，实现了基因的分离与转移。

用以上方法取得基因，只能取得噬菌体或质粒能插入的位点附近的基因，并且必须获得特异的噬菌体或质粒才行。由于某些质粒整合到染色体上的频率很低，携带基因的频率必然也低。因此这种方法的局限性较大。

（3）人工合成　目前人工合成基因的方法主要有两条。一条途径是利用酶法或化学法人工合成的 mRNA，或从细胞中提取的 mRNA，通过反转录酶（reverse transcriptase）的作用，即可合成相应的染色体 DNA（称为 cDNA）基因片段，从而获得目的基因；另一条途径是根据已知的蛋白质的氨基酸序列，推测出相应的 mRNA 序列，然后按照碱基互补配对的原则，推测出对应基因的核苷酸序列，再通过化学方法，用单核苷酸合成目的基因。

这种方法尤其适用于一些单拷贝基因。例如珠蛋白基因（glibin gene）。珠蛋白 β-链含 146 个氨基酸残基，相当于 500bp，这在细胞染色体的 $2.9×10^9$ bp 中仅占四千万分之一的水平。对于这么稀少的物质用上述的几种方法来分离是十分困难的。目前对这类基因的分离就是采用相应的 mRNA。其方法是由珠蛋白 mRNA 经反转录酶作用得到 cDNA，再复制双链 DNA。将此 DNA 与载体连接，转入大肠杆菌进行增殖后，即能得到全长的珠蛋白 β-链基因。

除了用反转录酶合成 cDNA 外，也可用分子杂交方法。即用 DNA 变性剂处理染色体 DNA，使其双链解开，将解开的单链 DNA 与人工合成的 mRNA 一起保温，进行分子杂交，而得到 DNA-RNA 杂合体双链，用特异作用于单链的核酸酶把没有杂交的单链部分消化掉，然后再将双链杂合体变性拆开，用 DNA 聚合酶合成双链，即可得到所需基因。

二、基因载体

基因载体（gene vector）的构建（即目的基因与运载体结合）是实施基因工程的第二步，也是基因工程的核心。

（一）基因克隆载体的特点

基因工程所用的克隆载体常称为分子克隆载体（molecular cloning vector），它是一类可供外源 DNA 插入并携带重组 DNA 分子进入适当宿主细胞的 DNA 分子（见图 14-2），并在宿主细胞中进行 DNA 扩增和使外源基因得以高效表达。

尽管克隆载体是由 DNA 分子所构成，但与宿主细胞的染色体 DNA 分子相比，它们一般都比较小。比如常用的质粒载体多数都在 10 kb 以下，噬菌体载体一般都在 20 kb 左右，大肠杆菌的染色体 DNA 是 4200kb。克隆载体的相对分子质量比较小，在操作过程中不会造成载体 DNA 分子的断裂，而大分子的DNA 容易在操作中发生断裂。

图 14-2　基因工程载体

近 40 年间，用于不同生物和不同目的的分子克隆载体有好几千种，所有的分子克隆载体都至少具备以下特点（见图 14-3）：

①有一个复制起点，因而至少可在一种生物体中自
主复制；

②应有一个克隆位点，以供外源 DNA 插入；

③应有一个遗传标记基因，以指示载体或重组 DNA
分子是否进入宿主细胞。

（二）基因克隆载体的结构

1. 复制起点

一个分子克隆载体有了复制起点，那么该载体就可
以在某种生物的细胞中自主复制，因此这个载体就可以多拷贝地存在于某种细胞内。

图 14-3　质粒载体模式图

2. 克隆位点

分子克隆载体的目的就是要将外源基因通过体外重组，形成重组 DNA 分子，然后再转移
到某种宿主细胞内，那么克隆载体就应该有一个位点供外源 DNA 插入，这个位点就是克隆位
点。克隆位点一定是一个限制酶切位点，而且必须是由 6 个核苷酸或 6 个核苷酸以上的序列组
成的限制酶识别位点。一般载体中的克隆位点必须是唯一的，即同一种限制酶识别位点在一个
载体中只能有一个。

3. 标记基因

当试图把一个载体 DNA 或重组 DNA 分子导入某种宿主细胞时，如何知道载体或重组
DNA 分子已经进入了宿主细胞？标记基因就能起到这个作用。

（1）标记基因的功能

①标记基因往往可以赋予宿主细胞一种新的表型，这种转化细胞可明显地区别于非转化
细胞，即转化细胞有了新的表型，而非转化细胞仍保持原有的表型，这是标记基因最重要的功
能，即指示哪些细胞是转化细胞。这种表型的区别往往是选择性的，只有转化细胞才能在研究
者提供的生长条件下生长，而那些没有载体 DNA 分子进入的细胞就不能在相同的生长条件下
生长。因此，转化细胞和非转化细胞是十分容易区别开来的。

②指示外源 DNA 分子是否插入载体分子形成了重组子。标记基因既要指示外源 DNA 是
否进入了宿主细胞，又要指示载体 DNA 分子中是否插入了外源 DNA 片段，即这种载体必须
至少具有两个标记基因。

（2）标记基因的种类　现有标记基因的种类很多，可以将其划分为以下三大类。

①抗性标记基因　这类抗性基因可赋予宿主细胞对某些物质产生抗性，而这些物质对宿
主细胞可能是致死的，可直接用于选择转化子。这类基因又可分为以下 3 类。a. 抗生素抗性
基因。这类抗性基因常常赋予宿主细胞对抗生素产生抗性，而抗生素往往对宿主细胞是致死
的，这类标记基因中常用的基因有：氨苄西林抗性基因（Amp^r）、四环素抗性基因（Tet^r）、
氯霉素抗性基因（Cm^r）、卡那霉素抗性基因（Kan^r）、G418 抗性基因（$G418^r$）、潮霉素抗性
基因（Hyg^r）、新霉素抗性基因（Neo^r）。b. 重金属抗性基因。重金属对生物细胞是有毒的，
但有的基因能产生一些可与重金属相结合的蛋白质，从而从环境中除去重金属。目前所用的重
金属抗性基因有：铜抗性基因（Cu^r）、锌抗性基因（Zn^r）、镉抗性基因（Cd^r）。c. 代谢抗性
基因。如抗除草剂基因、胸苷激酶基因（TK）等。

在上述三种抗性标记基因中，抗生素抗性基因使用最为频繁，且适用范围很广，包括动
物、植物和微生物。抗除草剂基因在植物中使用较为广泛。

②营养标记基因　有的生物细胞因为突变而导致需要某些营养物质才能生长，其原因是
参与某些营养物质合成的基因发生了突变。如果将没有发生突变的相应基因转入这种突变体细

胞中，那么这些细胞就不再需要相应的营养物质，而那些未被转化的细胞则不能生长，因而这类标记基因也可直接用于选择转化子。这类基因主要是参与氨基酸、核苷酸及其他必需营养物合成酶类的基因，在酵母转化中使用最频繁，如色氨酸合成酶基因（*trp* 1）、尿嘧啶合成酶基因（*ura* 3）、亮氨酸合成酶基因（*leu* 2）、组氨酸合成酶基因（*his* 4）等。

③ 生化标记基因　这类标记基因的表达产物可催化某些易检测的生化反应，常用的基因有 β-半乳苷酶基因（*lacZ*）、葡萄糖苷酸酶基因（*gus*）、氯霉素乙酰转移酶基因（*cat*）。

（三）基因载体的类型

自 1977 年 Bolivar 等人组建了第一个系列的克隆载体 pBR 以来，已建立起各种不同的分子克隆载体用于不同的研究目的和不同的生物种类。基因工程中所用的载体按照其复制子来源划分，所有的载体可分为质粒型、病毒型和混合型载体。

1. 质粒——染色体以外的遗传单元

这一类载体所含的复制起点主要来自不同的原核生物，特别是大肠杆菌和一些低等真核生物（如酵母菌和一些丝状真菌）中的质粒 DNA。有的复制起点则来自染色体 DNA（如酵母菌）。许多载体 DNA 上只含有一种复制起点，如用于大肠杆菌的 pBR 和 pUC 系列质粒载体，然而有的克隆载体却含有两种复制子顺序，它们常来自于不同的生物，比如大肠杆菌-酿酒酵母（*Saccharomyces cerevisiae*）穿梭载体 YRp12 和 YEp13 等，这类载体能在这两种不同的生物中自主复制。质粒（plasmid）是细菌染色体以外的能够进行独立复制的遗传单元，为双股环状 DNA。

质粒的复制有的受染色体复制的严格控制，称为严紧型控制质粒（stringent control plasmid）；有的自行复制时并不受染色体复制的严格控制，称为松弛型控制质粒（relaxed control plasmid）。基因工程中常用后一类质粒作为载体。质粒在细菌内所表达的性状，有耐药性、决定性性状、产抗生素、产溶血素、产毒素、产细菌素、抗金属离子、分解芳香族化合物等。作为基因载体，选择表型性状清楚、容易鉴别的质粒。常用载体是具耐药性和产生细菌素的质粒或将其改造后的衍生质粒，如 pSC101、Col E1、pMB9、pBR322 等。

pBR322 质粒就是一个人工构建的质粒（图 14-4）。pBR322 从质粒 pMB 9 获得复制起点（ori），从质粒 pSC 101 获得抗四环素基因（Tet^r），从质粒 pRSF 2124 获得抗氨苄西林基因（Amp^r）。这种具有"双抗性"的质粒在基因工程中使用起来就更方便。*Eco*R I、*Pst* I、*Hind* III、*Bam*H I、*Sal* I 等限制酶在 pBR322 上都只有一个切点，而且 *Hind* III、*Bam*H I 和 *Sal* I 的切点位于抗四环素基因上，*Pst* I 切点位于抗氨苄西林基因上。将质粒用这几种限制酶处理，在这些位点上插入外源基因片段后，相应的抗抗生素基因被破坏，宿主细胞就失去了抗四环素和抗氨苄西林的能力，这样就可以判断外源 DNA 片段是否插入质粒。根据不同特点和实验要求，可以构建各种各样的质粒。

一般一种质粒只能在某一种宿主中复制，如 Col E1、pBR 322 只能在大肠杆菌中复制。由于枯草杆菌和酵母等微生物在工业上有很大的用途，对能在这些微生物中复制的质粒的研究发展也很快。如现已用于枯草杆菌的有来自金黄色葡萄球菌的质粒 pC 194（抗氯霉素）、pE 194（抗红霉素）、pUB 110（抗卡那霉素）等。对于能在酵母中复制的质粒的研究直接涉及真核生物基因工程。目前用于以酵母为受体细胞的质粒比较成熟的是来自于酵母的 2μ 质粒，它是染色体外的一环状 DNA，因其长 2μm 而得名。但这种质粒的缺点是不稳定和易丢失，所以又构建一些新的质粒，如 SCP1、SCP2、SCP3 等。

为了基因工程的方便，人们还设计了既能在大肠杆菌中复制又能在酵母中复制的质粒，称为穿梭质粒。它有两个复制起点，一个能在大肠杆菌中使质粒 DNA 复制，另一个能在酵母细胞中使质粒 DNA 复制。同样，也可以构建在大肠杆菌和枯草杆菌中都能复制的穿梭质粒，如 pHV 14、pHV 15 等即是这种质粒。

图 14-4　pBR322 质粒

2. 噬菌体——感染细菌的病毒

这类载体中所含的复制起点是来自病毒 DNA。在大肠杆菌中，以 λ 噬菌体所组建的 Charon 系列、λEMBL 和 λNM 系列载体及以 M13 单链噬菌体组建的 M13mp 系列载体。在动物细胞中，也有好几种病毒复制被用来组建克隆载体。

以噬菌体（phage）或病毒（virus）作为载体，将所需基因或含有此基因的 DNA 片段转移给受体细胞的过程，称为转导（transduce）。病毒的转导作用常常用于基因工程。在基因工程中常用作载体的噬菌体有 λ 噬菌体及其衍生物、柯斯质粒（Cosmid）及 M13 单链噬菌体等，以及感染真核生物的病毒 SV40 等。

λ 噬菌体之所以被选作基因工程的载体，其一是它的遗传结构与功能知道得比较清楚，而且其宿主大肠杆菌的遗传结构与功能知道得也较详尽；其二是易于使细胞感染，易于使外源 DNA 导入宿主细胞。但是 λ 噬菌体 DNA 作为基因载体突出缺点是基因组上存在过多的限制酶切位点，例如，λ 基因组中有 5 个 EcoR I 位点，因此，通常用点突变、基因组的置换及缺失等方法将 λDNA 改造，而产生一系列 λ 噬菌体衍生物载体，有 λgt、λgt-λB、λgt-λC、λgtWES-λC 和 λgtWES-λB′以及 λdV 自发变异体等。可以分成两种类型：一类只有一个可供外源 DNA 插入的酶切位点，称为插入型载体（insertion vectors）；另一类具有两个酶切位点，两个位点间的 DNA 片段可被外源 DNA 取代，称为替换型载体（replacement vectors）。

还有一类 λ 噬菌体衍生物载体，称为 Charon 系列载体（已有 30 多种）。这类载体的主要特点是：①可以携带较大幅度的外源 DNA（0～24kb）；②可根据噬菌斑类型，直接判断是否有外源 DNA 插入；③载体上有强的启动子，便于调节外源 DNA 的高效表达。

3. 混合型载体

这类载体复制起点来自质粒和病毒，比如适合于大肠杆菌的 DNA 载体 pEMBL8 和 pEMBL9 含有质粒 pMB1 和单链噬菌体 f1 复制起点。用于动物细胞的 DNA 载体则含有大肠杆菌的质粒复制和动物病毒复制起点。使用最广泛的动物病毒复制起点来源于 SV40。实际上，这类混合型载体也是穿梭型的，即它们既可以在大肠杆菌中复制，亦可在动物细胞中复制（见图 14-5）。

图 14-5　混合型载体

三、重组 DNA 的筛选及表达

将目的基因导入受体细胞是实施基因工程的第三步。目的基因的片段与运载体在生物体外连接形成重组 DNA 分子后，下一步是将重组 DNA 分子引入受体细胞中进行扩增。基因工程中常用的受体细胞有大肠杆菌、枯草杆菌、土壤农杆菌、酵母菌和动植物细胞等。

用人工方法使体外重组的 DNA 分子转移到受体细胞，主要是借鉴细菌或病毒侵染细胞的途径。例如，如果运载体是质粒，受体细胞是细菌，一般是将细菌用氯化钙处理，以增大细菌细胞壁的通透性，使含有目的基因的重组质粒进入受体细胞。目的基因导入受体细胞后，就可以随着受体细胞的繁殖而复制，由于细菌的繁殖速率非常快，在很短的时间内就能够获得大量的目的基因。

DNA 重组体的构建步骤见图 14-6。

图 14-6　DNA 重组技术示意图

（一）转化——带有目的基因的载体进入受体细胞

获得目的基因后，首先应将它与基因载体 DNA 连接，形成重组体。其连接的方法有几种不同情况。用同一种限制酶处理供体细胞的染色体和基因载体，其切口处若是黏性末端，则带有目的基因的 DNA 片段可以同载体的切口"粘接"起来，再通过 DNA 连接酶连接，形成重组体；如果切口处形成的是平末端，DNA 连接酶也可连接，但效率很低（只有黏性末端的 1%）；或者用末端核苷酸转移酶催化，分别在载体切口和外源 DNA 片段一条链的 $3'-OH$ 末端添加寡聚 T（或寡聚 C），在另一链的 $3'-OH$ 末端添加寡聚 A（或寡聚 G），这样用人为的方法形成黏性末端，便于形成重组体。

形成重组体后，需将重组体引入受体细胞。有以下几种方法。

① 转化（conversion）　是感受态的大肠杆菌细胞捕获和表达 DNA 分子的基因转化方法。

② 转导　是指通过噬菌体将一个宿主的 DNA 转移到另一个宿主的细胞中而引起的基因重组现象。

③ 显微注射技术　是一种利用显微注射仪，通过机械方法把外源 DNA 直接注入细胞质或细胞核的基因转化方法。

④ 电转化法　也称为电穿孔法，在细胞上施加短暂、高压的电流脉冲，结果在质膜上形成纳米大小的微孔，DNA 能直接通过这些微孔，或者在膜孔自行修复闭合时伴随膜组分的重新分布而进入细胞质中。

⑤ 基因枪法　又称微弹轰击法，是利用高速运行的金属颗粒轰击细胞时能进入细胞内的现象，将包裹在金属颗粒表面的外源 DNA 分子随之带入细胞进行表达的基因转化方法。

（二）筛选——从大量受体细胞中选出带有重组体的细胞

目的基因导入受体细胞后，是否可以稳定维持和表达其遗传特性，只有通过筛选与鉴定才能知道。将目的重组体筛选出来就等于获得了目的序列的克隆，所以筛选是基因克隆的重要步骤。在构建载体、选择宿主细胞、设计分子克隆方案时都必须仔细考虑筛选环节。

其方法可分为两类：一类是利用遗传学方法；另一类是通过检测含有目的基因的核苷酸序列或基因产物的方法。前者又称直接法，后者称间接法。主要筛选方法如下。

（1）插入失活法　当外源基因（或 DNA 片段）插入到某一基因内的位点后，使这个基因丧失了原有的功能叫插入失活（insertional inactivation）。插入失活法是从不同的重组 DNA 分子获得的转化子中鉴定出含有目的基因的转化子（筛选）的主要方法。

（2）放射性探针检测法　利用 mRNA 可与相应的 DNA 段落杂交，来检测有外源 DNA 插入的重组体。是一种快速而灵敏的方法。有两种杂交法，一是利用放射性 RNA 作探针，二是形成 R-环。放射性探针检测法是将转化菌铺放在琼脂平板表面的硝酸纤维素滤膜上，再进行培养。然后取出长有菌落的硝酸纤维素滤膜，用碱溶液处理，使菌落破裂，并使 DNA 变性。因为变性 DNA 同硝酸纤维素滤膜有很强的亲和力，便留在滤膜上，在 80℃ 下烘烤滤膜，DNA 就牢固地固定在滤膜上。再用放射性同位素标记的 RNA（或 DNA）同滤膜上的菌落杂交。经过一段时间后，用含有一定离子强度的溶液将非专一性结合的、仅仅是吸附在膜上的放射性物质洗去，烘干滤膜，进行放射自显影。凡是含有与放射性探针互补序列的菌落，就会在 X 射线胶片上出现曝光点，即代表杂交上的菌落（见图 14-7）。再按底片上菌落的位置找出培养基上相应的菌落。如果需要，将它扩大培养后，再作进一步分析。

（3）R-环检测法　RNA 通过取代与它序列一致的 DNA 链，同相应的另一条 DNA 杂交，被取代的 DNA 链与杂交双链 RNA-DNA 可形成一个突环（泡状），称为 R-环。形成 R-环的条件是高浓度（70%）的甲酰胺溶液和接近 DNA 变性的温度。在这种条件下，将 RNA 及 DNA 的混合物退火，RNA 便同双链 DNA 分子中与它互补的序列退火而形成 DNA-RNA 杂交分子，因为 DNA-RNA 杂交分子比 DNA-DNA 分子更稳定，所以被取代的另一 DNA 链就被排斥而呈单链状态。

（4）免疫测定法　只要一个克隆的目的基因，能够在宿主细胞中表达，合成出外源蛋白质，就可用免疫测定进行检测。免疫测定法分为：放射性抗体测定法是将在固体培养基上由菌落所产生的蛋白质，转移到硝酸纤维素膜上，再用相应的带有放射性标记（如 ^{125}I）的抗体进行反应，洗去非特异性吸附的放射性物质后，用放射自显影显示结果。免疫沉淀测定法是用一种特异抗体与外源基因表达产物蛋白质，在固体培养基上发生抗体-抗原沉淀反应，根据沉淀物所产生的白色沉淀圈来加以检测。

　　免疫法测定只能是所转移外源 DNA 必须表达后才能进行，而且必须具备有效的特异性抗体。但从基因工程的最终目的而言，免疫测定是其他任何检测方法所不能取代的。

（5）快速裂解菌落鉴定重组 DNA 分子　DNA 分子由于外源目的基因片段插入到质粒载体上，所以重组质粒的相对分子质量一定比非重组质粒要大。如在 pBR322 中插入大于 0.5kb 的片段，可以直接裂解菌体获得质粒 DNA，与原载体进行电泳比较大小，根据其电泳迁移率的差别进行鉴定。

图 14-7　放射性探针法筛选 DNA 重组体

（6）菌落（或噬菌斑）原位杂交菌落原位杂交技术　直接把菌落或噬菌斑印迹转移到硝酸纤维素滤膜或尼龙膜上，不必进行核酸分离纯化、限制性核酸内切酶酶切及凝胶电泳分离等操作，而是经溶菌和变性处理后使 DNA 暴露出来并与滤膜原位结合，再与特异性 DNA 或 RNA 探针杂交，筛选出阳性菌落或噬菌斑，即含有目的基因的重组子。

（7）DNA-蛋白质筛选法　转译筛选法是通过体外转译的手段鉴定阳性克隆的方法，可分为杂交抑制转译和杂交选择转译两种方法。原理如下：

$$外源DNA \xrightarrow{翻译} 蛋白质$$
$$\downarrow$$
$$能与某一特定DNA序列结合$$
$$\downarrow$$
$$作为探针与克隆群体杂交$$

（8）亚克隆法　系指将 DNA 片段从某一类型的载体再克隆到另一类载体中形成的克隆。是分子克隆中最常用的操作之一。常用于将一大段 DNA 克隆经限制酶切成较小片段而重新组成的新克隆，以便于对 DNA 片段作进一步研究。

（三）表达——外源 DNA 在受体细胞中的转录和翻译

基因的表达就是使克隆的目的基因能正确而大量的在受体细胞中表达出有活性的具有特殊意义的蛋白质（图 14-8），这已成为重组 DNA 技术中一个专门的领域。依据宿主细胞和表达载体的构成元件的不同将克隆基因表达系统分为原核表达体系和真核表达体系。前者最常用的宿主细胞是大肠杆菌，后者最常用的宿主细胞是哺乳动物细胞。原核表达载体的构成元件有启动子、核糖体结合位点、多克隆位点和转录终止信号等；而真核表达载体除了含有必不可少的原核序列以外还包含启动子、增强子、加 polyA 信号以及

图 14-8　外源基因的表达

带有剪接供体和剪接受体功能位点的内含子等。对于不同特性的克隆基因，应选择合适的表达体系以及表达方式（分泌表达、非分泌表达、融合表达、非融合表达等）。

将表达载体导入真核细胞的过程称为细胞转染（transfection）。依据 DNA 导入的受体细胞不同，转染分为生殖细胞转染和体细胞转染，使用最多的是后者。细胞转染是真核细胞中表达外源基因的关键步骤，常用的方法有：磷酸钙转染、电穿孔转染、基因显微注射、脂质体转染和 DEAE-葡聚糖介导转染等。重组 DNA 转染入动物细胞后，必须靠一定的选择标记进行筛选，常用的标记基因有胸腺核苷激酶基因、氯霉素乙酰转移酶基因、新霉素磷酸转移酶基因、二氢叶酸还原酶基因、次黄嘌呤-鸟嘌呤磷酸核糖转移酶基因以及氨基糖苷磷酸转移酶基因等。Bac-to-Bac 系统和 Pichia Pastoris 系统是目前利用比较广泛的真核表达系统。

在转录上，在克隆的目的基因上游接一个原核细胞的启动子。这样原核细胞的启动子作为一种强启动子就可以启动真核基因在原核细胞中表达。在翻译上，大肠杆菌 mRNA 的核糖体结合位点是起译密码子（AUG 和 GUG）和 SD 序列（一段同核糖体 16S RNA 3′末端互补的特异序列），这在真核基因转录产物 mRNA 上是没有的，为了有效地翻译真核细胞蛋白，现在多应用载体上的核糖体结合位点。且目的基因插入的方向必须与载体 DNA 方向一致，并要保持目的基因的翻译相位不产生错位，保持原有的阅读框架。

基因工程的最后目的获取功能蛋白，必须依赖于目的基因的有效转录和 mRNA 正确的翻译及翻译后加工，如果这些环节中任何环节不能正确地进行，均可导致基因工程的失败。

第二节　蛋白质工程

一、蛋白质工程的概念

由于基因工程的发展，人们从生物化学理论中对核酸和蛋白质的相互关系，知道基因决定了蛋白质的结构。反过来如果搞清了蛋白质的结构以及结构与功能的关系，设计一个新蛋白质，按照这个人为设计的蛋白质结构，去改变基因结构，进而生产新的蛋白质，这就是 20 世纪 80 年代初提出来的蛋白质工程的基本含义，也是一门从改变基因入手，定做新的蛋白质的技术。

另一方面，随着蛋白质（特别是酶）结构与功能关系研究的深入，对天然蛋白质结构的改造，特别是功能基因的修饰，可以改变天然蛋白质的理化性质和生物学功能。因此提出了按人们的要求去改造天然蛋白质，甚至从头设计新的蛋白质。因此，蛋白质工程（protein engineering）就是以蛋白质的结构及其与生物功能的关系为基础，通过分子设计和基因修饰或基因合成，对已知蛋白质和以定向改造，或从头设计新型蛋白质，为构建并最终生产出其性能比天然蛋白质更加优越，更符合人们要求的新蛋白质产品提供科学依据和技术途径。

蛋白质工程研究的主要内容是对基因的定向改造（即基因定点突变）和蛋白质的分子设计两个方面。

1. 基因定点突变——定做新蛋白质

基因定点突变是根据蛋白质结构研究来设计一个新蛋白质的氨基酸序列，通过修饰编码原蛋白质的 DNA 序列，最后创造出新的蛋白质的技术。人们长期以来一直希望制造出比天然蛋白质性能更好的新的蛋白质。曾经采用多肽合成的方法从头合成蛋白质，但其局限性很大。虽然有几个成功的例子，但要合成更大的蛋白质是很难实现的，而人工合成的蛋白质并不一定能够折叠成天然蛋白质的构象。因此，受基因工程的启发，解决合成新蛋白质的捷径还得从 DNA 分子水平入手。根据新设计的蛋白质的氨基酸序列，使 DNA 在体外发生突变与重组，形成新的基因，然后利用基因工程技术，得到所需的蛋白质。这种对天然存在的结构进行有针对性的突变而产生有活性产物的过程，称为寡核苷酸诱导的定点突变，简称定点突变（site-directed mutagenesis）。可见蛋白质工程是基因工程与蛋白质结构研究相融合的产物。它是在基因工程的基础上发展起来的，而且仍然需要基因工程的全套技术。从这点出发，故有人将蛋白质工程称为第二代基因工程。但二者也有明显的区别：基因工程要解决的问题是把天然存在的蛋白质通过克隆其基因大量地生产出来；而蛋白质工程则致力于对天然蛋白质的改造，制备各种定做的新蛋白质。

2. 蛋白质设计——对天然蛋白质的修饰

像建筑学家根据建筑力学的理论基础，可设计建造千姿百态的高楼大厦一样，生物化学和分子生物学家也可以按照蛋白质结构功能的理论基础，设计出各种各样的、比天然蛋白质性能优越得多的新型蛋白质。

蛋白质的分子设计包括基于天然蛋白质结构的分子设计，即对天然蛋白质的分子修饰；蛋白质从头设计；蛋白质的功能设计和计算蛋白质设计。显然，这些设计均强烈地依赖于对蛋白质的一级结构、空间构象以及结构与功能关系的清楚了解。然而，直到现在从生物化学发展的水平来看，对这些知识的了解仍然是支离破碎的，缺乏系统的理论。因此，目前的蛋白质设计，主要是对天然蛋白质的修饰。

蛋白质设计一般步骤如下。

① 选定欲研究的某一功能蛋白质后，为了获得较大量的该天然蛋白质，首先应用基因工程技术使编码该蛋白质的基因克隆并表达。测定该蛋白质的性质，并估计其应用价值。

② 测定该蛋白质的结构，从蛋白质的三维结构出发，应用结构与其功能的相关知识选择适当的修饰位点，在电脑屏幕上设计出第二代蛋白质模型。

③ 利用蛋白质工程技术按照设计蓝图生产出新一代的蛋白质。

④ 研究第二代蛋白质的三维结构，为第三代蛋白质的设计提供信息指导，上一次设计中未能预见到的细微结构改变，可以在这次设计中考虑进去。如此反复进行，直至得到满意的新型蛋白质。

二、蛋白质工程的一般技术

1. 蛋白质工程的理论设计——蛋白质工程的前提

蛋白质工程的理论设计，涉及对蛋白质的活性设计、专一性设计、框架设计等方面。活性设计涉及选择化学基团和其空间取向。这有赖于对天然蛋白质研究建立的经验数据，或借助于量子力学计算，来推论产生活性所需的基团。这种为活性所需的化学基团，常利用氨基酸来提供，或者为一些小分子化学基团。如常作为酶活性中必的氨基酸及其辅因子可以作为借鉴。所谓专一性设计，是指功能性蛋白质在发挥其生理功能时，总是与其他分子发生专一性相互作用，例如酶与底物、抗体与抗原等，因此，在设计中必须考虑这种结合的专一性或特异性。框架设计或称 Scaffold 设计，是指对蛋白质分子的立体设计。因为"功能来自构象"，如像酶，真正起催化作用的仅仅是分子中两三个氨基酸的侧链基团，但这几个基团要很好发挥作用，其关键条件就是整个分子的框架化。框架设计不一定需要那么完美，不需要太严谨，结构太固定反而会妨碍行使功能。而且由于底物的结合，常常还会引起框架的改变。

在蛋白质工程中，已对部分蛋白质的一级结构及空间构象进行了部分改造，如通过氨基酸的取代、缺失或插入对一级结构进行改造，包括去羧基端胰岛素、异常血红蛋白的氨基酸取代、高甜度蛋白甜味剂（如罗汉果甜味蛋白）的改造等。在构象的改造方面，已进行过胰岛素晶体结构改造，使之易于聚集。对羧肽酶 B 及胰凝乳蛋白酶的构象改造，提高了酶活性。

在对蛋白质的空间结构设计中，从对一些小肽的设计，初步积累了一些经验。蛋白质空间结构的关键是二级结构，在已有一级结构对二级结构影响知识的基础上设计了大量多肽，发现当 Lys 和 Glu 以 $(i, i+4)$ 顺序位置出现在肽链中时，具有稳定的 α-螺旋结构，推测了 Lys 和 Glu 间形成离子键可促进 α-螺旋的形成。氨基酸的组成和位置是形成二级结构的关键。Ala、Leu、Lys、Glu 是有利于形成 α-螺旋的氨基酸，但它们所处的位置不同，对螺旋形成有很大影响。Asp、Glu、Asn、Ser 常位于螺旋的 N 端；Lys、Arg、His 常位于 C 端。这些带电荷的侧链基团位于螺旋的两极，平衡螺旋的电荷极性，起到稳定螺旋的作用。

在二级结构设计的基础上，可进一步设计超二级结构、三级结构及四级结构。从已经设计的一些例子看来，疏水作用是形成超二级结构和三级结构的主要驱动力。因此，在一级结构上，在特定位置安排适当的疏水氨基酸，对形成三级结构至关重要。在色蛋白中金属离子和金属叶啉环对形成三级结构也有重要影响。

通常，基于蛋白质的稳定性，一个蛋白质的第 20 位和第 50 位残基在无规变性状态下它们之间的距离为 2 nm，但在天然状态它们之间的距离以 1 nm 为最佳。除疏水作用外，蛋白质空间结构的稳定性还与氢键、立体效应和静电效应紧密相关。

2. 点突变法——基因修饰的方法

蛋白质结构的改变通过基因修饰来完成。改变基因的核苷酸可以通过不同的方法。

（1）基因的全化学合成　用化学合成方法首先按蛋白质的氨基酸序列，合成几个聚核苷酸片段，这些片段中包括蛋白质的结构基因、转录的起始信号及终止信号，另设计适当的限制酶切位点。另外，根据设计取代几氨基酸的密码子。然后用连接酶将各片段连接起来。合成的基因 DNA 片段末端为黏性末端，以此与质粒连接，转入大肠杆菌或枯草杆菌，最后表达，产生新的蛋白质。这种方法的优点是：①可以按需要在一个或多个位置上任意改变核苷酸序列，以获得多点突变的蛋白质产物；②可按需要在核苷酸序列中安排适当的限制酶切点，便于随后进一步的修饰及基因操作。该技术的缺陷是需消耗大量人工合成的寡核苷酸，因此，所需费用较高。已用此法合成了人血细胞干扰素（interferon）、胰岛素（insulin）、生长激素释放抑制激素（growth hormone release inhibitory hormone，GRIH）、脱乙酰基胸腺素（deacyl thymus）等蛋白质基因。

（2）基因直接修饰法　将连接于质粒上的某蛋白基因，用酶法除去 DNA 的一条链或一小段，用合成的并含选择性取代碱基的寡核苷酸与蛋白基因位点杂交。然后用 DNA 聚合酶和连接酶修复第二条 DNA 链以及含有突变的蛋白质基因。最后用常规方法分离出含有突变蛋白基因的质粒，通过转化、表达产生新蛋白质。这种方法避免了化学合成方法需大量消耗合成寡核苷酸的缺点，但要求找到一种适宜的限制酶，其切点刚好位于被修饰的核苷酸上。用此法已做过 β-内酰胺酶（β-lactamase）、酪氨酰-tRNA 合成酶（tyrosyl-tRNA synthetase）、二氢叶酸还原酶（dihydrofolate reductase）等酶蛋白基因。

（3）盒式突变技术　上述方法都能成功地进行基因修饰，发生定点突变，但氨基酸的取代结果，其预见性很有限。在此情况下，就必须将每一种氨基酸一一取代，显然这是费时费力的。J. A. Wells 提出的一种称为盒式诱变（cassette mutagenesis）的技术，就可以大大提高工作效率，一组实验可以同时应用 4～5 个氨基酸进行取代。方法是用几种不同氨基酸密码，取代同一位置的合成寡核苷酸片段插入带有目的基因载体的限制酶切口，形成几种不同的质粒，用这种混合质粒转化大肠杆菌，筛选出突变体质粒，再表达形成几种具有不同取代的蛋白质（仅一个残基的取代），测定每种产物蛋白质的功能和特性，从而确定哪种取代是最好的。如此经过 4～5 组实验，即可将 20 种氨基酸全部进行取代，筛选出最好的取代。利用此技术曾经成功地进行枯草杆菌蛋白酶（subtilisin）的定点突变。

三、蛋白质工程的应用

在应用方面，目前蛋白质工程主要用于酶学研究，改造和修饰酶，其次在作为药物的某些蛋白质或肽类，用蛋白质工程进行改造和研制新药及疫苗。

1. 蛋白质工程酶——酶特性的改造

用蛋白质工程改造酶，从改变酶的性质而言主要涉及下列几个方面。

（1）改变酶的催化活性　对酶的活性中心的必需基团进行置换、增加或删减，很多情况下引起酶活性下降，但在有的情况下使酶活性上升。如酪氨酰-tRNA 合成酶，若将其第 51 位的苏氨酸被脯氨酸取代，酶的催化活力提高 25 倍，对 ATP 的亲和性提高 100 倍；枯草杆菌蛋白酶第 222 位的甲硫氨酸为半胱氨酸取代后，其活性也有所提高。

（2）改变酶的底物专一性　例如胰蛋白酶底物结合部位第 216 位和第 226 位的甘氨酸被丙氨酸置换后，提高了酶对底物的专一性。其中 216 位的取代对含精氨酸底物的专一性提高，226 位的取代对含赖氨酸底物的专一性提高。枯草杆菌蛋白酶活性中心的丝氨酸改为半胱氨酸后，对蛋白质和肽的水解能力消失，但却出现了催化硝基苯酯等底物水解的活性。

（3）提高酶的稳定性　T_4 溶菌酶（lysozyme）分子中第 3 位的异亮氨酸，换成半胱氨酸后，由于它可与 97 位的半胱氨酸氧化形成二硫键，结果修饰后的 T_4 溶菌酶其活性不变，但对热的稳定性大大提高。β-内酰胺酶第 70 位的丝氨酸置换成半胱氨酸后，其抵御胰蛋白酶水解的性能可提高 3 倍。

（4）酶的反应特性改变　二氢叶酸还原酶进行双突变：44 位精氨酸变为苏氨酸、63 位丝氨酸变为谷氨酸后，对辅酶的要求由 NADPH 变为 NADH；枯草杆菌蛋白酶第 222 位甲硫氨酸改为赖氨酸后，酶的最适 pH 由 8.6 变为 9.6；细胞色素 c 第 87 位苯丙氨酸改为丝氨酸或甘氨酸后，其还原电位下降 50mV，说明其传递电子的性质发生了改变。

（5）产生新酶　P. G. Schultz 小组用蛋白质工程改造抗体。用组氨酸取代免疫球蛋白轻链第 37 位的酪氨酸，然后用大肠杆菌表达重组的轻链，将它再与天然的重链结合，得到既具有抗体免疫性质又具有酯解活力的酶，称为抗体酶（abzyme）。

2. 合理药物设计——蛋白质工程用于新药研制

蛋白质工程在用于药物设计上，为改变药物特性，研制高效、低毒新药等方面也已成为重要的手段。例如，抗病毒药 β-干扰素的稳定性较差，这是因为 β-干扰素分子中有 3 个半胱氨酸，其中 2 个氧化形成二硫键，而第 17 位的半胱氨酸巯基游离。两分子 β-干扰素的这个游离巯基氧化形成二硫键时，则形成二聚体，β-干扰素就失去活性。用蛋白质工程，将 β-干扰素 17 位的半胱氨酸用其他氨基酸（如丙氨酸或苯丙氨酸）取代，就再不能形成二聚体，就可以保持 β-干扰素的活性不易改变。

抗癌药白介素 2（IL-2）分子中也有 3 个半胱氨酸，其中一个游离，容易使分子发生聚合而降低活性。美国 Cetus 公司利用定点突变蛋白质工程技术，以改造 β-干扰素类似的方法，将 IL-2 分子中游离半胱氨酸用丝氨酸置换，从而降低了其聚合倾向，提高了 IL-2 的生物活性，延长了储存寿命。

R. Wetzel 等用蛋白质工程改造胰岛素，将胰岛素原基因中与含 35 个氨基酸残基的 C 肽相应片段切除，给它装上一个仅含 6 个残基的微型 C 肽胰岛素原基因，虽然 C 肽大大缩短，结果胰岛素仍然获得正确的折叠，并保持活性。说明 C 肽与它的功能关系不大。

蛋白质设计在新药研制中也已得到很好应用。在药物设计上，一种新药的设计方法称为合理药物设计，它不仅得助于蛋白质结构测定及研究发展的手段，如 X 射线衍射、多维核磁共振、计算机图像学，以及分子动力学计算等，而且也由于基因重组、蛋白质测序、蛋白质溶液构象、分子改造等基因工程及蛋白质工程技术的迅猛发展，使得有可能为药物设计提供一定数量并具高效活性（蛋白质的功能）的药物制剂。蛋白质功能预测见图 14-9。

例如，一种治疗艾滋病的药物设计：艾滋病主要由获得性免疫缺损病毒（HIV）引起，主要破坏免疫淋巴细胞，HIV 的基因产物 HIV-1 蛋白水解酶是一种重要毒素。此酶是由两个含 99 个氨基酸残基的单体构成的天冬氨酸水解酶，已测定它的晶体结构，发现其活性部位具有一种对称结构。美国 Abbott 公司的一个研究小组首先设计了一种称为 A-94702 的 HIV-1 蛋白水解酶抑制剂，是一种多肽，具有 180° 旋转对称，能与 HIV-1 蛋白水解酶结合，但其活力较

图 14-9　蛋白质功能预测流程

低。通过对该酶构象的进一步研究，发现其活性部位有一个较大的凹槽，于是将 A-94702 连接两个含缬氨酸的对称侧链，称 A-94704，其活力大大提高，对 HIV-1 蛋白水解酶的选择性结合比其他相关的酶要高 10000 倍。

尽管蛋白质工程的发展历史很短，但由于它在理论上对生命科学发展的贡献，以及商业上可能带来的巨大价值，促进它的发展方兴未艾、迅猛异常。比如，作物中的核糖-1，5-二磷酸羧化酶在光合作用中使 CO_2 固定，转变为糖类，但它也可利用分子氧进行光呼吸，这样就使大约 50% 的被固定的碳白白损失，因此有科学家提出通过蛋白质工程消除或降低该酶的光呼吸作用，必将大大提高光合作用的效率，农作物的产量将成倍增长；在家畜育种上，可利用蛋白质工程改良畜禽品种，提高畜禽品质、繁殖力及抗病性等；医药上可借此改造现行药物和研制新的制剂；甚至可以利用蛋白质工程制造新材料，如适当改变制造蚕丝这样一些天然蛋白质的基因，就能制造出高强度的纤维等。总之，由于蛋白质工程能按人的意愿定向地改造蛋白质和酶，必然有着无限广阔的发展前景。

<h1 style="text-align:center">习　　题</h1>

1. 用对或不对回答下列问题。如果不对，请说明原因。

（1）第二类限制性核酸内切酶需要 ATP 和 S-腺苷甲硫氨酸。

（2）大多数第二类限制酶只催化双链 DNA 断裂，而不催化单链 DNA 断裂。

（3）用反转录酶可以人工合成的 RNA 片段，合成 cDNA。

（4）用同一种限制酶处理两种不同来源的 DNA，所得到的 DNA 片段其序列是相同的。

（5）基因工程中只要目的基因在受体细胞中得以表达，即算完成了基因工程的全部程序。

2. 求限制酶切片段的平均长度。①如果一个含有 50% GC 核苷酸对的高相对分子质量 DNA 分子的均一群体，用限制酶 *Hae* Ⅲ 进行消化，并假定核苷酸顺序是随机的，酶切平均长度是多少？②如果同一 DNA 用 *Hind* Ⅲ 消化，平均片段长度是多少？如果 DNA 只含有 40% GC 碱基对，经 *Hind* Ⅲ 消化后，平均长度又是多少？

3. 两种不同的限制酶必须具备怎样的性质才能使它们的切割顺序完全一样？如果用 *Eco*R Ⅰ 消化噬菌体 T_7 DNA，得到的所有片段都能环化吗？

4. 在蛋白质工程中，进行基因定点突变时，只需将欲改造的蛋白质分子对应基因的对应位点上置换 1～3 个核苷酸。①欲将 β-干扰素第 17 位的半胱氨酸改为丝氨酸，其基因相应位点上核苷酸如何置换？②将酪氨酰-tRNA 合成酶第 51 位苏氨酸改为脯氨酸，核苷酸如何置换？③T_4 溶菌酶第 3 位异亮氨酸改为半胱氨酸，核苷酸如何置换？

5. 解释名词：基因工程、蛋白质工程、克隆、基因载体、基因定点突变。

第十五章　生物化学与新生物技术

进入 21 世纪，生命科学迈进了一个崭新的时代，不断涌现新的生命学科和新的生物技术，包括基因组学、蛋白质组学、生物信息学和生物芯片等，这些学科和技术的发展，使人们将进一步揭示生物机体的奥秘，包括对生命本质、生物进化、疾病发病的机理、生物与环境的关系等方面的认识将大大前进一步，对经济和社会将产生迄今无法估量的影响。

然而，这些新兴学科和技术的发展，与生物化学紧密相关，有赖于生物化学及分子生物学的进步及生化技术的创新。因此，在掌握有关生物化学基础知识的基础上，了解 21 世纪生物技术及其发展趋势是非常必要的。

第一节　基　因　组　学

一、基因组和基因组学的概念

基因组（genome）是指一个生物机体的一套完整的遗传物质，即全套基因的总称，包括决定蛋白质和核酸结构的编码区，以及并非直接决定蛋白质和核酸结构的非编码区。

从 1990 年启动"人类基因组计划"后，开展了对人类基因组结构的研究，随着该计划的进行，发展和建立了多种新的研究技术，借助这些技术，先后开展了对果蝇、家鼠、线虫、水稻、拟南芥、酿酒酵母等数十种动、植物和微生物基因组结构的研究，于是提出了基因组学（genomics）或基因组工程（genomic engineering）的概念，它包括研究基因组结构的方法技术、各种基因组图谱的建立等。

二、基因组图谱

为了研究基因组的结构和功能，可从不同角度制定基因组图谱，从而对基因组进行分析和研究。现有研究中制定的基因组图谱包括基因组物理图谱、基因组遗传图谱、基因组表达图谱和单核苷酸多态性图谱。

1. 基因组物理图谱

物理图是从战略的角度研究 DNA 序列，它是以特异的 DNA 序列为标志的染色体图。标志之间的距离以物理距离如碱基对（bp）、千碱基对（kb）等表示。最粗略的物理图是染色体组型图（即染色体的细胞学区带图），最精细的物理图是核苷酸顺序图。

物理图谱包括序列标记位点图、限制酶图等。

① STS 图谱　序列标记位点（sequence tagged sites，STS）图谱是以碱基对为标尺，以 STS 为位标所绘出的物理图。

② 限制酶图谱　由于 DNA 限制性内切酶都有特异的识别序列和切割位点，因此如果用酶所识别的特异序列作为标志在 DNA 长链上作图，对制定物理图谱也是很有用的。不同 DNA 片段用限制酶切后可产生多种不同的图形，同一个克隆一定有相同的图形，相重叠的克隆可依据其相同部分进行重叠，是用作识别 DNA 的可靠标志。

③ DNA 序列图　在制作染色体物理图的基础上，需进一步制作 DNA 序列图，也是最精细的物理图。制作序列图必须进行大量 DNA 测序工作，利用 DNA 测序技术来完成。在测序中，一般是将较长的 DNA 片段打断，构建一系列随机亚克隆，然后通过自动测定每个亚克隆的序列，用计算机分析以发现重叠区域，最后完成对大片段 DNA 的测序。现在由于采用了

STS 作为位标，分析序列的起始位点，大大减少了对序列重叠部分的鉴定，提高了测定效率。

2. 基因组遗传图谱

遗传图是遗传学上早就对染色体进行研究的一种方法，遗传图上位标的位置和相互之间的距离不是以碱基对等物理距离来表示，它没有确切的物理距离，而是以连锁或重组的方法来测定，以遗传单位来表示。在遗传图的制作中，早先曾用多态性 DNA 标志，即限制酶片段长度多态性，后来发展为微卫星 DNA 标志。

在人类基因组 DNA 碱基序列中，个体间碱基的差异占 0.1%，这些差异并不是突变，所以称为多态性。特异序列多态性可作为遗传标记，用于制作遗传图。限制片段长度多态性（RFLP）是用于遗传标记的第一个 DNA 标志，曾因此发现某一多态性与某一疾病发生相互关联而被使用，但制作限制酶片段长度多态性图比较费时，而且比较麻烦，于是后来又发展使用微卫星 DNA 标志。微卫星 DNA 是指一般含 1~6bp 的短重复序列，这种短重复序列的重复次数在个体间常有差异，即具有多态性。微卫星 DNA 除用作染色体位标，用于基因连锁分析外，还可用于个体鉴别，作刑事侦查用。

在同一个体的两个等位基因之间，其杂合状态（称为重合度）的大小可作为衡量一种 DNA 标志的遗传分析价值。微卫星 DNA 标志比限制酶片段长度多态性具有更高的重合度，因而在制作基因组遗传图谱时更常用。通常在串联重复序列（微卫星 DNA）的两侧是单拷贝序列，这种序列在基因组中的惟一性高，可以此序列设计 PCR 引物，以 PCR 反应进行多态性检测，既省时省力，又便于自动化。

第三代多态性遗传标记是单核苷酸多态性（single nucleotide polymorphism，SNP）。

3. 基因组表达图谱

基因表达图或称转录图，所采用的染色体位标是基因的转录产物，即 mRNA。但实际上应用更多的是 cDNA，即以 mRNA 为模板，用逆转录酶催化产生的互补 DNA，完全能够反映基因的信息。

机体的每一细胞、每一组织，在不同的发育阶段，不同的生理条件和病理状态下，其表达的基因种类及每一基因的表达程度都是各不相同的。通过构建处于某一特定状态下的细胞或组织的 cDNA 文库，大规模 cDNA 测序，收集 cDNA 序列片段，定性定量分析其 mRNA 群体组成，从而描绘该特定细胞或组织在特定状态下的基因表达种类和表达程度，这样编制成的数据表就称为基因表达图谱。这种图谱从 mRNA 水平反映了细胞或组织特异性表型和表达模式，即可反映基因的功能。

在制定了多种生物或一个机体不同组织或器官的基因组成表达图谱的基础上，可以对各基因组表达图谱进行比较研究，称为比较基因表达谱。由比较基因表达谱的研究，在发现新基因、了解基因特异功能等多方面有非常重要的实际意义。例如，比较多个处于不同发育阶段的同种细胞或组织的基因表达谱，可以鉴定与发育或分化相关的基因，以探讨各器官的发育机制；比较不同物种之间同类细胞的基因表达谱，可了解种属差异的分子机制，为比较生物学研究和生物进化研究开辟新的研究途径；比较肿瘤组织与正常组织的基因表达谱，可以找到一些与肿瘤发生、转移等相关的基因，为探讨细胞的癌变机制提供新的途径。

4. 单核苷酸多态性图谱

在基因组中，DNA 分子上存在的单个碱基变化，包括缺失和插入，更多的是单个碱基的置换，称为单核苷酸多态性（single nucleotide polymorphism，SNP），SNP 常常引起基因功能的改变，即突变。

人类个体间的差异约为 0.1%，那么人基因组 30 亿碱基中约有 300 万 SNP 位点，即 1200 万种差异，而且在非转录序列中多于转录序列，也就是说 SNP 位点绝大多数位于非编码区（因为基因组中为蛋白质编码区仅占 3%）。寻找和研究 SNP 已成为基因组学中的重要研究内容，因为

SNP 不仅是新一代的遗传标志，而且 SNP 极有可能对基因的功能和调节起重要作用。通过 SNP 作为遗传标志制作的 SNP 图谱，将有助于阐明个体间的表型差异，不同个体对环境的适应和抗拒能力、在逆境时的应变能力、对疾病的易感性、对药物的耐受性等，并奠定相关理论基础。

三、人类基因组研究

基因组学是源于对人类基因组的研究并受其推动的。人类基因组计划（human genome project，HGP）是人类科学史上最伟大的壮举之一，被誉为生命科学中的登月计划。

HGP 最初由美国科学家在 20 世纪 80 年代中期提出，美国于 1990 年正式实施，计划用 15 年的时间完成人类基因组 DNA 全部碱基对（约 30 亿）排列顺序的测定，并在此基础上进行人类基因的定位和分离。1993 年又对 HGP 研究内容进行了修订和补充，修订后的内容包括：人类基因组作图及序列分析、基因的鉴定、基因组研究技术的建立和创新、模式生物基因组图和测定、信息系统的建立、储存及相应软件的开发、相应产业的开发等。

在国际人类基因组组织的协调和统一下，开展国际合作，由美国、英国、法国、德国、日本和中国共 6 个国家 20 个工作小组的共同努力，于 2000 年 6 月 26 日完成人类基因组框架，2003 年 4 月 14 日宣布人类基因组序列图绘制成功。人类基因组核苷酸序列图是分子水平上最高层次、最详尽的物理图。

在开展人类基因组计划的同时，进行一些模式生物基因组的研究，对 HGP 是十分有利、紧密相关的，因为研究模式生物基因组所获得的信息，对于解释人类相关基因研究中所获得的资料具有重要的参考价值。模式生物基因组的研究是分析人类正常基因调控、遗传性疾病以及生物进化的重要基础。现已开展的模式生物基因组计划的有埃希氏大肠杆菌（*Escherichia coli*）、酿酒酵母（*Saccharomyces cerevisiae*）、秀丽隐杆线虫（*Caenorhabditis elegans*）、黑腹果蝇（*Drosophila melanogaster*）、斑马鱼（*Danio rerio*）、小家鼠（*Mus musculus*）和拟南芥（*Arabidopsis thaliana*）等。

核苷酸序列图的绘制成功，仅仅是对人类基因组这部"天书"读出，认识了这部书的单词和一些简单句，或写出了一个"基因目录"，今后的任务是要将这部"天书"读懂，即利用这些单词或句子写成与生物进化、发育、分化、疾病的关系等相关的文章，写出一本"基因组辞典"，这将是更耗时、耗钱、耗人力的巨大工程。从现有人类基因组研究得知，在人的染色体 DNA 30 亿碱基中，编码蛋白质的基因仅为 2.5 万至 3 万，而不是从前认为的 8 万至 10 万个，染色体中绝大部分 DNA 的碱基究竟有什么作用，蛋白质基因的表达是如何调控的？DNA 的大量非编码区在生物进化、个体发育、分化、个体间的体质、适应性、抗病和免疫性、对药物的敏感性及抗性等差异中起什么样的作用？于是又启动了后基因组计划或称为功能基因组计划，以大规模实验方法及计算机分析从整体水平对基因组的功能、表达及其调控进行研究，包括转录组学、蛋白质组学、代谢组学和生物信息学等新概念、新技术的产生。

第二节　转录组学与生物芯片

随着基因组学、蛋白组学、代谢组学和转录组学等学科的不断涌现，生物学研究已经跨入后基因组时代，转录组学作为一个率先发展起来的技术开始在生物学前沿研究中得到了广泛的应用。广义转录组（transcriptome）是指特定生物体在某种状态或某一生理条件下，细胞内所有基因转录产物的总和，包括信使 RNA、核糖体 RNA、转运 RNA 及非编码 RNA；狭义转录组指所有参与翻译蛋白质的 mRNA 总和。转录组是连接基因组遗传信息与生物功能（蛋白质组）的必然纽带。

转录组研究是功能基因组研究的一项重要内容，从 RNA 层次研究基因表达的情况，即为转录组学（transcriptomics），是研究细胞表型和功能的一个重要手段。转录组学、基因组学、生物信息学的研究促进了生物芯片的诞生和发展；而生物芯片的发展也使转录组学、基因组学、生物信息学等新生物学科的研究得以顺利进行，并促进这些学科的迅速发展。

一、转录组学的研究状况

20 世纪 90 年代中期以来，随着微阵列技术被用于大规模的基因表达水平研究，转录组学作为一门新技术开始在生物学前沿研究中崭露头角并逐渐成为生命科学研究的热点。

转录组学研究的对象是 RNA，但一般是通过测定 RNA 逆转录而成的 cDNA 从而间接描绘表达基因的组成和丰度，也称为基因表达谱（见本章第一节）。目前进行转录组研究的技术主要包括以下三种：①基于杂交技术的微阵列技术；②基于 Sanger 测序法的 SAGE（serial analysis of gene expression，基因表达系列分析）和 MPSS（massively parallel signature sequencing，大规模平行信号测序系统）；③基于新一代高通量测序技术的转录组测序。

各种转录组研究技术的特点见表 15-1。

表 15-1　几种转录组研究所用技术的比较

转录组所用技术	Microarray	SAGE 和 MPSS	RNA-seq
原理	寡核苷酸杂交	Sanger 测序	高通量测序
信号	荧光信号	数字化信号	数字化信号
分辨率	数个至上百个	单碱基	单碱基
分辨率	高	低	高
背景	高	低	低
成本	高	高	相对较低
起始 RNA 用量	多	多	少

转录组学可以提供基因表达的信息，并据此推断相应基因的功能，揭示表达调控的作用机制，已经被广泛应用于生物学、医学、农学等许多领域。如通过比对正常组织和病理组织的转录组差异，筛选出与疾病相关的具有诊断意义的特异性表达差异分子标签，可用于疾病的诊断。

二、转录组学的应用

1. 单细胞转录组分析

随着高通量测序技术的不断成熟，转录组高通量测序技术在功能基因组学的研究中发挥了非常重要的作用。很多研究表明相同的细胞类型中的基因表达水平也常常显示异质性，对于单个细胞来说，转录组的随机变异性可能决定了细胞的最终命运，因此不同的细胞具有不同的转录组表型；理论上，转录组分析应该以单细胞为研究模型，科学家应用单细胞 RNA-seq 技术即可获得单细胞的转录组信息。

2. 转录组测序确定 RNA 结构

非编码 RNA 对于基因表达的调控机制的研究成为近年来的热门研究领域，而 RNA 的结构是 RNA 行使其功能的基础，所以测定 RNA 的结构对于理解 RNA 功能意义重大。传统的测定 RNA 二级结构的方法是用化学试剂或 RNA 酶切割 RNA 然后通过测序胶进行分析。这种方法的工作量巨大而且对于技术要求很高。

3. 转录组测序在疾病中的应用

转录组测序（RNA-seq）是较新的利用高通量测序技术进行转录组分析的一种技术，可全面快速地获得特定细胞或组织在某一状态下的几乎所有的成熟 mRNA 和 ncRNA。相对于传统的基因芯片技术，RNA-seq 技术不需要针对已知序列设计探针，即可检测细胞或组织的整体转录水平。RNA-seq 技术具有更灵敏的数字化信号、更高的通量以及更广泛的检测范围。在疾病的机制研究以及疾病治疗领域，转录组测序作为一个有力工具已被广泛使用。

三、生物芯片

生物芯片（chip）的概念来自计算机芯片，实际上是一种微型多参数生物传感器，它的发展历史较短。科学家们最初的意图是想把有机功能分子或生物活性分子进行组装，构建微功能元件，实现信息的获取、储存、处理和传输等功能，以便研制仿生信息处理系统和生物计算机。随着人类基因组计划的执行，大量生物信息产生，需要及时的搜集和处理，于是很快出现了用于 DNA 测序等方面的基因芯片，并得到迅猛的发展，出现了不同用途、不同性能的多种生物芯片，使生物学实验技术真正实现了高通量。

1. 生物芯片的类别

生物芯片是通过微电子、微加工技术在芯片表面构建的一种微型生物化学反应系统，即在一个微小的基片表面高密度固定大量的分子识别探针，或构建微分析元件和系统，形成微阵列（microarray），阵列中每个分子的序列及位置都是已知的，实现对核酸、蛋白质（酶）等细胞组分实行准确、快速、高通量的筛选、分析或检测。

由于最初的生物芯片主要目的是用于 DNA 序列测定、基因表达谱鉴定和突变基因的检测和分析，所以又将它称为 DNA 芯片或基因芯片（DNA chip）。它是将许多特定的 DNA 寡核苷酸（如 SNP）或 DNA 片段（称为探针）固定在芯片的每个预先设置的区域内，将待测样本标记后同芯片进行杂交，利用碱基互补配对原理进行杂交，通过检测杂交信号并进行计算机分析，从而检测与探针对应片段是否存在和存在量的多少，以用于基因组研究、基因功能研究、疾病的临床诊断和检测等。

为方便对蛋白质的研究，又研制了蛋白质芯片。它是将多种蛋白质活性分子固定在基片上，利用蛋白质分子间的特异生物亲和力，用来检测和研究不同的蛋白质分子、分子间的相互作用，以及基因的功能和表达，获得各种条件下蛋白质的变化。检测原理类似于抗原、抗体检测的 ELISA 法，根据杂交信号的有无或多少进行定量、定性分析。蛋白质芯片主要用于蛋白质组学研究。此外，根据抗原-抗体、激素-受体、药物-受体等特异亲和性，蛋白质芯片用于配体化合物的筛选和药物先导化合物的筛选。根据蛋白质芯片衍生的生物分子识别的专家系统、分子药物筛选系统、疾病诊断系统等在生物医学中有着广泛的用途。由于蛋白质存在一定的空间构象，易交叉杂交而产生假阳性，尚未进入实用的商品化阶段。

基因芯片、蛋白质芯片和芯片实验室是当前生物芯片技术的三大核心和基础。除此而外，为适应多方面研究的需要，还有各种各样生物芯片产生。

2. 生物芯片的特点

生物芯片，尤其是现在用得最多的基因芯片，在对生物分子及其功能的检测、鉴定和分析中，与其他的基因或蛋白质检测技术相比，具有微型化、自动化、网络化等特点，它能同时定性、定量地检测成千上万的生物信息。所谓微型化，指的是它不仅所用样品量小（每个点只需 1nL），而且成千上万种探针分子仅仅点在几平方厘米的介质上，可以实现许多生物信息分析的并行化、多样化；所谓自动化，是指测定分析的全过程，包括点样、杂交、图像处理和数据处理都可用计算机已知程序的自动化系统和半自动化系统完成，使整个过程具有高效率；所谓网络化，是指点样、数据处理等步骤都需要利用互联网上庞大的生物信息库，这样既可以利用现存资源，又可提高分析鉴定的准确度。

3. 生物芯片技术简介

这里主要介绍基因芯片技术的基本原理及简要方法。

基因芯片或 DNA 芯片技术是一种大规模集成的固相核酸分子杂交，即以大量已知碱基序列的寡核苷酸为探针，待测 DNA 样品与之杂交，然后通过定性、定量分析得出待测样品的基因序列及表达的信息。其方法包括芯片制作、样品准备、分子杂交和检测分析四个部分（图 15-1）。

图 15-1　DNA 芯片流程图

（1）芯片的制作

① 载体材料　用于连接、吸附或包埋各种生物分子使其以水不溶性状态行使功能的固相材料称为载体。所用材料分为实性材料和膜性材料两类。实性材料有硅片、玻片、瓷片等。膜性材料有聚丙烯膜、尼龙膜、硝酸纤维素膜等。载体材料必须符合下列要求：a. 载体表面必须具有可以进行化学反应的活性基团，以便与生物分子进行偶联；b. 单位载体上结合的生物分子能达到最佳容量；c. 载体应具化学惰性（不干扰生物分子的吸附）和稳定性（不受酸、碱及机械力的影响）；d. 载体具有良好的生物兼容性。

② 载体的活化及芯片制作方法　载体必须进行预处理即活化，使其表面带上羟基、氨基等活性基团，这些基团先用光敏材料的光敏保护基团形成共价交联而被保护起来；在连接寡核酸探针时，用光照除去光敏保护基团，这时活性基团即可与核苷酸发生反应。膜性材料上通常包被氨基硅烷或多聚赖氨酸，使其带上正电荷，以便与带负电荷的 DNA 探针结合。

生物芯片的制作方法，有接触点加法、喷墨法和光刻合成法、分子印章法等。

接触点加法是一种快速、经济、多功能的方法，可以在 $3.6cm^2$ 内点上 10000 个 cDNA。

喷墨法是以定滴供给的方式，通过压电晶体从最小的喷嘴内把生物样品喷射到玻璃载片上。在 $1cm^2$ 上可喷射 10000 个点。

光刻合成法是将光不稳保护基团保护的 4 种 DNA 模块固定在玻片上，通过光照脱保护，用少量的保护寡核苷酸和试剂按照设计的序列进行 DNA 合成。这种方法可在 $1.6\ cm^2$ 上合成 40000 组寡核苷酸。

分子印章法是应用分子印章多次压印在载体表面合成 DNA 探针阵列的方法。分子印章是一种表面有微结构的硅橡胶模板，按照探针阵列要求和设计，通过光刻技术制备一套高分辨率的分子印章。不同的分子印章分别将 4 种不同碱基 DNA 合成试剂按一定的排列次序逐次压印在表面上。分子印章法可在 $0.9\ mm^2$ 上合成寡核苷酸阵列 65000 个。

上述光刻合成法和分子印章法又称为原位合成法或在位合成法，接触点加法和喷墨法又称为点样法。

（2）样品的准备　制作生物芯片探针和样品需经过分离纯化、扩增和标记等过程。

用常规方法制备 DNA 或 mRNA。用作探针的寡聚核苷酸一般采用传统的 DNA 合成方法（DNA 合成仪），其末端需要进行修饰，目前普遍是在 5′ 端用氨基修饰。DNA 的合成用一般 PCR 法扩增有一定局限，现发展了一种固相 PCR 系统可用于作为探针的 DNA 合成。

样品的标记主要采用荧光标记，也可用生物素、放射性核素等标记。常用荧光色素花青素Cy3、Cy5 或生物素标记 dNTP（至少一种带标记），反应中 DNA 聚合酶以荧光标记的 dNTP 为底物，将其掺入到新合成的 DNA 片段。变性后与基因芯片的微探针阵列进行分子杂交。也可采用末端标记法直接在引物上标记荧光。

（3）分子杂交 样品经扩增、标记后即可与芯片上的 DNA 探针进行杂交。芯片上的杂交与常规的分子杂交有所不同：常规的分子杂交是将待测样品固定在滤膜上，与带标记的探针在一定杂交液中杂交，所需时间较长（4～24h），每次只能检测一个或几个探针；基因芯片杂交则是将探针固定于载体表面上，将待测的带标记样品与之杂交，由于基片上固定有各种各样的探针，因此一次可以检测成百上千的样品，杂交的时间较短，一般在 30min 内完成。

（4）检测分析 最后一步就是检测分析，基本上就是进行图像处理和数据处理。待测样品与芯片上探针阵列杂交后，结合在芯片的特定位置上，未杂交的分子被除去。一般采用荧光双标记（例如待测样本用红色荧光基团 Cy5 标记，参考样本用绿色荧光基团 Cy3 标记），在激光的激发下，二者均发射荧光。样品与探针完全杂交的所发荧光最强，不完全杂交的荧光信号较弱，完全不能杂交的则无法检测荧光。所发荧光强度与样品中靶 DNA 分子的含量有一定线性关系。

随后即用芯片激光扫描仪将芯片的杂交信号转变为数据矩阵，提取出来的数据矩阵可以直接导入数据库存储，也可以输出成文本文件的格式供其他分析软件处理。图像中样点的荧光强度值间接给出了基因芯片中对应探针的相对丰度值，其比值（Cy5/Cy3）为该基因在实验样本中的表达水平。如果来自待测样本的表达丰度高，那么样点呈红色；如果来自参考样本的表达丰度高，那么样点呈绿色；如果两者丰度相当，样点就呈黄色；如果二者没有进行杂交反应，则样点保持背景黑色不变。通过这种方法，取自两个不同样本的基因相对表达水平差异就可以表现出来。

4. 生物芯片的应用

生物芯片在基因组学研究、后基因组学研究以及医学、工农业实践和国防上均有着广阔的应用前景，并将促进一个新的产业的诞生。

（1）DNA 序列测定 基因芯片技术通过大量固定化的探针与待测样品 DNA 进行分子杂交，产生杂交图谱，由杂交图谱即可测定样品的 DNA 序列，这种测序方法称为杂交测序（sequencing by hybridization，SBH）。一个含八核苷酸的探针（有 $4^8 = 65536$ 个阵列）可用于测定约 200 个核苷酸的序列；含 10^6 个十二核苷酸的阵列可以测定约 1000 个碱基的序列。将所得强光信号系统的序列进行重叠排列，即可测得顺序。例如，一个 12 核苷酸的待测序列与原位合成的八核苷酸阵列上 65536 个探针杂交后，发出最强荧光信号的有 6 个探针：AAGGGACT、CAAGGGAC、CAAGGGA、GCCAAGGG、AGCCAAGGG 和 GAGCCAAG，将它们重叠排列即得出待测 DNA 的互补序列为：GAGCCAAGGGACT，则待测样品的 DNA 序列为：AGTCCCTTGGCTC（图 15-2）。

（2）基因表达分析 基因芯片对大规模的基因表达谱的分析是十分方便的。因为它的容量大、精确度好、灵敏度高、快速高效，用于对来源于不同个体、不同组织、不同细胞周期、不同发育阶段、不同分化阶段、不同病变、不同刺激下的细胞内 mRNA 或逆转录后产生的 DNA 进行检测，从而对基因表达的个体特异性、组织特异性、发育分化阶段特异性、病变特异性、刺激特异性等进行综合分析和判断，可以研究基因的功能，以及基因与基因间的相互关系。这与常规测定方法一次只能检测一个或少数几个基因相比，可大大提高效率。目前的研究水平，一张芯片上可同时检测几万个基因，也就是说人的全部基因可在一张芯片上进行检测分析，通过比较各种基因在特定条件下是否表达及其表达量，从中找出基因间的细微差异。

（3）用于突变和多态分析检测 在标记的样品 DNA 与芯片上固定的寡核苷酸探针杂交过程中，当探针与样品 DNA 有小至一个碱基的差异时，其 T_m 值的改变影响杂交结果的荧光信号值，从而可以根据信号来判断待测样品和芯片上哪个片段完全配对，哪个片段上有碱基取

图 15-2　杂交测序原理

代，从而得出待测 DNA 序列上特定位点的碱基组成。以便对突变和多态性进行分析研究。

（4）在疾病诊断中的应用　用于感染性疾病诊断时，是将待测病原体的特征基因片段或病原体的特征寡核苷酸固定于芯片上，将从病人血清中抽提出的病原体 DNA 或 RNA 经扩增标记荧光后与芯片进行杂交，杂交信号扫描仪扫描，再经计算机分析，判断阴阳性。

在遗传性疾病的诊断中，由于人类基因组计划和后基因组计划的开展，越来越多的遗传病相关基因被揭示出来，而且由于突变检测技术得到快速发展，已经成为对多种遗传病进行诊断的常规手段。基因芯片用于疾病诊断具有明显的优越性：①检测样品为各类致病片段，可同时检测多种疾病，提高了诊断效率；②因无需通过机体免疫反应，能早诊断，缩短发病期；③具有高度的灵敏性、准确性、特异性和可靠性，并且方法快速简便；④自动化程度高有利于推广应用；⑤还可对病原体进行分型，从而实现用药个体化。

（5）在药物研究中的应用　生物芯片用于药物研究，目前主要在两个方面：新药筛选和指导临床合理用药。

在新药的筛选中，关键问题是低耗、高效地筛选出新药或先导化合物，以便缩短新药发现的过程。筛选的方法一般有两种模式：一种是直接检测化合物对生物大分子（如酶、抗体、受体、离子通道等）的结合及作用；另一种是检测化合物作用于细胞后基因表达（特别是mRNA）的变化。基因芯片可以从疾病及药物两个角度对人体的参量同时进行研究以发掘筛选疾病相关分子。在这种情况下，任何一元化的分析方法均不及生物芯片这种集成化的分析手段更具有优势。基因芯片进行药物筛选就是通过用药前后表达谱的变化找出靶基因及受靶基因调控的基因是否恢复到正常状态，并研究是否影响其他基因的表达而带来毒副作用。

此外，在指导临床合理用药方面生物芯片也能发挥它的优势。在临床用药中，一方面由于小分子药物在体内作用的靶分子不可能具有绝对专一性，另一方面不同个体内由于遗传多态性致使所含结合药物的载体蛋白、代谢药物的酶等存在差异，因而机体对药物的处理也会不同。通过生物芯片研究每个人的基因组，根据基因型为病人选择个性化的药物将成为可能，这将是药物治疗学上的一次质的飞跃。

（6）在微生物菌种鉴定及致病机制中的应用　在基因芯片上筛选测定病原微生物的毒力基因、抗药基因和致病因子基因等，可对其菌种和流行病学研究。比如，在研究感染病毒基因组中，分析感染病毒的多态性，了解病毒致病基因和致病机理，分析药物作用下病毒基因表达情况，了解药物作用机制与基因功能。还可用于监测感染宿主基因表达改变，研究病原微生物致病机制，进行细菌基因分型与菌种鉴定，筛选监测细菌耐药性基因等。

（7）在农林中的应用　利用基因芯片对每一种类型的植物组织积累其发育阶段、激素和除草剂的处理、遗传背景和环境条件等一系列影响因素数据，有可能了解植物生物学有关的众多基因，从中筛选基因突变的农作物，寻找高产、抗病、抗虫、抗逆境等经济价值高的农作物。此外，还可用于农药的筛选、动植物疾病的快速诊断等。

除上述外，生物芯片在其他众多领域还有广泛的用途。如在军事上，用于开发生物战病原体检测系统、研制生物战防护剂；司法中用于血型和亲子鉴定、DNA 指纹鉴定；环境保护中用于大规模毒理学研究、化合物的致突变研究、快速检测污染源、寻找保护基因、寻找能够治理污染源的基因产品等。

现在，一些芯片实验室正研究通过微细加工技术，将核酸分离、扩增、标记及检测等过程集成在同一块芯片内，使生物分子分析系统进一步微型化、集成化和自动化，前景十分诱人。围绕生物芯片将逐渐形成庞大的生物产业，各国政府和企业都看好这块沃土，投入巨资，以便不久的将来获得丰厚的收益。

第三节　蛋白质组学

人类基因组计划的执行和完成，使科学家们感到越来越紧迫的问题是：研究基因的目的是要了解基因的功能，从而探索各种生命现象的本质。基因的直接产物是 mRNA，对细胞内 mRNA 或 cDNA 的研究可以部分反映基因的功能，但生命活动的最终表现者是蛋白质，即对蛋白质的研究更能体现基因的功能，更能接近对生命本质的阐明。澳大利亚 M. R. Wilkins 和 K. L. Williams 在 1994 年首次提出了蛋白质组（proteome）的概念，引起了极为广泛的关注。随后，多个国家的十多个实验室开展了对支原体、酵母、线虫以及人体的一些病理组织和细胞的蛋白质组开展了研究，就产生了一个新的学科领域——蛋白质组学（proteomics）。

一、蛋白质组学的定义和含义

1. 蛋白质组的定义

1995 年 V. C. Wasinger 首次将蛋白质组定义为：一个基因组编码的全部蛋白质。1997 年 Wilkins 和 Williams 在有关蛋白质组研究的第一部专著中将其定义为：一个基因组或组织所表达的全部蛋白质。1999 年 Nature 杂志将蛋白质组进一步定义为：在一个细胞的整个生命过程中由基因组表达的以及表达后修饰的全部蛋白质。由此可见，蛋白质组是包括一个细胞或组织或一个生物体的一个基因组在生命的全过程中所表达产生的所有蛋白质。由于蛋白质的种类和数量在新陈代谢中总是处于动态过程中，同一细胞在不同时期、不同生长条件（正常与异常）下，其所表达产生的蛋白质是不相同的。因此，在蛋白质组的研究中，对某种生物的蛋白质组而言，必须标明时期和条件，在什么情况下产生的，才能接近阐明在该条件下基因组的确切功能。

2. 蛋白质组学的含义

蛋白质组学是在整体水平上研究细胞内蛋白质组成、数量及其在不同生理条件下变化规律的学科。它主要研究细胞内所有蛋白质在生命活动过程中的时空表达、蛋白质分子间的相互作用、翻译后的各种修饰等。与传统的针对单一蛋白质进行的研究相比，蛋白质组学的研究不仅在研究手段上是全新的、大规模和高通量的，而且由于一个细胞蛋白质的复杂性、多样性和可变性，对其分析分离都要相对困难得多。

在某种程度上蛋白质组比基因组更能直接地反映生理功能的过程及其变化，蛋白质组学的研究必然是后基因组计划的重要内容。因为一个生物体只有一个确定的基因组，一个生物体的蛋白质组数却不是一个。之所以蛋白质组的数目不仅不同细胞有所不同，而且同一细胞在不同时空条件下其蛋白质组数目变化也很大，是因为基因组内各个基因表达的条件和表达的程度随时间、地点和环境条件而不同，所以它们表达的产物的种类和数量随时间地点和环境也不相同。

二、蛋白质组研究的技术简介

一个完整的蛋白质组研究包括下列步骤：

样品制备 → 第一向等电聚焦 → 第二向 SDS-PAGE → 蛋白质检测 → 图谱数字化分析 →

质谱分析 → 建立数据库

蛋白质组的研究是在细胞水平上对上千种蛋白质进行分离和分析，因此对一种或一类蛋白质的传统分离分析技术已不适用于蛋白质组的研究。据目前的水平，双向电泳技术、计算机图像分析与大规模数据处理技术和质谱技术被认为是蛋白质组研究的三大基本支撑技术。

1. 双向电泳

在蛋白质组研究中，用于蛋白质分离的技术主要是双向电泳，即第一向用等电聚焦电泳（IEF），第二向用变性聚丙烯酰胺凝胶电泳（SDS-PAGE），前者是根据不同蛋白质等电点的差异，后者是根据不同蛋白质相对分子质量的差异而进行分离，这样各种蛋白质被分布在二维图谱上。传统的 IEF 和 SDS-PAGE 在最好状态下可在各自方向分辨 100 个不同的蛋白质区带，因此，理论上双向电泳分辨能力可达到 10000 个点，实际上一般实验室目前仅能分辨 1000～3000 个点。

① 样品制备　用于电泳前样品需作一系列处理，包括蛋白质的溶解、变性及还原，去除非蛋白质杂质等。在蛋白质的溶解液中通常含有变性剂尿素和还原剂。尿素用以解除蛋白质的二级结构，使蛋白质的不同带电状态还原为单一带电状态，这就可避免同一蛋白的多个构象在等电聚焦时出现在不同的等电点位置。还原剂是破坏蛋白质的二硫键，传统用二硫苏糖醇（DTT）或 β-巯基乙醇，但这些试剂带电荷，可引起含二硫键多的蛋白丢失。因而现多采用不带电荷的三正丁基膦（TBP）加上增溶剂——硫脲，所制得样品效果较好。

② 电泳　第一向等电聚焦是利用不同蛋白质等电点不同在大孔径凝胶中将蛋白质分离开。在传统的等电聚焦电泳中是用小分子两性电解质载体在胶条上形成 pH 值梯度，当蛋白质在电场下移动至与本身等电点相同的 pH 的位置时，就停止移动。由于蛋白质带电状态取决于其二级结构，因此，要达到最好的分辨率，蛋白质必须充分变性。传统的用小分子两性电解质载体所建立的 pH 值梯度是临时性的，其稳定性有限，而且机械性能也不好，易断裂，每一次制胶的重复性难于控制。因此，在蛋白质组研究中采用了一种新技术——固相 pH 值梯度等电聚焦（IPG），该技术是丙烯酰胺凝胶预聚合时共价引入酸碱缓冲基团，利用一种偏酸性丙烯酰胺缓冲液和一种偏碱性丙烯酰胺缓冲液根据所需 pH 值范围按比例制得。这种胶具有机械性能好、

重现性好、上样量大等特点，因而适于蛋白质组研究用。

第二向 SDS-PAGE 是利用不同蛋白质相对分子质量不同而进行的分离。当第一向电泳完成后 IPG 胶在 SDS 平衡液中还原和烷基化，将蛋白质由第一向胶上转移至第二向胶上，然后进行电泳。

③ 蛋白质检测　电泳后胶上蛋白质的检测有多种方法，灵敏度和分辨率有一些差异。检测某种蛋白质是否存在时常用 Western 印迹，显示蛋白质全谱时多用银染检测。目前蛋白质组研究常是两种染色法相结合：经银染分析寻找有意义点后，再加大上样量，用考马斯亮蓝染色，再做进一步质谱鉴定。

2. 图像数字化分析

经双向电泳分离、染色后所得图像需要经过图像扫描、计算机数字化处理，确定每个蛋白质点的等电点、相对分子质量、准确位置及强度，对蛋白质作出初步鉴定。这一套图像处理系统已有现存的软件，经过分析鉴定，即可建立蛋白质组数据库。由于互联网上数据库的构建，不同实验室的研究结果可做对比研究，有的双向电泳分析软件可以设定直接进入联合电泳数据库。

3. 质谱分析技术

质谱技术是样品分子经离子化后，根据不同离子间质荷比（m/z）的差异来分离并鉴定相对分子质量。应用于蛋白质组研究的质谱技术，因为鉴定分析的是蛋白质大分子，因而在离子化方法上主要采用了所谓"软电离"的方法，即样品分子电离时，保留整个分子的完整性，不会形成碎片离子。常用的有两种方法：电喷雾离子化（ESI）和基质辅助的激光解离子化（MALDI）。根据这两种离子化技术设计的两类质谱仪在实际应用中各有特点，效果上各有千秋，应用范围上各有侧重，难以互相取代，可以互相补充。

蛋白质经过双向电泳后，将分离到的点切割下来，进行胶内酶解，酶解后的产物可用质谱仪分析肽谱或测定肽段序列，与已知蛋白质的肽质谱比较，就可以确定蛋白质是否已知，或是何种蛋白质。如果在已知蛋白肽质谱数据库中找不到，有可能发现了新蛋白，需经过序列分析，合成 DNA 探针来表达、分离和鉴定这一蛋白。

质谱技术除了上述通过肽质谱和肽序列分析来鉴定蛋白质外，还用于鉴定具有翻译后修饰的蛋白质。许多功能蛋白质在翻译后常常进行了修饰，包括磷酸化、糖基化，N 末端封闭等。采用质谱法可通过特征离子监测的方法确定磷酸化肽，通过串联质谱（MS/MS）确定磷酸化位点；在糖蛋白分析中，质谱可鉴定糖基化位点，分析糖链组成、结构以及分支情况。此外，质谱技术在蛋白质组研究中还可用于蛋白质二硫键的定量与定位、蛋白质二级结构分析、蛋白质与蛋白质的相互作用以及蛋白质与其他分子的相互作用等。

4. 蛋白质组数据库的建立

经过双向电泳、质谱分析等得到一系列图谱和数据等大量信息后，最后必须建立蛋白质组数据库。目前应用最多的蛋白质组数据库包括蛋白序列数据库（如 SWISS-PROT，TrEMBL）、蛋白模式数据库（Prosite）、蛋白双向电泳图谱数据库、质谱数据库、蛋白三维结构数据库（PDB，FSSP）、蛋白质翻译后修饰蛋白库（O-GLYCBASE）、基因序列数据库（Genbank，EMBL）、基因组数据库（GOB，OMIM）、代谢数据库（ENZYME）等。

三、蛋白质组学的应用前景

蛋白质组学最初是对映于基因组而提出来的，它是针对一个基因组所表达的全部蛋白质为研究对象。随后，蛋白质组学发展成针对某些与特定生物学机理相关联的研究，例如，比较不同生长时期蛋白质组的差异，正常细胞与异常细胞蛋白质组的差异，细胞在用药和不用药的情况下蛋白质组的差异等，这称为比较蛋白质组学或功能蛋白质组学。研究正常与疾病状态下某一组织的蛋白质组，称为疾病蛋白质组学，已进行了多项研究。如发现 Calgranulin B 仅在肿瘤组织中表达；通过心肥大细胞与正常细胞比较，发现一些蛋白质在这两种细胞中表达量有差异；在患有进行性老年痴呆疾病的脑组织中，发现与神经发育有关的蛋白质 Snap25 的表达量降低。

1999 年瑞士生物信息学研究所（CIB）和欧洲生物信息学研究所（EBI）发布了启动人类蛋白质组学研究计划（human proteomics initiative，HPI），此计划包括完成 SWISS-PROT 数据库中的所有已知人类蛋白质的序列数据；完成其他哺乳动物（主要是老鼠）蛋白质序列及与人类蛋白质序列的同源比较；在蛋白质序列上，找出所有已知的人类多态性（单核苷酸多态性、单氨基酸多态性）；完成人类蛋白质所有已知的翻译后修饰的数据等。2000 年著名的私人公司 Celera Genomics 也宣布启动人类蛋白质组计划，开展工业规模的人类蛋白质组研究。由此看来，蛋白质组学不仅在认识生命本质上将发挥重要作用，而且在应用上也有着广阔的前景。

第四节　生物信息学

一、生物信息学的含义

人类基因组计划的完成，后基因组计划及蛋白质组计划的实施，出现和积累了与日俱增的信息，生命科学将全面进入信息提取和数据处理的全新阶段。20 世纪 80 年代末，美国的马来西亚华人林华安博士就认识到将计算机科学与生物学结合起来的重要意义，并首次提出了"生物信息学"（bioinformatics）的概念，并因此获得"生物信息学之父"的美誉。

为了执行人类基因组计划，在做了大量人类染色体 DNA 序列测定后，曾提出基因组信息学（genomeinformatics）的概念，美国人类基因组计划对基因组信息学曾给出如下定义：它是一个科学领域，包含着基因组信息的获取、处理、存储、分配、分析和解释的所有方面。显然生物信息学所研究的范畴比基因组信息学要广泛得多，但基因组信息学是生物信息学的源头和基础。随着人类基因组计划的执行和完成，DNA 测序技术日趋成熟，测序速度和长度大幅度提高，许多原核、真核生物的 DNA 序列得以测定，迄今已经完成了 4000 余种生物的全基因组序列或草图测定，尚有 15000 余种生物的全基因组测序工作正在进行（截止 2012 年数据），产生了大量的数据信息。当科学家面对如潮水般涌来的数据时，如何处理和分析这些数据就成为生命科学发展的关键。

著名科学家、诺贝尔奖获得者 Gilbert 提出："传统生物学解决问题的方式是实验的，现在，基于全部基因都将知晓，并以电子可操作的方式驻留在数据库中，新的生物学研究模式的出发点应是理论的。一个科学家将从理论推测出发，然后再回到实验中去，追踪或验证这些理论假设"。由这段话可以看出，如果传统的生物学属于实验性的，称为实验生物学，那么，生物学与计算机科学、信息科学和统计科学等相结合而产生的一个新的学科领域可称为理论生物学，这也是生命科学走向现代化的一个重要标志。

综上分析，生物学信息学可定义为：生物信息学是生物学与数学、物理、计算机科学、信息科学等相互渗透而产生的一门交叉学科，它以互联网为媒介，数据库为载体，以计算机为工具对实验生物学中产生的大量生物学数据进行储存、检索、处理及分析，并用生物学知识对结果进行解释，从而最终阐明生命本质及其变化规律。

随着生命科学的发展，对生物信息学的理解将更深化，将更科学地认识它的内涵。

二、生物信息学的基本研究方法

生物信息学的研究方法包括生物学数据库的建立、数据的检索、处理及利用等。

1. 生物学数据库的建立

生物学数据库的建立一般由专门机构来完成。有的实验室为了研究工作的需要可建立一些小型的数据库。数据库可分为一级数据库和二级数据库，一级数据库的数据直接来源于实验获得的原始数据，只经过简单的归类整理和分析，主要有基因组数据库、核酸和蛋白质一级结构序列数据库和生物大分子三维结构数据库；二级数据库是在一级数据库、实验数据和理论分析的基础上针对特定目标而建立的。目前，世界著名的三大核心数据库是 PDB 生物大分子结构数据库、SWISS-PROT 蛋白质序列数据库和 GenBank 核酸序列数据库。

2. 数据的检索

在研究中根据不同的实际需要，检索不同的数据库。如查找 DNA 序列即选择核酸序列数据库，查找蛋白质序列则选择蛋白质序列数据库等。生物学数据库的检索包括收集和筛选两个方面，根据研究者的实际需要而加以应用。

3. 数据的处理

无论是实验中产生的数据，还是在数据检索中查得的数据都要经过处理，一般先是对数据进行格式编辑，然后对大量的数据进行分类和整理。为了使用的方便，根据需要也可建立一个自己的小型数据库，以便于使用。

4. 数据的利用

对生物学数据的利用就是使用各种统计模型和算法，以便对数据进行分析。如利用 BLAST (Basic Local Alignment Search Tool) 核酸和蛋白质序列相似性比对分析、蛋白质空间结构比对分析、不同发育阶段比对分析，正常与异常比对分析、生物进化分析等。从这些分析研究中得出结果、疑问，为下一步研究提供参数等。

三、生物信息学的主要研究内容

生物信息学是一个刚刚兴起而又发展迅猛的学科，它所研究的内容难于清楚地界定，目前有关生物信息学的主要研究内容大致涉及以下几方面。

1. 基因组测序的信息分析

无论人或模式生物的基因组研究，都涉及大规模的测序，它的每一步都与信息分析紧密相关。在对一个基因组的测序中，首先必须将基因组打碎，再对每一个小片段测序，然后把它们重新拼接起来。如果将这些片段拼接成完整的 DNA 顺序是测序研究中的一个难点，尤其是重复顺序，在人基因组中有大约 30% 的重复顺序，这就更增加了难度。在这种情况下借助生物信息学就显得更重要了。生物信息学提供了自动而高速地拼接序列的算法，根据数据库和相关软件提供的信息进行计算即可得出结果。

2. 发现新基因

在基因组研究中，大部分新基因靠理论方法预测出来。例如酿酒酵母完整基因组（约 13×10^6 bp）所包含的 6 千多个基因，大约 60% 是通过信息分析得到的。用理论方法预测基因使用的序列数据主要来自表达序列的标志 (EST) 序列数据库和基因组测序数据库。目前，用生物信息学寻找新基因的方法有两种。①通过计算分析，从 EST 序列库中拼接得到完整的新基因编码区。由于 EST 是随机产生的，所以属于同一基因的很多 EST 序列间必然有大量重复小片段，利用这些小片段作为标志，就可把不同的 EST 序列连起来，直到得获全长基因。②通过计算机分析，从基因组 DNA 序列中确定新编码区。主要是根据编码区与非编码区的特点，区别二者而鉴定新基因，有两种方法：一种是基于编码区所具有的独特信号，如起始密码子、终止密码子等；另一种是基于编码区的碱基组成与非编码区的差异。

3. 非编码区结构与功能研究

从高等和低等生物的基因组比较发现，从生物进化、生物体功能的完善和复杂化，基因组的非编码序列明显增加的趋势提示，这部分序列必定有重要的生物功能。在细菌中非编码区序列占整个基因组序列的 10%～20%，而人的基因组中占 95%～97%。至今已知，这些序列包括内含子、卫星 DNA、小卫星 DNA、微卫星 DNA、短散布重复元件（short interspersed elements，SINE）、长散布重复元件（long interspersed elements，LINE）、伪基因（pseudogenes）等。如果把不同成分的序列分别搜集起来，建立专门的数据库，对于了解非编码区的功能将是十分有用的。

另一方面，通过对非编码区的研究，还可进一步探讨"遗传密码"的含义。已经知道 DNA 与蛋白质之间的信息传递是三联体密码，DNA 与 RNA 间信息的传递是单体密码，在基因表达的调控、肽链的折叠形成高级结构等又需要几联体密码呢？通过对非编码区的生物信息学研究可能会找到一些线索。

4. 生物进化的研究

由于基因组是物种所有遗传信息的储藏库，从根本上决定着物种的发育和生理，因此，不同物种的基因组总是存在差异，用生物信息学研究比较不同物种的核酸和蛋白质的序列差异，在一定程度上可反映物种的进化。基于此，当前生物进化在分子水平的研究（称为分子进化）已建立了一套依赖于核酸和蛋白质序列信息的理论方法，包括序列相似比较、序列同源性分析、构建系统进化树和稳定性检测等。在生物进化的研究中，相似性（similarity）和同源性（homology）是两个不同的概念。相似性只反映两类类似，并不包含任何与进化相关的暗示；同源性则是与共同祖先相关的相似性。相似性研究是将待研究序列与 DNA 序列库或蛋白质序列库比较，用于确定该序列的生物属，用的方法是两两序列比较算法；同源性研究是将待研究序列加入到一组与之同源，但来自不同物种的序列中进行多序列同时比较，以确定该序列与其他序列间的同源性大小。

在生物进化中，不同分子取代的速率不同。例如，平均一个氨基酸残基被取代的时间，纤维蛋白为二百万年，细胞色素 c 为二千陆佰万年，而组蛋白为三千万年。某些非编码序列一两万年就有一个核苷酸残基被取代。因此，这些变化速率不同的分子可以作为进化研究的分子时标，合理使用这些序列就可以研究不同时间尺度下的进化行为。

5. 比较基因组学研究

随着基因组序列研究的广泛开展，各种生物的完整基因组数据越来越多，生物信息学的研究不仅对单个基因，而且可以对不同生物的全基因组进行比较分析，可能从遗传本质上解释一些重大生物学问题。如"生命是如何起源的？生命是怎样进化的？遗传密码是如何起源的？最小独立生活的生物体至少需要多少基因？"等。只有通过在基因组水平上的比较分析才能解答这一系列重大问题。鼠和人的基因组大小相似，都含有约 30 亿碱基对，基因的数目也类似，而且大部分同源。但人和鼠差异是如此之大，为什么？通过比较基因组学研究发现，尽管两者基因组大小和基因数目类似，但基因组的组织却差别很大。例如存在于鼠 1 号染色体的基因却分布在人的 7 个染色体上。不同人种间基因组的差别仅为 0.1%，人猿间的差别约为 1%。但它们表型上的差异却十分显著。因此，表型差异不仅应从基因、DNA 序列找原因，看来更应当考虑它们在基因组上的差异。

6. 基因功能的研究

基因是如何发挥功能的？基因在什么情况下和什么时间表达，表达产物的浓度是多少；是否存在翻译后修饰，若存在是如何修饰的。这些研究内容属于后基因组计划的范畴，在这个计划执行中必定又产生大量的生物信息，必须应用生物信息学的理论和规律来处理，才能了解某些基因的功能。实验表明，在不同组织中表达基因的数目差别很大，同一组织在不同的个体生长发育阶段表达基因的种类、数量也不相同，同一组织在不同环境条件下基因表达的种类和数量也差异很大。所有这些内容除了基因组学研究外，还需要转录组学、蛋白质组学等方面的研究，最后由生物信息学的研究来加以解决。

7. 大分子结构模拟与药物设计

由序列测定和序列数据库知道氨基酸的序列对了解蛋白质的功能是不够的，还必须知道它们的三维结构，因为"构象决定功能"。目前虽有 X 射线衍射、多维核磁共振、二维电子衍射和三维图像重构等技术为蛋白质空间结构研究提供了有效手段，但这些方法仍存在一定的局限性，现在还不能估计究竟有多少蛋白质最终仍不能由实验测定。此时，理论模拟与结构预测就显得十分重要了。理论研究不仅可提供生物大分子空间结构的信息，而且还能够提供电子结构的信息，如生物化学反应中的能量变化、电荷迁移、构象变化等能级、表面电荷分布、分子轨道相互作用以及动力学行为的信息，这是难以直接用实验手段加以研究的。大分子结构的理论模拟现在已用于药物设计，应用三维定量构象关系的方法和虚拟受体的方法，已用于抗体的分子设计、治疗艾滋病的药物设计等。随着生物信息学的发展，将会有更多、更好的方法用于蛋白质（酶）的空间结构模拟和药物设计。

8. 遗传疾病的研究

据估计，约有 6000 种以上的人类疾患与人类各种基因的变化相关联，寻找各种疾病的相关基因及其相互作用与致病的关系，是分子生物学特别是医学分子生物学的重大课题之一。随着人类基因组计划研究的深入，在了解了人类全部基因在染色体上的位置、它们的序列特征以及它们表达产物的特征以后，就可以有效地判断各种疾病的分子机制，进而发展合适的诊断和治疗手段。在这方面生物信息学有两项工作要做：一是构建与疾病相关的人类基因信息数据库（包括 SNP 数据库）；二是发展有效地分析基因分型数据的生物信息学算法，特别是将 SNP 数据与疾病和致病因素相关的计算方法。

除了上述几方面的研究工作外，生物信息学在生命科学及医学研究中还有许多方面发挥重要作用。例如，建立与动、植物良种繁育相关的基因组数据库；构建人及一些重要动、植物的生长、发育、分化的基因表达数据库；研究与发展药物设计软件；研究与发展根据序列信息的分子生物学技术等。

总之，现在是生物信息学发展极具活力的新时代，随着生物信息学及其相关技术的发展，不仅会促进生命科学一次新的飞跃，也将给人类带来巨大的经济效益和社会效益。

第五节　合成生物学

2004 年美国麻省理工学院（MIT）《技术评论》曾介绍十项方兴未艾的技术，并预测这些技术将给人类生活和工作带来革命性的影响，合成生物学（synthetic biology）技术位列榜首。实践表明，这项预测正在成为现实。2010 年一期的《科学》杂志报道了合成生物学领域的最新成就，美国私立研究所克雷格·文特尔研究所（J. Craig Venter Institute）的研究人员首次创造了一个完全由人造基因指令控制的人造细胞，预示着生物学可能将进入新纪元。这项研究开创了前所未有的操控生命的方式，使人类具有创造完整生物体的能力。合成生物学技术的发展，将会促使分子工程学和计算机生物学融合，整合成为一门新的生命科学系统。

一、合成生物学概念

合成生物学代表了生物系统设计的新趋势，其诞生可以追溯到 20 世纪 60~70 年代出现的多种技术。合成生物学作为正式学术名词第一次出现是在 1980 年，由德国科学家 Barbara Hobom 用来描述基因工程菌时采用。这些利用重组 DNA 技术的细菌是由研究人员主动干预而改变的生物系统。它涉及生物学、材料科学以及计算机科学等多个学科。

　　合成生物学的目标是通过自然与合成遗传物质的某些具体组分的组合来设计、研制和制造功能生物体，而其最终目标是完成独立、可自我繁殖、可表现稳定功能的人工生命体。

　　合成生物学是分子生物学、基因组学、信息技术和工程学交叉融合而产生的一系列新的工具和方法，与机械工程有相似性，标准化的机械零部件，经过大小、形状、材料的改进，进行组装后就可以执行预定功能。合成生物学有两条技术路线：①新的生物零件、组件和系统的设计与建造；②对现有的、天然的生物系统的重新设计。

　　合成生物学改变了过去的单基因转移技术，开创综合集成的基因链乃至整个基因蓝图设计，并实现人工生物系统的设计与制造。人工基因重组、转基因技术是自然重组、基因转移的模仿；天然药物分子、生物高分子的人工合成是分子水平的仿生；人工神经元、神经网络、细胞自动机是细胞系统水平的仿生。从分子结构图式、信号传导网络、细胞形态类型到器官组织结构的多基因系统调控研究的系统遗传学，以及纳米生物技术、生物计算、DNA 计算机技术和多基因转基因研究的合成生物学，则已经发展到一个从分子、细胞到器官的人工生物系统（artificial bio-system）开发的时代。

二、合成生物学的研究进展

　　当前合成生物学的研究主要是设计具有一定功能的基因模块，这些模块没有独立完成其功能的能力，必须借助于宿主细胞来实现。目前已经在功能回路设计、细菌胶片、药物合成和人工合成基因组等方面有一些研究进展。科学家的这些研究，旨在通过操控微生物，从而找出制造药物、塑料甚至能源替代品的更经济有效的新方法。

　　1. 功能回路的设计

　　生物学家力图用生物系统中的基本组件（基因、蛋白质等）合成出具有某些特定生物学功能的回路，并在细菌中成功设计了第一个基因电路——周期振荡器。最近已在酵母和哺乳动物中获得成功。

　　蛋白水平的振荡器模块对细胞活动（细胞周期、生理节奏循环等）非常重要。2000 年，就职于普林斯顿大学的 M. Elowitz 及其同事设计的环形振荡器能够模仿这些振荡系统的行为，它包括三个转录抑制蛋白，每个抑制蛋白都抑制下一个基因的转录，当某种特殊蛋白质含量发生变化时，细胞能在发光状态和非发光状态之间转换，便形成一个环状回路，起到有机振荡器的作用，从而打开了利用生物分子进行计算的大门。

　　波士顿大学生物医学工程师 J. Collins 的研究组在 2000 年设计了触发器开关功能的基因电路，研制出一种"套环开关"，所选择的细胞功能可随意开关。多种转录抑制蛋白进行各种组合，就可以形成不同开关。如果外界刺激对抑制作用的强度不同，那么系统就会趋向一种稳定状态，即一个基因被抑制，另一个完全转录。

　　2. 细菌胶片

　　2005 年，美国加州大学的 C. Voigt 研究组及其合作者设计了一个能感光的细菌基因回路，利用遗传工程方法将其引入大肠杆菌，使改造的大肠杆菌能够感光，并且在感光后分泌化学物质，这样的大肠杆菌菌落暴露在光照下具有胶片的功能，能产生高清晰度的化学图像。

　　这种具有图像处理功能的新型基因线路的创造，证明了在新生的合成生物学中，可以利用的工具及方法的巨大能力及可用性。经编程的光调控原理将能使单个细胞或群体细胞的基因表达可在时间上和空间上进行控制，这在细菌微晶成像、生物复合材料生产及多细胞信号网络的研究中有潜在的应用。

　　3. 药物合成

　　抗疟药物青蒿素微生物工业化合成的研究工作是合成生物学研究的典范之作。其中，对酵母菌的遗传改造经过三个步骤：首先，研究小组在酵母中构建与大肠杆菌中同样的代谢通路；

随后将大肠杆菌和青蒿的若干基因导入酵母 DNA 中，导入的基因与酵母自身基因组相互作用产生紫穗槐-4，11-二烯（amorphadiene）；最后，将从青蒿中克隆的酶 P450 基因在产紫穗槐-4，11-二烯的酵母菌株中进行表达，从而将紫穗槐-4，11-二烯转化为青蒿素。

2008 年，Keasling 实验室创办了 Amyris Biotechnologies 公司，与世界知名医药企业 Sanofi-aventis 集团建立新的合作关系，共同致力于大规模、低成本青蒿素生产工艺的开发。Keasling 表示，用于青蒿素生产的生物合成技术，同样可以用于进行新生物柴油的开发。

4．人工合成基因组

非天然氨基酸掺入蛋白序列是合成生物学设计新蛋白的一个策略。创造能够表达非天然氨基酸（20 种天然氨基酸之外）的细胞是人工合成基因组一个特别的应用。随着特别基因组序列合成的实现，将实现多种非天然氨基酸的插入蛋白质，并且对细胞功能没有特别的影响。现在已有大约超过 30 种非天然氨基酸被人工插入到生物体合成的天然蛋白质中。

三、合成生物学的应用前景

合成生物学的最终目标是完成独立、可自我繁殖、可表现稳定功能的人工生命体。关键在于确定最小基因量。已有科学家研究了一个功能性类脂生物反应器，在反应器里可以借助无细胞翻译系统（大肠杆菌及麦芽的细胞提取物）来表达绿色荧光蛋白。合成生物学在很多领域将具有极好的应用前景，这些领域包括更有效的疫苗的生产、新药和改进的药物、以生物学为基础的制造、利用可再生能源生产可持续能源、环境污染的生物治理、可以检测有毒害化学物质的生物传感器等。

1．生物医药

随着人们对生命发育、运作程序的逐步探索，生命运作的每个细节都被揭露，整合分子工程学和计算机生物学，运用合成生物学的技术，在药物设计和给药途径的设计上人类将变得越来越有创新性。合成生物学在生物医药领域的研究开发主要有两个方向：一是次生代谢链（如青蒿素）与基因网络的人工设计使药物分子或生物材料可规模化生产；二是诱导细胞分化与遗传程序化重编而人工设计细胞功能。

利用合成生物学构建基因功能模块在肿瘤细胞中将药物前体转变为杀死肿瘤细胞的药物是一种有前途的肿瘤化疗方法。这些合成的生物药可能更容易接近肿瘤组织，有选择性地杀死癌细胞。

2．能源和化工

运用合成生物学还可以制成各种各样的细菌，用来消除水污染、清除垃圾、处理核废料等。利用合成生物学可以生产替代燃料和可再生能源。近年来，能源危机不断升级，将合成生物学应用到能源领域中的想法也顺势而生，Keasling 及其同事哈佛大学医学院遗传学及基因组学教授 George Church 和斯坦福大学植物学教授 Chris Somerville 通过基因工程方法对大肠杆菌进行改造，让它将单糖生成更复杂的生物燃料（可直接应用的生物燃料）——脂肪酯（fatty esters）、脂肪醇（fatty alcohol）和蜡（waxes）。

利用来自多种生物（细菌、植物、动物等）的基因及用来生产脂肪酸的生化途径，用合成生物学方法创造出一些代谢模块，插入微生物后，通过不同的组合，这些模块可以诱导微生物生产原油、柴油、汽油或基于烃的化学品。

3．生物反恐

借助合成生物学可以把网络同简单的细胞相结合，提高生物传感性，帮助检查人员确定地雷或生物武器的位置。Drew Endy 提出，可制造一种生物机器用来探测化学和生物武器，发出爆炸物警告。

参 考 文 献

[1] 王镜岩. 生物化学. 第3版. 北京：高等教育出版社，2002.

[2] 郭蔼光. 基础生物化学. 北京：高等教育出版社，2001.

[3] McKee T，McKee JR. 生物化学导论，第2版. 北京：科学出版社，2003.

[4] 郑集. 生物化学. 北京：高等教育出版社，2006.

[5] 陶慰孙，李惟，姜涌明. 蛋白质分子基础，第2版. 北京：高等教育出版社，1995.

[6] 孙志贤等. 现代生物化学理论与研究技术. 北京：军事医学科学出版社，1994.

[7] 沈仁权，顾其敏. 生物化学教程. 北京：高等教育出版社，1993.

[8] 张洪渊. 生物化学教程. 第3版. 北京：四川大学出版社，2002.

[9] 罗纪盛，张丽萍，等. 生物化学简明教程，第3版. 北京：高等教育出版社，1999.

[10] 赖炳森. 生物化学. 北京：中国医药科技出版社，1996.

[11] ［美］库姆斯. 维生素：营养与健康基础. 张丹参等译. 第3版. 北京：科学出版社，2009.

[12] 徐晓利，马涧泉. 医学生物化学. 北京：人民卫生出版社，1998.

[13] 周爱儒，查锡良. 生物化学. 第5版. 北京：人民卫生出版社，2001.

[14] 王鄂生. 代谢调控. 北京：高等教育出版社，1990.

[15] 吴乃虎. 基因工程原理. 北京：高等教育出版社，1991.

[16] 张军良. 基础糖化学. 北京：中国医药科技出版社，2008.

[17] 陈国荣. 化学与应用化学丛书糖化学基础. 上海：华东理工大学出版社，2009.

[18] 蔡孟深，李中军. 糖化学：基础、反应、合成、分离及结构. 北京：化学工业出版社，2007.

[19] 郭振楚. 糖类化学. 北京：化学工业出版社，2005.

[20] 郭勇. 酶工程. 北京：中国轻工业出版社，1997.

[21] 汪堃仁等. 细胞生物学. 第2版. 北京：北京师范大学出版社，1998.

[22] 袁勤生等. 应用酶学. 上海：华东理工大学出版社，1994.

[23] 宓怀风. 生物化学. 天津：南开大学出版社，1990.

[24] 张承圭等. 生物化学仪器分析及技术. 北京：高等教育出版社，1990.

[25] 朱星华，李哲. 合成生物学的研究进展与应用. 中国科技论坛，2011，5：143-148.

[26] Gerald F，Combs J R. The Vitamins. Academic Press，2012.

[27] Institute of Medicine，Food and Nutrition board. Dietary Reference Intakes：Vitamin C，Vitamin E，Selenium，and Carotenoids. Washington DC：National Academy Press，2000.

[28] Zubay G C，Parson W W，Vance D E. Principles of Biochemistry. Wm C Brown Publishers，1995.

[29] Lehningger A L，Nelson D L，Cox M M. Principles of Biochemistry. 2nd ed. New York：Worth Publishers，Inc，1998.

[30] Shendure J，Ji H. Next-generation DNAsequencing. Nat Biotechnol，2008，26（10）：1135-1145.

[31] Lehninger A L，Nelson D L，Cox M M. Principles of Biochemistry. 2nd ed，New York：Worth Publishers Inc，1993.

[32] Underwood，et al. FragSeq：transcriptome-wide RNA structure probing using high-throughput sequencing. Nat Methods，2010，7：995-1001.

[33] Lockhart D J，Winzeler E A. Genomics，gene expression and DNA arrays. Nature，2000，405（6788）：827-836.

[34] Palanisamy，et al. Rearrangements of the RAF kinase pathway in prostate cancer，gastric cancer and melanoma. Nature Medicine，2010，16：793-798.

[35] Tang，et al. mRNA-Seq whole-transcriptome analysis of a singlecell. Nat Methods，2009，6：377-382.

[36] Wang Z，Gerstein M，Snyder M. RNA-Seq：a revolutionary tool for transcriptomics. NatRev Genet，2009，10（1）：57-63.

[37] Brenner S，Johnson M，et al. Gene expression analysisby massively parallel signature sequencing（MPSS）on microbead arrays. Nat Biotechnol，2000，18（6）：630-634.